中国矿产地质志·陕西卷·普及本

陕西矿产地质

董王仓　李新林　主编

地质出版社

·北　京·

内 容 提 要

陕西，中华民族的发祥地之一，周秦汉唐等十三个王朝曾在这里建都。自然景观多样，物产资源丰富，历史积淀深厚。这些都与她的地理位置以及独特的地质构造条件密切相关。近30亿年波澜壮阔的地壳运动，形成了古朴浑厚的黄土高原、一望无际的八百里秦川、雄伟壮观的秦岭巴山，造化出人类赖以生存发展的铁铜金银油气炭，更有赏心悦目的奇石美玉种南山。本书用通俗的文字和精美的彩图，展现了陕西地质世界的神秘与惊奇，介绍了能源、金属、非金属、宝玉石及观赏石、水气等近100种矿产的主要用途、地理分布、矿床特征、勘查历史及开发状况，是陕西省第一部面向社会大众，普及地学知识，宣传矿产省情，激发爱陕情怀的地学科普性读物。

图书在版编目（CIP）数据

陕西矿产地质·（中国矿产地质志·陕西卷·普及本）/
董王仓等主编. —北京：地质出版社，2018.3
ISBN 978-7-116-10426-6

Ⅰ.①中… Ⅱ.①董… Ⅲ.①矿产地质—概况—中国
②矿产地质—概况—陕西 Ⅳ.①P62

中国版本图书馆CIP数据核字（2017）第142682号

Shaanxi Kuangchan Dizhi

责任编辑：白 铁 韩 博 于春林 章雨旭
责任校对：李 玫
出版发行：地质出版社
社址邮编：北京海淀区学院路31号，100083
咨询电话：（010）66554528（邮购部）；（010）66554625（编辑室）
网 址：http://www.gph.com.cn
传 真：（010）66554686
印 刷：北京地大彩印有限公司
开 本：889 mm×1194 mm 1/16
印 张：19.75 插页：2张
字 数：600千字
版 次：2018年3月北京第1版
印 次：2018年3月北京第1次印刷
审 图 号：陕S（2017）第013号
定 价：100.00元
书 号：ISBN 978-7-116-10426-6

《中国矿产地质志》编委会

（第一届）

伍广宇　任丰寿　任家琪　多　吉　刘秉光　刘德权
汤中立　杨明桂　李文渊　李均权　李宏骥　肖克炎
余中平　邹天人　沈保丰　宋小文　张永山　张华明
张忠伟　张金带　张翼飞　陆瑞宝　陈一笠　陈　平
陈尔臻　陈华山　陈建平　邵和明　周　详　周特先
於崇文　郑大瑜　郑绵平　赵一鸣　赵文津　赵鹏大
胡瑞忠　侯增谦　施中爽　姜树叶　袁忠信　莫宣学
钱大都　倪　斌　徐水师　徐志刚　陶维屏　黄香定
黄崇轲　黄懋鸿　梅友松　盛继福　章少华　阎凤增
琚宜太　韩振新　裴荣富　潘行适

三、项目办公室

主　任：邢树文

副主任：李　剑　龙宝林　傅旭杰

成　员：朱明玉　黄　凡

《中国矿产地质志》编委会

（第二届）

王成辉　中国地质科学院矿产资源研究所

孙　艳　中国地质科学院矿产资源研究所稀有稀土贵金属研究室副主任

曹瑞欣　中国地质科学院矿产资源研究所办公室副主任

三、专家委员会

主　任：陈毓川

副主任：常印佛　翟裕生　叶天竺　王登红（常务）

成　员：裴荣富　汤中立　赵文津　郑绵平　赵鹏大　於崇文
多　吉　莫宣学　王世称　黄崇轲　刘秉光　陶维屏
王炳铨　张金带　姜树叶　胡瑞忠　邓　军　陈建平
章少华　王京彬　徐水师　倪　斌　琚宜太　阎凤增
李文渊　王保良　侯增谦　毛景文　朱裕生　王安建
肖克炎　梅友松　佘中平　白万成　郑大瑜　钱大都
沈保丰　赵一鸣　盛继福　徐志刚　朱明玉　袁忠信
白　鸽　邹天人　宋学信　杨岳清　陈华山　陈　平
邵和明　陈尔臻　刘德权　任家琪　宋小文　张翼飞
王砚耕　付德明　李均权　黄懋鸿　伍广宇　张忠伟
黄香定　卢欣祥　艾宪森　李宏骥　周特先　杨明桂
陆　彦　任丰寿　张永山　石礼炎　陆瑞宝　韩振新
施中爽　王增护　陈一笠

责任编辑组：白　铁　韩　博　吕　静　李　佳　刘云龙　潘　懋
代世锋　邢瑞玲　郝梓国　章雨旭　沈　镭　佘宏全
于春林　李进文　戚学祥　李　华

《中国矿产地质志》编委会

（第三届）

一、领导小组

二、项目办公室

《陕西省矿产地质志》编委会

（第一届）

一、领导小组

组　长：苟润祥

副组长：白　宏　席孟刚　齐　文　段中会　王香增　吴培水

成　员（按姓氏笔画排序）：

左文乾　吕小俊　罗乾周　孟志学　崔拥军　董天印

二、领导小组办公室

主　任：罗乾周

成　员（按姓氏笔画排序）：

李新林　孟祥振　贺　丹　侯喜燕　崔拥军　董王仓

三、专家委员会

主　任：汤中立

副主任：宋小文　李文渊

成　员（按姓氏笔画排序）：

万永平　王民良　王　兴　王国柱　王建国　朱红周

朱赖民　李文苓　李福让　李稳哲　吴培水　杨兴科

张银龙　张丽霞　罗乾周　孟祥振　畅俊斌　胡文寿

赵东宏　钱壮志　董天印　谭宪林　滕家欣

四、志书研编项目组

项　目　负　责：董王仓　李新林

课　题　负　责（项目下设8个课题）：

综合研编课题负责：董王仓

金属矿产研编课题负责：张满社

油气研编课题负责：胡双全

煤炭研编课题负责：贺　丹

非金属研编课题负责：吴培水

宝玉石研编课题负责：董王仓

水气研编课题负责：董天印

数据库建设课题负责：陈丽荣

《陕西省矿产地质志》编委会

（第二届）

一、领导小组

组　长：杨忠武

副组长：苟润祥　雷鸣雄

成　员：宁奎斌　席孟刚　齐　文　段中会　王香增　王建国
吴培水　左文乾　罗乾周

二、领导小组办公室

主　任：宁奎斌

成　员：王怀斌　左文乾　方民强　吕小俊　任仓智　罗乾周
孟志学　崔拥军　董天印

三、专家委员会

主　任：汤中立（院士）

副主任：李文渊　宋小文

成　员：万永平　王民良　王　兴　王国柱　王建国　朱红周
朱赖民　李文苓　李福让　李稳哲　吴培水　杨兴科
张银龙　张丽霞　罗乾周　孟祥振　畅俊斌　胡文寿
赵东宏　钱壮志　董天印　谭宪林　滕家欣

四、项目办公室

主　任：罗乾周

副主任：李新林

成　员：董王仓　高　杰　王天明　李　锋　谭宪林　孟祥振
杜　明　贺　丹　胡双全　王　力

五、项目组

项目负责：董王仓　李新林

课题负责（项目下设9个课题）：

综合研编课题负责：董王仓　李新林

金属矿产研编课题负责：李维成　罗乾周

油气研编课题负责：胡双全

煤炭研编课题负责：贺　丹

非金属研编课题负责：吴培水

水气研编课题负责：董天印

宝玉石研编课题负责：董王仓

铀矿研编课题负责：谭宪林

数据库建设课题负责：陈丽荣　白小鸟

《陕西矿产地质》编著人员

主　编：董王仓　李新林

参编人员：张满社　张　飚　王娅娅　白小鸟　赵金祥　陈丽荣
郭立宏　胡双全　杜　明　苗小龙　王学平　王　煜

总　　序

矿产资源是国家经济社会发展的物质基础，我国处于工业化中后期发展阶段，矿产资源需求量处于增长时期，需求的量大、矿种多。掌握全国的所有矿产的家底，是国家与人民十分需要的大事。新中国成立后60多年的历程中，地质工作者已为国家发现了172种矿产，其中159种矿产已获得资源/储量，矿床、矿点等各类矿产地已达20多万处，积累了丰富的矿产地质资料，广大的矿产地质工作者为国家所需，迫切真诚地期望早日进行覆盖全国全部矿产信息的汇总，研编中国矿产地质志。今日终于得到国家的支持，得以实施，并且经过江西省的试点，在该省以杨明桂先生为首的研编组的共同努力下，中国矿产地质志省级第一卷《中国矿产地质志·江西卷》率先正式出版，供全国使用，这是中国矿产地质志研编工作史上的新起点。

新中国第一部《中国矿产地质志》，汇总广大地质矿产工作者为国为民找矿的成果，汇集全国查获的全部矿产资源及其开采利用的状况，分析资源前景，并对找矿过程中获得的丰富的找矿经验和成矿规律认识进行阶段性的总结。这将是我国迄今为止矿产资源文集大全，将为全国及各省、自治区、直辖市政府矿产资源规划、部署、决策提供重要依据，为全国人民提供祖国矿产资源的现有家底及开发前景，为矿产资源勘查、开发、科学研究及地矿教育提供丰富的资料。

100多年前，1906年清光绪年间，顾琅、周树人（鲁迅）先生合著《中国矿产志》出版，附中国矿产简表、地质时代简表和中国矿产全国图。清政府甚为重视，列为国民必读。这是我国第一本《中国矿产志》，由于历史条件所限，该书共列出10个金属矿产（金、银、铜、铁、锡、铅、水银、辰砂、锑、锰矿），20个非金属矿产，全国共列出1203个矿产地。当时著名的地理学家马良先生为之作序，序言中说："顾、周两君学矿多年，颇有心得。慨祖国地大物博之无稽，爰著《中国矿产志》一册，罗列全国之所在，注之以图，陈之以说，使我国民深悉国产之所自有，以为后日开采之计，致富之源，强国之本，不致家藏货宝为他人所攘夺"。当时该志书是为国民知道国家的矿产，去开采致富，达到强国的目标。弹指一挥间，100多年过去，天翻地覆，时代变了，祖国的盛世来临，现代化、和平民主的强大祖国就在面前。新中国第一部中国矿产地质志亦将面目一新，但研编的目标是一致的，都是为民、为国，为民所知，为民致富，为国所知，为国强大。我们是继承前人事业、继续往前走！

本次研编处于天时、地利、人和的大好时机，国家经济社会发展与日俱增，欣欣向荣，需要矿产资源，需要全国摸清矿产资源家底。新中国成立以来60多年矿产勘查与开发得到大发展，取得了丰硕的找矿成果和海量的矿产地质勘查、开发和科研资料。国土资源部近8年来组织完成了三大全国性矿情调查工作：矿业权核实、28个矿种资源现状利用调查和25个矿种资源潜力评价。开展中国矿产地质与区域成矿规律综合研究、研编中国矿产地质志得到了国土资源部、财政部、中国地质调查局等领导部门、各省（自治区、直辖市）政府部门及矿产地质领域专家、学者们的大力支持。社会需要，政府重视，研编条件具备，是本项工作得以进行的必要前提与重要保证。

研编工作的策划，充分吸取历来志书编纂的精髓，广泛听取并吸纳矿产资源领域各部门专家、领导意见，并进行重要研编内容的工作试点。确定本矿产地质专业性志书采用“以述为主，述论结合”的原则，实现叙实性与学术性结合，矿产叙述必实，规律论述有据，做到资料真实、全面、最新、可查，文字论述简练易懂、图文并茂，研编技术统一要求，研编工作统一部署，研编组织有编纂专家队伍，亦广邀各方专家共同参与，集思广益。论述部分广纳有据论点，广迎百花，力争创新亮点，并为后人创新搭建平台。通过共同努力，使研编工作有序进行。

本次研编内容由3部分组成：各省（区、市）矿产地质志、全国矿产总志、全国区域成矿规律研究。每一部分都有书、图、数据库及普及本。各省（区、市）矿产地质志包含本地区所有矿产资源。全国矿产总志包含各主要矿产的矿产志及全国矿产汇总。全国区域成矿规律研究包含各主要成矿区带成矿规律研究及全国区域成矿规律研究汇总。整个研编工作自2014年开始至2020年完成。研编期间，研编成果实施边完成、边出版、边使用，使研编成果及时向社会提供，逐步积累，最终完成。

本项研编工作意义重大，但任务繁重，涉及矿产资源勘查、开发、科研、教育领域各个部门各方专家。我们认为，只有共同参与，同心合作、政府支持才能胜利完成此项工作。我们衷心希望并坚信，参与工作的全体同仁为实现此国家重大目标，在政府与矿产资源工作有关部门与广大同仁专家支持下，一定会坚定信心，同舟共济，共同奋斗，在2020年提交一份世纪性的矿产志书大成果。

2014年11月5日

序　言

培根说，读史使人明智，读诗使人灵秀。阅读《陕西矿产地质》这本书会使人心存感恩。感恩自然，造就了三秦大地的壮美和富饶；感恩无数探矿者，跋山涉水，不畏艰险，用青春年华去丈量和探索，为我们发现了丰富的地下宝藏。

陕西省矿产资源丰富，目前已发现各类矿产 130 多种，其中查明有资源储量的矿产 90 多种，潜在经济价值近 50 万亿元。天然气、煤炭、铅锌、钼等矿产资源储量居全国前列。矿业经济在陕西省国民经济中占有重要地位，根据 2012 年统计资料，矿业及其延伸产业在全省规模以上工业产值中占比达 65% 以上，其产生的利税占全省规模以上工业总利税的 85% 以上。2011 年国家启动找矿突破战略行动以来，陕西省政府加大对地质找矿投入，设立了省级地勘基金，带动了全社会投入，取得了前所未有的找矿成果，煤炭、金、铅锌、钼、铜、铀、钨、石墨等矿产取得重大找矿突破，为陕西矿产资源的史册增添了浓墨重彩的一笔。

盛世修志，资政存史！2014 年，陕西省地质调查院承担了《陕西矿产地质》的编撰任务，经过近三年的不懈努力，在全国范围内率先完成了省级矿产地质志普及本《陕西矿产地质》的编撰工作，目的是为社会公众提供一本介绍陕西地质矿产全貌的通俗性科普性读物。全书从能源、金属、非金属、宝玉石、水气等 5 个方面系统介绍了陕西省近 100 种矿产的矿床特征、空间分布、工业用途、勘查历史、资源储量及矿产开发利用状况，用通俗易懂的文字和精美的彩图为读者展现了地质和矿产世界的神秘与惊奇。

古语云，开卷有益。对于普通读者来说，这本书或许带来更多的是知识和兴趣，而对于地质工作者而言，蕴含更多的则是家珍如数、使命在肩、继续向前。希冀《陕西矿产地质》让每位读者有所裨益。

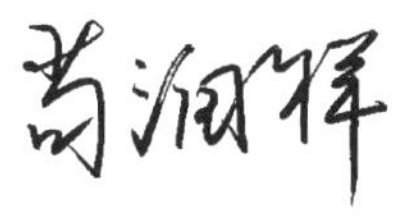

2016 年 12 月 30 日

前　　言

阳光、空气和水是我们生活的必备条件，这是众所周知的一般常识。地球上还有一种自然资源，其不仅与我们的日常生活息息相关，而且关乎人类社会的存在与发展，它就是煤炭、石油、天然气和金、银、铜、铁等矿产资源。

距今二三百万年的远古时期，猿人利用石头制作工具而进化为人类，开启了人类历史的“石器时代”；大约一百万年前，人类利用黏土燃烧起了“陶器时代”，开创了物质文明的先河；铜矿和铁矿的发现与冶炼，铁器农具的制作与发展，使人类先后历经了“青铜时代”、“铁器时代”和2000多年的传统农业文明；17世纪后，钢铁冶炼技术的进步，煤炭的开发利用，促进了蒸汽机的发明使用，拉开了近代工业文明的序幕；19世纪以来，人类大量开发利用石油资源而进入“石油时代”，加速了社会经济的全面发展；20世纪后半叶以来，非金属硅和铀矿的开发利用，带来了电子科技、信息技术和原子能技术的突飞猛进，人类开始享受“硅时代”和“铀时代”的现代工业文明。因此，就发现和利用矿产资源的历史进程而言，人类的历史就是一幕幕矿产资源的开发史。如今，矿产资源作为人类社会存在和发展的重要地位仍未改变。据统计，目前我国社会生产所需95%左右的能源、80%左右的工业原材料、70%左右的农业生产资料和30%左右的饮用水仍来自矿产资源。尤其是以石墨烯为代表的新材料的发现和研究，孕育着又一次新技术革命和“碳时代”的到来。2015年10月，习近平主席在参观英国曼彻斯特大学国家石墨烯研究院时指出，在当前新一轮产业升级和科技革命大背景下，新材料产业必将成为未来高新技术产业发展的基石和先导，对全球经济、科技、环境等各个领域的发展产生深刻影响。

陕西省位于中国内陆腹地，地理位置特殊，成矿条件优越，已发现煤、石油、天然气、金、钼、铅、锌、汞、锑、钒、岩盐、水泥灰岩、玻璃硅质岩等各类矿产130余种，查明有资源/储量的矿产90多种，矿产资源潜在经济价值居全国之首，矿产开发利用在全省经济发展中具有不可替代的地位和重要作用。

然而，除了少数从事矿产地质工作的专业人士外，普通民众对我们脚下的地球知之甚少，对矿产资源状况了解不多。为了向社会大众普及地学知识，宣传矿产资源国情，2014年，《中国矿产地质志》编委会在组织全国各省（区、市）研编矿产地质志书的同时，要求编撰省级矿产地质志普及读本，为国民提供了解本省地质特征、矿产资源的普及性读物，本书便是在此背景下编撰而成的。

本书由前言、第一章沧海桑田 天宝物华——地质矿产概况、第二章国民经济的命脉——能源矿产、第三章工业的支柱——金属矿产、第四章人类最早利用的矿产——非金属矿产、第五章奇石美玉种南山——宝玉石及观赏石、第六章生命之源——水气矿产和结语8部分组成。其中，第一章在普及矿物、岩石、地层、构造和矿产等地质知识基础上，简要介绍了陕西的地层、岩石和构造的基本特征，以及矿产种类、地理分布、探矿历史及其经济地位；第二章至第六章，分别介绍了陕西的能源、金属、非金属、宝玉石及观赏石、水气等5大类近100种矿产的工业用途、地理分布、资源/储量、开发利用及代表性矿产地的基本特征。

本书是在搜集、利用陕西省矿产勘查单位、地质科研工作者数十年形成的大量地质资料及国内外相关资料的基础上编写而成的。参加研编工作的有董王仓、李新林、张飚（前言，第一章地质矿产概况，第二章第一节能源矿产部分内容，第三章金属矿产之贵金属及有色金属部分内容，第五章玉石及观赏石，第六章水气矿产之第四节氦气和第五节氡气，结语）、张满社（第三章第一节黑色金属部分内容）、王娅娅（第一章第三节矿产勘查部分，第三章金属矿产之性质、工业用途部分内容，第四章非金属矿产之性质、工业用途部分内容）、白小鸟（第三章金属矿产及第四章非金属矿产之性质、工业用途部分内容）、赵金祥（第二章第一节能源矿产及第三章金属矿产部分内容，第四章非金属矿产特征、第六章水气矿产之第一、二、三节部分内容）、郭立宏（第三章第二节有色金属矿产特征部分内容）、陈丽荣（插图、插表）、胡双全及苗小龙（第二章能源矿产之油气部分内容）、杜明（第六章水气矿产之第一、二、三节部分内容）、王煜（文稿编排及校对），全书最后由董王仓统稿编撰。编撰矿产地质方面的普及性读物在陕西尚属首次，无先例可资借鉴，加之编者水平有限，书中地质矿产专业知识的通俗性和趣味性等方面尚存在很多不足，敬请读者见谅，并欢迎批评指正。

该书的编撰工作属陕西省矿产地质志研编项目的组成部分，工作过程中，得到了《中国矿产地质志》编委会陈毓川院士、宋小文教授级高级工程师、王登红研究员、徐志刚研究员等专家和学者的技术指导，陕西省地质调查院苟润祥院长、白宏副院长等领导及院技术管理部门，陕西省地质调查中心罗乾周主任、王小平书记等领导及中心技术管理部门，对本书的编撰工作给予了关心、指导和大力支持。

在本书研编期间，陕西省国土资源厅勘查处及信息中心，中国建材地勘中心陕西总队王永光总队长、吴培水教授级高级工程师、胡文寿教授级高级工程师和王巍高级工程师，西北有色地质矿业集团有限公司王民良及刘平教授级高级工程师，西北有色地质勘查局七一三总队有限公司李剑斌教授级高级工程师，武警黄金五支队杨栓海和李根民教授级高级工程师，陕西地矿汉源玉业有限公司董事长何淑萍及总经理王锋，长安大学资源学院王平教授，陕西省地质调查院王北颖教授级高级工程师，陕西省地质调查中心李锋教授级高级工程师，陕西龙钢集团大西沟铁矿总经理段清泉和采矿科杨引良科长、木龙沟铁矿副矿长赵新祥，陕西柞水银矿生产技术科，陕西四方（八卦庙）金矿有限责任公司副总工程师杨斌君，凤县庞家河金矿矿长杨明礼，陕西凤县铅硐山矿业有限公司副总经理史维杰，汉阴县黄龙金矿，陕西久盛矿业公司镇安金龙山金矿副总经理张亚武，旬阳县小河金矿，丹凤县国土资源局及陕西辰州矿产开发有限公司，韩城市国土资源局，安康市国土资源局王福祥副局长，略阳县国土资源局，略阳县徐家沟铜矿总经理吴前瑞，略阳县何家岩金矿矿长何怀新，陕西煎茶岭镍矿总经理曹兴贵，略阳县鱼洞子铁矿总经理何中华，旬阳县鑫源矿业公司王纪春教授级高级工程师，商南县千家坪钒矿，以及陕西地质调查中心高怀雄高级工程师、王继辉高级工程师、侯万录高级工程师、宋公社高级工程师、王洁明高级工程师、张锋军高级工程师、王玉霞老师等单位和个人，对本书资料收集、野外调研、文稿编撰等工作，给予了大力支持和帮助。

2016 年 8 月初稿完成后，陕西省地质调查院邀请汤中立院士、原陕西省地矿局总工程师宋小文教授级高级工程师、陕西煤田集团公司王兴教授级高级工程师、中国建材中心陕西总队吴培水教授级高级工程师、长安大学资源学院杨兴科教授、陕西延长石油（集团）公司孟祥振高级工程师、中国地调局西安地调中心赵东宏研究员、陕西地矿开发总公司董天印教授级高级工程师等省内相关专家，在西安对初稿进行了审查。2016 年 10 月，中国矿产地质志全国项目办公室邀请陈毓川院士、黄宗轲研究员、王瑞江研究员、宋小文教授级高级工程师、王登红研究员、徐志刚研究员、朱明玉研究员、陈郑辉教授级高级工程师等院士和专家，在北京对送审稿进行了评审。2016 年 12 月底，编撰组完成了书稿的修改和完善，并提交印刷出版。

在此，对关心、支持和帮助项目工作的上述各级领导、相关单位及专家学者，以及为本书的编撰付出辛勤劳作的全体人员和地质出版社白铁、韩博、于春林、章雨旭及责任校对李玫，一并表达真诚的谢意。

目　　录

第一章　沧海桑田　天宝物华

——地质矿产概况

陕西是中华民族及华夏文明的重要发祥地。这里有中华民族的摇篮、华夏儿女的母亲河——黄河，有中华民族的父亲山、华夏文明的龙脉——秦岭，有土地肥沃、风调雨顺的“八百里秦川”。大约100万年前，“蓝田猿人”就生活在这里；6000多年前的“半坡遗址”展现了母系氏族社会的进步和文明；5000多年前华夏始祖炎帝和黄帝就诞生在这里，并在此把中华文明推向了新的高度；2000多年前的“丝绸之路”由这里开启了经济全球化的先河。中华民族文字的始祖仓颉在这里创造了汉字，周、秦、汉、唐等13个朝代在这里先后建都。这里建有亚洲第一的中国钼都——金堆城钼矿，这里蕴藏继大庆之后中国第二个世界级特大型油气田——长庆油田，这里出产中国四大名玉之一——蓝田玉，这里发现“世界第八大奇迹”——秦兵马俑……这些大家都耳熟能详。

天宝物华、人杰地灵。但我们是否曾想，这一方土地，为何会有如此这般神奇？要明白其中奥秘，便要从陕西的地质矿产一一说起。因为这些都与它特殊的地质条件、沧海变桑田的地壳运动和丰富多样的矿产资源有着千丝万缕的联系。

第一节　中国内陆的中心——自然地理

陕西位于我国内陆腹地，其东邻山西、河南，西连宁夏、甘肃，南抵四川、重庆、湖北，北接内蒙古，处于连接中国东、中部地区和西北、西南地区的重要位置（图1－1），总面积20.58 $\times10^4$ km^2，占国土面积的2.1%。

陕西因位于河南三门峡市陕塬以西，故名“陕西”，简称“陕”。因春秋战国时为秦国的发源地，又简称“秦”。陕西中部的关中平原称“秦川”，陕西南部的山脉称“秦岭”，陕北、关中、陕南并称“三秦”。

陕西地域南北长880 km，东西宽160～490 km，其版图形状酷似秦时跪射的兵马俑（图1－1）；地势南北高、中间低，其地貌宛如聚财纳福的大元宝，由北向南分为陕北黄土高原、关中平原和陕南秦岭－巴山等三大地貌区。陕北黄土高原，海拔800～1300 m，面积9.26 $\times10^4$ km^2，约占全省面积的45%；关中平原，西起宝鸡，东至潼关，东西长360 km，自古有“八百里秦川”之称，起始于2000多年前、连接欧亚大陆的著名古代陆上商业贸易通道——丝绸之路即发源于关中中部西安市。其平均海拔520 m，面积3.91 $\times10^4$ km^2，占全省面积的19%；陕南山地海拔1000～3000 m，面积7.41 $\times10^4$ km^2，约占全省的36%。主要山脉有横贯陕西南部的秦岭和巴山等(图1－2)。

秦岭，古称“南山”、“终南山”，我国南北气候的分界线和生态屏障，堪称陕西乃至中国的“绿肺”，有“西安后花园”和“中央国家公园”的美誉。秦岭之华山、太白山、骊山等闻名全国。秦岭总揽黄河、长江两大水系，其主梁以北有渭河、泾河、洛河等黄河支流（图1－3），以南有嘉陵江、汉江和丹江等长江支流；秦岭的矿产、动植物及水资源丰富，是我国为数不多的资源宝库。

第二节　沧海变桑田——地质特征

地质历史时期的陕西，绝非如今的面貌。那么，我们脚下的“三秦”大地，曾历经了哪些悠悠

图 1－1　陕西省地理图

（据陕西省地质调查院，2013b）

图 1－2　秦岭山脉——中国南北气候之分界和生态屏障
（据中国经济新闻网 http：//www. cet. com. cn/lypd/lyglv/657945. shtml）

图 1－3　黄河（右）及其主要支流——渭河（左）
（据陕西新闻网 http：//www. sxrb. com/sxxww/dspd/ycpd/rdzz/6101311. shtml）

历史长河和漫漫沧海桑田，才演变成现今的模样？随着我们对地质知识的逐步了解，对陕西地质特征的不断认识，这层面纱便会逐渐地被揭开。

一、漂移的大陆——地质背景

地质，是反映地球质地状况的一个综合性概念。我们平常所说的地质，主要指的是地球表层——地壳的物质组成、结构构造、外部特征以及其与水圈、生物圈、大气圈等地球外部3个圈层之间相互作用和演变历史等内容。

科学家认为，大约46亿年前，地球从太阳系中分离出来时温度较低，物质组成相对均匀。后来，由于内部放射性元素蜕变产生的热能而开始增温，当升温达到熔融状态时，密度大的物质便向地心下沉，成为铁镍为主的地核；密度小的上浮形成地幔和地壳（图1－4）；更轻的成分则通过火山喷出地表，形成水圈和大气圈。原来均匀的地球，就这样逐渐地分化为3个内圈（地核、地幔、地壳）和3个外圈（水圈、生物圈、大气圈）（图1－5）。

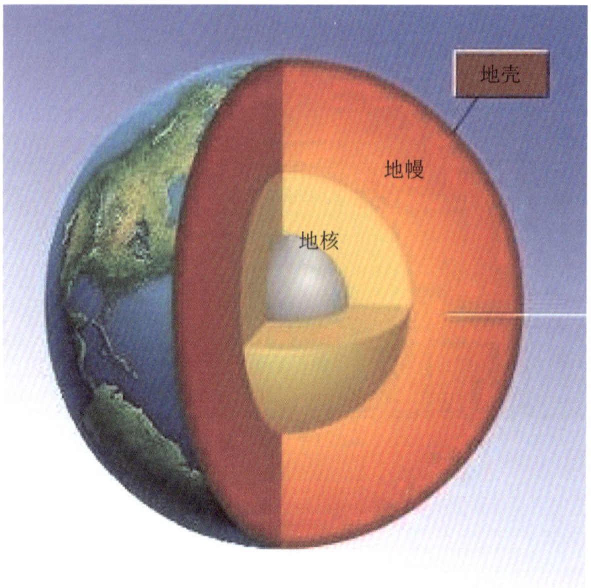

图1－4　地球内部3个圈层结构示意图

（据百度搜索 http://exam.ciwong.com/papercenter/do/ViewPaper/634828917904322058？type＝1）

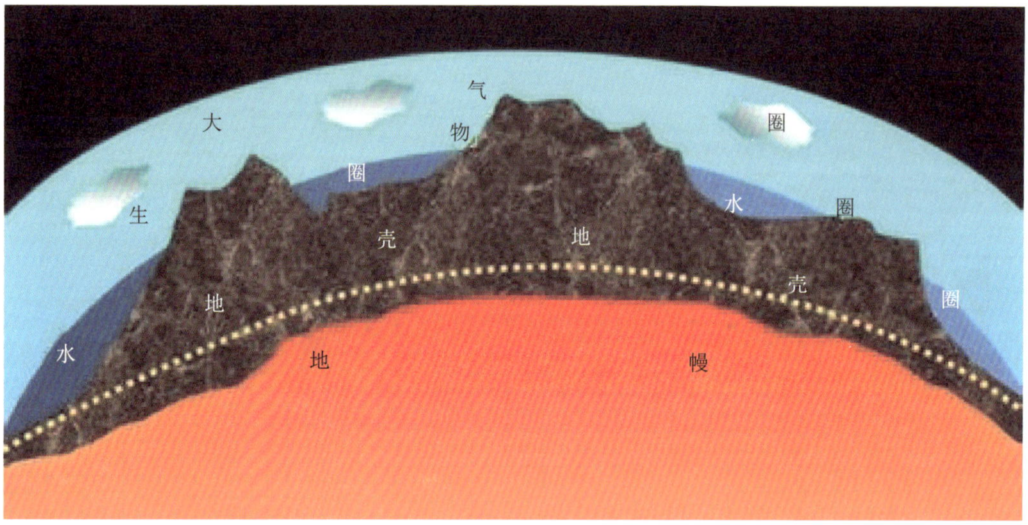

图1－5　地球外部3个圈层结构示意图

（据新浪博客 http://blog.sina.com.cn/s/blog_537738060102vsv5.html）

地壳，是地球的表层部分（图1－6），它的厚度各处不一。在大陆地区，地壳平均厚度约35 km。高大山脉地区则较厚，如青藏高原某些地方超过70 km；大洋地壳很薄，一般厚度为10 km左右，有些地方的厚度仅有5 km左右。整个地壳的平均厚度约17 km。地壳上部由较轻的沉积岩、花岗岩类岩石组成，叫作硅铝层，大洋地壳一般缺少硅铝层；地壳下部由较重的玄武岩或辉长岩类岩石组成，称为硅镁层，大洋地壳主要由硅镁层组成。由于我们生活在地球表层，人类目前开发利用的绝大多数矿产资源也来自于地壳浅部，因此，地壳便成为地质工作者及地球科学调查和研究的主要对象。

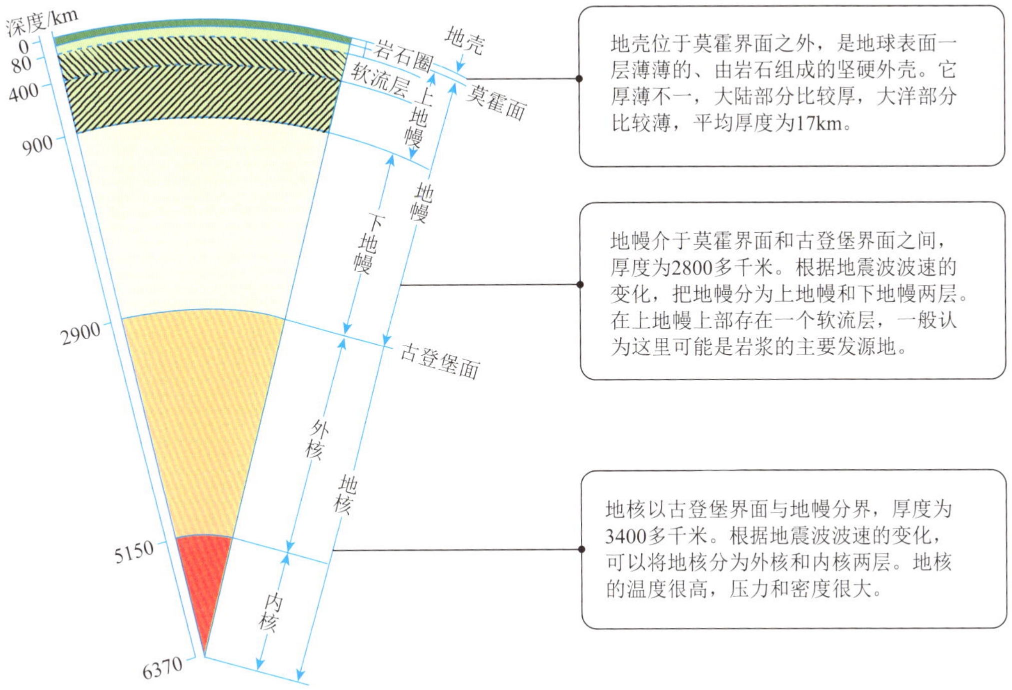

图 1－6　地球内部 3 个圈层结构示意图❶

（据苏州市高中地理学科研究中心 http://www.jsscszx.com/csdl/context.asp? id＝2142）

地幔，介于地壳与地核之间，是指地壳的底界（莫霍面）以下到 2900 km 地幔底界（古登堡面）以上的圈层，平均厚度达 2800 多千米。一般以 1000 km 深度为界，又把地幔分为上地幔、下地幔两个部分。其中，上地幔位于地球深部 1000 km 以上，主要由类似橄榄岩的超基性岩组成，平均密度 3.8 g/cm^3，压力约 21 GPa，温度 400～3000℃，物质状态属固态结晶质，但具有较大的塑性。地球物理和地质学家研究发现，在上地幔上部（深度约 70～150 km）物质处于高温熔融或软化的塑性状态，将其称为“软流层”或“软流圈”，认为它可能是岩浆的发源地，也可能是地壳运动的驱动力发源地。地壳和上地幔顶部（软流层以上）由坚硬的岩石组成，合称岩石圈；下地幔位于地球深部 1000～2900 km，它的物质成分除了硅酸盐外，金属氧化物和硫化物特别是铁、镍成分显著增加，平均密度 5.7 g/cm^3，压力约 150 GPa，温度 1850～4400℃，物质状态属非晶质固态。

地核，是指位于地球深部 2900 km（古登堡面）以下的地球核心部分。物质成分主要为铁和镍。此外，可能含有少量硅或硫等轻元素。平均密度 9.7～13 g/cm^3，压力 150～370 GPa，温度 2860～6000℃，物质状态处于熔融体或液体。

地球表层岩石圈并非“铁板一块”，而是被大洋中脊、海沟以及造山带等一些深大断裂带分割成许多板状的构造单元——地质学家称其为板块。这些板块一直在不停地运动着，我们即身处这种运动着的板块之上，一刻也未曾安稳过，但我们却全然不知。通过观察研究这些板块的运动和变迁，地质学家由此创立了板块构造理论，并以此来解释地壳运动的原因及其发展演化历史。

说起板块构造理论，它的产生饶有趣味。话说 1910 年，德国气象学家魏格纳（Alfred Lothar We-

❶ 莫霍面：地壳同地幔间的分界面，是克罗地亚地震学家莫霍洛维奇（Andrija Mohorovicic）于 1909 年发现，称为莫霍洛维奇不连续面，简称莫霍面。古登堡面：地幔与地核的分界面，地球物理学家古登堡（B Gutenberg）于 1914 年发现，故称为古登堡界面，简称古登堡面。

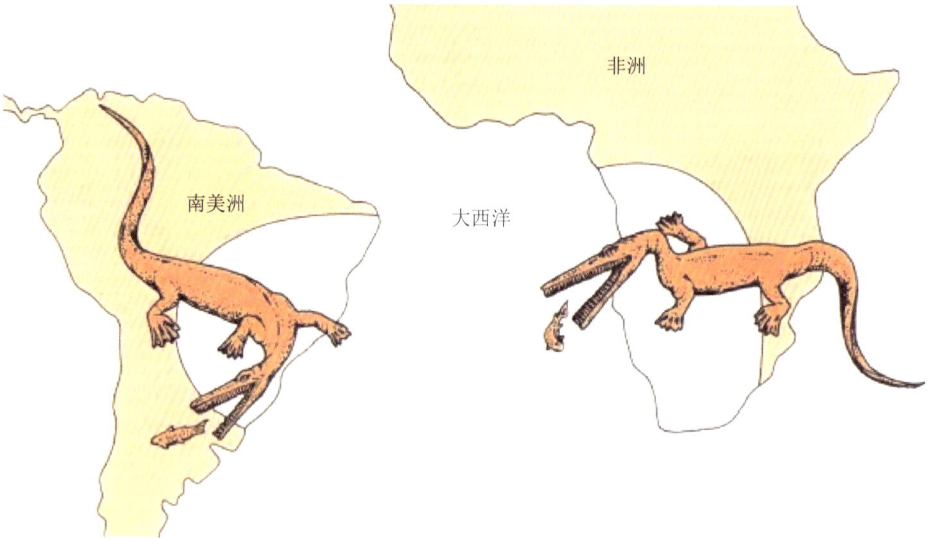

图 1－7　大陆漂移的证据——南美洲大陆与非洲大陆具有相似的动物化石

（据百度搜索 http://www.afu88.com/qwdw/206101_2.html，修编）

gener，1880～1930）偶然发现大西洋两岸的美洲大陆和非洲大陆的边缘轮廓耐人寻味，如果彼此靠近，则完全可以吻合为一体。此后，他根据两个大陆上古生物化石、岩石和地质构造的相似性（图 1－7），大胆地提出大西洋两岸原来曾属于同一个联合古陆的推断，并于 1912 年发表了《大陆的生成》、1915 年发表了《海陆的起源》，提出了大陆漂移学说。该学说认为，在古生代后期（约 3 亿年前）地球上存在一个统一的“超级大陆”。后来，在地球自转离心力和天体引潮力作用下，这个超级大陆逐渐发生破裂、漂移，并逐渐地形成了现代地球上海洋和大陆的分布格局（图 1－8）。

20 世纪 60 年代初，美国科学家罗伯特·辛克莱·迪茨（R. S. Dietz）提出了“海底扩张”的概

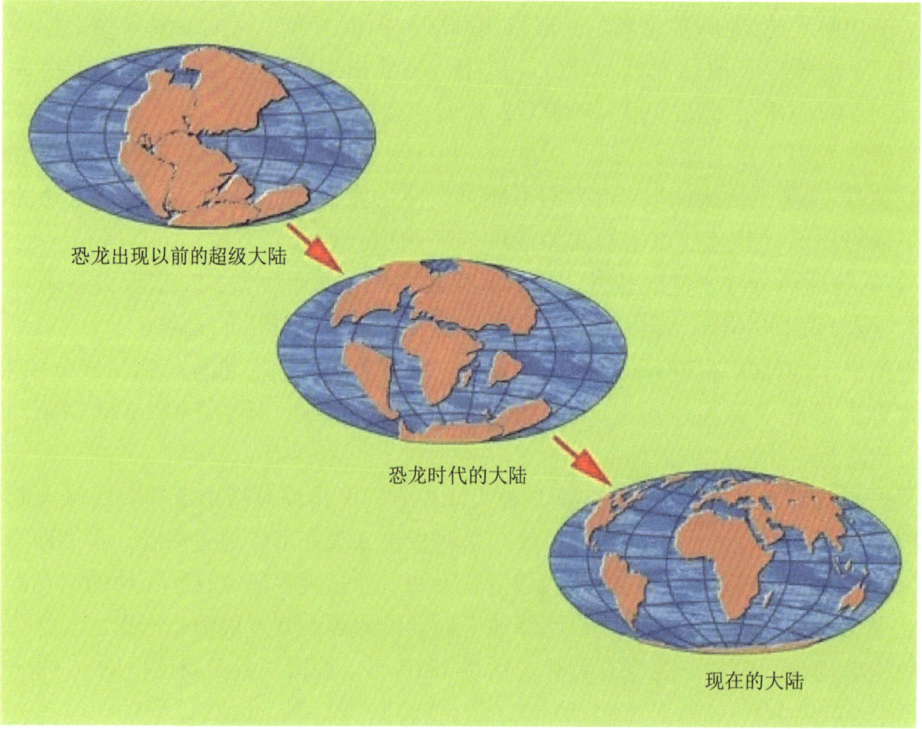

图 1－8　“大陆漂移”历史演变示意图

（据新浪博客 http://blog.sina.com.cn/s/blog_67f823c30100ijyx.html，修编）

念。他认为，由于地幔中放射性元素衰变生成的热能，使地幔物质以每年数厘米的速度发生大规模的热循环，形成对流圈，并作用于其上的岩石圈，成为推动地壳运动的力量。这种运动在大洋中就表现为“海底扩张”——海洋地壳在大洋中脊随火山喷发而形成，并缓慢地向海沟方向扩张（图1－9）。

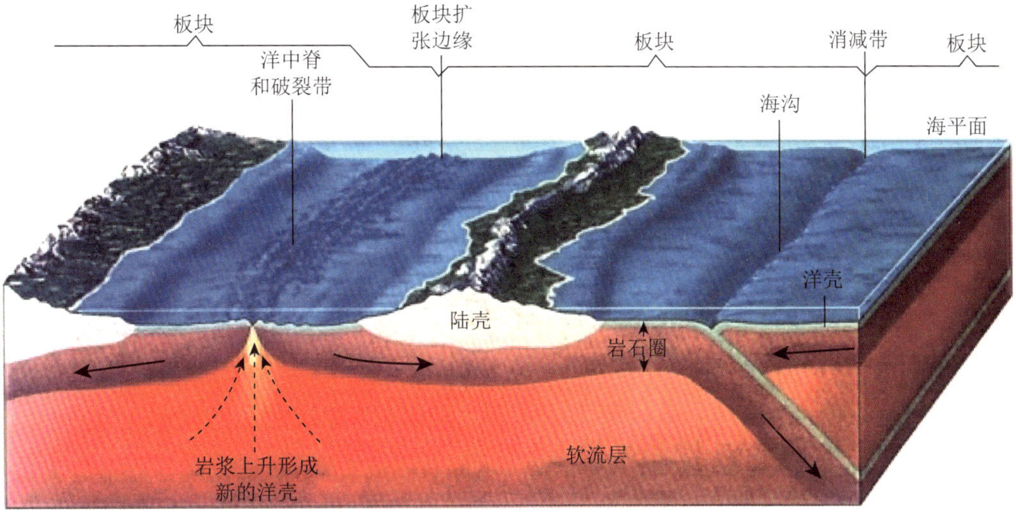

图1－9　地幔对流引起海底扩张之示意图

（据百度搜索 http://www.51edu.com/gaozhong/gaoer/dili/kejian/2724420_2.html）

法国科学家勒皮逊（X Lepichon）在大陆漂移学说和海底扩张学说理论基础上，又根据大量资料提出了板块构造学说。1968年，他将现今地球表层岩石圈分成太平洋板块、欧亚板块、非洲板块、美洲板块、印度洋板块和南极洲板块等六大主要板块（图1－10）。他认为，这些板块“漂浮”在上地幔的“软流层”上，受地幔物质对流作用影响，就像“传送带”上的“乘客”，以每年1～10 cm的速度，发生着大规模的水平运动。在大洋中脊分离，在海沟向下俯冲（图1－9）。

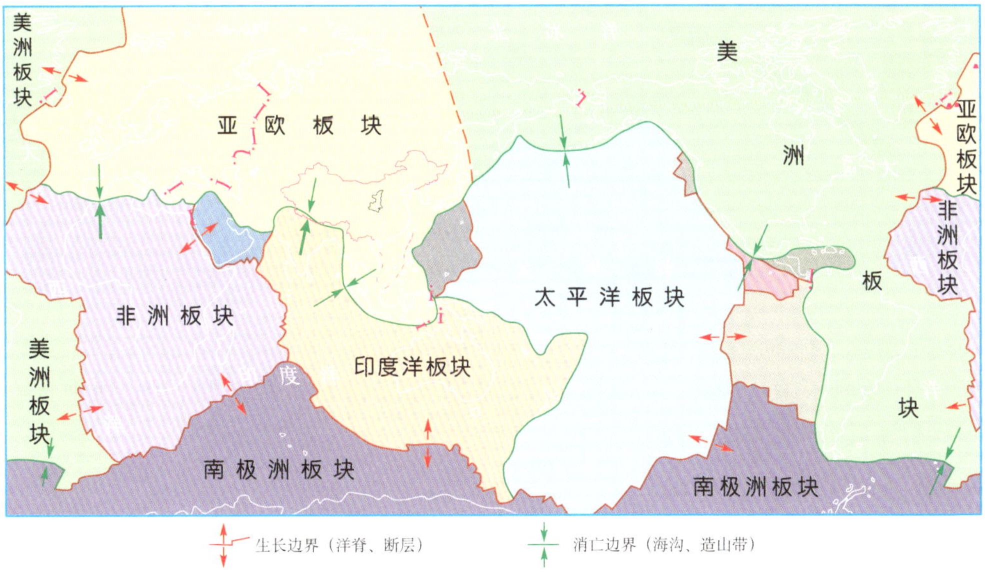

图1－10　全球6个主要板块构造示意图

现今的陕西位于欧亚板块南部（图1－10），在距今约2亿年的中生代三叠纪晚期以来，陕西的地壳运动，主要受欧亚板块自身构造活动控制，同时又受到来自西太平洋板块和印度洋板块的俯冲、挤压等构造运动的远程影响。但在此之前漫长的地质历史时期，还曾经历了原始陆块的裂解与拼合、古秦岭洋形成、古扬子板块与古华北板块的俯冲、碰撞等“分分合合”的地质构造演化历史。

板块构造理论认为，板块内部比较稳定，而板块与板块的交界处，则发生着强烈的构造活动。现今地球表面的基本面貌，便是由板块运动过程中彼此发生碰撞和张裂而形成的。在板块发生张裂的地区，常形成裂谷和海洋，如东非大裂谷、大西洋就是这样形成的；在两个板块碰撞处，常形成巨大的山脉，如横亘陕西南部的秦岭山脉，就是距今2亿多年古华北板块和古扬子板块两个板块挤压、碰撞的结果，喜马拉雅山则是印度洋板块向欧亚板块碰撞过程中产生的。当大洋板块和大陆板块相碰撞时，大洋板块因密度大、位置较低，便俯冲到大陆板块之下，在俯冲地带往往形成海沟，成为海洋最深的地方。大陆板块因受挤压而上拱，隆起成岛弧和海岸山脉（图1－11）。现今太平洋西部的深海沟和日本－琉球群岛等一系列岛弧链，就是太平洋板块与欧亚板块俯冲相撞的结果。

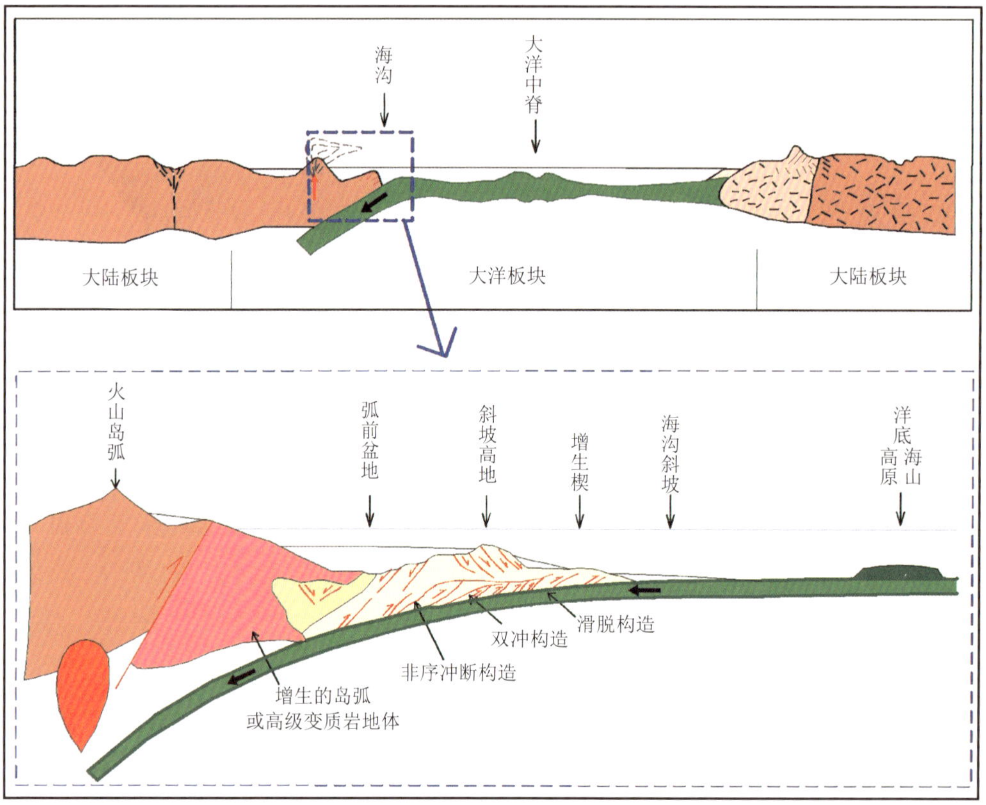

图1－11　典型板块构造体系示意图

（据岩石学报 http://html.rhhz.net/ysxb/20141114.htm，修编）

正是板块的俯冲、碰撞及板块内部调整等一系列构造运动，塑造了陕西现今复杂多样的地质面貌，形成了丰富的地下矿藏。因此，板块构造理论是打开认识陕西各种地质作用、地质演化历史以及矿产资源形成和分布的一把钥匙。

二、组成地壳的基本单元——矿物、岩石

（一）矿物

矿物，是指由地质作用形成的一种自然元素的单质或化合物。例如石英（水晶）、石盐就是我们生活中经常接触到的矿物。矿物是组成地壳中岩石和矿石的基本物质单元。据资料介绍，目前地球上已发现4000多种天然形成的矿物。此外，还发现有来自地球以外其他天体的天然单质或化合物，称为宇宙矿物。

地质学家按照成分和结构的不同，把矿物分成五大类：自然元素类、硫化物及其类似物、氧化物及氢氧化物、含氧盐矿物、卤化物（表1－1）。

表1－1　矿物分类表

大　类	类	代　表　性　矿　物
自然元素及类似物	自然元素	自然金、自然银、自然铜、自然汞（水银）、硫磺
	碳、硅、氮、磷化物类	金刚石、石墨
硫化物及其类似物	砷、锑、铋化物类	黄铁矿（FeS）、方铅矿（PbS）、闪锌矿（ZnS）、辉银矿（Ag_2S）、雄黄（AsS）、黄铜矿（$CuFeS_2$）、辉锑矿（Sb_2S_3）、辉铋矿（Bi_2S_3）、辰砂（朱砂、丹砂）（HgS）、毒砂（FeAsS）
	碲化物类	
	硒化物类	
	硫化物类	
氧化物及氢氧化物	氧化物类	石英（SiO_2）、刚玉（Al_2O_3）、金红石（TiO_2）、锡石（SnO_2）
	氢氧化物类	
含氧盐	硅酸盐类	滑石 $Mg_3[Si_4O_{10}](OH)_2$、硬玉 $NaAl[Si_2O_6]$
	硼酸盐类	硼砂 $Na[B_4O_5](OH)_4\cdot 8H_2O$）
	砷酸盐类	臭葱石（$Fe[AsO_4]\cdot 2H_2O$）
	磷酸盐类	磷灰石 $Ca_5[PO_4]_3/(F, Cl, OH)$
	钨、钼、铬酸盐类	白钨矿 $Ca[WO_4]$、钼铅矿 $Pb[MoO_4]$、铬铅矿 $Pb[CrO_4]$
	硫酸盐类	石膏 $Ca[SO_4]\cdot 2H_2O$
	碳酸盐类	方解石（$CaCO_3$）、天然碱（$Na_3H[CO_3]_2\cdot 2H_2O$）
	硝酸盐类	钠硝石（$NaNO_3$）
卤化物	氯、溴、碘化物类	石盐（NaCl）、钾盐（KCl）
	氧、氢氧、硫卤化物类	绿铜矿 $Cu_2Cl(OH)_3$
	氟化物类	萤石（CaF_2）、冰晶石（Na_3AlF_8）

（据《地球科学大辞典》编委会，2006）

1. 自然元素矿物

由独立的自然元素构成的矿物，如自然金（图1－12左）、自然银、自然铜、金刚石等，它们都是由单一元素组成，这类矿物在自然界少见。

图1－12　陕西汉阴金矿糖粒状石英脉中的自然金（左）和黄铁矿（右）
（据陕西省地质一队陈西民提供，2016）

2. 硫化物及其类似物

这类矿物包括铁、铜、铅、锌、银等金属元素的硫化物、硒化物、碲化物、砷化物等。自然界常见的此类矿物主要有黄铁矿（FeS，图1－12）、方铅矿（PbS）、闪锌矿（ZnS）、辉银矿（Ag_2S）、黄铜矿（$CuFeS_2$）、辉锑矿（Sb_2S_3）等。

3. 氧化物及氢氧化物

它包括金属和非金属元素的氧化物及氢氧化物，如石英（SiO_2）、刚玉（Al_2O_3，图1－13）、金红石（TiO_2）、锡石（SnO_2）等。

图1－13　氧化物（左—刚玉）和碳酸盐矿物（右—方解石）

（据河南省山水地质旅游资源开发有限公司

http://www.hndzzy.com/science_show.aspx? id=301&from=singlemessage&isappinstalled=0）

4. 含氧盐矿物

这类矿物绝大多数为硅酸盐，其次为硫酸盐、磷酸盐、碳酸盐矿物。它们在自然界很多，占总矿物种类的2/3。例如硫酸盐矿物石膏（$CaSO_4 \cdot 2H_2O$）、碳酸盐矿物方解石（$CaCO_3$，图1－13）等。

5. 卤化物

主要指氟、氯、溴、碘等元素的化合物。

正确认识矿物是地质找矿的基础。不同矿物具有不同的化学成分、物理性质及晶体特征（如颜色、形状、硬度、密度等），找矿人员在野外就是利用矿物的这些特征和属性来识别矿物的。回到室内，还要借助显微镜、电子探针、X射线、化学分析等仪器和测试方法，对矿物做进一步的测定，以准确地确定矿物的名称。

（二）岩石

岩石，是指天然产出的具有一定结构构造的矿物集合体。也就是说，矿物结合在一起就组成了岩石，也就是人们通常所说的石头。当岩石中含有人类可以提取的有用物质时，就变成矿石了。由此可见，矿石其实就是一种特殊的石头。自然界的岩石多种多样，地质学家按照它们形成的地质作用不同，把岩石划分为岩浆岩、沉积岩和变质岩三大类。

1. 岩浆岩

岩浆岩，是指由高温熔融状态的岩浆，在地下深处或喷出地表后冷却凝结而形成的岩石。其中，把在地下深处形成的岩浆岩叫侵入岩（图1－14），岩浆喷出地表冷凝而形成的岩浆岩称作喷出岩，又叫火山岩。

由于岩浆岩主要由二氧化硅（SiO_2）和其他一些氧化物及微量元素组成，因此，地质学家通常根据岩石中二氧化硅的含量高低，将岩浆岩进一步划分为超基性岩、基性岩、中性岩、酸性岩等4种类型(表1－2)。

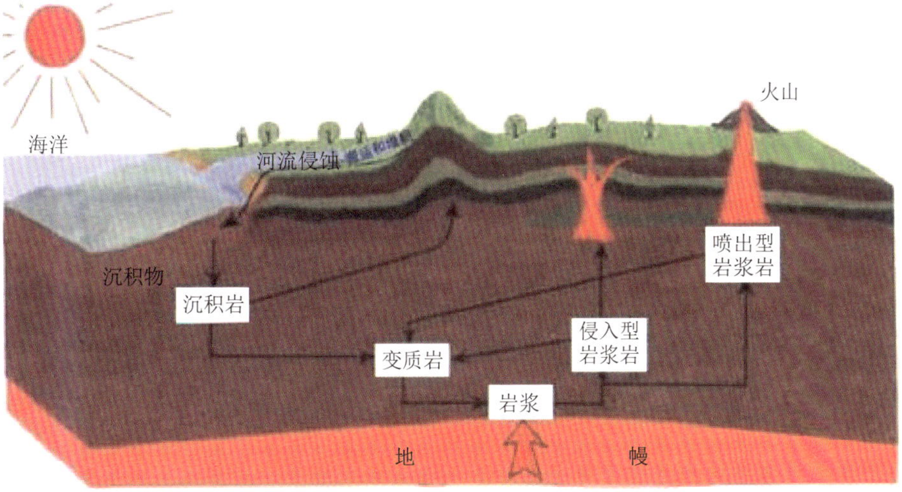

图 1－14　岩浆岩、沉积岩和变质岩产出状态示意图

（据搜狗百科 http://baike.sogou.com/h5697307.htm? sp = l5697308）

表 1－2　岩浆岩类型划分表

<table>
<tr><td colspan="4">岩石类型</td><td>酸性岩</td><td>中性岩</td><td>基性岩</td><td>超基性岩</td></tr>
<tr><td colspan="4" rowspan="2">化学成分
二氧化硅（SiO_2）含量/%</td><td colspan="2">富含硅（Si）、铝（Al）</td><td colspan="2">富含铁（Fe）、镁（Mg）</td></tr>
<tr><td>>65</td><td>65～52</td><td>52～45</td><td><45</td></tr>
<tr><td colspan="4">颜色</td><td colspan="4">浅色（灰白、浅红、褐等）→深色（灰、黑、暗绿）</td></tr>
<tr><td colspan="4">成因 / 构造 / 结构 / 主要矿物</td><td>正长石
石　英
黑云母
角闪石</td><td>斜长石
角闪石
辉　石
黑云母</td><td>斜长石
辉　石
角闪石
橄榄石</td><td>辉　石
橄榄石</td></tr>
<tr><td rowspan="3">喷出岩</td><td>喷发岩</td><td rowspan="3">流纹状
块　状
气孔状
杏仁状</td><td>火山碎屑岩</td><td colspan="4">集块岩、火山角砾岩、凝灰岩</td></tr>
<tr><td rowspan="2">溢流岩</td><td>玻璃质</td><td colspan="4">火山玻璃岩（黑曜岩、珍珠岩、浮岩、松脂岩）</td></tr>
<tr><td>隐晶质
斑　状</td><td>流纹岩</td><td>安山岩</td><td>玄武岩</td><td>金伯利岩</td></tr>
<tr><td rowspan="3">侵入岩</td><td rowspan="2">浅成岩</td><td rowspan="2">块　状</td><td rowspan="2">斑　状
隐晶质
细粒状</td><td colspan="4">伟晶岩、细晶岩、煌斑岩</td></tr>
<tr><td>花岗斑岩</td><td>闪长玢岩</td><td>辉绿岩</td><td>少见</td></tr>
<tr><td>深成岩</td><td>块　状</td><td>全晶质
粗　粒
似斑状</td><td>花岗岩</td><td>闪长岩</td><td>辉长岩</td><td>橄榄岩
辉石岩</td></tr>
</table>

注：本书中所列矿种的相关组分含量百分比（如 $SiO_2 \geqslant 30\%$）均指质量分数（如 $w(SiO_2) \geqslant 30\%$），全书同。

（据《地球科学大辞典》编委会，2006）

超基性岩，指二氧化硅含量低（$SiO_2 \leqslant 45\%$），铁、镁含量高，且主要由橄榄石、辉石等矿物组成的岩浆岩。常见的超基性侵入岩有橄榄岩、辉石岩（图 1－15），常见的超基性火山岩有苦橄玢岩、金伯利岩等。超基性岩来自于地幔深部，其中常有铬、镍、钴及铂族元素矿产出。优质橄榄岩本身就是一种矿产，可用于烧制钙镁磷肥。橄榄岩加工成橄榄石砂，可用作硫酸镁肥和农药，还用于冶金和铸造等工业部门。金伯利岩则因产金刚石备受人们重视，它是寻找金刚石的重要标志。金刚石，俗称“金刚钻”，也就是人们常说的钻石的原身，它是一种由碳元素组成的矿物，是目前地球上发现的最硬的天然物质(图 1－16)。

图 1－15　超基性岩

（左—商南橄榄岩，董王仓摄，2016；右—钾镁煌斑岩，原称斑状金伯利岩）

（据中国岩土网旗下岩土论坛 http://bbs.yantuchina.com/show.php? uid = &fid = 11&type = &page = 766）

图 1－16　金刚石矿石原石（左）及钻石（右）

（左—百度百科 https://baike.baidu.com/pic/%E9%87%91%E5%88%9A%E7%9F%B3%E5%B2%A9/2280795/0/e6508eeff9d240d5ce1b3ef4? fr = lemma&ct = single#aid = 0&pic = e6508eeff9d240d5ce1b3ef4；右—百度搜索 http://www.photophoto.cn/show/09035087.html）

说起钻石，人类最早发现钻石的过程偶然而有趣。据说，1866 年住在南非一家农场的一个名叫伊拉兹马斯·雅可比的少年，一天，他在奥兰治河滩上玩耍，无意中捡到一块重达 4.25 克的钻石原石。那粒钻石立即被英国殖民总督送到法国巴黎万国博览会（1867 ~ 1868 年）上展览，并取名为“尤瑞卡”（意思是“我找到了”）。听到南非发现钻石的消息，一时间成千上万的探矿者赶到南非奥兰治河，形成了一股寻找钻石的狂潮。其中，有一对姓伯纳特的兄弟，不久就幸运地在金伯利附近的超基性岩中发现了一座钻石矿。从此，把这种产钻石的岩石称为金伯利岩。后来，一个叫罗兹的英国商人在 1938 年创建了大名鼎鼎的戴比尔斯公司，买下了整个钻石矿，并精心打造钻石文化，宣称坚硬的钻石象征着忠贞不渝的爱情。“钻石恒久远，一颗永流传”，一句广告语，使钻石成为纯真爱情的象征。然而在这光鲜美好的背后，因开采钻石而引发的械斗和战争，却鲜为人知。譬如盛产钻石的西非国家塞拉利昂共和国，1991 年就因争夺钻石矿的控制权而发生内战，并持续了整整 11 年，造成了 5 万人死亡，200 多万人口流离失所，被称为世界上最血腥的内战。

基性岩，是指二氧化硅（SiO_2）含量在 45% ~ 52% 之间，Fe、Mg 含量较高，由辉石、斜长石、角闪石等矿物组成的岩浆岩。常见的基性侵入岩有辉长岩、辉绿岩，基性火山岩以玄武岩为主（图 1－17）。基性岩的岩浆来源于地壳深部或地幔，基性岩中常有钒钛铁矿、铜镍矿、铜矿等矿产出。

优质玄武岩本身就是一种矿产，它在高温下可被拉拔成玄武岩纤维，其具有较高的化学和高热稳定性、高绝缘性、高电磁波透过性、与金属和塑胶有较好的兼容性等良好性能，近年来作为一种新型环保可再生利用材料，广泛应用于机械制造、航空、纺织等领域。

图 1－17　玄武岩（左）及玄武岩纤维制成的特种布料（右）

（左—百度搜索 http://wenku.todgo.com/PPTzhizuojiqiao/215956459cae_p7.html；右—百度百科 https://timgsa.baidu.com/timg?image&quality=80&size=b9999_10000&sec=1497803520999&di=32b9592452d5cb56c4825d5318b61623&imgtype=0&src=http%3A%2F%2Fimg.diytrade.com%2Fcdimg%2F1280074%2F15155103%2F0%2F1284622476.jpg）

中性岩，是指二氧化硅（SiO_2）含量在 52%～65% 之间，Si、Al 含量较高、且主要由角闪石、黑云母、辉石、斜长石等矿物组成的岩浆岩。常见的中性侵入岩为闪长岩、闪长玢岩（图 1－18）。与闪长岩有关的矿产有矽卡岩型铜矿、铁矿等。中性火山岩主要有安山岩，其中常有金、铜矿产产出。

图 1－18　常见的中性岩

（左—闪长岩；右—安山岩）

（左—百度百科 https://baike.baidu.com/pic/%E8%8A%B1%E5%B2%97%E9%97%AA%E9%95%BF%E5%B2%A9/7018368/0/80cb39dbb6fd5266e775aadca918972bd507369f?fr=lemma&ct=single#aid=0&pic=80cb39dbb6fd5266e775aadca918972bd507369f；右—百度百科 https://baike.baidu.com/pic/%E9%BA%A6%E9%A5%AD%E7%9F%B3%E6%B4%BB%E5%8C%96%E7%90%83/6245159/0/f3d3572c11dfa9ecc058bd0663d0f703918fc1a9?fr=lemma&ct=single#aid=0&pic=ac0acf1342142a325baf5331）

酸性岩，是指二氧化硅（SiO_2）含量在 65%～75% 之间，Si、Al 含量高且主要由正长石、石英、黑云母、角闪石等矿物组成的岩浆岩。常见的酸性侵入岩有花岗岩、花岗斑岩和伟晶岩（图1－19）。酸性火山岩有流纹岩、英安岩和黑曜岩。它们主要是地壳中花岗质岩层熔融后，侵入到上部地层中或喷出地表而形成的一类岩石。酸性岩中含有丰富的有色金属和稀有金属矿产，如铜、铅、锌、钨、锡、钼、锂、铌、钽及铀等。多数宝玉石也产在酸性岩中，如碧玺、祖母绿等常产在伟晶岩中，玛瑙则多产在酸性火山岩中（图 1－20）。

图1－19　花岗斑岩（左，董王仓摄于洛南县石门，2015）及黑曜岩（右）

（右—新浪微博 http://blog. sina. com. cn/s/blog_7b03b6a50100tqhp. html）

图1－20　黑曜岩制作的手链（左）及产于火山岩中的玛瑙原石（右）

（左—360百科 https://baike. so. com/doc/5586823－5799417. html；

右—雅昌论坛 http://bbs. artron. net/thread－3367297－1－1. html）

花岗岩是酸性岩中最主要的岩石类型，它以其结构致密、坚硬耐磨、颜色美观、不易风化、外观色泽保持久远，素有“岩石之王”之称，自古以来就作为天然石材被人类开采利用。在陕西境内，古有西汉和东汉时期的花岗岩陵墓石雕（图1－21），魏晋时期的石窟造像、隋唐时期的陵墓石雕等众多文物中，也都可见利用花岗岩的遗迹。明清以来，在宫殿、陵墓、园林、王府等建筑中，花岗岩已经成为不可缺少的建筑材料。

新中国成立后，花岗岩的开发得到了迅速发展，应用领域不断扩大，许多重大建筑大量使用花岗岩。如天安门广场的“人民英雄纪念碑”（图1－22）、陕西黄帝陵的轩辕殿、南京雨花台烈士群雕、兰州“黄河母亲”巨型石雕（图1－23）等，均是由花岗岩雕琢而成的。20世纪80年代以来，城市新建宾馆、饭店、写字楼等用花岗岩作室内外装饰，更是雨后春笋般地渐成时尚。

火山石（俗称浮石），是火山爆发后由火山玻璃、矿物与气泡形成的多孔酸性火山岩，由于火山石含有钠、镁、铝、硅、钙、钛、锰、铁、镍、钴和钼等几十种矿物质和微量元素，无辐射且具有远红外磁波，近年来被作为一种功能型环保材料备受青睐，广泛应用于建筑、水利、研磨、滤材、烧烤炭、园林造景、无土栽培、观赏品、中药及理疗（图1－24）等领域。

碱性岩，上述几类岩石中，当氧化钾、氧化钠含量达到一定程度，并形成钾长石、钠长石、正长石、霞石等碱性矿物时，就称其为碱性岩。碱性侵入岩有正长岩、霞石正长岩，碱性火山岩有响岩、粗面岩等（图1－25）。与碱性岩有关的矿产有铌、锆等稀有金属和稀土元素，以及铁、钛、磷等，有时也有铀矿和铜矿。此外，正长岩中常有刚玉产出，品质优良者即为红宝石或蓝宝石（图1－26）。

图 1 - 21　茂陵西汉石雕卧牛（左）及碑林博物馆藏东晋时期大夏石马（右）
（左—尹宗义摄于茂陵博物馆，2016；右—董王仓摄于西安碑林博物馆，2016）

图 1 - 22　天安门广场花岗岩雕刻的“人民英雄纪念碑”
（据百度搜索 https://m.tiexue.net/touch/thread_9615366_1.html）

图 1 - 23　兰州“黄河母亲”花岗岩石雕（左）及花岗岩建造的黄帝陵轩辕殿（右）
（左—兰州旅游网 http://www.ulanzhou.com/html/zy/6319.html；
右—新浪博客 http://blog.sina.com.cn/s/blog_a2d2cf1e01019yg2.html）

2. 沉积岩

沉积岩，是指地表环境下，由松散沉积物固结而成的岩石。通俗地讲，组成沉积岩的物质是一些砾石、砂、黏土、灰泥和生物残骸等松散物质，这些物质有的是溶解在水里，更多的则是被水等介质搬运，它们逐年累月地集聚、沉积下来，最终被新的沉积物覆盖、压实就变成了沉积岩（图 1 - 27）。

图 1－24　浮石（左）及浮石制作的新型高强墙体

（据天元矿业公司－企业库－马可波罗网 http://b2b.makepolo.com/vender/20448333.html）

图 1－25　碱性岩（左—正长岩，右—粗面岩）

（据董王仓摄于镇坪县双河口,2014）

图 1－26　红宝石原石（左）和蓝宝石原石（右）

（左—珠宝－品鉴 http://www.luxe－life.com.cn/zb/654_2.htm;右—上海鼎荣文化传播有限公司 http://www.zk71.com/guozun5/productimages/guozun5_79786722.html）

沉积岩在地表分布面积广泛，约占地表面积的 75%。根据沉积岩的形成方式和物质成分，把沉积岩分为四大类：碎屑岩、黏土岩、化学沉积岩和生物化学沉积岩（表 1－3）。

碎屑岩，是指母岩在地表环境下自然破碎形成的碎屑物质，经过水流、风力或冰川等搬运、沉积、固结而形成的沉积岩。碎屑岩按照碎屑颗粒的大小，又可以细分为砾岩、砂岩、粉砂岩等（图 1－28，图 1－29）。如果伴有火山喷发碎屑物质时，就形成了火山碎屑岩。巨大的火山角砾集中在一起形成集块岩，当火山角砾比较小时，叫火山角砾岩，由更细小的火山灰组成的岩石叫凝灰岩。

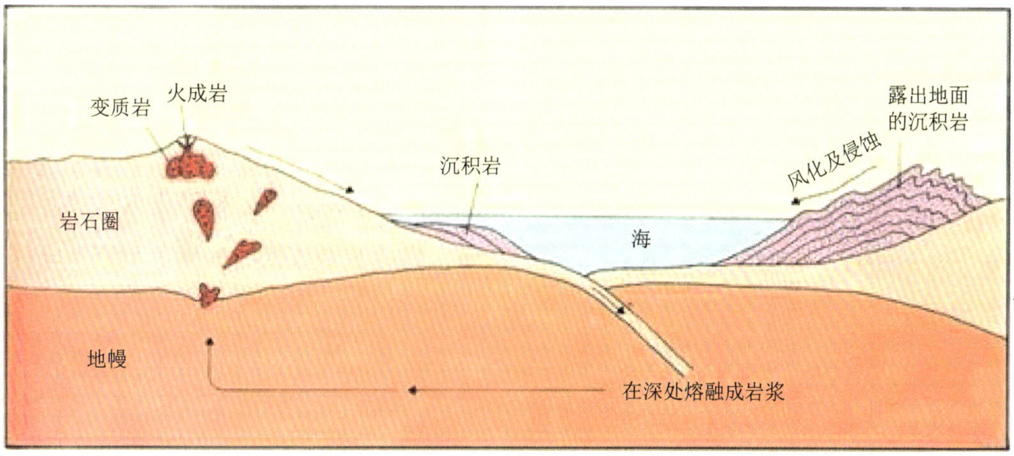

图 1－27　沉积岩形成过程示意图

（变质岩石学 http://mooc.chaoxing.com/course/156203.html）

表 1－3　沉积岩分类简表

大类	碎屑岩		黏土岩	化学沉积岩	生物化学沉积岩
物源	火山	陆源		内源	
按粒径及沉积分异顺序划分类型	火山集块岩 （>64 mm） 火山角砾岩 （64～2 mm） 凝灰岩 （<2 mm）	砾岩（>2 mm） 砂岩 （2～0.0625 mm） 粉砂岩 （0.0625～0.0039 mm）	黏土 页岩 泥岩 （<0.0039 mm）	石灰岩　白云岩	
				铝质岩 铁质岩 锰质岩 蒸发岩	礁灰岩 磷质岩 硅质岩 可燃有机岩

（据《地球科学大辞典》编委会，2006；舒良树，2010）

图 1－28　砾岩（左）及火山集块岩（右）

（据董王仓摄于镇坪县双河口，2014）

黏土岩，又称为泥质岩，它是一种由颗粒非常细小的物质组成的沉积岩。疏松的称为黏土，固结成岩后具薄片状，像书本的纸页一样的称作页岩；不具层状特征的叫黏土岩，也叫作泥岩（图 1－30）。

化学沉积岩，是指岩石风化产物中的溶解物质，通过化学作用方式沉积而形成的岩石，如碳酸盐岩（石灰岩、白云岩）、铁质岩、锰质岩及蒸发岩等（图 1－31）。

这类岩石往往本身就是具有经济价值的矿石，如碳酸盐岩，它是由方解石、白云石等矿物组成的

图 1－29　砂岩（左—延川县延长组砂岩）和粉砂岩（右—汉阴县新近纪粉砂岩）

（左—许锋摄，右—董王仓摄）

 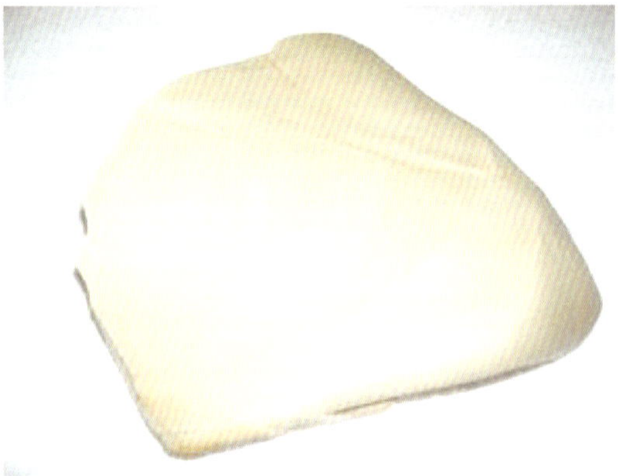

图 1－30　黏土岩（左—页岩，右—泥岩）

（左—侨报网新闻中心 http://news.uschinapress.com/2015/1229/1048235.shtml；

右—奇石交易网 http://info.s1288.com/stoneInfomation/articledetail.aspx? id＝131907）

图 1－31　石灰岩（左—富平万斛山奥陶系灰岩）与白云岩（右—洛南石门巡检司组）

（据董王仓摄，2015）

岩石的总称，包括石灰岩和白云岩。石灰岩除用于水泥原料外，还储存有地下水、石油、天然气和铅锌等矿产资源。此外，还因其具有可溶性，在流水冲蚀和机械崩塌等地质作用影响下，可形成峰林、溶洞、竖井、天坑、喀斯特洼地、喀斯特平原、喀斯特峡谷等喀斯特地貌（又称岩溶地貌）。

生物化学沉积岩，通常是指岩石风化产物中的溶解物质，通过生物化学作用使某种物质聚集而形成的岩石。自然界中常见的生物化学沉积岩有硅藻土、介壳石灰岩、礁石灰岩、磷块岩等（图1－32）。与这类岩石有关的矿产有磷矿、铁矿等，煤、石油、天然气等则属特殊的生物化学沉积岩，它们是各种动植物死亡后深埋地下，经过漫长复杂的物理化学作用而形成的可燃性有机岩。

图1－32　常见的生物化学沉积岩

（左—硅藻土；右—介壳石灰岩）

（左—360百科 https://baike.so.com/doc/1084674－1147855.html；

右—中华文本库 http://www.chinadmd.com/file/capivtpzcxortxwwrxzoitsa_40.html）

3. 变质岩

变质岩，是指地壳中已经存在的岩石（岩浆岩、沉积岩和原来的变质岩），由于受到构造运动、岩浆活动或地壳内部热流变化等地质作用影响，导致它们的矿物成分和结构发生变化而新形成的一种岩石。根据变质作用性质的不同，通常将变质岩分为三大类：接触变质岩、动力变质岩和区域变质岩（表1－4）。

表1－4　变质岩类型划分表

岩石类型	接触变质岩	动力变质岩	区域变质岩
代表性岩石	石英岩 矽卡岩 大理岩 角　岩	构造角砾岩 碎裂岩 糜棱岩 千糜岩	板　岩 千枚岩 片　岩 大理岩 片麻岩 混合岩

（据《地球科学大辞典》编委会，2006）

接触变质岩，是指熔融炙热的岩浆与周围岩石接触时，由于受岩浆热力影响，周围岩石发生变化而新形成的一种岩石。如岩浆与石灰岩接触使石灰岩变为大理岩（图1－33）。一些接触变质岩常伴生有铁、铜、锡、钨等成矿作用，可形成规模较大的金属矿床，而大理岩本身就是一种很好的建筑材料。颜色洁白的大理岩又叫汉白玉，它是一种上等的建筑和雕刻材料。据传，我国从汉代起就用这种宛若美玉的材料修筑宫殿，装饰庙宇，雕刻佛像，点缀堂室，汉白玉也由此得名。

动力变质岩，是指在断裂作用产生的强应力影响下，使原来岩石及其矿物发生变形、破碎或重结晶作用而形成的一种岩石。由于应力的性质和强度不同，可形成构造角砾岩、碎裂岩、糜棱岩、千糜岩等不同类型的动力变质岩（图1－34）。它们主要沿断裂呈条带状分布，是识别断裂带的重要标志。

区域变质岩，是指由于区域性地壳活动，大面积分布的岩石受温度、压力、应力和热流体等因素影响而新形成的一种岩石。从变质程度的深浅来看，由浅到深形成的岩石依次为板岩、千枚岩、片

图 1－33 大理岩原石（左）及汉白玉制作的北京故宫石栏杆（右）
（左—百度搜索 http://www.huitu.com/photo/show/20130925/133720851200.html；
右—百度搜索 http://www.quanjing.com/share/192－1594.html）

图 1－34 常见的动力变质岩（左—构造角砾岩，右—糜棱岩）
（左—百度贴吧 http://tieba.baidu.com/p/2644607698；右—爱福窝 http://www.fuwo.com/article/632083.html）

图 1－35 板岩（左）与千枚岩（右）
（左—天成石材 http://www.tcbanyan.com/about－2.html；
右—中国粉体技术网 http://www.cnpowdertech.com/2014/kejifazhan_0822/8172.html）

岩、大理岩、片麻岩、混合岩（图 1－35）。变质程度由浅到深，所保留原岩面貌及特征也愈来愈少，深变质岩所保留的原岩特征很少，浅变质岩保留的原岩特征就要清楚得多。

混合岩是一种特殊的区域变质岩，它是岩石强烈变质后，矿物成分、组织结构重新组合，成为由基质和脉体两部分组成的岩石。混合程度浅，叫混合岩化，原变质岩的特征还可以见到，脉体呈条痕状、眼球状交代原岩，常见者为条痕状混合岩、眼球状混合岩；混合程度较深，就出现花岗质混合岩、层状混合岩；混合程度极深，岩石结构和成分都类似花岗岩，就叫混合花岗岩。

（三）陕西的岩石特征

陕西山塬起伏，河流纵横，有高原、山地、平原和盆地，但许多人不曾想到，正是各种不同的岩石——沉积岩、岩浆岩和变质岩，奠定了如此复杂多样的地貌景观。也很少有人去想，这些石头竟然与我们的日常生活有着千丝万缕的联系。

1. 陕西的沉积岩

陕西的沉积岩以碎屑岩、碳酸盐岩及黏土岩最为发育，其次为硅质岩、可燃有机岩及蒸发岩等。

（1）碎屑岩

碎屑岩，包括砾岩、砂岩、粉砂岩，它是陕西出露范围最广的岩石类型之一，主要分布在陕南秦岭巴山和陕北地区。

碎屑岩是煤炭、石油、天然气等矿产资源的重要储藏岩层。陕北丰富的煤、油气资源就储藏在砂岩 - 黏土岩层中。在陕西临潼郑庄秦石料加工场遗址出土的石磨等生产工具，说明我们祖先早在2000年以前的秦代就开采利用砂岩了。先民们用砂岩制作石磨、石臼、石锤、石碾等生产工具，用于加工豆浆、米浆和面粉等食物（图1 - 36）。砂岩还是人类使用最为广泛的建筑石材，它高贵典雅的气质、天然环保的特性，成就了人类建筑史上的朵朵奇葩。在国外，数百年前用砂岩装饰而成的法国罗浮宫、巴黎圣母院、英伦皇宫、美国国会大厦、哈佛大学等，至今仍风韵犹存；在国内，砂岩很早就被用作建筑及室内外装饰。近年来，随着人们生活水平和艺术品位的提高，砂岩雕刻艺术品已大量应用于大型公共建筑、别墅、家装、酒店的装饰、园林景观及城市雕塑。如亚洲规模最大的西安大雁塔喷泉广场雄壮的雕塑群，就是现代雕塑的经典之作，其砂岩即取材于渭北中生代形成的砂岩（图1 - 37）。此外，陕北砂岩覆盖地区，在河流或风沙侵蚀等作用影响下，形成了或奇特的黄河第一湾（图1 - 38），或赏心悦目的红砂峁——丹霞地貌等自然景观，并由此而促进了当地旅游观光业的发展。

图1 - 36　砂岩制作石磨（左）和石磨（右）

（左—搜狐网 http://www.sohu.com/a/119041282_513303；右—齐鲁社区 http://bbs.iqilu.com/forum.php? mod = viewthread&threads = thread&tid = 10846049）

（2）碳酸盐岩

碳酸盐岩是除碎屑岩之外陕西分布广泛的又一类沉积岩，主要包括石灰岩和白云岩。石灰岩主要分布在以下4个地区：一是陇县、礼泉、富平、蒲城、韩城等渭北北山地区；二是镇安、旬阳等地；三是紫阳、平利等地；四是宁强、南郑、西乡、镇巴等地；白云岩，在省内由北向南，主要分布在渭北地区下古生界奥陶系马家沟组、洛南地区中元古界官道口群及高山河群、柞水县附近的下古生界寒武—奥陶系石瓮子组、南郑—西乡—镇巴一带新元古界震旦系灯影组以及中生界三叠系嘉陵江组、旬

图 1-37　西安大雁塔北广场砂岩雕塑群

（新浪博客 http://blog.sina.com.cn/s/blog_67afa3290102dri6.html）

图 1-38　延川县黄河第一湾——乾坤湾（左）与靖边红砂岩形成的丹霞地貌（右）

（左—百度百科 http://baike.baidu.com/item/%E4%B9%BE%E5%9D%A4%E6%B9%BE；

右—中国国家地理网 http://www.dili360.com/article/p54f673813f21059.htm）

阳县北部地区上古生界泥盆系公馆组等一系列地层中。

碳酸盐岩是地下水、石油、天然气和铅锌矿、岩盐等矿产的含矿岩层。如陕西渭北-陕北一带碳酸盐岩中储存的地下岩溶水，为这些缺水地区人畜用水提供了重要的水源地；延安-榆林地区奥陶系马家沟组石灰岩中，储藏着丰富的优质石盐矿产，使该地区成为我国重要的石盐化工生产基地；据中国化工报报道，镇巴地区中生代碳酸盐岩中具有油气找矿前景，有望成为继陕北之后，陕西又一油气富集区；凤县泥盆系古道岭组石灰岩中，已查明多个大中型铅锌、金矿床，如今，凤县-太白已成为我国西北地区重要的铅锌生产基地（图 1-39）。

20 世纪 80 年代，在陕南秦岭深处发现的柞水溶洞，被誉为“北国奇观”和“西北一绝”，它便是距今约 4.5 亿年的石瓮子组碳酸盐岩，经地下水长期溶蚀而形成的天然艺术宫殿。溶洞内形态各异的钟乳石琳琅满目，绚丽多姿，美不胜收（图 1-40）。1990 年被省政府授予“陕西省风景名胜区”称号，2011 年被国土资源部命名为“国家地质公园”，2014 年晋升为国家 4A 级旅游景区。

2016 年 5 月，网络上一条镇巴县发现大型天坑的消息，引起了陕西地学界及摄影爱好者的惊讶和关注。后经陕西省地质调查中心野外实地考察发现，在汉中镇巴、西乡、南郑、宁强东西长 100 余千米的碳酸盐岩分布区域，分布有 50 余处大大小小的天坑（图 1-41），形成一系列天坑群。它们均

图 1－39　陕西东岭集团凤县锌冶炼厂

（腾讯新闻网 http://news. qq. com/a/20120817/001214_3. htm？hcr）

图 1－40　柞水溶洞景观

（左—溶洞外碳酸盐岩地貌；右—溶洞内的石钟乳）

（左—西安金桥国际旅行社 http://www. bokee. net/company/weblog_viewEntry/16826432. html；右— http://baike. baidu. com/link？url = rBY5kMdx9aN_oZHiKox5WVKldPKhtTktPJmlrZF_FlJr8CGuwoXAmwij_hZYin6u2OsZtdrcehkQG7DB45yzFyJE4cGtxq17mBBeFdudxB72odni5MRVYCj－AOelQx4p）

是碳酸盐岩长期遭受地表水侵蚀、地下水溶蚀和崩塌、陷落所致。其中，最大的天坑——圈子崖天坑即位于镇巴县三元镇双河村。该天坑东西长约 520 m，南北宽 330 m，坑深 380 m。其深度世界排名第五，容积世界排名第六。汉中天坑群的发现，不仅为当地开发地质旅游业带来了新的生机，也为研究这一区域地壳活动提供了新的切入点。

碳酸盐岩具有导热、坚固、可磨光及可加工等性能，因此，它本身就是一种矿产。陕西广泛分布的石灰岩为数十家水泥生产企业提供了充足的生产原料，优质石灰岩还用于制作石碑及雕刻工艺品。人们只知道西安碑林博物馆享有“中国书法和石刻艺术宝库”之美誉，但鲜有人知，那些 900 多年来墨香四溢、栩栩如生的石碑及石雕艺术品，就是用石灰岩制作而成的（图 1－42、图 1－43）。

（3）黏土岩

黏土岩也是陕西沉积岩中较发育的岩石类型，包括疏松的黏土和页岩、泥岩等。其中，页岩和泥岩主要分布于渭北、陕北及陕南地区。疏松黏土，主要分布于陕西中部关中平原和北部黄土高原的地表或近地表浅部。

黏土岩由于具有可塑性、耐火性、烧结性、吸附性等物理性质，自古以来就被人类广泛地开采利用。其中，烧制陶器是黏土岩最早的用途。1953 年，在西安东郊半坡村发现了距今 6000 余年的“半

图1－41　镇巴县天悬天坑

（左—无人机天坑俯视图；右—天坑仰视图）

（据陕西省地质调查院，2016）

图1－42　唐《三藏圣教序》碑（左）与清康熙帝《宁静致远》碑（右）

（董王仓摄于西安碑林博物馆，2016）

坡彩陶”陶盆（图1－44）、碗、陶埙、陶鸟塑等，说明早在6000多年前，中华大地上就已经产生了雕塑、绘画和音乐艺术。1990年4月，我国将这门来自远古的文化再次展现在了方寸邮票之上。陶俑在春秋战国时开始出现，秦汉时达到高峰，最为著名的有秦始皇陵中的兵马俑（图1－45）。陶器主要有陶砖、陶瓦和瓦当，故有“秦砖汉瓦”之说（图1－46）。瓷器脱胎于陶器，它是3000多年前先民烧制陶器过程中，探索出的创新性黏土烧制工艺。陕西的耀州窑，唐代时已是我国陶瓷著名产地，宋代达到鼎盛，成为“宋代六大窑系”产区之一（图1－47），它烧制陶瓷的原料就取自铜川、耀县❶一带石炭纪和二叠纪的黏土岩。

❶ 耀县，陕西省铜川市下辖区，地处陕西中部渭北高原南缘，是关中通向陕北的天然门户，素有“北山锁钥”之美誉。2012年10月经国务院批准撤县设区，即为现在的耀州区。

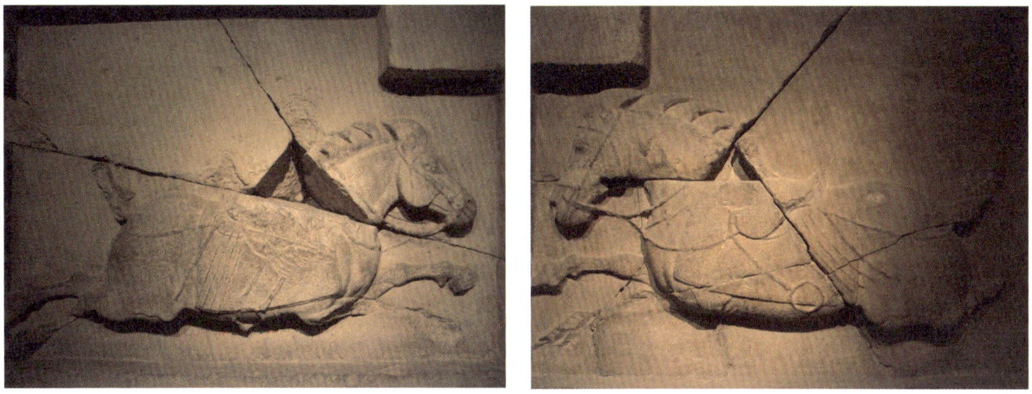

图 1－43　唐·阎立本石灰岩浮雕《昭陵六骏》之特勒骠（左）及白蹄乌（右）

（董王仓摄于西安碑林博物馆，2016）

图 1－44　半坡人烧制的人面鱼纹彩陶盆（左）及 1990 年发行的彩陶盆邮票（右）

（左—董王仓摄于西安半坡遗址博物馆，2016；

右—据 360 个人图书馆 http://www.360doc.com/content/11/1029/19/1258871_160134813.shtml）

陶瓷，很早以前便作为我国的特产随丝绸一起输往国外，从 2100 多年前（公元前 137）张骞由长安出使西域，到 600 多年前郑和下西洋，海陆两条丝绸之路把中国的瓷器输往沿途各国，开启了经济全球化的先河。英国历史学家彼得·弗兰科潘在其所著《丝绸之路：一部全新的世界史》中评价“丝绸之路”的历史功绩时这样写道：“我们通常把全球化看作是当代社会独有的现象，但早在 2000 年前，全球化就已经是事实……”（浙江大学出版社，2016，P010）。2013 年，习近平主席提出共建“丝绸之路经济带”和“21 世纪海上丝绸之路”的“一带一路”倡议，得到了沿线各国的响应。如今，古丝绸之路正在复兴，并焕发出新的、更大的生机和活力，追本溯源，黏土岩功不可没！

黏土岩除了本身的价值外，它还是石油的重要生油岩和油气的“盖层”，对于油气的生成和保存意义重大。

（4）硅质岩

硅质岩，也称燧石岩，是古代海洋中形成的一种富含二氧化硅（SiO_2）的沉积岩。它主要分布在陕南秦岭、巴山地区的中元古代—古生代地层中，呈现黑色、深灰色，薄层状条带状、结核状赋存于碳质板岩、白云岩和石灰岩中。

硅质岩致密坚硬，本身就是一种很有价值的材料。由于它坚硬，破碎后产生锋利的断口，所以远古时期，它就为石器时代的原始人所青睐。那时候，大部分石器工具都是用硅质岩制造而成（图 1－48）。燧石岩和铁器击打会产生火花，因此也为古代人用作取火的工具。我国古代先民常用一把

图 1－45　1983 年发行的秦兵马俑邮票

（据方寸斋邮票收藏投资网 http://www.e1966.com/ProductList/26－24－0－0.html）

图 1－46　汉代瓦当

（据尹宗义摄于咸阳汉阳陵博物馆，2016）

（左—千秋万岁；右—动物图腾）

图 1－47　宋代耀州窑遗址（左）及耀州窑遗址新村出土的唐朝黑釉塔式瓷罐（右）

（尹宗义摄于铜川耀州窑博物馆，2016）

图 1－48　半坡遗址出土的石锤（左）和石斧（右）

（尹宗义摄于西安半坡遗址博物馆，2016）

铁制的“火镰”击打燧石取火，故燧石也叫作火石。关于燧石取火的传说，1992 年《人民日报》这样写道：“传说远古的商丘一带（今河南商丘——编者注）布满山林，有不少燧石裸露在外。部落成员用石块追打野兽时，石块和燧石相撞发出火光，燃着了枯木。他们从中得到启发，发明钻燧取火。由于钻燧取火不易燃着枯木，后来阏伯（读 è bó，传说阏伯是原始社会五帝中帝喾的长子——编者注）便把火种取到一块高地保留，供人们随时点火来用，造福于人类”。击燧取火的方法（图1－49）从远古到新中国成立初期，河南省商丘一带的农村一直沿用着，只不过先前的以石击燧，到后来改成了以铁击燧，名曰：“火镰子”。

图 1－49　先民击燧取火图

（360 百科 https://p1.ssl.qhmsg.com/t01b6f8d3bad5d3bb53.jpg）

陕西关中地区有一种制作奇特、风味别致的古老食品——石子馍，就是用烧热的卵状燧石子烙烫而成的（图 1－50）。清代袁牧在《隋园食单》里，称石子馍为“天然饼”，并对它的制作方法还做了详细的记述。

2. 陕西的岩浆岩

陕西的岩浆岩包括火山岩和侵入岩，出露面积 26485 km^2，占全省总面积的 13.5%，是陕西又一重

图 1－50　关中石子馍烙制过程

（左—福客资讯 http://news. folkw. com/www/qqfs/115859772. html；

右—汇图网 http://www. huitu. com/photo/show/20160711/133728181380. html）

要的岩石类型，主要分布在陕西南部的秦岭、巴山地区及西部宝鸡—陇县一带的陇山地区，关中盆地及陕北地区则几乎未见岩浆岩出露。岩浆岩不仅本身有重要的利用价值，而且其内部常有金属矿产产出。

（1）火山岩

火山岩主要分布在宝鸡—西安以南的陕南地区（图 1－51），出露面积为 8545 km^2，占岩浆岩出露面积的 32.3%，大多形成于太古宙、元古宙和早古生代，晚古生代以后极少。主要岩性为基性和酸性火山岩，其次为中性火山岩及少量基性、碱性次火山岩。其中，太古宙火山岩主要分布于华县－潼关地区的太华岩群，此类火山岩中赋存有火山－沉积变质型磁铁矿、热液型金矿、稀有金属和稀土

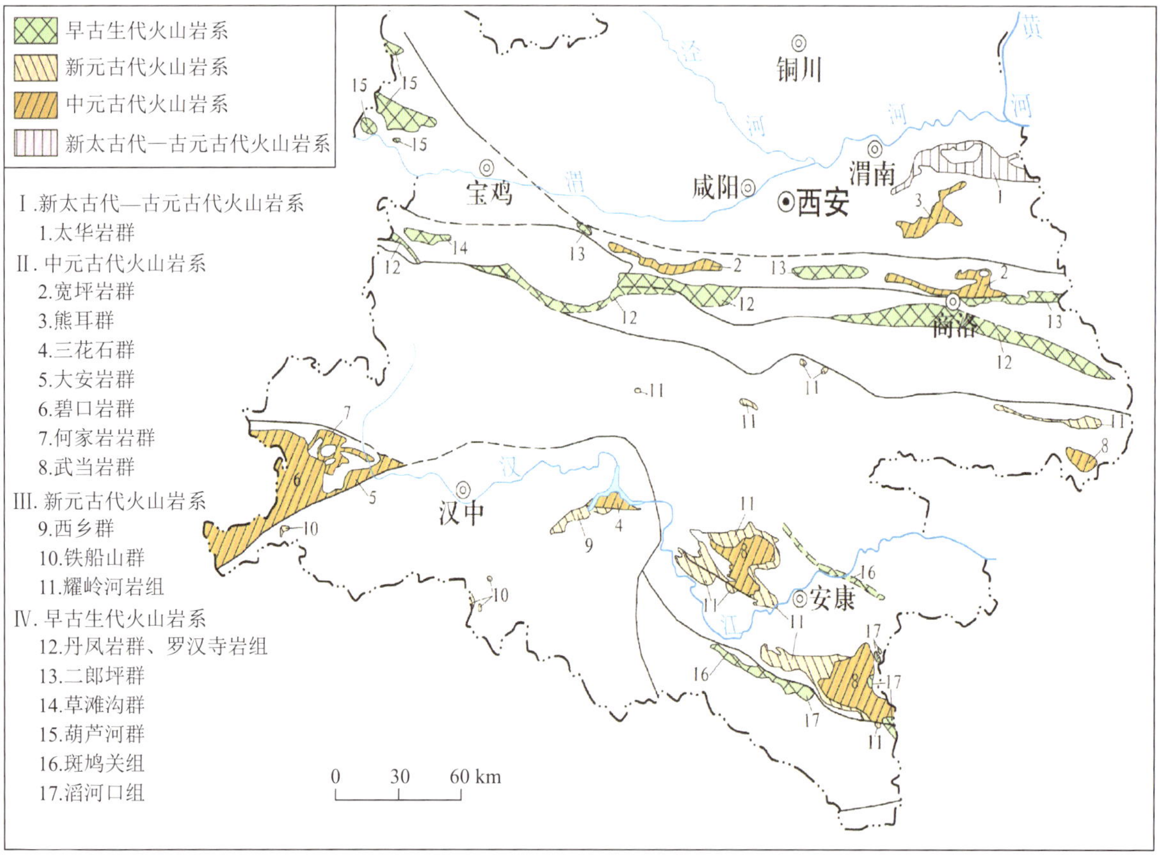

图 1－51　陕西省主要火山岩露头分布略图

（据陕西省地质调查院，2013c，修改）

元素等矿产资源；元古宙火山活动强烈，其火山岩主要分布在蓝田－华县－潼关－洛南、汉中以及安康－商洛等地区。其中，洛南地区熊耳群火山岩中发现有海相火山岩型磁铁矿，户县—周至一带宽坪岩群的火山岩中有铜、锌、铁、硫等矿产，勉县－略阳－宁强碧口岩群火山岩中产有铁、铜及金等矿产，石泉、安康、旬阳、平利及商南地区的耀岭河岩组火山岩中产有铁、铜、硫等矿产。

（2）侵入岩

陕西的侵入岩出露面积17937 km^2，其中，以中酸性花岗岩、闪长岩为主，基性岩、超基性岩次之，有5个岩浆演化期和一系列岩浆岩区带（图1－52，表1－5）。

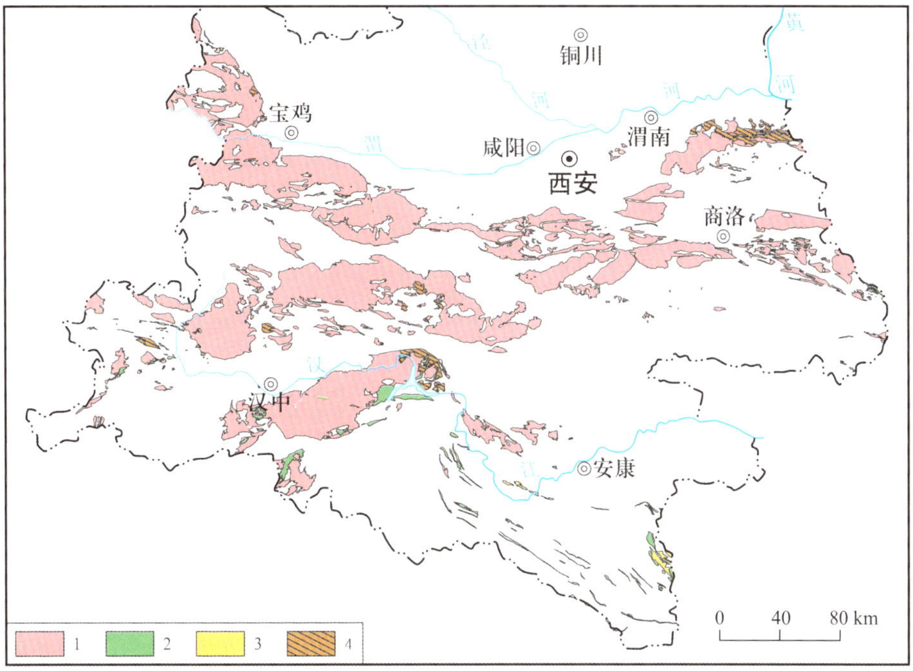

图1－52　陕西省侵入岩分布示意图

（据陕西省地质调查院，2013c，修改）

1—中酸性岩类；2—基性－超基性岩类；3—碱性岩类；4—变质侵入体（片麻岩套）

表1－5　陕西省主要侵入岩区带划分表

<table>
<tr><th>地质年代</th><th colspan="6">侵入岩区带划分</th></tr>
<tr><td rowspan="2">中生代
侏罗纪—白垩纪</td><td colspan="6">宁陕－金堆城北东向花岗（斑）岩带</td></tr>
<tr><td colspan="6">宝鸡－凤县花岗岩带</td></tr>
<tr><td rowspan="2">晚古生代—
早中生代</td><td colspan="6">陇县扫帚滩超基性岩带</td></tr>
<tr><td colspan="6">宝鸡－太白－勉略北－华阳闪长岩类侵入岩区</td></tr>
<tr><td rowspan="3">早古生代</td><td colspan="6">陇山基性岩－中酸性岩浆岩带</td></tr>
<tr><td colspan="6">太白－丹凤超基性岩－花岗岩类岩浆岩带</td></tr>
<tr><td colspan="6">留坝－安康碱性岩－基性岩带</td></tr>
<tr><td rowspan="4">中—新
元古代</td><td colspan="6">小秦岭花岗岩类岩浆岩带</td></tr>
<tr><td colspan="6">商州－丹凤超基性岩－花岗岩类岩浆岩带</td></tr>
<tr><td colspan="6">勉县－略阳－宁强超基性岩－花岗岩类岩浆岩带（北东向）</td></tr>
<tr><td colspan="6">汉南－汉阴－柞水小磨岭基性－超基性－中酸性岩浆岩带（北东向）</td></tr>
<tr><td>新太古代—
古元古代</td><td>太华
花岗片麻岩区</td><td>鱼洞子
花岗片麻岩套</td><td>龙草坪
片麻岩套</td><td>唐家沟
片麻岩套</td><td>陇山片麻岩套</td><td>汉南
花岗片麻岩区</td></tr>
</table>

（据陕西省地质调查院，2013c，修改）

新太古代—古元古代形成的侵入岩，在随后漫长地质历史时期，因遭受强烈变形变质而形成了各种片麻岩。它们现今主要分布在陕西 6 个不同地区，代表了远古时期的岩浆侵入活动（图 1－53，表 1－5）。

图 1－53　新太古代—古元古代片麻岩套分布图

（据陕西省地质调查院，2013c，修改）

中—新元古代的岩浆侵入活动，形成了小秦岭、商州－丹凤、勉县－宁强和汉南－柞水小磨岭等 4 个岩浆岩带（图 1－54）。其中，小秦岭岩浆岩带内的蓝田县张家坪花岗岩含铀、钍、铌、钽、铁矿，洛南荞麦山正长斑岩与围岩接触带有铜矿；商州－丹凤、汉南－汉阴－柞水小磨岭、勉县－略阳－宁强等 3 条超基性岩－花岗岩类岩浆岩带是古板块先后裂解、汇聚的见证，并形成了商南松树沟铬铁矿、西乡毕机沟钒钛磁铁矿和宁强黑木林铬铁矿等基性－超基性岩型矿床。

早古生代，在安康－留坝、太白－丹凤和陇山等地形成了 3 条岩浆岩带（图 1－55）。安康－留坝碱性－基性岩带分布于紫阳、安康和留坝、白水江等地，在留坝县楼房沟的超基性岩中有铬铁矿产出，在安康紫阳—平利—岚皋一带的正长岩中有铀、铌等矿产分布；太白－丹凤超基性岩－花岗岩类岩浆岩带是早古生代古板块裂解、碰撞的产物，其中凤县九子沟基性－超基性岩中产有磷灰石矿。

晚古生代—中生代早期，在商南－丹凤断裂带南侧勉县—略阳以北的光头山—华阳—宁陕一带和宝鸡—太白一带发育大量闪长岩、花岗岩为主的中酸性侵入岩，它们是古华北板块和古扬子板块发生俯冲碰撞、地壳深部物质发生熔融的产物（图 1－56）。其中，宁陕一带的花岗岩体及其围岩中产有钼、钨矿，宝鸡一带的二长花岗岩体中见有铌、钽矿，关山二长花岗岩含铁、铀矿。

中生代侏罗纪—白垩纪，陕西以花岗岩浆活动为主，其大多呈岩株或岩脉集中分布在潼关－华县金堆城－宁陕、宝鸡－凤县等地区，并形成两个重要的岩浆岩区带（图 1－57）。其中，金堆城－宁陕北东向花岗（斑）岩带是陕西重要的钼、金、铜、铁、稀有金属成矿带，以著名的金堆城钼矿和潼关金矿为代表的一系列大型钼矿、金矿即产于该岩浆岩带，它们是深部岩浆向上侵入地壳过程中，分异出含矿热液，并运移、充填在岩体周围的断裂带内而聚集成矿。

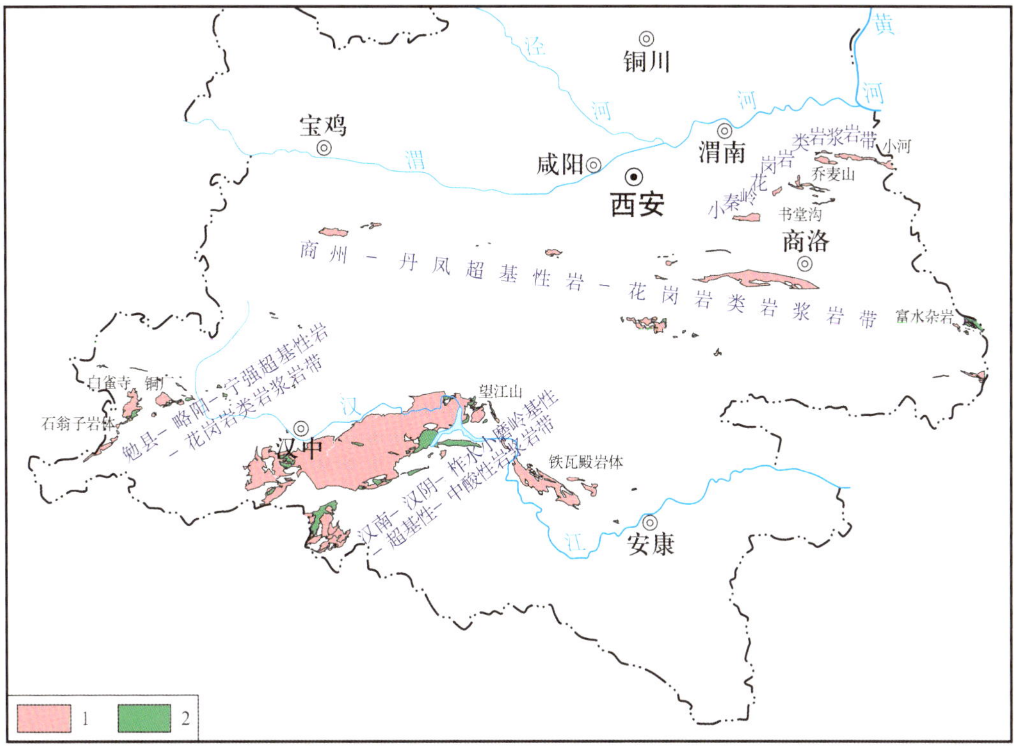

图1-54　中—新元古代岩浆岩带分布图

（据陕西省地质调查院，2013c，修改）

1—中酸性岩类；2—基性-超基性岩类

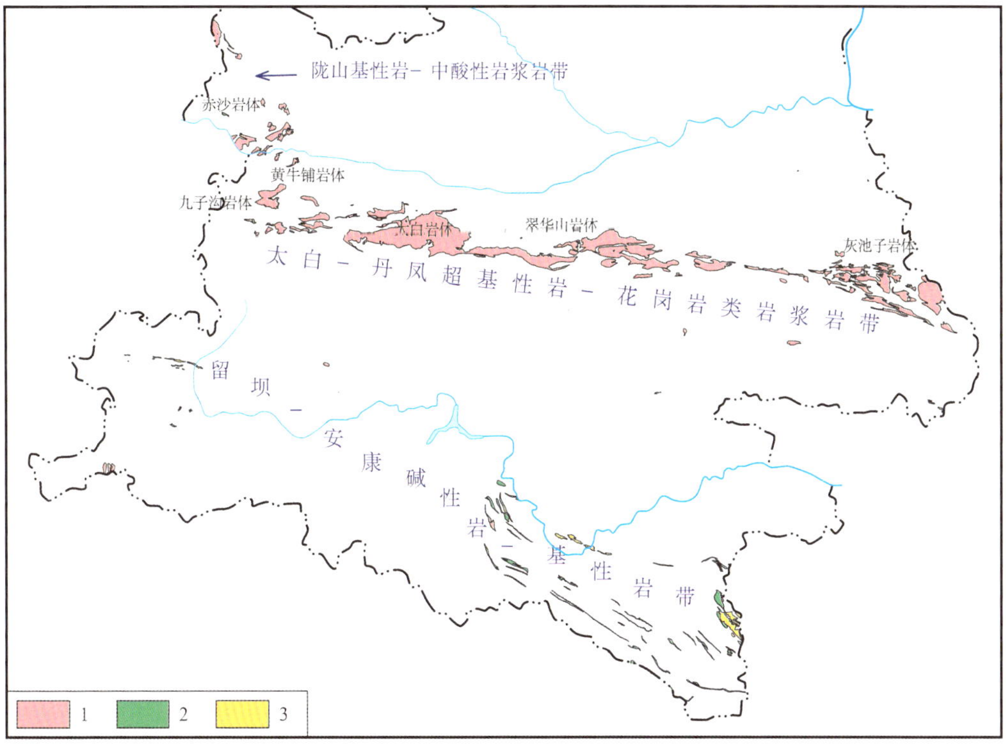

图1-55　早古生代岩浆岩带分布图

（据陕西省地质调查院，2013c，修改）

1—中酸性岩类；2—基性—超基性岩类；3—碱性岩类

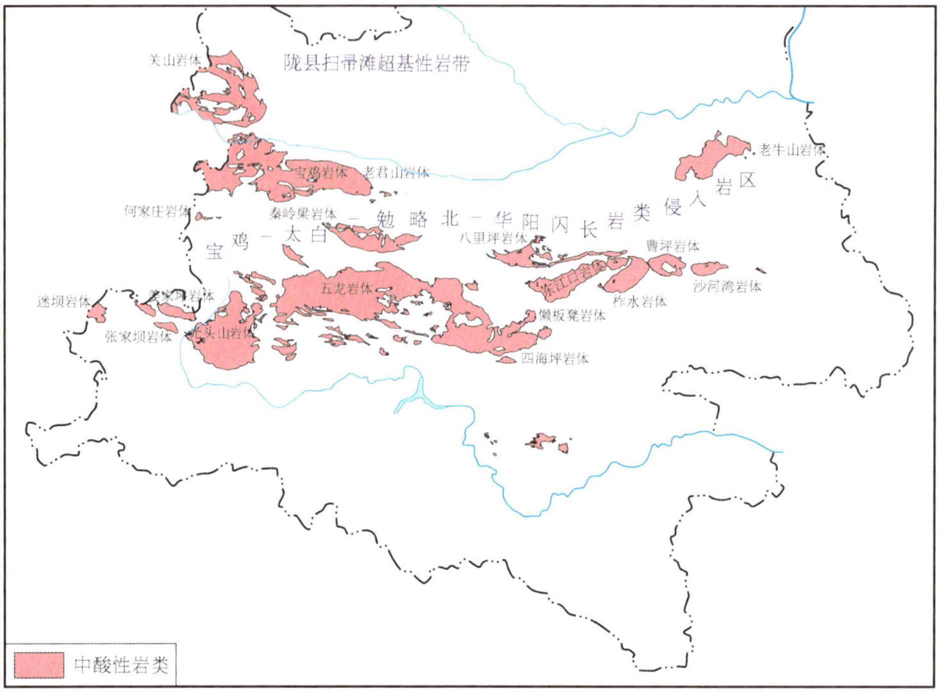

图 1－56　石炭纪—三叠纪岩浆岩带分布图

（据陕西省地质调查院，2013c，修改）

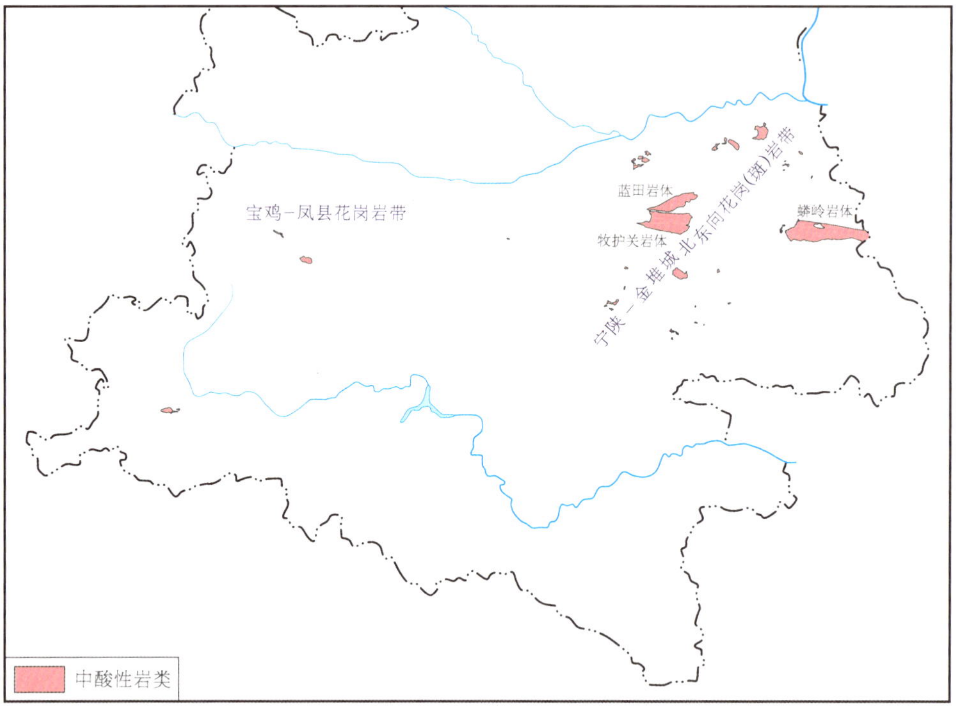

图 1－57　侏罗纪—白垩纪岩浆岩分布图

（据陕西省地质调查院，2013c，修改）

花岗岩是陕西最重要的侵入岩，其出露面积占据全省侵入岩的 82.5%，它除了与许多金属矿产的形成密切相关外，在地质营力（引起地质作用的自然力）影响下，还形成了山脉挺拔、沟谷深邃、球状岩块、弧形岩壁、山崩地裂等独特的景观地貌，为人们提供或赏心悦目，或惊心动魄的旅游观光景色。如位于陕西华阴市的华山风景区，就是白垩纪的花岗岩体遭受地质构造切割、雨水侵蚀作用而形成，其以石柱、高峰、陡崖、绝壁、一线天等景观为特色，以险峻著称于世，自古被尊为中国五岳之一、天下名山（图1－58）；而位于西安城南的翠华山景区，则是花岗岩发生山崩地裂而形成的奇观地貌，世界少见、中华唯一，享有“中国地质地貌博物馆”的美誉(图1－59)。2001年3月经国土资源部批准，设立了翠华山国家地质公园，目前不仅成为科研及院校实习基地，而且其风景秀丽、残峰断崖、崩塌石海和堰塞湖等山崩地貌，也为公众提供了一处游览胜地。

图1－58　华山花岗岩地貌景观——西岳五峰（左）及1989发行的特种邮票T140（右）
（左—百度百科 http://baike. baidu. com/link？ url＝OSdHOpOHh2k－Fhdik－_MxWlliuAKp0K32cdz5wx_U0joy1i2DI34dWn_w8sew8－6mTf7dvtAakjU0Abjh6VPD34huaXA2G6erLEOOkoBsOC；右—百度搜索 http://www. tuku. cn/wallpaper2433_185. aspx）

图1－59　西安翠华山花岗岩区山崩地质地貌景观
（左—山崩地貌；右—堰塞湖）
（百度搜索 http://www. ymzz. net/NetClass/HTML/75749. html）

3. 陕西的变质岩

陕西的变质岩有板岩、千枚岩、片岩、石英岩、大理岩、片麻岩等。变质程度高的片岩、石英岩、大理岩、片麻岩主要分布在地质年代久远的太古宙—元古宙地层中，变质程度低的板岩和千枚岩则分布在地质年代较新的古生代地层中。

片麻岩类变质岩，具有特征的片麻状构造或条带状构造。它们主要分布在潼关—洛南一带的小秦岭地区太古宇太华岩群、陇县—太白—商州一带的元古宇秦岭岩群及陡岭岩群等古老地层中，其次分布在西乡—南郑一带元古宇子午岩群及后河杂岩中。

片岩类变质岩在陕西省南部颇为发育，具有特征的片理构造。片岩类型齐全，有云母片岩、石英片岩、绿片岩、钙质片岩等，从太古宇至古生界均有分布。

石英岩是由石英砂岩或者硅质岩变质而成的一种变质岩，它们主要分布于太古宙—元古宙地层中，少量分布于古生代地层。石英岩具有硬度高、颗粒细腻、结构紧密、吸水率低、耐高温性等特点，因此被广泛地应用于建筑材料（铺路石、地板），优质的石英岩还是工艺品雕刻、制造玻璃、陶瓷、冶金耐火材料、化工、机械、电子、橡胶、塑料、涂料等行业的重要原料。但是，石英岩质地较脆，弯曲强度不佳，容易断裂，部分石英岩含有辐射性较高的元素而不宜开采利用。

大理岩在陕西南部分布比较普遍，它是由石灰岩、白云岩等碳酸盐岩经变质作用而成。因我国云南省大理县盛产这种岩石而得名大理岩。陕西的大理岩集中分布在太古宙—元古宙及部分古生代形成的地层中，以白色和灰色大理岩居多。当大理岩遭受来自地壳深部的岩浆热液作用，发生蛇纹石化后就形成了蛇纹石化大理岩和蛇纹石玉，如陕西蓝田（图1－60）、汉中等地所见的蛇纹石化大理岩。

大理岩是优良的建筑材料和美术工艺品原料。它硬度不大，易于开采加工，板材磨光后非常美观，可作室内装饰材料（图1－61）。开采和加工中的废料，可制成工艺品或经轧碎作水磨石、水刷石等优质原料，少数致密均质的大理岩可供艺术雕刻使用。

图1－60　蓝田蛇纹石化大理岩

（董王仓摄，2015）

图1－61　汉源玉业公司加工的大理岩板材

（董王仓摄，2015）

紫阳当地独具特色的瓦板岩民居

紫阳瓦板屋顶（福州市融侨望山别墅群）

图1－62　紫阳瓦板岩铺设的屋顶

（据北京天成定隆科贸有限公司 http：//www.jiancai365.cn/cp_329370.htm）

千枚岩是泥质岩、含粉砂质泥质岩等细粒碎屑岩经变质作用而形成的一种岩石，主要分布在古生代地层中，因岩石片理面呈现“千万条”绢丝状光泽而得名。

板岩是泥质岩、含粉砂泥质岩石，经过轻微变质作用而形成的一种形似木板的岩石，也主要分布在古生代地层中，俗称瓦板岩，又称石板瓦。它具有结构致密、劈分性好、平整度好、弯曲强度高、含钙铁硫低、耐酸碱性高、吸水率低等特点，因此，被广泛用作建筑石材及碑、砚等石料。在欧美国家，板岩作为一种传统建筑及装饰材料，已有数百年的使用历史。陕南安康市紫阳、岚皋、平利、镇坪、旬阳以及汉中市镇巴等地，蕴藏着丰富的瓦板岩资源，其质量与储量堪称世界之最。据史料记载，先秦时期安康市紫阳县的百姓就已经用板岩修盖屋顶。20世纪80年代改革开放以来，该地区的瓦板岩作为建筑及装饰材料被广泛地开发利用（图1－62），被公认是纯天然、无污染、绿色环保的建筑材料之瑰宝，其产品远销欧美及日本、韩国、新加坡，以及澳大利亚、新西兰等国家。目前，安康市紫阳县出产的蓝黑瓦板岩已获国家质检总局颁布的“地理标志保护产品”证书，其以超薄、厚度均匀、平整度高、颜色纯、规格大、强度高受到国内外客户青睐，已成为我国瓦板岩加工出口基地。

三、覆盖在地面的“石被”——陕西的地层

（一）什么是地层？

地层，是指地质历史上地球表层形成的层状岩石或堆积物。从物质成分上讲，地层主要由沉积岩、火山沉积岩和变质岩等岩石或沉积物组成；从形成时间上讲，地层有老有新。正常情况下，先形成的地层埋伏于下面，后形成的地层覆盖在上面。形象地说，地层就是覆盖在地球表面的一层层被子——“石被”（图1－63）。

图1－63　覆盖在地球表面的地层

（左—陕南石灰岩地层；右—陕北砂岩地层）

（左—董王仓摄，2016；右—大众摄影网 http://www.pop－photo.com.cn/thread_1975605_1_1.html）

为了研究地壳发展演化历史，认识地层形成过程中矿产资源的聚集规律，地质学家依据组成地层的岩石体的宏观特征和相对位置，把地层划分为不同级别的单位，称作“岩石地层单位”。按照级别大小顺序，岩石地层单位依次分为群、组、段和层等4个等级（表1－6）。如陕西省凤县－镇安地区的岩石地层单位——古道岭组、星红铺组等。

表1－6　岩石地层单位等级序列表

地层单位类型	地层单位术语
岩石地层单位	群 组 段 层

（据《地球科学大辞典》编委会，2006）

当岩石地层经历了强烈的构造改造，使原始沉积的上、下叠覆关系遭受破坏时，便形成了一种新的地层单位——构造岩石地层单位。构造岩石地层单位依次划分为岩群、岩组、岩段等3个等级。如潼关的太华岩群和周至的秦岭岩群等。为了把不同地区的岩石和地层联系起来进行对比，进而进一步研究地壳乃至地球的发展演化历史，科学家按照时间早晚顺序，为地球确定了一个年代序列表，叫作地质年代表（表1－7）。地质年代表中的宙、代、纪、世、期是地质年代单位，相应地质年代内形成的地层称作宇、界、系、统、阶（表1－8）。如古生代时期形成的地层单位称作古生界，白垩纪时期形成的地层单位称为白垩系，以此类推。

表 1－7　中国地质年代表

地质年代单位							地质年龄/Ma(百万年)	
宙	代		纪		世		时间间距	距今年龄
显生宙	新生代 Kz		第四纪	Q	全新世	Qh	2.588	
					更新世 Qp 晚更新世	Qp^3		
					更新世 Qp 中更新世	Qp^2		
					更新世 Qp 早更新世	Qp^1		2.588
			新近纪(陆相)	N	上新世	N_2	20.442	
					中新世	N_1		23.03
			古近纪(陆相)	E	渐新世	E_3	42.47	
					始新世	E_2		
					古新世	E_1		65.5±0.3
	中生代 Mz		白垩纪	K	晚白垩世	K_2	79.5	
					早白垩世	K_1		145
			侏罗纪	J	晚侏罗世	J_3	54.6	
					中侏罗世	J_2		
					早侏罗世	J_1		199.6
			三叠纪	T	晚三叠世	T_3	52.57	
					中三叠世	T_2		
					早三叠世	T_1		252.17
	古生代 Pz	晚古生代 Pz_2	二叠纪	P	晚二叠世	P_3	46.83	
					中二叠世	P_2		
					早二叠世	P_1		299
			石炭纪	C	晚石炭世	C_2	60.58	
					早石炭世	C_1		359.58
			泥盆纪	D	晚泥盆世	D_3	56.42	
					中泥盆世	D_2		
					早泥盆世	D_1		416
		早古生代 Pz_1	志留纪	S	顶志留世	S_4	27.8	
					晚志留世	S_3		
					中志留世	S_2		
					早志留世	S_1		443.8
			奥陶纪	O	晚奥陶世	O_3	41.6	
					中奥陶世	O_2		
					早奥陶世	O_1		485.4
			寒武纪	€	晚寒武世	€$_3$	55.6	
					中寒武世	€$_2$		
					早寒武世	€$_1$		
					底寒武世	€$_0$		541
元古宙	新元古代	Pt_3	震旦纪	Z			94	635
			南华纪	Nh			145	780
			青白口纪	Qb			220	1000
	中元古代	Pt_2	待建				400	1400
			蓟县纪	Jx			200	1600
			长城纪	Ch			200	1800
	古元古代	Pt_1	滹沱纪	Ht			500	2300
			?				200	2500
太古宙	新太古代	Ar_3					300	2800
	中太古代	Ar_2					400	3200
	古太古代	Ar_1					400	3600
	始太古代	Ar_0					900	4000
冥古宙							100	4600

（据《中国地层表》编委会，2014）

表1-8　地质年代单位与年代地层单位的等级序列表

地质年代单位术语	年代地层单位术语
宙	宇
代	界
纪	系
世	统
期	阶
（时）　亚期	（时间带）　亚阶

（据《地球科学大辞典》编委会，2006）

（二）陕西地层特征

我们居住的城市地下、野外植被之下到底是些什么东西呢？平常我们很少去想这样的问题。从地质学上来说，我们脚下的大部分区域，覆盖着不同地质历史时期形成的地层。它们或者是层状的固体岩石，或者是松散的砂砾、土壤等堆积物。通过地质学家的研究，现在已经知道，陕西最古老的地层，可追溯到距今约28亿年地球形成早期的新太古代；最年轻的地层，便是现代河流沉积物。在近30亿年的漫长地质历史长河中，陕西经历了以下4个大的地质构造演化阶段：新太古代—古元古代原始陆壳形成阶段、中元古代—新元古代青白口纪原始陆壳裂解与拼合阶段、新元古代南华纪—中生代早期超大陆裂解和增生造山阶段、中生代晚三叠世—新生代陆内造山阶段。此期间，就全省而言，几乎没有发生过地层的沉积间断，由早到晚，形成了4套性质不同的地层单元——结晶基底地层、过渡基底地层、沉积盖层和陆相沉积地层。

那么，这些地层是在什么样的地质环境形成，具有什么样的特征属性，赋存有哪些矿产资源，或者说研究它们具有什么科学意义和经济价值呢？以上这些问题，正是地质科学以及地质工作者、探矿人员长期以来调查研究的主要课题之一。

地质学家通过对陕西与国内其他地区对比研究后认为，陕西的地层主要形成于两种不同的地质环境（地层学上称其为地层大区），即大体以现今商南—丹凤—凤县唐藏—甘肃天水一线（即陕西商南-丹凤断裂）为界，其北部地层形成于华北地层大区，其南部地层形成于扬子地层大区（表1-9）。按照由早到晚的地质年代顺序，我们分别对不同地质构造演化阶段形成的地层简介如下。

1. 新太古代—古元古代结晶基底地层

在新太古代—古元古代，地球尚处于形成的早期阶段，地壳厚度不大，地壳运动主要表现为火山喷发为主的岩浆活动（图1-64），随后才发生火山-沉积作用，强烈活动的薄地壳，逐渐增厚为较稳定的陆块（地质学称之为克拉通化）。该时期是陕西大陆地壳形成的重要阶段，形成了各类变质岩和古老岩浆岩等复杂岩系，地质学家将其称为结晶基底或者褶皱基底。现今，这些地层呈孤零的残块，分散在陇山（宝鸡—陇县）、小秦岭（潼关—临潼—蓝田）、北秦岭（太白—眉县—商洛）、南秦岭（佛坪、柞水、安康、平利）、汉中南部和略阳等地。

目前普遍公认的陕西省最古老地层为新太古代（距今约28亿年）形成的涑水岩群、太华岩群和鱼洞子岩群，它们分别分布在韩城（涑水岩群）、潼关—临潼—蓝田（太华岩群）、略阳—康县（鱼洞子岩群）等地，其原始岩石主要为含硅铁的基性火山岩-火山沉积岩-沉积岩，后来经过多期变形变质作用的影响，已变成了片岩和片麻岩。这些地层是陕西省铁矿的重要含矿地层，其中鱼洞子岩群内有略阳县鱼洞子大型铁矿为代表的一系列大、中型铁矿床产出，涑水岩群有韩城市阳山庄中型铁矿床分布，太华岩群内有潼关县太要小型铁矿产出。

古元古代形成的地层有秦岭岩群、陇山岩群、长角坝岩群、佛坪岩群、陡岭岩群、后河岩群、子午岩群等。它们出露在太白及眉县—户县—丹凤—商南、陇县—宝鸡（陇山岩群）、勉县—佛坪（长

表1-9 陕西省岩石地层单位划分简表

宇	界	系	统	华北地层大区：晋冀鲁豫地层区	华北地层大区：秦祁昆地层区	华北地层大区：中秦岭地层区	扬子地层大区：南秦岭-大别山地层区	扬子地层大区：巴颜喀拉地层区	扬子地层大区：扬子地层区
显生宇	新生界	第四系	全新统	Qh	Qh	Qh	Qh	Qh	Qh
			更新统	Qp	Qp	Qp	Qp	Qp	Qp
		新近系	上新统	甘肃群	甘肃群		杨家湾组	杨家湾组	杨家湾组
			中新统						
		古近系	渐新统	阏阆山组	阏阆山组	阏阆山组	石泉组		石泉组
			始新统	红河组					
			古新统	李家庙组	李家庙组	李家庙组			
	中生界	白垩系	上统		山阳组	山阳组			
			下统	泾川组 罗汗洞组 环河组 洛河组 宜君组	东河群	东河群	东河群		
		侏罗系	上统	芬芳河组					遂宁组
			中统	安定组 直罗组 延安组			龙家沟组 洪水沟组	勉县群	沙溪庙组 千佛岩组
			下统	富县组					白田坝组
		三叠系	上统	瓦窑堡组 延长组	五里川组		岭沟组、金鸡岭组；留凤关群		须家河组
			中统	二马营组					关岭组
			下统	石千峰群：和尚沟组、刘家沟组			龙洞川组 门里沟组		嘉陵江组 大冶组
	古生界（上古生界）	二叠系	上统	石千峰群：孙家沟组 石盒子组	石盒子组		熨斗滩组 西口组		吴家坪组；郭家垭组
			中统	山西组			水峡口组		阳新组 梁山组
			下统	太原组			羊山组		
		石炭系	上统	本溪组	粉笔沟组	大草滩组：二峪河组	四峡口组	小北河组	马平组
			下统			大草滩组：红岩寺组	袁家沟组	展坡组 茶叶坡组	大埔组 展坡组
		泥盆系	上统			桐峪寺组	九里坪组 铁山组 星红铺组	略阳组	茶叶坡组 蟠龙山组 铁矿梁组
			中统			舒家坝组：青石垭组、池沟组	古道岭组 大枫沟组	三河口群	
			下统			舒家坝组：牛耳川组	石家沟组 公馆组 西岔河组	三河口群：踏坡组	
	古生界（下古生界）	志留系	顶统		二郎坪岩群（云架山群、斜峪关群）	丹凤岩群；罗汉寺岩组；商丹蛇绿（构造）混杂岩	水洞沟组；卓乌阔组		
			上统				梅子垭组；舟曲组；竹溪组；五峡河组；陡山沟组	茂县群	罗惹坪组
			中统				迭部组；梅子垭组；白崖垭组；滔河口组		新滩组
			下统				斑鸠关组；斑鸠关组		龙马溪组
		奥陶系	上统	赵老峪组 桃曲坡组	陶湾群；葫芦河群		两岔口组；洞河组；竹山组；大堡组；洞河组；权河口组		宝塔组
			中统	马家沟组	草滩沟群		白龙洞组		西梁寺组；大湾组
			下统	三山子组			高桥组	陈家坝组	赵家坝组
		寒武系	上统	张夏组/馒头组			石瓮子组；箭竹坝组；黑水河组 八卦庙组 毛坝关组		娄山关组
			中统				岳家坪组		西王庙组
			下统	朱砂洞组 辛集组			箭竹坝组		石龙洞组 沧浪铺组 仙女洞组 石牌组；清虚洞组
			底统				水沟口组		牛蹄塘组
元古宇	新元古界	震旦系		东坡组 罗圈组			鲁家坪组 灯影组 陡山沱组	灯影组 陡山沱组	灯影组 陡山沱组
		南华系			松树沟岩组 宽坪岩群 峡河岩群		耀岭河岩组 南沱组	南沱组	南沱组 莲沱组
		青白口系		白术沟组				碧口岩群 乔子沟火山岩	铁铅山组 西乡群
	中元古界	待建系					武当岩群		
		蓟县系		官道口群				大安岩群	火地垭群 三花石群
		长城系		高山河群 熊耳群				何家岩岩群	
	古元古界			铁铜沟组	陇山岩群 秦岭岩群		长角坝岩群；佛坪岩群 陡岭岩群		后河杂岩 子午岩群
太古宇	新太古界			涑水杂岩 太华岩群				鱼洞子岩群	

（据陕西省地质调查院，2013，修改）

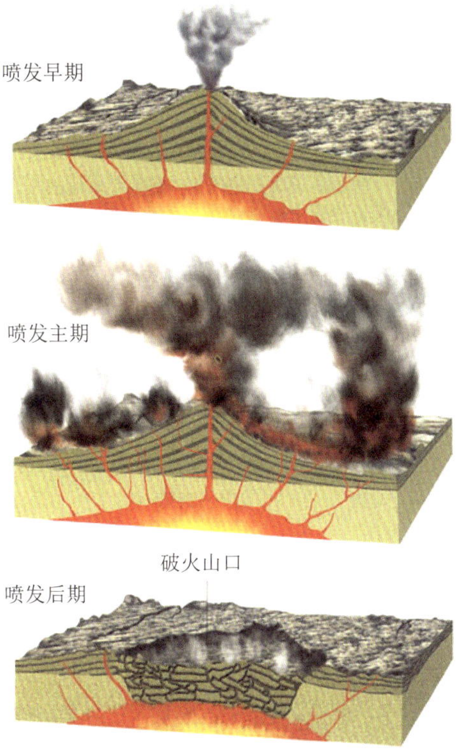

图 1－64　火山喷发活动过程示意图

（据中国数字科技馆 http://amuseum.cdstm.cn/AMuseum/geography/01_cqjg/11_02.html）

角坝岩群、佛坪岩群）、商州赵川—陡岭（陡岭岩群）、汉中—西乡（后河岩群、子午岩群）等地。这些地层最初由火山活动形成的火山岩、火山碎屑岩组成，后经变形变质改造，形成了片岩、片麻岩等各种变质岩。更有意义的是，在遭受变质作用的过程中，形成了石墨、矽线石、红柱石、蓝晶石等具有重要工农业用途的非金属矿产。

2. 中元古代—新元古代过渡基底地层

在距今大约 18～8 亿年的中元古代—新元古代，陕西的地壳开始具有“板块构造”的性质。在中元古代早期，早先形成的古陆块，大体沿着现今甘肃天水—凤县唐藏—丹凤—商南一线，在地球内部动力驱使下，开始拉张、分裂成南北两部分，地质学家把它们叫作两个板块。二者之间形成一个不太宽阔的海洋——古秦岭洋。其中，北部的板块叫古华北板块，南部的板块称古扬子板块。板块边缘有许多陆块群和裂谷、小洋盆并存。随后发生的构造运动，又使这两个板块内部及板块之间发生了碰撞、汇聚等一系列地质作用。在 10 多亿年漫长的“开、合”地质构造演化过程中，在这两个古板块上形成了不同的地层单位。

在北部古华北板块，这一时期形成的地层主要有熊耳群、高山河群、官道口群以及宽坪岩群、峡河岩群和松树沟岩组。其中，熊耳群、高山河群、官道口群分布在潼关—蓝田—洛南一带，总体由一套海相火山岩和浅海相碎屑岩－碳酸盐岩组成。近年来，在洛南县熊耳群（图 1－65）中，发现了多处铁矿和金矿。此外，在洛南县石门、巡检等地的官道口群中，有白云岩、水泥灰岩、大理岩、紫绿玛瑙等非金属矿产出（图 1－66）。

在南部的古扬子板块，这一时期形成了中元古界武当岩群和新元古界耀岭河岩组。它们主要分布在陕西南部安康牛山—凤凰山、平利轿顶山及商南县赵川等地。其中，武当岩群主要由基性－中基性－中酸性海相火山岩及沉积岩组成；耀岭河岩组则为一套中基性火山岩、火山碎屑岩及沉积岩。伴随火山活动，在耀岭河岩组中形成了海相火山沉积－变质型铁矿（如安康牛山、商南白浪金家坪铁矿）。

除武当岩群和耀岭河岩组外，在汉中南部及勉县－略阳－宁强地区，这一地质时期，也形成了一

图 1－65　熊耳群火山岩地层（右—洛南翻山沟杏仁状变质安山岩）
（董王仓摄,2013）

图 1－66　洛南县官道口群产出的玛瑙矿（左—板岩层中的玛瑙，右—紫绿玛瑙）
（董王仓摄,2016）

系列物质组成大体相同的地层单位。其中以勉县－略阳－宁强的新元古界碧口岩群（图 1－67）最具有经济价值，20 世纪 60 年代以来，在该地层内已发现了略阳县铜厂铁铜矿、东沟坝金银矿、徐家沟铜矿以及宁强县刘家坪铜矿、广坪镇大茅坪铜矿等一系列铜铅锌金等多金属矿床。

3. 沉积盖层

在距今大约 8～2.27 亿年的新元古代南华纪—中生代晚三叠世，是陕西地质构造格局形成的关键

图 1－67　碧口岩群变质基性火山岩地层（略阳县徐家沟铜矿区）
（董王仓摄,2015）

时期，先后经历了统一大陆形成、大陆裂解离散、古扬子板块与古华北板块俯冲－碰撞、持续碰撞－造山等“合、开、合”的复杂地质构造演化历史，不同地区形成的沉积地层，直接覆盖在先前形成的地层之上，而自身则未遭受强烈的变形变质作用影响，地质学家把这类地层称之为沉积盖层。

在华北地层大区，除南华纪时期缺失地层沉积外，震旦纪之后，连续沉积了震旦纪—三叠纪地层。其中，洛南石门镇以北寒武纪辛集组底部有锰和磷块岩产出，陕北奥陶系马家沟组储藏有大规模石盐及天然气资源；山阳—柞水一带泥盆系青石垭组（图1－68）则是菱铁矿和银铅多金属矿的重要含矿地层，已探明了以柞水大西沟铁矿、银洞子银铅多金属矿为代表的一系列大型矿产地。

图1－68　青石垭组（左—大西沟铁矿区，右—银洞子矿区）
（董王仓摄,2014）

石炭纪中期开始至三叠纪，除宝鸡岐山、麟游一带三叠纪早期有海相沉积外，渭北—陕北广大地区转入河流－湖泊－沼泽等陆相沉积，形成了石炭纪、二叠纪及三叠纪陆相泥砂质沉积地层。其中，石炭系本溪组有铝土矿产出，太原组和山西组、三叠系延长组和瓦窑堡组是渭北和陕北地区重要的含煤地层。延长组除含煤外，还是石油、天然气和油页岩的重要储矿地层（图1－69），已探明铜川－韩城、彬县－黄陵、子长－子洲、神木－府谷、横山－榆林等5个大型煤田以及延安和榆林地区的大中型－超大型天然气田。

图1－69　延长组砂岩（左）和砂岩夹油页岩（右）
（许锋摄于延长,2016）

在扬子地层大区，连续接受地层沉积，自下而上形成了一套完整的地层序列。其中，震旦纪陡山沱组由碎屑岩－碳酸盐岩组成（图1－70），普遍含菱铁矿、磷矿和锰矿；灯影组由厚层白云岩组成（图1－71），在汉中南部产有铅锌矿，其中以南郑县楠木树铅锌矿最为重要。

早古生代寒武纪以后，该区开始处于扬子板块北部被动大陆边缘，由南往北依次为陆表海盆、陆

图 1－70　陕南陡山沱组

（据百度搜索 http://www.cags.ac.cn/dcw/5－jian－jie/jj03/3－10.jpg）

图 1－71　灯影组白云岩

（董王仓摄于南郑县马元，2003）

图 1－72　梅子垭组含铅锌矿千枚岩

（董王仓摄，2004）

图 1－73　星红铺组（左下）和古道岭组二者过渡处石灰岩一侧为铅锌矿体

（高卫宏摄，2008）

缘裂谷和裂陷海槽等不同构造环境，并形成了不同的地层单位。北大巴山（安康—紫阳—镇坪），自下而上形成了寒武纪、奥陶纪和志留纪地层，其中志留系斑鸠关组碳硅质板岩夹火山岩地层，分布于白河、旬阳南部和安康—石泉县—洋县北部，含有磷、铀、钒、重晶石等矿产；南秦岭地区（凤县—柞水一线以南、安康以北），自下而上形成了寒武系—三叠系地层单位，其中寒武系水沟口组属钒矿含矿地层，已探明商南县千家坪、山阳县中村等一系列钒矿床；志留系梅子垭组（图 1－72）在旬阳县泗人沟—南沙沟、白河县黄石板等地有多个铅锌矿分布；泥盆系古道岭组和星红铺组（图 1－73），在凤县—太白县一带形成了省内最重要的铅锌金矿集中区。

4. 陆相沉积地层

在距今 2.27 亿年的中生代三叠纪晚期，古扬子板块与古华北板块碰撞造山，海水全部退出而隆升成陆，形成了统一的大陆。此后，陕西所在区域除继续遭受两大板块的持续挤压造山外，又开始受到来自印度洋板块和西太平洋板块运动的远程影响，在多种构造运动联合作用下，先后形成高耸雄伟的秦巴山脉以及一系列沉降带。其中，沉降带包括鄂尔多斯盆地（指中生代以来的河流、湖泊沉积盆地，也称陕甘宁盆地。在陕西涉及秦岭以北的渭河盆地、渭北及陕北）和洛南、汉中、安康等小盆地。秦巴山脉因长期隆升而遭受风化剥蚀，缺乏地层沉积；鄂尔多斯等沉降带则因地处低凹，长期沉降而不断接受河、湖、沼泽等陆相泥砂质沉积物及大量动植物，为后来煤、油气等能源矿产的形成储备了丰富的物质基础。

中生代侏罗纪地层，主要分布于陕西北部，自下而上由富县组、延安组、直罗组、安定组和芬芳河组陆相页岩、粉砂岩和砂岩组成，除芬芳河组未见矿产外，其他地层普遍含有煤、石油、油页岩等能源矿产。其中，富县组和延安组属两个最重要的含煤地层（图1－74），已查明多个规模巨大的煤田。20世纪初期，在榆林东胜地区直罗组内还发现了砂岩型铀矿。

图1－74　延安组（左）和富县组（右）含煤地层（志丹县石杏子河剖面）
（据延长石油公司提供）

中生代白垩纪地层，主要分布于渭北—陕北西部和陕南局部地区。其中陕南的洛南、山阳、商州—丹凤等地的白垩纪地层中，发现有丰富的大型恐龙及恐龙蛋化石（图1－75），为研究该区域古气候、古环境变迁提供了重要信息。

图1－75　巨型山东龙或相似种（左）及上白垩统山阳组发现的恐龙蛋化石（右）
（据陕西省地质调查中心，郝俊武提供）

新生代地层，主要分布于关中盆地、渭北－陕北高原以及陕南的洛南、商州、丹凤、安康、汉中等山间盆地。其中，陕南新生代河流砂砾中产有安康月河、嘉陵江等砂金矿，关中平原的黄土中则封存了远古时期人类活动的遗迹，如蓝田县公王岭黄土层中发现蓝田猿人头盖骨化石，西安东郊半坡组发现有距今6000多年人类居住、木炭屑、陶片等多处古人类活动的遗迹（图1－76）。

四、地球表层的皱纹与裂痕——陕西的地质构造

（一）什么是地质构造？

地质构造，是指地球表层的地质体，在其形成过程中产生，或形成之后在地应力作用下发生变形

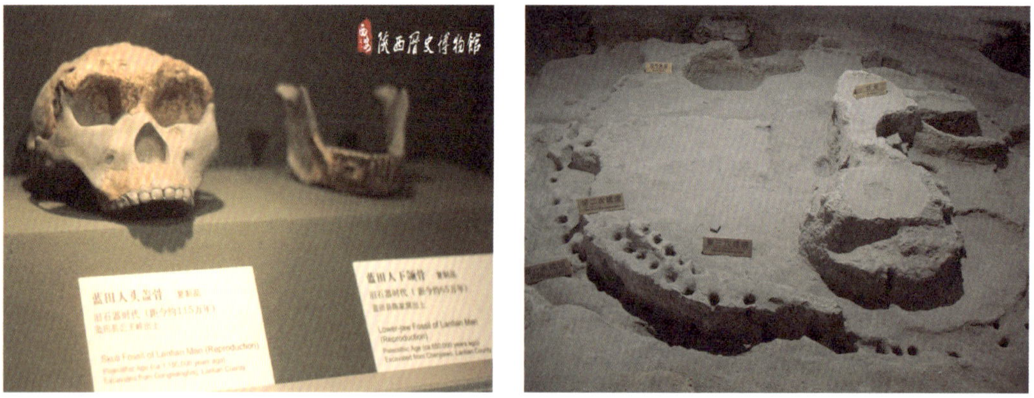

图 1－76　蓝田猿人化石（左）及半坡遗址（右—圆形房屋遗址）

（尹宗义摄，2016）

而遗留下来的痕迹。形象地说，地质构造就是地球表层岩石圈“板块”漂移过程中，彼此发生分离、碰撞等地质作用，在地球表面形成的“皱纹”和“裂痕”。常见的构造有水平构造、单斜构造、褶皱和断裂等不同类型。

1. 水平构造

水平构造，是指沉积岩层呈水平状态产出的一种构造。一般而言，沉积岩层形成时的原始产出状态近乎水平，先沉积的岩层在下，后沉积的岩层在上。若原始水平岩层没有发生变动，就称其为水平岩层（或水平构造，图 1－77）。

图 1－77　水平岩层（靖边县龙洲乡闫寨子）

（网易订阅 http://dy.163.com/wemedia/article/detail/BK8DGLHH05248JB9.html）

2. 单斜构造

单斜构造，是指原来呈水平状态产出的岩层，受地壳运动影响，导致岩层向同一个方向倾斜而形成的一种地质构造，也叫倾斜构造。单斜构造往往是褶皱的一翼、断层的一盘，或者是局部地层不均匀上升或下降所引起（图 1－78）。

3. 褶皱

褶皱，是指岩层受地壳运动影响而形成连续波状弯曲的一种地质构造。褶皱中的一个弯曲，称为褶曲。褶曲的基本形态是背斜和向斜（图 1－79）。背斜，是指岩层向上拱起的褶曲。较老的岩层出现在褶曲的轴部，从轴部向两翼，依次出现的是较新的岩层，即“新包老”；向斜，是指岩层向下凹

图 1－78　单斜构造

（左—http://www.mafengwo.cn/photo/10811/scenery_1167489_1.html；右—单斜构造（董王仓摄，2015））

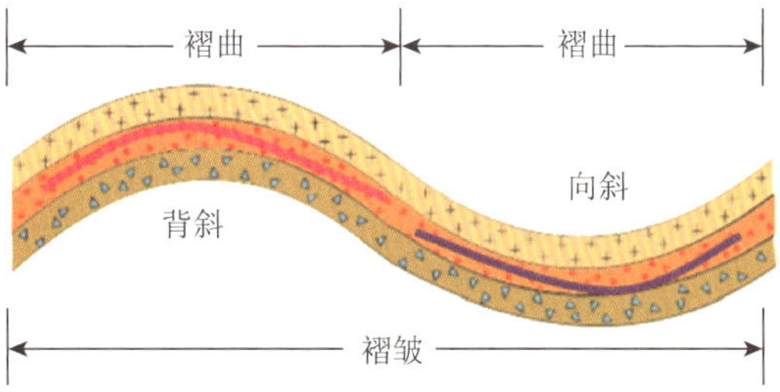

图 1－79　褶皱示意图

图 1－80　褶皱

（据中国日报 http://www.chinadaily.com.cn/micro－reading/dzh/2013－03－28/content_8618646_7.html）

的褶曲。在褶曲轴部出露的是较新的岩层，向两翼依次出露的是较老的岩层，即"老包新"。两个或两个以上褶曲的组合，称为褶皱（图 1－80）。

4. 断裂

断裂，是指地质体在构造应力作用下发生破裂、断开而形成的一种地质构造。包括劈理、节理、裂隙、断层、深大断裂等不同类型。其中，断层是最常见而重要的断裂构造。断层的种类繁多，规模大小相差悬殊。规模大的断层延伸长度可达几百至上千米，而小的断层则可在岩石手标本上见到。断层的切割深度不尽相同，有的可切穿地壳而深达上地幔，从而导致上地幔中熔融的岩浆，沿着断裂带向上运移，侵入在地壳浅部，甚至喷溢出地表而形成火山。通常按断层两盘的相对运动方向，将其分为正断层、逆断层、平移断层 3 类（图 1－81）。

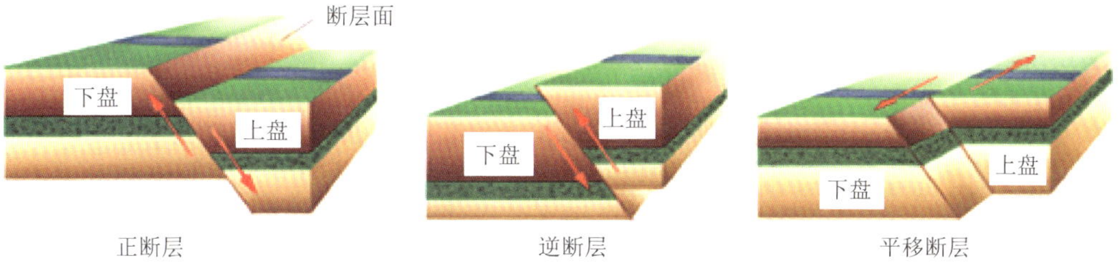

图 1－81　断层相对运动方向分类示意图

正断层，指上盘相对下降，下盘相对上升的断层（图 1－82）。倾角 45°～90°，断层面较平直，一般是由重力或张应力作用形成。

逆断层，指下盘相对下降，上盘相对上升的断层（图 1－83）。依断面倾角大小，又细分为冲断

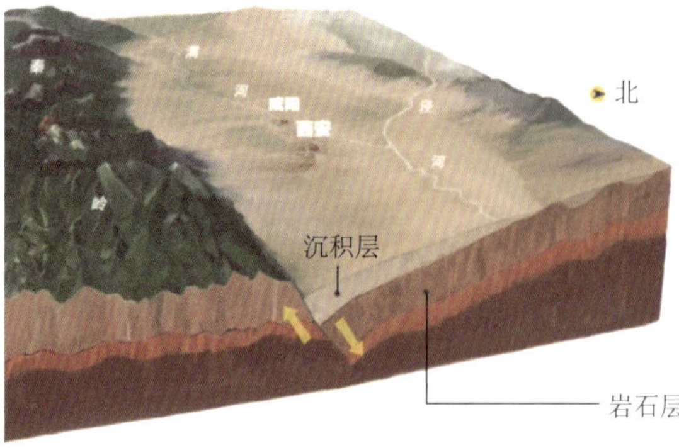

图 1－82　正断层（秦岭山前断裂）
（新浪博客 http://blog.sina.com.cn/s/blog_69f62d880100v136.html）

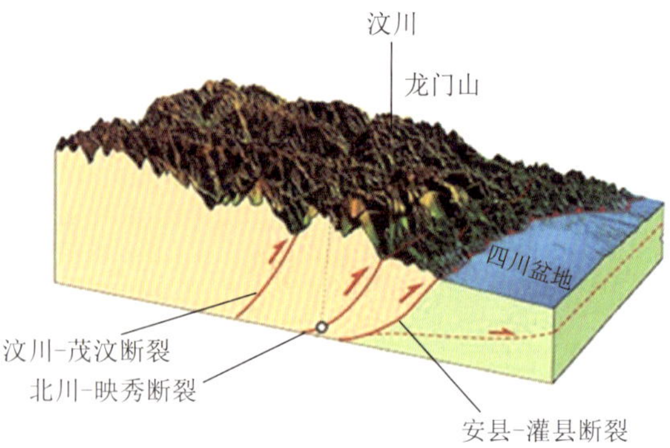

图 1－83　逆断层
（网易新闻 http://news.163.com/08/0518/11/4C7N74UP0001124J.html）

图 1－84　逆冲推覆构造（褶皱推覆体由左向右推移）
（李荣社摄,2015）

层（倾角大于 45°）、逆掩断层（倾角 25°～45°）、逆冲断层（倾角小于 30°）、逆冲推覆构造（图 1－84）等。

平移断层，是指两盘地质体沿断层面发生相对水平运动的断层（图 1－85）。它的断层面近于直立，断层面平直，延伸较远，断层带较窄，在断层面上常保留有近于水平的摩擦痕迹。

（二）认识地质构造的意义

地质构造是地壳活动过程中地质体发生变形、变位而遗留下来的遗迹。认识地质构造，对于探讨地壳运动规律乃至地球发展演化历史具有重要的理论意义。同时，人类开发利用的大多数矿产资源的形成和储藏，都与地质构造密不可分。因此，认识和研究地质构造也具有十分重要的实际意义。如断裂是金、铜、铅、锌、钼、钨、汞、锑等大多数金属矿产的成矿构造和储矿构造，这些矿产往往就分布在断裂及其附近；褶皱则是石油、天然气及水资源的良好储藏构造（图 1－86）。向斜的底部低凹，两翼含水岩层的水容易向底部低凹部位下渗、汇集形成丰富的地下水。“向斜岩层蓄水好，水量丰富容易找”已成为找水工作者的经验之谈。在背斜中，由于天然气较轻，常分布于背斜顶部，水较重，分布于底部，中间则常被石油占据，因而它是储藏石油、天然气的最佳构造。此外，地质构造还塑造出高耸雄伟的秦岭山脉、秀丽多姿的汉江和波涛汹涌的黄河等地形地貌和地质景观，满足了人们旅游

图 1－85　平移断层（扭性断层）

（左—北大未名 BBShttps://bbs. pku. edu. cn/v2/post－read. php? bid＝1224&threadid＝4115008；右—董王仓摄，2015）

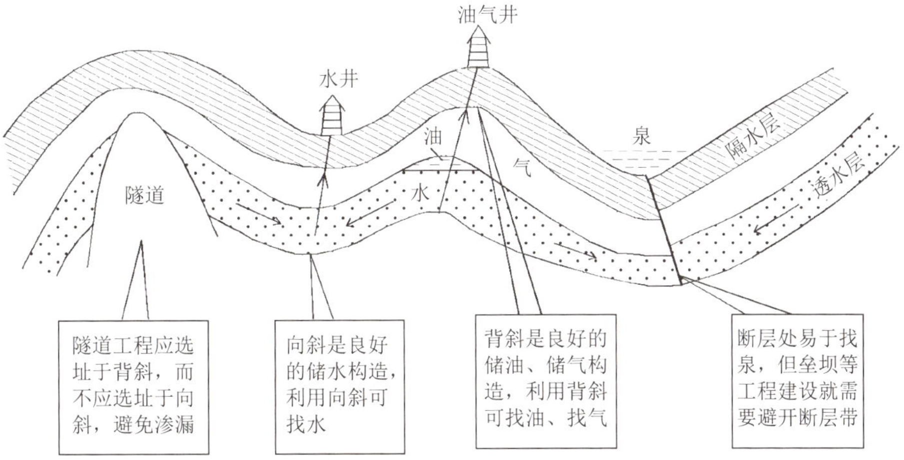

图 1－86　褶皱对油气和水的控制作用示意图

（据百度知道 https://zhidao. baidu. com/question/627672703914645164. html，改编）

观光的精神需求。

在造福人类的同时，构造也是威胁人类生活和生产的地质灾害的主要诱因。如我们所熟悉的地震、滑坡、泥石流、地面沉降、地面塌陷、城市地裂缝等，这些都直接或间接地与构造活动有关。让我们至今记忆犹新的 2008 年“5·12”四川汶川大地震，就是由龙门山断裂带强烈活动而引起。陕西汉中市宁强县因处于该断裂带延伸之北东段，时隔半个月之后的 5 月 27 日，也遭受了 5.7 级地震的严重影响。2015 年 8 月 12 日零时 30 分左右，在陕西山阳县中村镇钒矿区发生的“8·12”滑坡事件（图 1－87），吞噬了 60 多个鲜活的生命。

西安市区的地裂缝是世界上最严重的地质灾害之一。据陕西省地质环境监测总站勘查，目前西安市区有地裂缝带 14 条（图 1－88），由地裂缝导致的建筑物受损、古城墙开裂、道路错台、管道错断比比皆是，已危及近 20 万人的生活安全，还严重地制约着西安国际化大都市的发展。

（三）陕西构造特征

在近 30 亿年的漫长地质历史时期，陕西主要处于古华北板块和古扬子板块的相互运动之中，即先后主要经历了中元古代早期板块拉张分裂、早古生代板块俯冲碰撞、晚古生代—中生代早期持续碰撞造山形成统一的大陆板块（欧亚板块的组成部分）、中生代晚期板块内部大规模逆冲推覆造山。新生代以来，受印度洋板块和西太平洋板块向中国大陆板块俯冲作用影响，导致地壳发生波澜壮阔的断块和推移运动，从而形成了现今陕西复杂多样的地质构造。具体而言，在陕西由北向南形成了渭北－

图 1－87 “8·12”山阳县滑坡事件

（左—坍塌、滑坡体；右—灾后救援）

（左—西部网 http://news. cnwest. com/content/2015－08/12/content_13022808_2. htm；右—百度百科 http://baike. baidu. com/item/8% C2% B712% E5% B1% B1% E9% 98% B3% E5% 8E% BF% E5% B1% B1% E4% BD% 93% E6% BB% 91% E5% 9D% A1% E4% BA% 8B% E4% BB% B6/18378418？fr＝alad din）

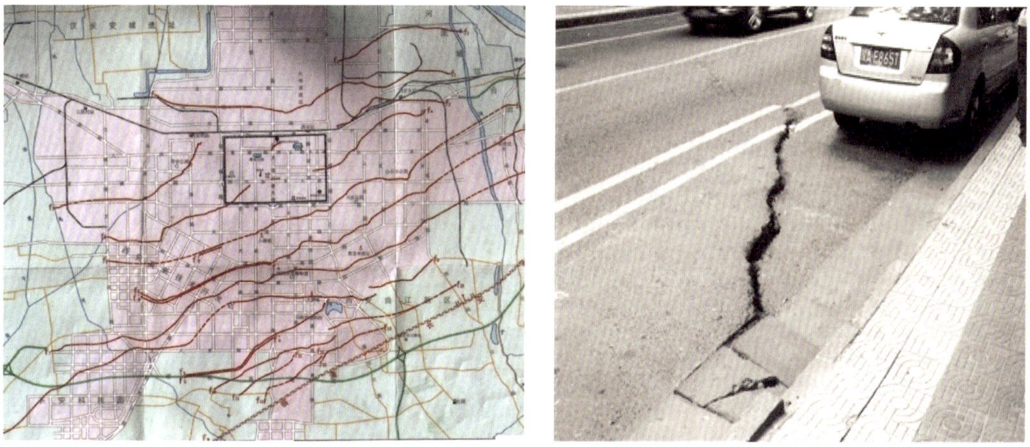

图 1－88 西安市区地裂缝（左—地裂缝分布示意图，右—地裂缝造成的地面开裂）

（左—陕西地震信息网 http://www. eqsn. gov. cn/manage/html/8abd83af1c88b3f2011c88b74299001f/_content/13_04/02/1364873706103. html；右—新浪博客 http://blog. sina. com. cn/s/blog_5647c2ec0102vkrt. html）

陕北单斜构造区、关中断陷构造带、陕南褶皱－断裂构造带等 3 大构造单元以及相应的陕北黄土高原、关中平原和秦岭巴山 3 种自然地理景观（图 1－89、图 1－90、表 1－10）。

表 1－10 陕西省现今地表地质构造单元划分

一级构造单元	次级构造单元
1. 渭北－陕北单斜构造区	1－1. 伊陕斜坡
	1－2. 渭北隆起
2. 关中断陷构造带	渭河断陷盆地
3. 陕南褶皱－断裂构造带	3－1. 小秦岭（潼关－洛南）逆冲断裂褶皱带
	3－2. 北秦岭（太白－商洛）叠瓦状逆冲断裂带
	3－3. 南秦岭（凤县－安康）多层次逆冲推覆构造系
	3－4. 秦岭南缘（汉中－镇巴）巨型推覆前缘逆冲带

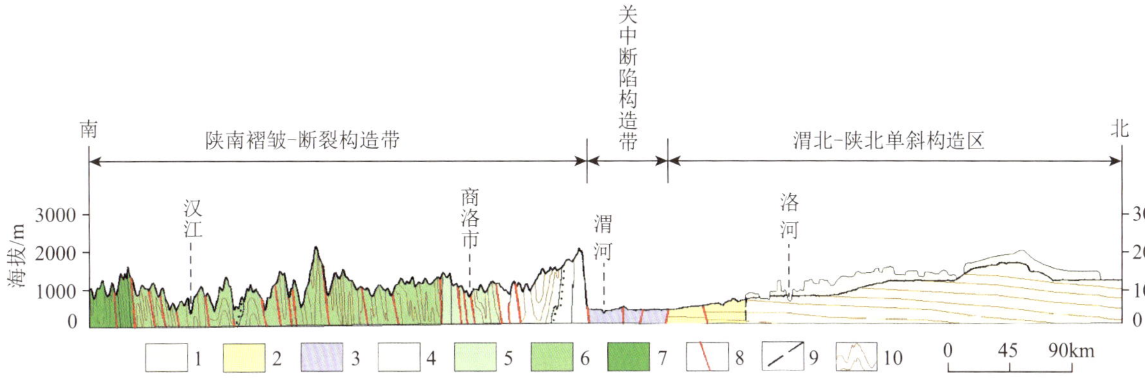

图1－89　陕西省地质构造单元划分剖面图

（据陕西省地质调查院，2013b，修改）

1—伊陕斜坡；2—渭北隆起；3—关中断陷构造带；4—小秦岭（潼关－洛南）逆冲断裂褶皱带；5—北秦岭（太白－商洛）叠瓦状逆冲断裂带；6—南秦岭多层次逆冲推覆构造系；7—秦岭南缘巨型推覆前缘逆冲带；8—断裂；9—地质构造区（带）划分界线；10—褶皱

1. 渭北—陕北单斜构造区

在地质历史时期，由于渭北和陕北地区处于古华北板块内部而远离板块边缘，因此，其构造变形微弱，现今总体表现为一向西平缓倾斜的单斜构造（图1－91），岩层倾角仅2°~10°，其上发育宽缓的次级小褶皱，断裂不多。新生代以来，受新构造活动影响而拱起为现今之黄土高原。

该单斜构造内，古生代奥陶纪形成的海相碳酸盐岩中蕴藏着丰富的石盐矿，中生代三叠纪、侏罗纪和白垩纪河湖－沼泽环境形成的碎屑岩层则是煤、石油、天然气的重要含矿地层。正是这套未遭受强烈构造扰动的平缓单斜构造，为石盐、煤、石油、天然气等矿产资源的储藏和完好保存，创造了极其重要的地质条件。

2. 关中断陷构造带

关中断陷构造带，又称渭河断陷盆地，是指北山山前断裂（F_4）与秦岭北麓断裂（F_6）之间的渭河盆地。断陷盆地的基底主要为古老变质岩和花岗岩，基底以上除分布有一定的中生代沉积地层外，主要为厚度达六七千米的新生代陆相松散沉积物。断陷盆地内部发育一系列复杂的阶梯状地堑（图1－92），其中秦岭北麓断裂（F_6）、渭河断裂（F_5）及渭河北缘北山断裂（F_4）最为重要。

秦岭山前断裂带（F_6），位于秦岭山北麓，主要由多条阶梯状正断层组成。在陕西省内，西起凤县北侧，经眉县、周至、蓝田、华县、潼关，向东延出陕西，总体呈东西方向延伸，陕西境内长逾350 km，破碎带宽10~50 m，影响带宽500 m。断裂面向北倾斜，倾角50°~70°。断裂南侧为中生代浅变质岩和花岗岩，北侧为渭河盆地新生代巨厚沉积层。据重力测量、人工地震反射测深和钻孔资料分析，新生代地层沉积厚度5~8 km（杨友运，2008），结合秦岭一级夷平面等资料，断裂带南、北两侧总断距大于10 km。由于长期的构造活动，秦岭山脉隆起抬升，沿断裂带多处形成雄伟壮观的断层三角面（图1－93）。断裂切入地下深处，将地球内部的热能转换成地热水而带出地表，形成可供人类利用的温泉、热矿水等地热资源。以眉县西汤峪、蓝田东汤峪为主的20余个温泉就沿该断裂成带分布，水温最高达59.8~72℃。这些温泉，源源不断，潺潺流淌上千年，满足了人类洗浴、游泳、浴疗和休闲等丰富多样的生活需求。

渭河断裂（F_5），是渭河盆地的主要断裂。它西起宝鸡，向东经咸阳、渭南、潼关进入河南境内，全长300 km，宽1~2 km。它控制渭河盆地的形成，又是一条地震多发带，与山西汾河地震带合称汾渭地震活动带。2010年7月，陕西省地震局在兴平市西吴镇杨家村砖厂，发现了渭河断裂活动的证据(图1－94)，显示渭河断裂在历史上至少发生过4次较大的垂直错动，每次的位移量达2 m之多。

北山山前断裂（F_4），分布于渭河盆地北部边缘的岐山、乾县、富平、韩城一带，因第四系黄土

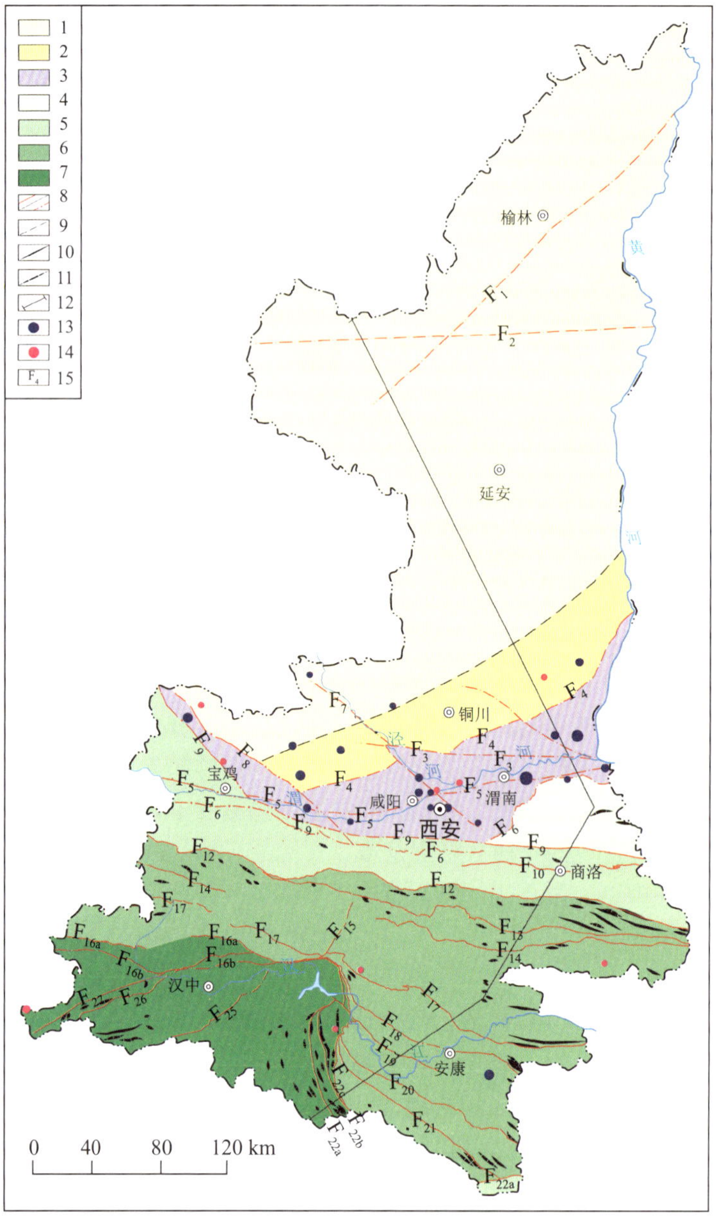

图 1-90 陕西省构造分区图

（据陕西省地质调查院，2013f，修改）

1—伊陕斜坡；2—渭北隆起；3—关中断陷盆地（渭河盆地）；4—小秦岭（潼关-洛南）逆冲断裂褶皱带；5—北秦岭（太白-商洛）叠瓦状逆冲断裂带；6—南秦岭（凤县-安康）多层次逆冲推覆构造系；7—秦岭南缘（汉中-镇巴）巨型推覆前缘逆冲带；8—断裂/隐伏活动断裂；9—地质构造区（带）划分界线；10—背斜；11—向斜；12—图 1-89 剖面位置；13—1899 年以前的地震；14—1900 年以后的地震；15—断裂编号

覆盖而时隐时现。地表表现为平行紧密排列的台阶式正断层，即断层南侧向下沉降，北侧抬升，在渭河盆地北缘形成一条北东方向展布的弧形山脉——北山山系。断裂带宽数百米至 20 余千米，主断裂面（F_4）向南倾斜，倾角陡（50°～80°），断距 500～800 m。沿断裂带有温泉分布，其水温在 23～41.5℃之间，愈往北东段泉水温度愈高，说明北东段断裂切割深度更大。

新生代以来，渭河盆地与秦岭山相比总断距达万米，平均以每年 3 mm 的速度向下沉降。盆地内活动断裂发育，这些断裂既沟通了深部地下热源，又为地下水深循环提供了通道，同时断裂相互交错，构成了网状的导水导热系统。故，盆地内地热异常成带出现，温泉星罗棋布，是陕西地热（水）分布最丰富的地带。其中，以临潼骊山脚下的华清池温泉最为著名。

图 1－91　陕北中生界砂岩呈低角度倾斜产出

（左—百度搜索 http://www.19lou.com/forum－464782－thread－38432891－1－1.html；
右—大众摄影网 http://www.pop－photo.com.cn/thread_1975605_1_1.html）

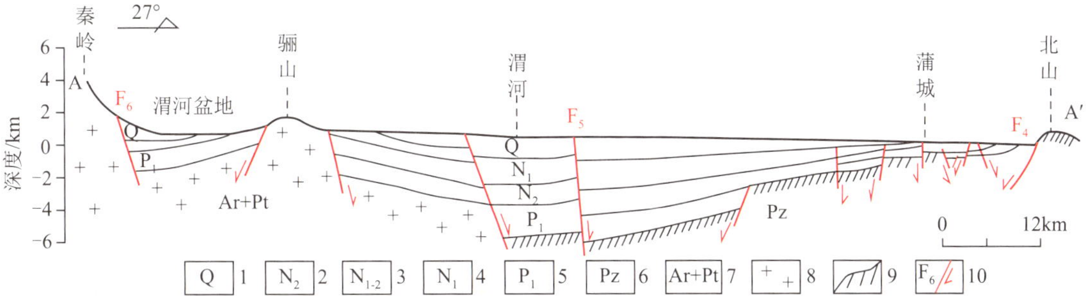

图 1－92　渭河断陷盆地示意图

（据陕西省区域地质资料编制）

1—第四系；2—上新统；3—中—上新统；4—中新统；5—下二叠统；6—古生界；7—太古宇＋元古宇；
8—花岗岩；9—古老变质岩；10—断裂符号及编号

图 1－93　秦岭山脉持续隆升在其北麓形成的“断层三角面”

（新浪博客(转载)http://blog.sina.com.cn/s/blog_515ce8370101em3s.html）

3. 陕南褶皱－断裂构造带

陕西陇县—宝鸡—蓝田—潼关一线（F_6）以南的秦巴山区，构造特征与关中、渭北—陕北截然不同，其最大特点是发育一系列褶皱、断裂，以及大量不同地质时代的岩浆岩，并因此形成了丰富的金、银、铜、铅、锌、钼、汞、锑等为主的矿产资源。根据褶皱断裂的组合型式，自北而南划分出 4 个次级构造带：潼关－洛南逆冲断裂褶皱带、太白－商洛叠瓦状逆冲断裂带、凤县－安康逆冲推覆构造系、秦岭南缘推覆前缘逆冲带（图 1－95；见表 1－10）。

图 1-94　渭河断裂及沿断裂带分布的温泉（左—兴平杨家村断裂，右—临潼华清池温泉）

（左—新浪博客 http://blog.sina.com.cn/s/blog_66dc3c41010011ss.html；

右—http://blog.sina.com.cn/s/blog_4f4cb2e20100f7ho.html）

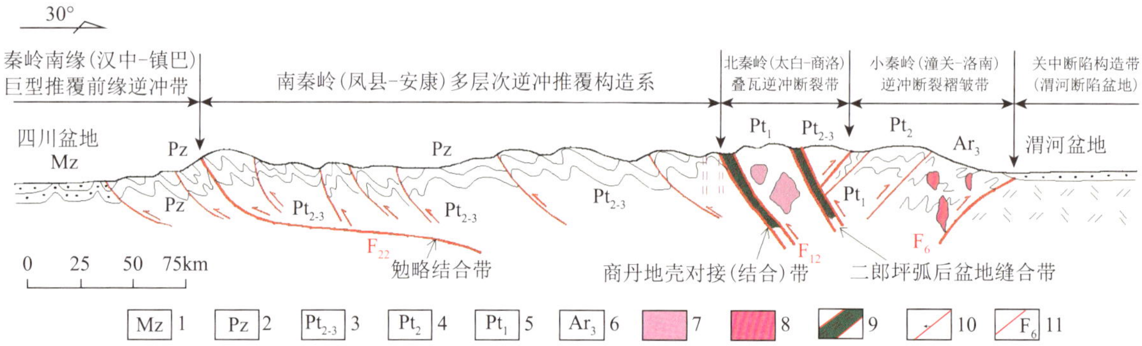

图 1-95　陕南褶皱-断裂带次级构造单元划分图

（据张国伟等，2001，修改）

1—中生界；2—古生界；3~5—元古宇；6—新太古界；7—古生代侵入岩；8—中生代侵入岩；

9—蛇绿岩带；10—逆冲断层；11—断裂及编号

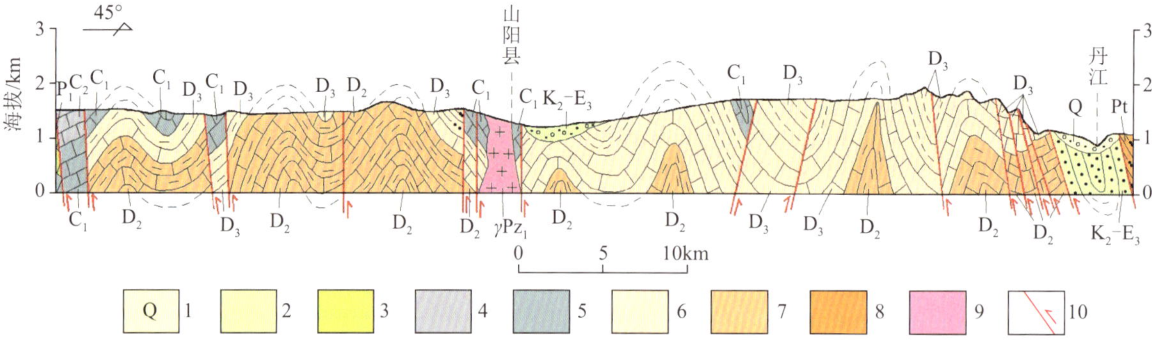

图 1-96　陕南山阳—丹凤褶皱-断裂构造带剖面图

（据张国伟等，2001）

1—第四系；2—白垩系—古近系；3—下二叠统；4~5—上石炭统和下碳统；6~7—上泥盆统和中泥盆统；

8—元古宇；9—早古生代侵入岩；10—逆断层

褶皱，是陕南褶皱－断裂构造带的重要组成部分，总体表现为一系列近似东西方向延伸的背斜和向斜。地质学家研究认为，这些背斜和向斜是三叠纪晚期古华北板块和古扬子板块发生俯冲碰撞而形成的构造（图 1－96）。

断裂，也是陕南褶皱－断裂构造带的重要组成部分，它们是在岩层褶皱过程中发生破裂、错动和位移所致。因此，断裂直接叠加在先前形成的褶皱之上，主要表现为近东西方向延伸的正断层（图 1－97）、逆断层及逆冲推覆构造带（图 1－98）。这些断裂中，一些是中生代三叠纪晚期以来，古华北板块和古扬子板块发生南北向俯冲、碰撞过程中，与褶皱同时或随后形成的构造；一些则是中生代侏罗纪后，板块内部发生挤压－拉伸－走滑等多期构造活动中而形成。新生代以来，受印度洋板块向中国大陆板块俯冲的远程效应影响，一些断裂再次复活，并发生了大规模的逆冲推覆、滑移和断陷、隆升等强烈活动。

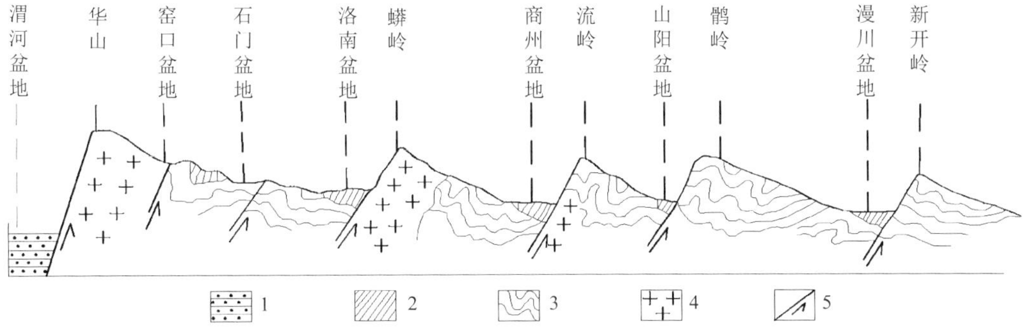

图 1－97　华阴—山阳一带台阶式正断层及断陷盆地剖面图

（据陕西省地质调查院，2013c）

1—第四系；2—古近系；3—前古近系；4—花岗岩；5—正断层

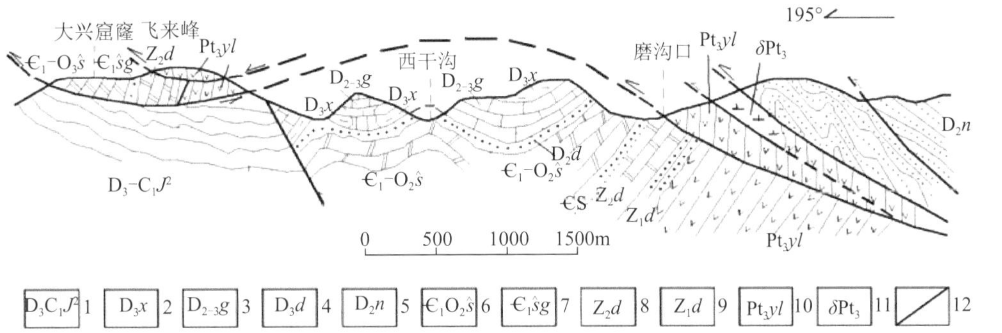

图 1－98　柞水大兴窟窿－山阳风镇逆冲推覆构造剖面图

（据陕西省地质调查院，2013c）

1—九里坪组二段；2—星红铺组；3—古道岭组；4—大枫沟组；5—牛耳川组；6—石瓮子组；7—水沟口组；8—灯影组；9—陡山沱组；10—耀岭河岩组；11—闪长岩；12—断层

以上所叙述的三大构造单元，不仅控制了矿产资源的形成和分布，而且控制了陕北黄土高原、关中平原、陕南秦巴山地等 3 大地貌格局，尤其关中平原，夹持于北山山系和秦岭山脉之间（图 1－99），因长期断陷而地处低洼。北有北山山系抵御了西伯利亚南下的寒流，使其冬季免遭寒冷之苦；南有秦岭山脉提供了川流不息的水源滋养。自古以来，这里气候适宜，风调雨顺，土地肥沃，物产丰富，号称“八百里秦川”。正因为关中平原的优越自然条件，才使其成为上古人类繁衍生息的最佳选择，才会成为中国农耕生产和农业文明的发祥地，才会有周、秦、汉、唐等中国历史上 13 个朝代的帝王，把这里作为自己的立足之地，并在此发展了勤劳智慧的中华民族，创造了灿烂辉煌的华夏文明。

图 1－99　关中平原地貌概略图

（百度搜索 https://mr.baidu.com/xi8trbo）

第三节　地下生宝藏——矿产资源

矿产资源，泛指出露在地表或埋藏于地下，可供人类利用、有开采价值的自然资源，即我们常说的地下宝藏。那么，目前陕西发现多少种矿产，这些矿产又是怎样形成的呢？下面就这些大家可能关心的问题，分别做一简要的叙述。

一、矿产种类

陕西地层发育齐全，构造变形复杂，岩浆活动强烈，具有优越的成矿地质条件。但新中国成立之前，陕西查明地质储量的矿产仅有石油、煤、铁、锰、铜、砂金、石墨、黏土等 8 个矿种。新中国成立以来，广大地质工作者在全省范围开展了规模空前的找矿工作，先后发现了以华县金堆城钼矿、潼关小秦岭金矿田、勉县－略阳－宁强金铜镍铁多金属矿集区、旬阳公馆－青铜沟汞锑矿田、凤县－太白铅锌矿田、太白双王金矿带、安康月河砂金、陕北神木－府谷煤田、陕北油气田等为代表的一大批大型、超大型金属矿产地集中区和能源基地，为经济建设及社会发展提供了矿产资源和能源保障。

截至 2015 年底，陕西省共发现能源矿产、金属矿产、非金属矿产、宝玉石和水气矿产等五大类 139 种（不含亚种）矿产（表 1－11），占全国发现矿种数量（172 种）的 81%，其中查明资源/储量的有 92 种，尚未查明资源/储量的有 47 种。据陕西省国土资源部门统计资料，目前，全省矿产资源潜在经济价值近 50 万亿元，居全国之首。尤其是煤、石油、天然气、金、钼、铅、锌、汞、锑、钒、磷、岩盐、水泥用灰岩等矿产，资源/储量丰富，矿石品级、质量较好，在国内具有明显优势。盐矿查明资源/储量占全国总量的 66%，位居全国第一，石油保有储量居全国第三位，煤、天然气、水泥用灰岩保有储量居全国第四位，钼矿、磷矿保有储量居全国第七位，金矿保有储量居全国第十位，铅锌、铝土矿保有储量居全国第十二位（据《2014 年度陕西省矿产资源报告》），这不仅确立了矿产资源大省地位，同时也使陕西成为国内重要的能源化工和有色金属生产基地之一。但近期国家急需的富铁、锰、铬、铜、钴、铂族元素、锶、钾盐等，或贫矿多，或储量少，少数矿种仍未发现矿产地。

表 1－11　陕西省累计发现矿产种类简表

<table>
<tr><th colspan="2" rowspan="3">矿产种类</th><th colspan="2">已查明资源/储量的矿种</th><th rowspan="2">尚未查明资源/储量的矿种</th><th rowspan="2">合计
种</th></tr>
<tr><th>列入资源/储量表的矿种</th><th>未列入资源/储量表的矿种</th></tr>
<tr><th>85</th><th>7</th><th>47</th><th>139</th></tr>
<tr><td colspan="2">能源矿产</td><td>煤、石油、天然气、油页岩、石煤、地热</td><td>铀</td><td>煤层气、页岩气、钍、沥青</td><td>11</td></tr>
<tr><td rowspan="4">金属矿产</td><td>黑色金属</td><td>铁、锰、铬、钒、钛</td><td></td><td></td><td>5</td></tr>
<tr><td>有色金属</td><td>铜、铅、锌、铝、镍、钴、钼、汞、锑</td><td>钨</td><td>镁、锡、铋</td><td>13</td></tr>
<tr><td>贵金属</td><td>金、银</td><td></td><td>铂、铑、铱、钌、锇</td><td>7</td></tr>
<tr><td>稀有、稀土、分散元素</td><td>铌、铍、锶、稀土、铟、铼、镉、硒、碲、锗、镓</td><td>铷</td><td>钽、锂、锆、铯、镱、铊</td><td>18</td></tr>
<tr><td rowspan="2">非金属矿产</td><td>工业矿物</td><td>石墨、磷、自然硫、硫铁矿、盐矿、镁盐、砷、芒硝、水晶、红柱石、矽线石、滑石、白云母、石棉、蓝石棉、长石、石榴子石、透闪石、透辉石、蛭石、石膏、重晶石、毒重石、普通萤石、电气石</td><td>钾盐、黑云母</td><td>硼、溴、天然碱、刚玉、蓝晶石、硅灰石、叶蜡石、沸石、明矾石、冰洲石、菱镁矿</td><td>38</td></tr>
<tr><td>工业岩石</td><td>石灰岩、大理岩、白云岩、铸型用砂、砂岩、石英岩、冶金脉石英、高岭土、海泡石、膨润土、水泥配料页岩、水泥配料黏土、水泥配料黄土、砖瓦黏土、陶粒页岩、陶粒用黏土、陶瓷土、耐火黏土、化肥蛇纹岩、泥炭、饰面辉长岩、饰面花岗岩、饰面大理岩、饰面板岩、片麻岩</td><td>绢英岩、钠长阳起片岩</td><td>泥灰岩、白垩、粉石英、凹凸棒石、伊利石黏土、水泥用凝灰岩、铁钒土、橄榄岩、麦饭石、辉绿岩、含钾岩石、地蜡</td><td>39</td></tr>
<tr><td colspan="2">宝玉石及观赏石矿产</td><td></td><td></td><td>宝石、玉石、雕刻石、观赏石</td><td>4</td></tr>
<tr><td colspan="2">水气矿产</td><td>地下水、矿泉水、（地热水）</td><td></td><td>氦气、氡气</td><td>4</td></tr>
</table>

①据 2016 年《陕西省矿产资源/储量统计表》和《陕西省志—国土资源志》编制。与以往统计资料相比，未列入资源/储量表的矿种增加了铷，尚未查明资料/储量的矿种增加了沥青、页岩气、观赏石、氦气、氡气；②矿产种类划分参考了《矿产工业要求参考手册》（2010）及中国矿产地质志项目办《省级矿产地质志研编技术要求》（2016）的意见。

二、矿产分布

陕西目前发现的这些矿产，在时间和空间上有什么分布规律呢？

地质学家研究认为，在时间上，陕西的矿产由早到晚具有以下的分布特点：太古宙—元古宙时期，是铁、锰、铬、镍、钛等矿产的成矿期（表 1－12），形成了以略阳县鱼洞子铁矿、煎茶岭镍矿为代表的铁矿和镍矿；早古生代时期，是天然气、磷、钒、重晶石、盐类和石灰岩等矿产的成矿期，形成了以陕北天然气和盐矿、汉中天台山磷矿、商南县千家坪钒矿、安康市石梯重晶石矿等为代表的一系列矿产地；晚古生代时期，是煤、煤层气和铅、锌、金矿的成矿期，形成了以渭北－陕北煤田、宝鸡市凤县铅硐山－东塘子铅锌矿、凤县八卦庙金矿为代表的大中型矿产地；中生代时期，是煤、油气和金、钼、铜、汞、锑等矿产的成矿期，如渭北－陕北煤田、油气田、潼关县的金矿、华县金堆城钼（铜）矿、旬阳县青铜沟汞锑矿等；新生代以来，在关中平原形成了丰富的地热水和矿泉水，在陕南安康市月河、汉中嘉陵江等流域形成了一系列砂金矿。

在空间分布上，由北向南，陕西北部（渭北－陕北单斜构造区）主要分布煤、石油、天然气、岩盐及水泥用石灰岩等能源、化工矿产；陕西中部关中平原（断陷构造带），蕴藏着丰富的地下水、地热（水）、矿泉水、氦气、氡气等水气矿产；陕西南部地区（褶皱－断裂构造带），则是铁、锰、铜、铅、锌、钼、钨、汞、锑、金、银、重晶石、磷等金属和重要非金属矿产的集中分布区。

表 1－12　陕西省主要矿产资源时、空分布简表

地区 地质年代	渭北－陕北 （单斜构造）	关中 （断陷带）	陕南 （褶皱－断裂带）
新生代	黏土、黄土	黏土、黄土、地下水、地热水、矿泉水、氦气	砂金
中生代	煤、石油、天然气、煤层气、油页岩		钼、钨、金、铜、汞、锑
晚古生代	煤、煤层气		铅、锌、金、银、石灰岩
早古生代	天然气、岩盐、石灰岩		钒、磷、重晶石、石灰岩
元古宙—太古宙	铁		铁、锰、铬、镍、钛、铜

三、矿床类型

矿床，是指地壳中自然产出的、能被人类开采利用的矿石堆积体，如我们熟知的金矿床、铁矿床、铜矿床、煤矿区等。为了掌握矿床的形成和分布规律，快速有效地指导找矿工作，地质学家根据矿床的形成原因、工业意义和经济价值，把矿床划分成不同的类型（表 1－13）。那么，这些不同类型的矿床又是怎样形成的呢？下面就一些主要类型矿床的形成机理做一简述。

表 1－13　陕西省矿床类型划分方案

一级	二级分类	三级分类	四级分类
内生矿床	岩浆作用矿床	1. 岩浆型矿床	岩浆分结型、岩浆熔离型、岩浆凝结型矿床
		2. 岩浆热液型矿床	脉型、构造蚀变岩型矿床
		3. 云英岩型矿床	
		4. 接触交代（矽卡岩）型矿床	
		5. 斑岩（细脉浸染）型矿床	
		6. 海相火山岩型矿床	火山－沉积（改造）型、火山热液型、爆破角砾型矿床
		7. 伟晶岩型矿床	岩浆伟晶岩型、变质伟晶岩型矿床
	变质作用矿床	8. 受变质型矿床	（火山）－沉积变质型矿床
		9. 变成型矿床	（火山）－沉积变成型矿床
	含矿流体（非岩浆、非变质）作用矿床	10. 浅成中－低温热液型矿床	构造热液型、层控热液型矿床（卡林型、喷流沉积型、密西西比型等）
外生矿床	表生作用矿床	11. 风化型矿床	残破积型、淋积型矿床
	沉积作用矿床	12. 机械沉积型矿床	河流冲积型砂矿
		13. 化学沉积型矿床	海相沉积型、陆相沉积型矿床
		14. 蒸发沉积型矿床	海相蒸发沉积型、陆相蒸发沉积型矿床
		15. 生物化学沉积型矿床	
叠生矿床	叠加作用矿床	16. 叠加复合/改造型矿床	叠加改造型矿床

（据中国矿产地质志项目办，2016，改编）

1. 岩浆型矿床

岩浆型矿床是指熔融的岩浆在生成、运移或就位过程中，通过分异和结晶作用，岩浆中分散的有用物质聚集而形成的矿床。如洋县毕机沟钒钛磁铁矿、略阳煎茶岭镍铁矿等，就是基性－超基性岩浆冷凝过程中，由于磁铁矿、镍铁矿等与其他矿物结晶的顺序和密度（比重）不同，导致它们相对集中而形成铁矿和镍矿。

2. 伟晶岩型矿床

伟晶岩是指与花岗岩在成因上有密切联系、在矿物成分上相同或相似、由特别粗大晶体所组成的脉状地质体（图1－100）。伟晶岩型矿床，就是指伟晶岩形成过程中，有用矿物或有用组分富集达到工业要求而形成的矿床。常见的伟晶岩型矿床有锂、铍、铯、铷、铌等稀有元素、稀土元素和水晶、萤石、宝石（如祖母绿图1－101）等矿床。

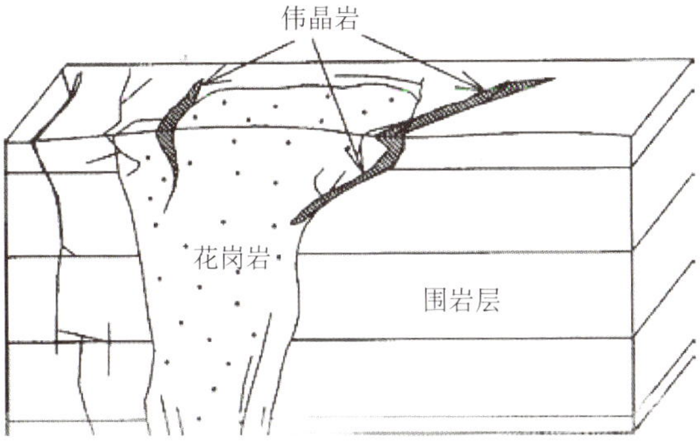

图1－100　伟晶岩脉与花岗岩体的产出关系

（网易博客（非公开）http://au999pt999.blog.163.com/blog/static/61455383201041084629871/? NdsKey＝1548702944）

图1－101　产于伟晶岩中的绿柱石（祖母绿）

（浙江省地质勘查局 http://www.zjdk.gov.cn/contents/511/12274.html）

3. 接触交代型矿床

接触性交代型矿床是指在中酸性－中基性侵入岩与碳酸盐岩接触带及附近，含矿气水热液与碳酸盐岩发生交代作用形成矽卡岩过程中，有用组分富集形成的矿床（图1－102）。因其与矽卡岩在时空分布上具有紧密联系，故又称为矽卡岩型矿床。这种类型矿床中常见的有铁、铜、铅、锌、钨、钼等金属矿产，以及宝玉石矿（如陕西蓝田玉矿床）。

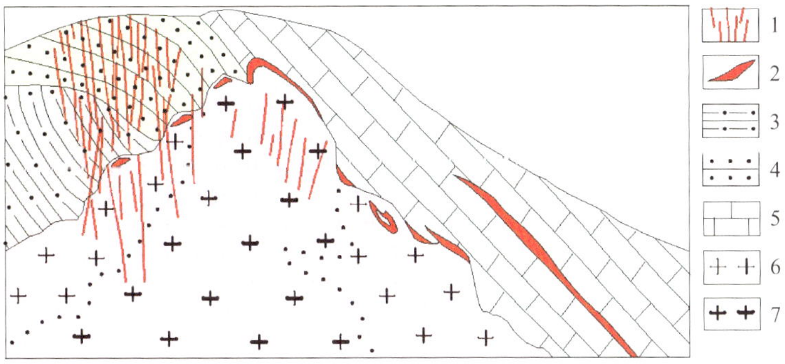

图1－102　热液型及接触交代型矿床成矿模式图

（360 搜索 https://www.so.com/s? ie＝utf－8&src＝hao_360so_b&shb＝1&hsid＝bb219df8dd0446e7&q＝%E6%8E%A5%E8%A7%A6%E4%BA%A4%E4%BB%A3%E5%9E%8B%E7%9F%BF%E5%BA%8A%E6%88%90%E7%9F%BF%E6%A8%A1%E5%BC%8F%E5%9B%BE，修编）

1—热液脉型矿体；2—接触交代（矽卡岩）型层状矿体；3—砂质页岩；4—砂岩；5—石灰岩；6—花岗岩；7—花岗斑岩

4. 热液型矿床

热液型矿床是指含矿热水溶液在地下一定的物理化学条件下，在各种有利的构造和岩石中，由充填、交代及沉积等方式形成的有用矿物堆积体（图1－102）。含矿热液可以是岩浆热液、地下热水、火山热液、海底喷流，以及多种热液的混合热液等。陕西常见的热液型矿床有铅、锌、金、钼、汞、锑等。

5. 火山岩型矿床

火山岩型矿床是指成矿作用直接或间接与火山活动有关，有用物质主要来自火山喷发的矿床。根据火山形成环境的不同，可分出海相火山岩型和陆相火山岩型矿床。常见的火山岩型矿床有铁、硫、铜、铅、锌、金、银、硒、碲等。

6. 风化型矿床

地球表面的岩石和矿石，在太阳能、大气、水、生物等地质营力影响下，发生物理的、化学的或生物化学变化，并使有用物质原地聚集而形成的矿床叫风化矿床。最常见的风化矿床有铁矿、铝土矿和黏土矿等。

7. 沉积型矿床

沉积型矿床是指地表的岩石、矿石等有用物质，在流水、生物等地质营力作用下，破碎、分解、搬运到河湖、海等水体，经过沉积作用形成各类沉积物，当其中的有用物质富集到能满足工业开采利用要求时，便构成了沉积矿床。

8. 变质型矿床

地壳中原来存在的岩石或矿物，由于所处地质环境变化，从而导致它们的成分、性质及内部组构发生变化，这种变化过程叫作变质作用。由变质作用形成的矿床叫作变质型矿床。其中，原来已经存在的矿床，再次遭变质作用影响的矿床叫受变质型矿床；变质作用中新形成的叫作变成型矿床。

四、经济地位

陕西省是我国矿产资源大省，矿产资源的开发利用在全省经济社会发展中具有重要作用和不可替代的地位。

矿产的开发利用，促进了工业发展，夯实了国民经济基础。据陕西省经济社会发展统计资料，2014 年规模以上工业企业实现工业总产值 20142.06 亿元，比上年增长 10.8%。其中，矿产相关产业的工业产值占很大比重。如能源化工业总产值 8784.6 亿元，占全省工业总产值的 43.6%；非能源化工工业总产值 10708.45 亿元，占全省工业总产值的 53.2%。其中有色冶金工业总产值 2749.16 亿元，占其总产值的 25.7%，非金属矿物制品业总产值 1114.33 亿元，占其总产值的 10.4%。二者合计占非能源化工总产值的 36.1%。可见，全省工业总产值中，与矿产资源相关产业的工业总产值已经占据 50% 以上。

矿产的开发利用，推动了城市化进程和区域经济发展。以矿业开发而兴起的渭北重镇铜川市，新中国成立前仅为一个 21 万人口的小县。1949 年以后，依托煤炭采掘业，如今已发展成拥有 86 万人口，以煤炭、铝业、建材、陶瓷工业为主的工业城市；陕北地区煤炭、油气的开发，使老区的经济发展突飞猛进，并成为国内重要的能源化工基地。以榆林市为例，新中国成立时，这里是全国经济发展的落后区域。20 世纪 80 年代以来，随着煤和天然气的开发利用，地方经济实现了从单一农业经济，向煤、化工、电力等综合型经济的转变。2014 年，生产总值突破 3000 亿元，人均生产总值 89005 元，一跃成为全省最富裕的地区。

矿产的开发利用，带动了基础设施建设。矿业开发除自身的产业经济效益外，还具有广泛的产业关联效应，带动诸如交通、建筑、电力及多种服务等产业的发展与繁荣。以陕北为例，近 10 多年来，围绕能源化工产业建设，国家修筑了西安 – 延安 – 神木铁路、高速公路及机场为主的基础设施（图 1 – 103，图 1 – 104），极大地改善了陕北的交通运输状况，同时还带动了相关行业的发展与繁荣。

五、矿产勘查

（一）探矿方法

矿产勘查，俗称探矿或找矿，它是人类最古老的生产活动之一。我们的祖先和世界上许多其他民族一样，从诞生之日起，就开始寻找及利用矿产，很早就有了找矿理论和探矿方法。最著名的是战国

图 1－103　陕北基础设施建设（左为西安－神木铁路，右为府谷火电载能园区）

（左—中国铁建股份有限公司 http://www.crcc.cn/g563/s1159/t17468.aspx；

右—榆林生活网 http://www.yulin5.com/article/article_2615.html）

图 1－104　榆林机场

（左—深圳市众茂幕墙技术有限公司 http://www.szzmmq.com/c291.html）

时期的《管子·地数篇》。它总结了一些矿物的分布规律，指出可以根据矿物的共生关系来寻找矿床。我国地质史专家夏湘蓉（1910～2001 年）将其归纳成 6 条，称作“管子六条”：第一，山上有赭，其下有铁；第二，山上有磁石，其下有铜金；第三，山上有铅，其下有银；第四，山上有丹砂，其下有黄金；第五，山上有陵石（指示铅锡铜矿的石头），其下有铅、锡、赤铜；第六，山上有银，其下有丹。“管子六条”中包括铁、铜、锡、铅、金、银、汞 7 种矿产，说明了它们的上下关系，用以指导找矿和采矿活动。

南北朝的梁代（502～557 年），出现了以植物找矿著作——《地镜图》，可以说是现代生物地球化学找矿方法的开端。唐代段成式（803～863 年）对《地镜图》作了整理，说：“山上有葱，下有银；山上有薤（读音 xiè），下有金；山上有姜，下有铜锡；山有宝玉，木旁枝皆下垂”。这些记载，不一定和实际完全相符，但是他所指出的利用指示植物找矿的思路是科学的。

在清代，孙廷铨（1613～1674 年）在《颜山杂记》中记载了人们利用岩层和矿床的关系找矿，说：凡是找煤的人，须先观察山上的岩石。若山上有页岩出现，就可能有煤。若山上全是石灰岩、砂岩，就没有煤。

到了近现代，随着科学技术的进步，出现了许多现代地质探矿技术方法。目前，找矿方法多达十几种，归纳起来，主要有地质找矿方法、地球化学找矿方法、地球物理找矿方法、遥感地质找矿方法及综合找矿方法五大类。其中，地质方法主要用于寻找地表有露头的矿体，地球化学方法主要用于发现露出地表、地表附近及隐藏于地壳浅部的矿体，地球物理找矿方法则主要探寻地壳较深部位的矿体（表1－14，图1－105、图1－106、图1－107）。

图1－105　地质找矿方法（左—地质填图法，右—探矿工程法）
（申春宁、高锋摄，2016）

图1－106　水系沉积物测量
（王会锋摄，2016）

图1－107　物探－电法测量
（陈书让摄，2016）

（二）探矿历史

陕西是中华民族的发祥地之一，早在100万年前后，“蓝田猿人”就繁衍、生活在这片土地，并在极其艰苦的条件下，开始了探矿及利用矿产资源。从远古到现代，陕西的探矿活动大致经历了古代萌芽期（旧石器时代～1840年）、近代成长期（1840～1949年）及现代发展期（1949年至今）等3个历史阶段。

1. 古代矿业（旧石器时代～1840年）

陕西的先民们早在距今大约100万年前旧石器时代的原始社会，就认识并利用自然界的矿产资源了。据考古发现，陕西蓝田猿人遗址中，发掘出以石英岩、石英脉和石英砂岩为原料的刮削器、尖状器、砍砸器及球形石等30余件（图1－108）。先人们利用这些石头制作石器工具，采集食物和抵御毒虫猛兽的袭击。

表 1－14　现代常用的找矿方法简表

找矿方法类型		简要说明
地质找矿方法	地质填图法	地质填图法：运用地质理论和有关方法，系统地进行地质矿产调研，查明工作区的地层、岩石、构造与矿产等地质特征，并将各种矿产地质信息和标志填绘到地质图上，通过研究成矿规律和各种找矿信息进行找矿（图 1－105）。 露头标志找矿是最原始、最重要的地质找矿方法。它是通过寻找、追索有关矿体露头、含矿转石（滚石）及古代采矿遗迹等标志进行找矿的一种方法
	重砂找矿法	沿水系、山坡或海滨等，从松散沉积物中系统地采集样品，通过对重砂矿物的鉴定分析，发现并圈定有用矿物的异常，再依次追索原生矿床或砂矿床的方法
	砾石找矿法	砾石找矿法：由于矿体露头在地表风化后产生矿砾或与矿化有关的岩石砾石，在重力、水流、冰川等的搬运下，其散布的范围大于矿床出露的范围，故利用这种原理，沿山坡、水系或冰川活动地带追索矿砾，进而寻找矿床
	工程揭露法 （探矿工程法）	探矿工程法：利用探槽、钻孔、坑道等探矿工程，揭露松散沉积物掩盖的或地下深处的各种矿体（图 1－105），以便查明矿产情况
地球化学找矿方法（化探）	岩石地球化学测量 水系沉积物测量 土壤地球化学测量 水化学测量 生物地球化学测量 同位素地球化学找矿 气体测量法	在岩石、土壤、水、水系沉积物、生物、气体等各种介质中，系统地采集相关样品（图 1－106），经测试分析，发现某种元素的含量异常或高含量分布区（带），据此作为找矿的线索和依据，进而在野外寻找矿床
地球物理找矿方法（物探）	重力测量 磁法测量 电法测量 地震探测 放射性测量	岩（矿）石具有导电性、磁性、密度等不同的物理性质，会出现一种或几种不同的物理现象。如密度不同的岩（矿）石，可以引起重力的差异等。运用现代技术，记录岩（矿）石物理现象的变化，而探测地下岩（矿）石的性质及分布位置，达到寻找地下矿产的目的（图 1－107）
遥感地质找矿方法（遥感）	利用卫星或航空遥感地质测量资料，解译、分析成矿地质条件，提取某些矿床类型的遥感地质影像标志和矿化信息，圈定遥感地质异常，并通过实地检查、验证异常来发现矿体的一种方法	

到了新石器时代，人类社会对矿产的利用发展到了一个新的阶段。在西安半坡村、临潼县[1]姜寨等渭河、黄河流域上千处原始部落遗址中，发掘出了大量的石斧、石铲、石刀、石球、石磨盘等石制工具（图 1－109）以及盆、壶、瓶、罐等陶器。石制工具的应用，陶器的涌现，开创了人类利用非金属矿产的先河。

夏商周时期，先民们逐渐开始了对金、银、铜、铁等金属矿产和煤的应用。有关的文字记载，最早见于战国时期的《山海经》。如《西山经》载："英山（今华县与洛南县交界处）其阴多铁，其阳多赤金；小华之山（即少华山，今华县境内）其阴多磐石，其阳多雩琈（雩琈 yǔ fú，玉名）之王"。"符禹之山（今华县南）其阳多铜，其阴多铁。女床之山（今岐山县北），其阳多赤铜，其阴多石涅（古称煤为石涅）"。"阳华之山（今华阴市华阳山）其阳多金、玉，其阴多青雄黄"。上述记载之矿

[1] 临潼县，地处关中平原中部，1997 年 6 月经国务院批准，撤销临潼县，设立临潼区，归西安市管辖。

图 1-108　蓝田猿人使用石器工具复原图（右图为遗址出土的砍砸器）
（左—台海网 http://www.taihainet.com/news/xmnews/whjy/2016-06-22/1728082_2.html；
右—http://sn.chinadaily.com.cn/2011-03/03/content_12107594.htm）

图 1-109　西安半坡遗址出土的石器工具（右—石铲、石斧、石矛头）
（尹宗义摄于半坡遗址博物馆，2016）

产地，今已多被证实。如华阴、华县、洛南属小秦岭金矿田范围，除以产金著称外，境内亦有铁矿分布；而岐山县北即为黄陇煤田的一部分。

汉代人就发现了陕北的石油。《汉书·地理志》（80 年）有“上郡高奴县（今延安）有可燃（指石油），西河郡（今神木县）有天封苑火井祠，火从地中出也（指可燃气体或地下煤层自燃）”的记载。自唐代起已开始利用石油。唐代小说家段成式（803～863 年）编撰的《酉阳杂俎》有“高奴县石脂水，水腻浮上如漆，采以膏车及燃灯极明”的记载。后来北宋科学家沈括（1031～1095 年）在《梦溪笔谈》中指出：“生予水际沙石、与泉水相杂，惘惘而出……颇似淳漆，燃之如麻，但烟甚浓。盖石油至多，生于地中无穷，……”。他首次使用了“石油”一词，并乐观地预测：“此物后必大行于世”。

唐宋时期，矿产开发利用进一步发展，尤其是金、银贵金属多作为贡品供奉朝廷。《新唐书·地理志》载：“金州（今安康市）土贡麸金。西城汉水有金。汉阴月川水有金。”明万历《陕西通志》附录有“徽宗宣和元年（1119 年），石泉江溪沙碛麸金，许民随金脉淘采，立课额或以份数取之”的记载。说明唐宋时期，当地民众已采淘汉江及月河的砂金矿，并贡奉给朝廷。

汞矿古代称为朱砂、丹砂、水银，产于旬阳、凤县一带，多采之贡奉朝廷。《明史·地理志》载：兴安州洵阳（今旬阳）县东北有水银山，产水银、朱砂。

明清时期，是先秦以来矿产开发的鼎盛期，先前已知的矿产地几乎都进行了开采。柞水县银洞子即为明代一重要产银之所，如清康熙三年（1664 年）《陕西通志》载：“凤凰嘴小岭大西沟产银矿量大质优。明天启元年（1621 年），朝廷召官商开采，日有掘工一千三百多人，土法冶炼，年产优质银九万两，发送金陵（南京）铸银元银锞。掘矿洞八条，深者达五里以上”。可知此矿的开采已具相当规模。

煤炭早在宋代已成为我国人民日常生活和手工业较为普遍使用的燃料。陕西最早发现并利用的煤炭集中在渭北的铜川、蒲城、白水、韩城、彬县等地，所采煤炭主要供民用燃料。有关的文字记载，最早见于明朝。据嘉靖《陕西通志》载：“石炭出同官（今铜川）北山下，可以代薪”。嘉靖《邠州志》关于邠州（今彬县）出石炭，载有：“嘉靖甲辰（1544 年）六月民始凿石取之。三水县（今旬邑县）正德七年（1512 年）开窑出煤，民至今惠之”。天启（1621 ~ 1627 年）《同州府志》载：“澄城瑶头产炭，白水亦有，韩城龙门山煤炭极多，供秦晋两省之需”。

古代的矿产开发与利用，充分显示了陕西劳动人民的智慧，不仅创造了当时的经济繁荣和物质文明，也促生了地质科学的萌芽，而古代的采矿坑、硐遗迹，更为近、现代矿产调查与矿床的发现，提供了直接探矿依据或间接的找矿线索。

2. 近代矿产勘查（1840 ~ 1949 年）

陕西近代矿产勘查始于清朝末年，至新中国成立前，主要开展了石油、煤炭和铁矿的勘查开发工作。

（1）石油勘查开发

清朝末年，国运凋敝，德、美、日、俄等列强相继派人到陕北调查石油，试图获得陕北石油的开采权，但国内有识之士强烈呼吁自主开发陕北石油，创办民族石油工业。1904 年，陕西巡抚曹鸿勋奏请试办延长石油矿，得到慈禧太后和光绪皇帝批准。1905 年，陕西当局动拨 8.1 万两官银，指定候补知县洪寅为“总办”，正式筹建“延长石油官厂”。从此，在茫茫黄土高原腹地，拉开了中国近代石油工业的帷幕。遂于 1907 年建延长石油厂，并在延长县西门外确定井位并安装钻机，6 月 5 日正式开钻，9 月 6 日打成我国第一口油井——“延一井”（图 1 - 110），当日产油 1.5 t，开创了我国生产石油的历史。1907 年 10 月，我国陆上第一个油田炼厂的前身——延长炼油房竣工投产（图 1 - 111）。延长石油官厂的成立和延长 1 号井的投产，拉开了中国近代石油工业的序幕。

图 1 - 110　中国陆上第一口油井——延长 1 号井遗址
（据延长石油公司资料）

图 1 - 111　延长炼油房旧照
（据延长石油公司资料）

1940 年，汪鹏在延长进行石油调查时发现了有利的储油构造。后布置 40 个油井进行钻探，结果有 3 口井出油，由此使该区原油产量由过去每年的数十吨，猛增到 1279 t。1945 年，佟城根据对延长地区含油标志层调查所得出的新认识，布置 4 口探井，结果 3 口井见油，并编有《延长石油地质概论》。

（2）煤炭勘查开发

1912 年，陕西省成立实业厅，主管农商工矿各业。1923 年，著名地质学家王竹泉对陕北北部进行调查，并首次对侏罗纪煤田进行了预测，推断煤远景储量 904×10^8 t（《中国矿床发现史·陕西卷》

编委会，1996）。1927 年，省建设厅成立后，对渭北、关中的煤、石墨等个别矿种进行过概略调查。1928 年，陕西籍地质先驱赵国宾对渭北地质矿产调查后，推测渭北东段韩城至旬邑地区煤储量 25×10^8 t。

20 世纪 30 年代以后，前来陕西开展地质调查者日益增多，先后主要调查者及其成果有：1931 年，赵国宾第二次赴渭北进行煤炭地质调查，著有《陕西梁山尾间地质矿产及启发龙门山煤矿与石灰岩之设计》等，并力主开采韩城的煤与石灰岩，但未得以实施；1932～1936 年，高冠杰编著的《调查同官白水韩城三县煤田报告书》、白士倜的《陇县娘娘庙煤田调查报告》和《同官田地质》等成果。1937 年，日本侵略军占领我国华北后，致使敌占区工厂纷纷迁陕，使煤炭需求量日益增多。为适应这一突变形势，1936 年 10 月，陕西省建设厅设立探矿处对铜川煤矿进行了局部勘探。

（3）以铁为主的金属矿产勘查

1937 年抗日战争爆发至 1948 年期间，不少地质学者对陕西省的铁、铜、锰、砂金及黄铁矿、石棉、滑石、盐和油页岩等矿产做过一定调查。20 世纪 30 年代末期的主要成果有：《凤县留坝镇安洛南西乡铁矿调查报告》和《陕西铁矿》，郁士元的《勉县煤矿地质》，李均衡、王联庆的《凤县留坝铁矿调查报告》，魏寿崐、雷祚雯、张遹骏的《勘察安康砂金矿简报》。1940～1944 年年间的调查成果主要有：李均衡的《宜君七里镇煤矿调查报告》、《蓝田商县洛南商南山阳地质矿产调查报告》和《略阳县地质矿产调查报告》，白士倜的《安康区砂金简报》，王联庆的《安康旬阳平利白河矿产调查报告》，以及《华县金堆城砂金矿调查报告》（胡舀来）、《陕西金矿》（刘祖彝）、《安康旬阳石泉紫阳砂金矿》（曹士禄、韩影山）、《同官白水蒲城耀县宜君煤矿简报》（谭锡畴）、《临潼铁炉镇炭矿调查报告》（张大贞）。此间，吕翕声、张大贞、卢衍豪等还对渭北地区的铁矿、关中的锰矿、黄铁矿与陕南的铁、铜、石棉、滑石、油页岩和盐矿等进行了调查并写有相应的报告。

综上所述，新中国成立前，陕西的矿产勘查利用具有以下两个特点：一是具有典型的半殖民地性质；二是矿产开发利用的基础薄弱，发展缓慢，生产规模不大。直到 1949 年，陕西估算地质储量的矿产仅有石油、煤、铁、锰、铜、砂金、石墨和黏土 8 种，年产原油 815 t，煤炭 96×10^4 t，全省地质工作者仅一二十人，地质调查和矿产勘查开发程度相当低下。

3. 现代矿产勘查（1949 年至今）

新中国成立后，随着国民经济建设对矿产资源需求的迅猛增长，陕西的矿产勘查事业也进入了蓬勃发展的新时期。新中国成立初期，国家成立了地质部，陕西也设立有机构，专门负责全省的地质调查及矿产勘查工作。同时，国家相关工业部门也在陕设立了矿产勘查单位。新中国成立 60 多年来，开展了大量地质矿产工作，为经济社会发展做出了极其重要的贡献。回顾起来，矿产勘查大体经历了 5 个阶段。

（1）1949～1957 年

这一时期，国家地质、石油、煤炭、冶金及第二机械工业部等部门，相继在陕西建立地质勘查机构，地质队伍迅速发展到 3000 余人。在苏联专家帮助下，开展了煤、石油、铁、铜、铅、钼、磷等矿产勘查工作，发现了以华县金堆城大型钼矿床为代表的矿产地，对陕西省急需的矿产资源有了初步了解，为进一步地质找矿奠定了基础。

（2）1958～1965 年

20 世纪 50 年代后期，全国掀起了国民经济建设的高潮，地质部门提出了全民办地质的方针。1958 年，兴起了轰轰烈烈的群众找矿报矿热潮，全省搜集报矿点多达 12000 处。与此同时，驻省各地质矿产勘查队伍也迅速扩大，地质职工由“一五”期间的 3000 多人猛增到 12000 余人。同时，在全省范围内开展了大规模的矿产普查与勘探工作。先后在延安、志丹、旬邑等地打出了工业油流，使陕北石油勘查取得突破性进展，在渭北煤田铜川、蒲白两矿区，查明了徐家沟、鸭口、东坡、南井头、马沟渠等 10 多处中型煤矿，新发现了略阳县鱼洞子铁矿、紫阳屈家山锰矿、府谷县天桥则铝土矿、旬阳县公馆汞锑矿、太白县双王金矿、略阳县金家河磷矿等一批中－大型金属和非金属矿产地。

（3）1966～1978 年

寻找富铁矿、富铜矿和金矿是这一时期陕西矿产勘查的重点。陕西省矿产勘查单位先后在洛南、周至、宁陕、凤（县）－太（白）、勉县－略阳－宁强及紫阳县襄渝铁路沿线等地区，开展了铁铜矿找矿工作，查明1处中型矿床和10余处小型矿床。同时，在潼关小秦岭地区开始金矿普查，为国家提交了两处中型金矿，累计发现670余条含金矿脉，成为陕西金矿找矿历史上的首次重大突破。

此期间，还先后查明了旬阳公馆汞锑矿床南矿带、华阴市华阳川大型铀铌铅矿、柞水县大西沟大型菱铁矿、略阳县煎茶岭大型镍矿、洋县毕机沟中型钒钛磁铁矿、韩城阳山庄中型磁铁矿、府谷天桥则中型铝土矿等许多金属矿产以及磷矿、白云岩、水泥石灰岩、水泥配料黏土、石棉、石英岩等大、中型非金属矿床，为陕西的工业生产提供了丰富的矿产资源。

（4）1979～1999年

中国共产党第十一届三中全会（1978年12月）以后，地质部门确立了“以地质找矿为中心”的指导思想。此后，陕西的矿产勘查进入了一个新的发展时期。

此期间，加强了黄金、煤炭、有色金属与非金属等优势矿产的勘查，先后查明了以安康恒口－月河砂金矿、太白县双王金矿、潼关县鸡架山金矿、略阳县煎茶岭金矿等为主的10余处大型金矿和30多处中小型金矿，在柞水银洞子查明1处大型银铅多金属矿；有色金属矿产勘查方面，在旬阳县查明了公馆汞锑矿床北含矿带、青铜沟汞锑矿两处大型汞锑矿床，使陕西省汞矿储量仅次于贵州省而跃居全国第二位。在略阳县查明了省内规模最大的独立铜矿——铜厂铜矿，发现了旬阳县泗人沟－南沙沟大型铅锌矿带，在凤县查明了以铅硐山、八方山、银母寺为主的大型铅锌矿田，使该地区成为陕西省有色金属生产基地；非金属矿产勘查方面，查明矿产地40余处，其中有大、中型磷矿、化工石灰岩、水泥石灰岩、重晶石、石墨、滑石、耐火黏土、玻璃用石英岩、蛭石、膨润土及饰面大理岩等矿产地30余处；煤炭勘查方面，对陕北府谷地区煤田与煤层气进行了普查和详查，对榆（林）－横（山）煤田进行了调查，查明煤炭远景储量700多亿吨。

综上所述，1979～1999年，陕西省矿产勘查行业累计新发现30多个矿种，查明大、中型矿床80余处。其中，煤查明储量跃居全国第三位，黄金居全国第五位，有色金属查明储量也有大幅增长。其中，新发现的海泡石、膨润土、高岭土，填补了陕西省的空白。

（5）2000年至今

进入21世纪以来，随着我国经济体制改革的进一步深化，由国家投资的传统矿产勘查机制，转向多元投资的地质找矿新机制后，极大地激发了企业及社会资金大量投入矿产勘查的积极性，掀起了新世纪地质找矿的新高潮。

1999～2014年，中央财政先后在陕南重要成矿区带部署安排了一系列矿产远景调查和以金银铜铅锌为主的矿产资源评价工作。其中，矿产远景调查涉及30余个图幅，覆盖面积15000余平方千米。圈出物化探异常500余处，新发现具有大型矿床找矿前景的南郑县马元铅锌矿及金、铅锌、铜、锑、锰、铁等矿（化）点100余处，找矿靶区200余处，为进一步矿产勘查提供了重要依据。

为了解决资源危机矿山面临的生存和发展问题，2005～2012年，中央财政先后在陕西安排了以金、锰、铁、铜矿为主的接替资源找矿项目12个，探获资源/储量：金57 t、铁385×10^4 t、锰625×10^4 t、铜3.8×10^4 t、铅2.3×10^4 t、银879 t，可延长矿山服务年限12～30年，对促进陕西矿业经济持续发展，提高矿产资源对经济社会发展的保障能力发挥了重要作用。

2000～2013年，陕西省国土资源厅先后向国有地质矿产勘查单位及民营矿产勘查公司累计颁发探矿许可证1000余个，勘查矿种涉及煤为主的能源矿产（80余个）、铁为主的黑色金属（160余个）、铅锌钼为主的有色金属（360余个）、金为主的贵金属（250余个）、非金属（近50个）、稀有稀土元素（5个）等矿产。

2011年4月，延长石油公司在甘泉县下寺湾钻成中国第一口陆相页岩气直井（柳坪177井），并成功产气，标志着我国陆相页岩气勘探开发取得实质性突破。

2010年国家实施“找矿突破战略行动”以来，陕西省设立了地质勘查基金资助矿产勘查，部署安排了找矿突破战略行动的一系列工作。据2015年7月9日陕西省人民政府新闻发布会和2016年11

月8日陕西省国土资源厅新闻发布会的消息汇总，近年来，陕西省新发现矿产地47处（大型6处、中型11处），包括陕北定边县亿吨级大型致密油田、旬阳县棕溪铜矿、商南县光石沟铀矿、商洛市商州区刘家台铷矿、凤县马蹄沟金矿、镇坪县双河口铌矿、勉县张家河金矿、宁强县南沙河金矿、安康市早阳金矿、汉阴县坝王沟金矿、镇安县西部白钨矿、丹凤县石墨矿、勉县－城固石墨矿、汉中及商洛玉石矿等矿产地。新增主要矿产资源量：金330.66 t、银2400 t、铜30.1×10^4 t、铁矿石6.98×10^8 t、锰矿石702×10^4 t、钼107.54×10^4 t、煤319×10^8 t。其中，钼新增资源量超过世界级金堆钼业的原有规模，为再造一个“中国钼都”奠定了坚实基础。

第二章　国民经济的命脉

——能源矿产

能源矿产，又称燃料矿产、矿物能源，它是指赋存于地表或地下，由地质作用形成，呈固态、气态和液态，具有现实意义或潜在能源价值的天然富集物。

能源矿产又分为常规能源矿产和非常规能源矿产。所谓常规能源矿产，也叫传统能源矿产，是指已经被大规模开采和广泛利用的能源矿产，如煤炭、石油、天然气、铀等；非常规能源矿产，是指传统能源矿产之外的能源矿产，如目前开始开发利用的煤层气、页岩气、油页岩、天然气水合物（可燃冰）等。

我国发现的能源矿产有13种，包括煤、石煤、天然沥青、铀、钍、地热（水）、石油、天然气、天然气水合物（可燃冰）、页岩气、煤层气、油页岩、油砂。2016年11月国务院批复通过的《全国矿产资源规划（2016～2020年）》，已将石油、天然气、页岩气、煤炭、煤层气、铀等6种能源矿产列入战略性矿产目录。

陕西已发现煤、石煤、铀、钍、地热（水）、石油、天然气、页岩气、煤层气、油页岩、沥青等11种能源矿产，尚未发现油砂和天然气水合物（可燃冰）。能源矿产集中分布于陕西北部的渭北－陕北中新生代陆相沉积盆地（鄂尔多斯盆地），具有多种矿产“同盆共聚”、相互依存的空间分布特点。

第一节　工业的粮食——煤

一、工业用途

（一）基本性质

煤，是远古时期的植物和少许浮游生物遗体埋藏在地下，经过漫长的地质时期和复杂的物理化学作用转化而成的一种黑色可燃性矿石（图2－1）。煤主要由有机化合物和无机矿物质集合体组成（表2－1）。煤中碳、氢、硫等是煤的主要组成部分，也是工业利用对象。无机组分（灰、硫等）形成了煤中的有害组分。此外，有极少量磷、氟、砷、氯、汞、镉、铅等有害元素。煤具有可燃性和不同燃点，以及热解性、热稳定性、黏结性和反应性等性能，因而在工农业各领域具有极其重要的用途。

表2－1　煤的物质组成简表

组分名称		组分/%	组分名称		组分/%
有机组分	碳、氢、氧、氮、硫	碳为主，氢、氧、氮、硫次之。有机组分中碳、氢、氧含量≥95	无机组分	水、黏土矿物、石英、方解石、黄铁矿等	少量

（据《矿产资源工业要求手册》编委会，2010）

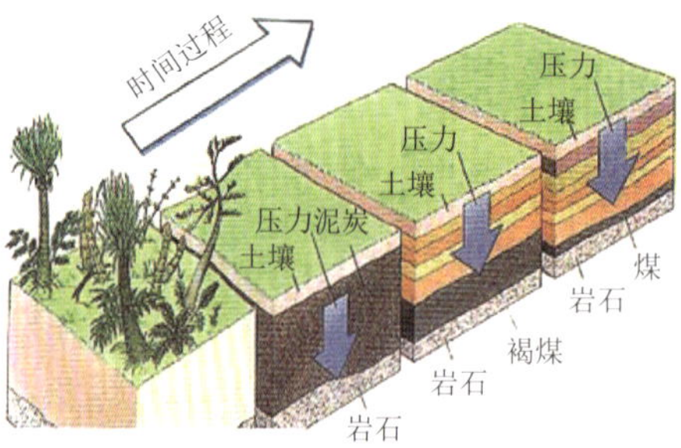

煤的形成过程(据百度搜索)

煤层(图片中部的黑色为煤层)

煤块

煤堆

图 2-1 煤及其形成过程

(下图系董王仓摄于陕西白水县刘家卓煤矿)

(左上—人民教育出版社 http://old.pep.com.cn/czwl/jszx/jxzt/zt9q/tyn/;

右上—https://quizlet.com/68645214/yosemite-free-climbers-flash-cards/)

(二) 工业用途

煤被称为“工业的粮食”,它不仅是工业、农业和人民生活不可缺少的能源,而且还是冶金、化工、医药等部门的重要原料。冶金工业上,煤用作炼焦和生产耐火材料的窑炉燃料,以及从煤(煤灰)中提取锗、镓、铟、钒等微量元素;燃动力方面,用于火力发电(图 2-2)、蒸汽机燃料以及各种工业窑炉,如水泥、玻璃、陶瓷,轻工业窑炉等燃料;化学工业方面,煤经低温干馏或气化、液化制成气和液体燃料及化工原料,如柴油、汽油、煤气、煤焦油、氮肥以及染料、芳香族原料、涂料、塑料、合成纤维、碳素纤维、合成橡胶、炸药、药品、糖精、香料、石墨、活性炭、碳化钙、碳化硅、炭黑和感光材料等上百种产品;民用方面,主要是日常生活用燃料和冬季取暖等。此外,煤矸石、灰渣等可用作水泥、建筑用砖的原料或配料。

煤在我国一次性能源消费中占主导地位。据资料统计,2014 年我国煤炭消费 1962×10^6 t 油当量,占世界煤炭消费量的 50.6%,而且对外依存度很高,2014 年进口煤达 2.91×10^8 t。同时,我国又是世界主要碳排放国。因此,我国的能源安全和环境安全均面临严峻挑战。

二、煤的分类

按成煤的物质,煤可分为腐殖煤、残殖煤、腐殖腐泥煤和腐泥煤;按工业用途,分为炼焦用煤、低温干馏用煤、气液化用煤、其他化工用煤和动力用煤及民用煤;按照煤化程度参数,煤又可分为无烟煤、烟煤和褐煤三大类。

无烟煤,是腐殖煤的一种,由烟煤变质而成,有的由腐泥煤变质而成,煤化程度最高。无烟煤燃烧时无烟或少烟,硬度大,发热量较高(31.36~36.17 MJ/kg),无黏性,挥发分小于 10%,碳含量

图 2－2　神木火力发电公司外景

（天安电器 http://www.tianan.com/Industry/chuantongny02.htm）

90%～98%，氮含量小于 4%。无烟煤按变质程度增高，依次分为无烟煤 3 号到无烟煤 1 号。

烟煤，煤化程度高于褐煤，具有相当的硬度，挥发分在 10% 以上，内在水分一般在 10% 以下。以表征烟煤黏结性参数为依据，烟煤又细分为 12 类：长焰煤、不黏煤、弱黏煤、1/2 中黏煤、气煤、气肥煤、肥煤、1/3 焦煤、焦煤，瘦煤、贫瘦煤和贫煤。

褐煤，泥炭经成岩作用形成的一种腐殖煤，是煤化程度最低的煤。其理化性质介于泥炭和烟煤之间，质脆、易碎、无光泽，呈暗褐色，内在水分大，碳含量一般 60%～77%，氧含量 5%～6.5%，透光率为 30%～50%，发热量低（25.08～30.53 MJ/kg）。褐煤又分为褐煤 1 号和褐煤 2 号，褐煤可作气化、液化用煤。

三、地理分布

世界煤炭资源丰富。据国土资源部信息中心《世界矿产资源年评 2015》资料，截至 2014 年，世界查明煤可采储量 8915.31×10^8 t，主要分布在美国、俄罗斯、中国、澳大利亚、印度、德国、乌克兰、哈萨克斯坦、南非、印度尼西亚。

我国煤资源/储量居世界第三，截至 2014 年底，查明煤可采储量 1145×10^8 t，但主要分布在北方的新疆、内蒙古、山西、陕西、贵州、宁夏、甘肃、河南等省（区）。东南沿海和西藏属缺煤区。

陕西是我国煤资源较丰富的省份，主要分布在陕西北部的渭北－陕北地区（图 2－3），并且由北向南形成了靖边－横山－榆林－神木、子长－子洲、铜川－韩城、彬县－黄陵等 4 个煤炭聚集区或煤田（表 2－2）。据陕西省矿产资源报告统计，截至 2014 年底累计查明煤炭资源/储量 1691.74×10^8 t，保有资源/储量 1642.70×10^8 t，居全国第四位，西部省区第三位。

表 2－2　陕西省煤田分布简表

煤炭聚集区	面积/km^2	含煤地层	主要煤矿区
横山－府谷煤田	西起靖边，东至神木，面积 9000	二叠系太原组 二叠系山西组 侏罗系延安组	靖边、府谷、吴堡、神木、榆林、横山
子长－子洲煤田	延安市、子长、子洲	三叠系瓦窑堡组	子长
铜川－韩城煤田	渭北铜川－韩城，面积 2440	二叠系太原组 二叠系山西组 侏罗系延安组	韩城、蒲白、澄合、铜川
彬县－黄陵煤田	咸阳市彬县—长武—延安市黄陵，面积 3690	侏罗系延安组	黄陵、旬邑、彬县、永寿、麟游、千阳、陇县

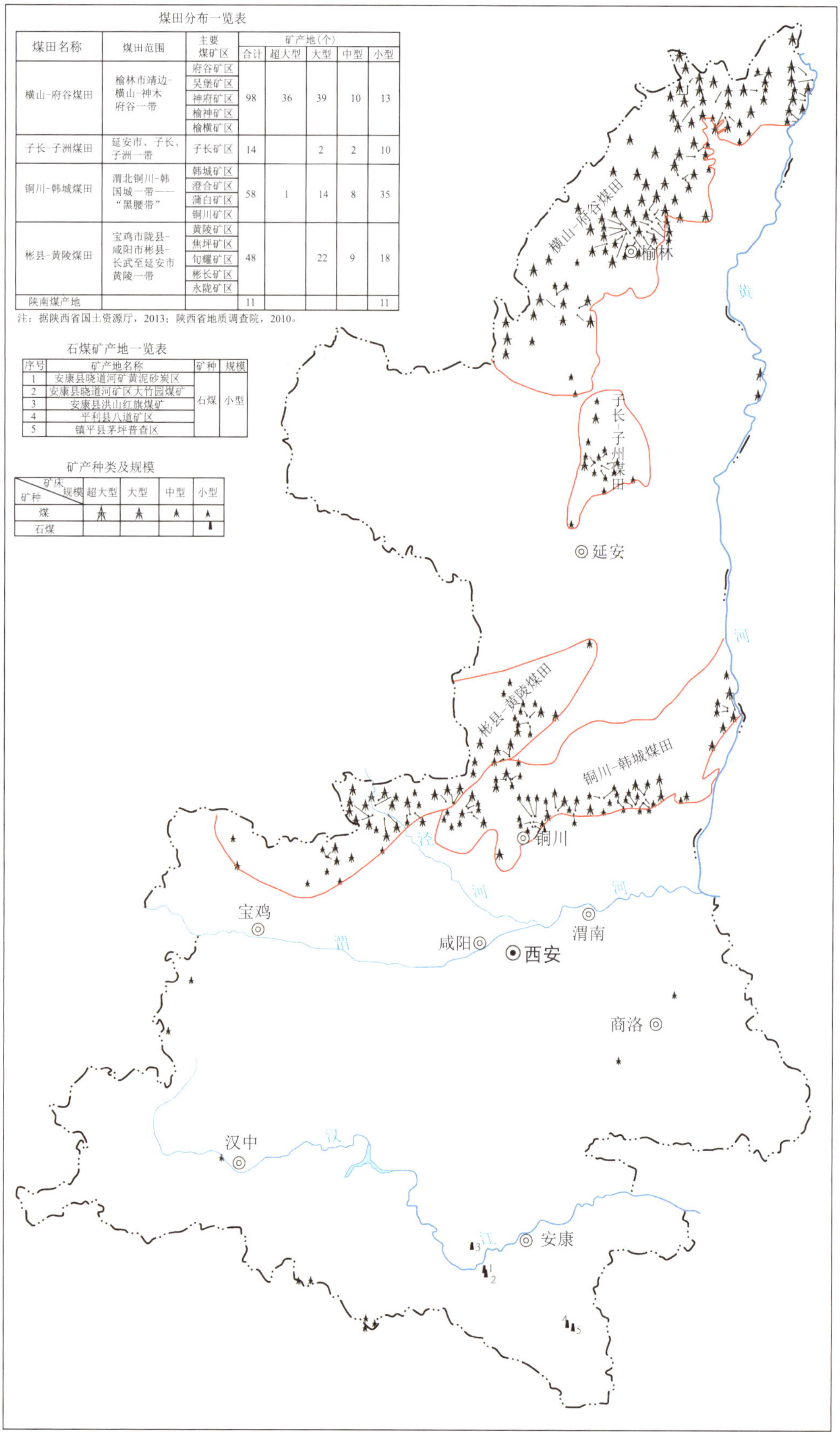

煤田分布一览表

煤田名称	煤田范围	主要煤矿区	矿产地(个)				
			合计	超大型	大型	中型	小型
横山-府谷煤田	榆林市靖边-横山-神木府谷一带	府谷矿区 吴堡矿区 神府矿区 榆神矿区 榆横矿区	98	36	39	10	13
子长-子洲煤田	延安市、子长、子洲一带	子长矿区	14		2	2	10
铜川-韩城煤田	渭北铜川-韩国城一带——“黑腰带”	韩城矿区 澄合矿区 蒲白矿区 铜川矿区	58	1	14	8	35
彬县-黄陵煤田	宝鸡市陇县-咸阳市彬县-长武至延安市黄陵一带	黄陵矿区 焦坪矿区 旬耀矿区 彬长矿区 永陇矿区	48		22	9	18
陕南煤产地			11				11

注：据陕西省国土资源厅，2013；陕西省地质调查院，2010。

石煤矿产地一览表

序号	矿产地名称	矿种	规模
1	安康县晓道河矿黄泥砂炭区	石煤	小型
2	安康县晓道河矿区大竹园煤矿		
3	安康县洪山红旗煤矿		
4	平利县八道矿区		
5	镇平县茅坪普查区		

图 2-3 陕西省煤田及煤、石煤矿区分布图

（据陕西省国土资源厅，2014；地理底图据陕西省地质调查院，2013b，修改）

四、成煤特征

煤，一般需要在古气候、古植物、古地理、古构造等条件适合的情况下方可形成。气候温暖潮湿、植物大量繁殖，尤其是高等植物大量繁殖的时期，最有利于煤炭的形成，地质上把这一时期也称为聚煤期。我国的主要聚煤期是距今约300～250 Ma的古生代石炭纪—二叠纪、距今约220～130 Ma的中生代晚三叠世—侏罗纪、距今20余百万年的新生代第三纪；其次是古生代的泥盆纪、中生代早—中三叠世和白垩纪。我省的聚煤期与全国大体一致，主要聚煤期为古生代石炭纪—二叠纪、二叠纪、中生代三叠纪、中生代侏罗纪等4个时期，形成了石炭系—二叠系太原组、二叠系山西组、三叠系瓦窑堡组和侏罗系延安组等4个含煤地层和4个煤田。

（一）铜川－韩城煤田

铜川－韩城煤田，位于陕西渭北的铜川、耀县、白水、蒲城、澄城、合阳、韩城一线，素有“渭北黑腰带”之称，分布有铜川、蒲白、澄合、韩城四大矿务局，是陕西省主要煤炭生产基地之一（图2－4）。含煤地层有二叠系太原组及山西组、侏罗系延安组等，其中太原组和山西组最为重要（表2－3）。截至2014年底，已查明煤炭资源/储量16917448.092 $\times10^4$ t，保有资源/储量16396810.5 $\times10^4$ t。

表2－3　铜川－韩城煤田成煤特征

含煤地层单位	含煤地层及煤层特征	煤类及煤质
二叠系山西组	含煤地层厚度8～135余米，由上到下含3层煤，可采煤层累加厚度一般为3.5 m左右，平均含煤率6.86%	煤类为动力用煤和炼焦用煤；可采煤层属中高变质；煤质灰分、硫分、软化温度高
二叠系太原组	含煤地层一般厚20～80 m，泾河以西缺失。含煤8余层，可采煤层累计厚度0.8～16.2 m，平均可采厚度5.41 m，平均含煤系数13.5%	煤类以瘦煤、贫煤为主，有少量焦煤。可采煤层变质程度属中高变质；煤质灰分高、硫份高、软化温度高，发热量较高

图2－4　铜川矿务局玉华煤矿工业广场

（据百度搜索 http://www.huishangbao.com/sell/show－914793.html）

（二）彬县－黄陵煤田

彬县－黄陵煤田，由富县葫芦河起始，经黄陵、宜君、耀州、旬邑、淳化、彬县、凤翔、陇县、千阳等县区，分布着7个煤矿区，含煤地层有三叠系瓦窑堡组、侏罗系延安组等，其中以侏罗系延安组最为重要（表2－4），是陕西省优质动力用煤的主要生产基地（图2－5）。

表 2-4　彬县-黄陵煤田成煤特征

含煤地层单位	含煤地层及煤层特征	煤类及煤质
侏罗系延安组	含煤地层厚度：黄陵 130~190 m，铜川焦坪—凤翔间 80~150 m，普社-凤翔断裂西最厚可达 280 m。自上而下划分为 4 个段及 4 个煤层（组），第一段发育主采煤层，第二段以薄-中厚煤层为主，第三、四段或发育不全，或含煤薄而不重要	煤类属长焰煤和不粘煤；煤质属优质煤化工原料和动力用煤。大部分煤层属煤焦油产率大于 7% 的富油煤，可通过低温干馏制取燃料油，具广阔的转化加工前景

图 2-5　黄陵煤矿区 2 号煤矿

（腾讯网 http://news.qq.com/a/20050103/000372.htm）

（三）子长-子洲煤田

子长-子洲煤田位于富县、甘泉、延安、安塞、子长、子洲等县市，是陕西省主要配焦煤分布区。煤田成煤特征列于表 2-5。

表 2-5　子长-子洲煤田成煤特征

含煤地层单位	含煤地层及煤层特征	煤类及煤质
三叠系瓦窑堡组	含煤 20~32 层，可采和局部可采煤 1~2 层，煤层总厚 11 m 左右，子长一带含主要可采煤层，含煤系数 1.67%，局部为 2.53%，富煤中心在子长与蟠龙	煤类主要为气煤、气化用煤、低温干馏和炼焦配煤。煤质指标硫分低、黏结指数高、焦油产率高

（四）横山-榆林煤田

横山-榆林煤田位于榆林市榆阳区—横山县，包括榆林、横山、靖边、定边、府谷、吴堡、神木等矿区。含煤地层为二叠系太原组及山西组、侏罗系延安组等，其中以侏罗系延安组最为重要（图 2-6）。出产具有特低灰、特低硫、特低磷、高发热量、高挥发分、高化学活性等“三低三高”的优质煤化工原料和动力用煤（表 2-6）。近年来，已被全国多个城市指定为城市环保专用煤。

表 2－6　横山－榆林煤田和神木－府谷煤田成煤特征

含煤地层单位	含煤地层及煤层特征	煤类及煤质
侏罗系延安组	横－榆矿区含煤地层厚 250～300 m，定边最厚 400 m，神－府厚小于 200 m；可采煤层 3～8 层，煤层厚2～5 m，单层最大厚度可达 10 余米	煤类属长焰煤和不粘煤，煤质属优质煤化工和动力用煤。大部分煤层属煤焦油产率大于 7% 的富油煤

图 2－6　神木大柳塔煤矿

（左—煤矿工业场区，右—采煤工作面）

（左—西安华光信息技术有限责任公司 http://www.hginfo.com.cn/HTML/05/05－01.htm；
右—神华神东煤炭集团有限责任公司 http://www.nmg.xinhuanet.com/nmgwq/sdzc/sdyw/2016－12/13/c_1120109865.htm）

五、开发利用

陕西省煤炭的开发利用历史悠久。从古籍记载和新中国成立后考古发掘佐证，春秋战国时期（公元前 475—公元前 221），陕西省黄陇和渭北已有了原始的煤炭开采活动。

战国时期，在神木地区也有煤炭的原始开采和利用活动。汉代或更早，煤已用于冶铁，且用量不断增加，煤矿开采兴起，至隋唐时已经十分兴盛，并进一步带动了找煤活动。在古籍中，记述煤炭产地者增多，除黄陇、渭北煤田常见于书外，又有商洛二叠系煤产地的记载。北魏郦道元《水经注》中有："商州黄水地有墨，山石悉黑，缋彩奋发，黝然若墨" 的记述。

到宋、元、明时期，煤的用途拓宽，找煤活动遍及全国。北宋沈括在任鄜延路经略安抚使时（今富县、延安），曾对陕北煤田作了调查，在其所撰《梦溪笔谈》中写道："今齐鲁间松林尽矣，渐至太行、京西、江南，松林大半皆童矣，造煤（烟）人盖未知石烟之利也"。这说明当时煤炭工业发展的主要原因是"松林尽矣"，迫使人们以煤代木，采煤用煤，以致偏僻的陕北亦不例外。至此，陕西渭北、陕南和陕北的煤田浅处，多被古代人发现和开采。

到了清代，发现的煤矿点逐渐增多，建煤窑开采者也日益兴盛。西安巡抚张楷，曾奉旨勘查陕西的煤炭业，并于乾隆五年（1740 年）六月二十五日写了奏折，陕西的煤炭地区计有 5 个府、5 个州及 24 个县。到道光年间，渭北地区煤窑颇多，仅铜川地区就有 36 处之多。清代中期，全省煤年产量约在 10×10^4 t～15×10^4 t。

清末至民国 26 年（1937 年），陕西煤炭业处于徘徊状态。抗日战争爆发后，沿海和中南地区的部分工业迁入陕西，导致煤炭消耗量剧增，1938 年关中地区第一次出现煤荒。此后，煤炭业有了较快发展。总体而言，新中国成立前陕西煤炭业相对落后，1949 年全省原煤产量只有 59×10^4 t，仅占当年全国原煤产量的 1.82%。

新中国成立后，陕西的煤炭工业进入了前所未有的发展时期。60 多年来，经过广大煤炭行业干部群众的艰难奋斗，把一个手工业方式开采的落后煤炭业发展成现代化煤炭工业体系。目前已建成铜川、蒲白、澄合、韩城、焦坪、黄陵、旬耀、彬长、榆横、神府等十大矿区以及各地（市）、县百余个地方国有煤矿。2011 年，全省煤炭年产量突破 4×10^{8} t（2.8×10^{8} t 标准煤），煤炭产量连年攀升，2014 年产量达到了 5.15×10^{8} t（3.57×10^{8} t 标准煤），在全省能源生产构成中占 76.47%，产量连续多年稳居全国第三位。

第二节　能燃烧的黑石头——石煤

一、工业用途

（一）基本性质

石煤，又有“石炭”、“银炭”、“砂炭”、“石板煤”、“煤岩”等近 10 种俗名，它是远古时期的菌藻类生物遗体，在浅海、潟湖、海湾等环境下埋藏并经过腐泥化和煤化作用转变而成的一种燃料矿物。因外观近黑色或黑灰色的岩石而得名（图 2－7）。与煤相比较，其含碳少、热值低。

图 2－7　石煤（左）及石煤地表露头（安康紫阳）

（左—http://www.xinhejx.com/xgcp/368.html；

右—江西玉山石煤矿产有限公司 https://hongdingwuliu.cn.gongchang.com/product/）

石煤一般为灰黑至黑色，条痕呈灰至黑色，坚硬致密，宏观结构以均一块状为多，尚有鳞片状、粒状以及角砾状，稍污手，光泽暗淡，密度 2～2.6 g/cm^{3}；燃点高，燃时无烟，发红或仅有蓝色微焰，有较浓的硫味，烧后渣多。

（二）工业用途

石煤主要为民用，用以烧石灰、砖瓦和作工业锅炉（如沸腾炉、搁管式炉）的燃料，以及发电和水泥工业。有伴生矾的石煤，其炉渣可提取回收五氧化二钒（V_2O_5）。此外，可作无熟料水泥的原料，部分用作炼铁、农业肥料和制造煤气等。

二、主要成分

石煤外观像石头，肉眼不易与石灰岩或碳质页岩相区别。石煤的物质成分中，以有机碳与黏土矿物的混合物碳泥质为主。石煤固定碳含量一般 10%～40%，其中元素碳含量大于 90%，干燥无灰基氢含量小于 1% 或大于 3%，可燃基氮元素小于 1%。碳酸盐、二氧化碳有时大于 5%～7%。石煤灰分以硅质为主，含量大于 45%，一般在 70% 左右，最高达 90%。发热量一般 4.2～8.4 MJ/kg，低位 3.3 MJ/kg。具有高灰、高硫和低发热量等特点。石煤中的钒、钼、铜、镍、硫等伴生元素含量多大于一般煤，富含氢和类脂物质，有的石煤富含磷质。

按灰分和发热量，石煤可分为一般石煤和优质石煤。一般石煤的灰分为40% ~90%，发热量在16.7 kJ/g以下；优质石煤的灰分为20% ~40%，发热量为16.7 ~27.1 kJ/g。

三、地理分布

我国的石煤广泛分布于南秦岭的川北、陕南、鄂西北、豫西南和江南的浙江、江西、湖北、湖南、广西、贵州等省的寒武纪至志留纪地层中，其中以南秦岭储量最丰富，陕西的石煤即分布在南秦岭安康市（图2 -3，表2 -7）。

表2 -7　陕西省石煤矿产地简表

序号	矿产地名称	所在地区	规模	开采利用情况
1	安康县晓道河矿黄泥砂炭区	安康市	小型	开采矿区
2	安康晓道河矿区大竹园煤矿		小型	近期难以利用
3	安康县洪山红旗煤矿		小型	开采矿区
4	平利县八道矿区		小型	开采矿区
5	镇平县茅坪普查区		小型	开采矿区

（据陕西省国土资源厅，2014）

据陕西省矿产资源报告统计，截至2014年底，陕西5个石煤矿区累计查明石煤资源/储量3482.41×10^4 t，保有资源/储量1624.04×10^4 t。

四、石煤特征

陕西安康的石煤全部赋存于下古生界，呈深灰或黑灰 - 灰黑色，光泽暗淡，密度为2.2 ~2.3 g/cm^3。显微镜下观察，有机显微组分中以隐结构藻类体、结构藻类体和沥青质体为主，清晰可见多种超微体和菌藻植物化石，未见任何木质组分。

五、开发利用状况

据有关统计资料，2004年安康石煤产量约60×10^4 t，约有10个矿山年产量为2×10^4 t ~3×10^4 t，其余矿井产量不足1×10^4 t。到2011年，安康市5个矿井仅有两家仍在生产，其余停产。多年来，石煤仅作为民用燃料，其中伴生的钒、钼、镍、铀、铜、铅、锌、镉、钴、镓、银、铂、钯等元素未被回收利用。因此，扩大石煤的应用领域以及综合回收利用其所含大量有用元素是值得研究的课题。

第三节　华丽转身的“瓦斯”——煤层气

一、工业用途

（一）基本性质

煤层气，是指储存在煤层中以甲烷（CH_4）为主要成分的烃类气体，俗称“瓦斯”。它是煤的伴生矿产资源，是近一二十年来国际上崛起的非常规天然气（图2 -8）。1 m^3纯煤层气的热值相当于1.13 kg汽油、1.21 kg标准煤，其热值与天然气相当。煤层气空气浓度达到5% ~16%时，遇明火就会爆炸，这就是煤矿发生瓦斯爆炸事故的根源。煤层气直接排放到大气中，其温室效应约为二氧化碳的21倍，对生态环境破坏性极强。但煤层气燃烧后很洁净，与燃煤相比，它燃烧后排放的灰分仅为煤燃烧后灰分的1/148。因此，它是工业、化工、发电和居民生活等领域的清洁能源。采煤之前，如果先开采煤层气，煤矿发生瓦斯爆炸率将降低70% ~85%，开发利用煤层气具有一举多得的功效。

图 2-8　陕北探矿平台煤层气燃烧景象
（延长石油公司孟祥振提供,2016）

（二）工业用途

煤层气和天然气一样用途广泛。首先它是一种洁净的能源，可以直接用作工业动力和民用燃料。煤层气热值高，可适应不同类型的燃气发电机，与煤相比，具有启动快，自动化程度高，污染小，热效率高于燃煤和燃油发电机近 10% 等特点。也可直接作为日常生活的燃料和冬季取暖；作为汽车燃料，地面垂直井产出的煤层气甲烷浓度高于 90%，可代替石油或天然气作汽车燃料；煤层气液化后不仅可替代汽油、柴油用于机动车燃料，还可用于化工生产原料，生产甲醛、甲醇、炭黑和化肥等产品。

目前，我国经济结构和能源结构都处在一个转型的关键时期，积极开发利用煤层气，对于优化能源结构，改善煤矿安全生产条件以及减少大气污染，都具有重大的经济和社会效益。煤层气以其具有清洁环保的特点而面临千载难逢的机遇和巨大的发展空间，昔日令人生畏的“瓦斯”华丽转身，在新的历史时期将迎来产业发展的黄金时代，并成为“清洁中国”的重要力量。

二、煤层气组分

煤层气又称煤层甲烷，其组分的 80% 以上为甲烷，往往还含有少量其他气体，如氮、二氧化碳和重烃（乙烷、丙烷、丁烷等的总称）。有时还含有微量的氢、一氧化碳、硫化氢、二氧化硫和一些惰性气体。煤层气的组分因产地和储气层而异，而影响煤层气成分的主要因素是煤岩成分、煤阶和气体运移条件等。

三、地理分布

由于煤层气的生成和煤息息相关，所以其地理分布与煤矿有关。据近年来统计资料，世界上有 74 个国家蕴藏着煤层气资源。

我国 95% 的煤层气分布在晋-陕-内蒙古、新疆、冀-豫-皖和云-贵-川-渝等 4 个煤炭聚集区，形成了 4 个含气区。据近年来资料统计，我国煤层气资源量达 $36.8\times10^{12}\ m^3$，居世界第三位。其中，晋-陕-内蒙古含气区的煤层气资源量最大，占全国煤层气总资源量的 50% 左右。

陕西省属晋-陕-内蒙古含气区的组成部分，煤层气主要分布在渭北和陕北石炭系—二叠系、三叠系和侏罗系煤田、煤矿区。据 2007 年《三秦都市报》报道，韩城煤田发现并查明首个煤层气田，

煤层气地质储量达 5010×10^8 m^3；吴堡县黄河沿岸发现了储量 160×10^8 m^3 的特大煤层气田；2012 年媒体报道，吴堡煤矿区横沟及柳毫沟井田查明煤层气资源量 122×10^8 m^3。此外，近年来在宜川南部集义镇和寿峰乡石炭系—二叠系煤矿预查中，初步查明伴生煤层气 100×10^8 m^3。

四、矿床特征

（一）煤层气成因类型

中国煤层气绝大部分属热解成因型，生物成因的煤层气所占比例很少。其资源分布地域广、储层时代多、埋藏深度适中，受区域地质构造控制。

（二）煤层气基本特征

陕西省煤层气主要为热解成因型。石炭系—二叠系煤田煤变质程度高，生气条件比较好。陕北和渭北石炭系—二叠系煤田的煤层气资源前期勘探表明，韩城、吴堡地区煤层厚度大，埋深 300～1500 m，深度适中，含气量较高，煤层气资源丰度大，适宜在地面开发煤层气。

侏罗系煤层成煤时代晚，埋藏浅，经历的构造作用较石炭系—二叠系煤少，据此推测，侏罗系煤的渗透率可能普遍高于石炭系—二叠系。陕北侏罗系神府、榆神、榆横矿区煤层含气量低，暂不适合地面开发；靖定预测区煤层埋藏深度大，气体保存条件好，有开发潜力；黄陵、彬长、焦坪侏罗系矿区煤储层含气量在 6 m^3/t 左右，瓦斯灾害危害到煤矿安全，可以采用地面和井下同时抽放的方法开采煤层气。陕北三叠系煤田煤层厚度小，含气量不大，不适合地面开发煤层气，主要以井下瓦斯抽放并配合通风来保证煤矿安全。总体而言，陕西省煤层气资源量丰富，但整体勘探程度较低。

五、开发利用状况

早在采煤业诞生之时，人们就知道了煤层气。但直到 20 世纪 80 年代才实现商业化开发。1989 年，美国首先开发利用煤层气，是世界上煤层气大规模商业化开发最早且最成功的国家。我国煤层气开发起步较晚，2009 年 11 月 16 日，中石油沁水煤层气示范工程在山西沁水县端氏镇建成投产，标志着我国煤层气开始进入商业化运营阶段。经过近 20 年的技术攻关和开采试验，我国煤层气实现了地面工业化生产，目前初步建成了沁水南部和鄂尔多斯东缘两大生产基地。

陕西早在 20 世纪 80 年代民间就开始利用煤层气。如吴堡县沿黄河西岸，村民将煤炭钻孔利用起来，采用土办法搞了一套水气分离装置，将分离出来的瓦斯气用管道引到各家各户，用于做饭、照明、烧炕取暖等所需能源，但大规模开发利用尚处于起步阶段。据了解，目前仅在韩城、吴堡等地有少量的开发利用。

第四节　工业的血液——石油

一、工业用途

（一）基本性质

石油，被称为“工业的血液”，也称“黑色金子”，习惯上把直接从油井中开采出来未加工的石油称为原油，它是一种由各种烃类组成的黑褐色或暗绿色黏稠液态或半固态的可燃物质。它由不同的碳氢化合物混合组成，其主要成分是烷烃。此外，石油中还含硫、氧、氮、磷、钒等元素。

石油的物理性质，随其化学组成不同而有明显的差异。石油有白、浅黄、黑褐、黑等多种颜色，与其含有的胶质、沥青多少有关。一般颜色深的密度大、黏度大，密度 0.76～1.0 g/cm^3。按密度范围分轻质、中质和重质原油。不溶于水，但可与水形成乳状液。石油可溶于多种有机溶剂，如苯、醚、四氧化碳等，局部溶于酒精。石油的标准燃料系数为1.4286，平均低位发热量为41.87 MJ/kg。

（二）主要用途

石油是国民经济建设和人类生活中不可缺少的一种重要矿物能源，从中提炼的汽油、柴油等是飞机、汽车、轮船、内燃机车和发电机等动力机械离不开的燃料，所以人们常把石油称为“工业的血液”。军事上的坦克、战机、舰船和运输车辆等也需要消耗大量石油，所以石油也是一种重要的战略资源。另外，日常生活中所用的煤油、液化石油气、蜡烛等也是从石油中提炼的。

此外，从石油中提炼出的有机合成原料和产品达5000多种，可分为石油燃料、石油溶剂与化工原料、润滑剂、石蜡、石油沥青、石油焦6类。其中，各种燃料产量最大，接近总产量的90%；各种润滑剂品种最多，产量约占5%；石油工业提供的氮肥占农用化肥总量的80%。

二、石油组分

石油是地质历史时期的动植物遗体深埋地下转化而成，它由不同的碳氢化合物混合而成，主要有碳（83%～87%）、氢（11%～14%），其余为硫（0.06%～0.8%）、氮（0.02%～1.7%）、氧（0.08%～1.82%）及微量金属元素（镍、钒、铁、锑等）。由碳和氢化合形成的烃类构成石油的主要组成部分，约占95%～99%，在原油中已鉴定出的烃类化合物达230种以上，其中以链状烷烃（C_nH_{2n+2}）、环状烷烃（C_nH_{2n-2}）及芳香烃（C_nH_{2n-6}）含量最多。此外，还有少量含氧、含氮、含硫的化合物。含硫化合物是石油中一种有害成分，它会腐蚀炼油设备，降低石油产品的质量，在石油加工中应尽量除去。

三、地理分布

世界石油资源丰富，据国土资源部信息中心《世界矿产资源年评2015》，截至2014年，世界石油剩余查明储量为2268.62×10^8 t，主要分布在委内瑞拉、沙特阿拉伯、加拿大、伊朗、伊拉克、科威特、阿联酋、俄罗斯、利比亚、美国等。

我国的石油资源主要集中在松辽、华北、渤海湾、塔里木、鄂尔多斯、准噶尔、珠江口、柴达木和东海等九大含油盆地。据国土资源部信息中心《世界矿产资源年评2015》资料，截至2014年底，我国石油剩余查明储量为337689.14×10^4 t，位居世界第14位。

陕西的石油主要分布于延安、榆林、咸阳3市20个县（区）辖区内的中生界三叠系延长组，已查明以延长、子长、下寺湾、直罗、靖边、子洲、吴起、永宁（含志丹）、定边、靖安等为主的几十个油田（图2-9）。截至2014年底，剩余技术可采储量为36300.78×10^4 t，位居全国第三位，西部省区第二位。

四、油田特征

（一）油藏类型

陕西省的石油赋存于陕北鄂尔多斯盆地，地质构造为东高西低的平缓大单斜，其内部发育有众多低幅鼻状隆起，油藏大都发育于低幅鼻状隆起构造带。油藏除了受构造控制外，还受沉积体系控制。按照油藏形成的控制因素，通常分为岩性控制为主的岩性油藏及岩性、构造共同控制的复合油藏（表2-8）。除盆地边界发育断层外，盆地内部几乎未见断层。因此，没有与断层有关的构造油藏。

（二）永宁（志丹）油田

永宁（志丹）油田位于志丹县境内，是陕西省石油勘探较早、勘探程度较高的油田。其构造位

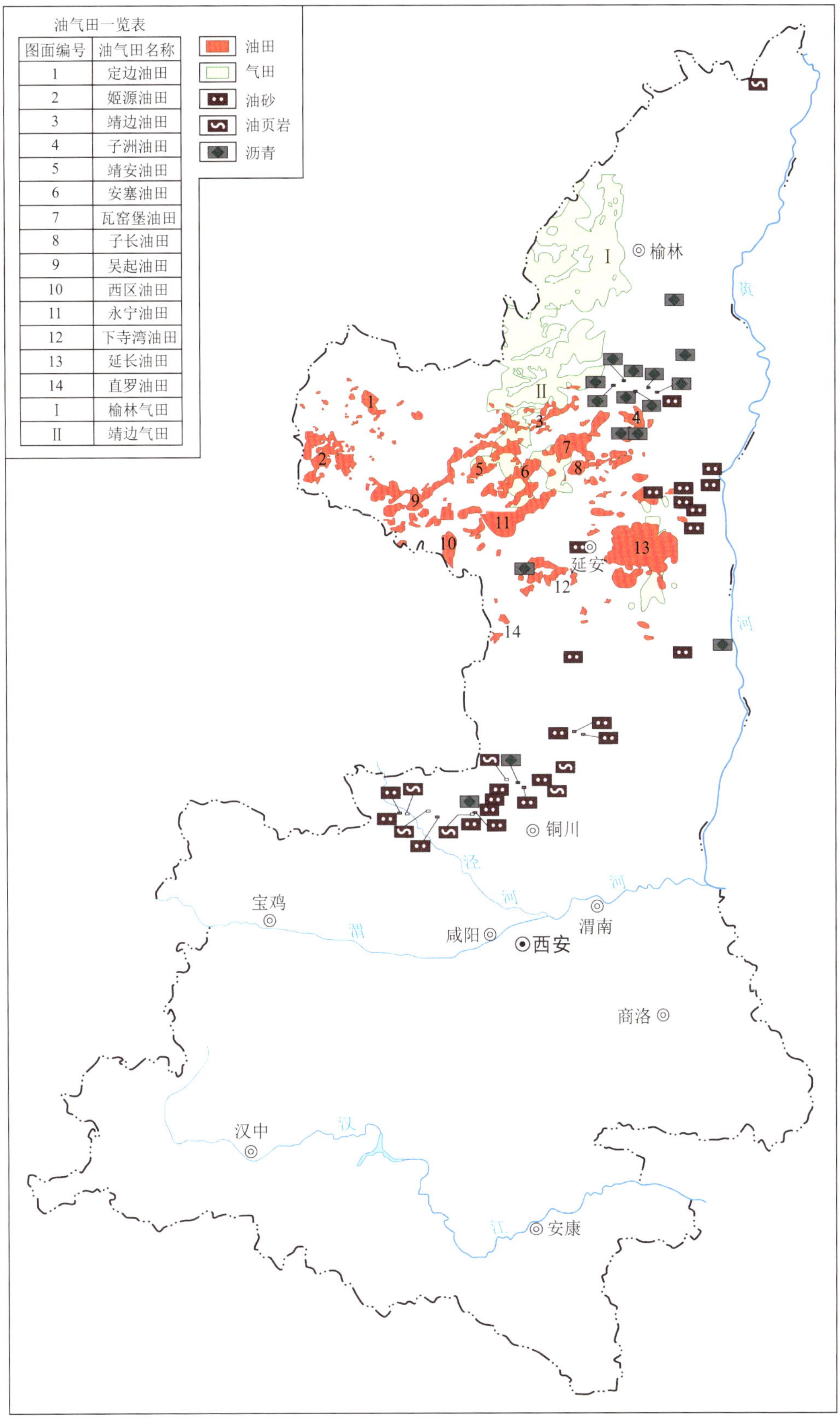

图2－9　陕西省油气田分布略图

（据《中国油气田开发志》总编纂委员会，卷12、卷30，2011；陕西省国土资源厅，2014，修编；地理底图据陕西省地质调查院，2013b，修改）

置处于鄂尔多斯盆地陕北斜坡中部。主要发育东高西低、倾角约为1°的向西倾斜的单斜层。受古地貌控制，局部因差异压实作用和区域应力形成小型鼻状构造，加上上倾方向的岩性和构造变化，为油气储集提供了良好的成藏条件。

表2-8　陕西省油藏类型划分表

大类	小　类	特　征
岩性油藏	砂岩上倾尖灭油藏	由于储集层沿上倾方向尖灭或渗透性变差而造成圈闭条件，油气聚集其中而形成的油藏
	致密砂岩遮挡油藏	岩石在成岩和后生作用期间，在成岩作用下使原始沉积的地层孔渗性和渗流能力发生次生变化而形成的油藏
	透镜状砂岩油藏	透镜状储集体周围被非渗透层所包围，成孤立状产出，构成圈闭，油气充注后形成的油藏
复合油藏	构造-岩性油藏	上倾方向的岩性尖灭或岩性致密遮挡与低幅鼻状构造相配合形成的油藏
	断层-岩性油藏	盆地边缘含油区可见到，为断层与岩性双重控制的油藏

永宁（志丹）油田三叠纪和侏罗纪主要发育砂泥岩互层沉积。其中，三叠系延长组自下而上划分为长10^{12}、长10^{11}、长9^2、长9^1、长8^2、长8^1、长7、长6^4、长6^3、长6^2、长6^1、长$4+5^2$、长$4+5^1$、长3、长2^3、长2^2、长2^1和长1共18个油层组；侏罗系延安组自下而上划分为延10、延9、延8、延7共4个油层组。

志丹油藏延长组至延安组以三角洲前缘水下分流河道、河口坝和三角洲平原分流河道为主要储层砂体发育区。延安组延10油层组以河流河道、边滩为储层砂体发育区，砂体厚度较厚，分布范围广，横向连通性较好，储层物性以中等孔隙度、中—低渗透率为主要特征。延长组储层物性以低渗-特低渗为特征，驱动类型以底水驱动为主。

志丹油藏构造鼻隆不发育，但构造鼻隆是油气富集的有利场所。延安组油藏主要受岩性和构造控制，为构造-岩性油藏，次为岩性油藏。延长组和油层组油藏主要受岩性变化控制，主要为岩性油藏，次为构造-岩性油藏（图2-10）。

截至2015年底，累计探明石油地质储量约4.86×10^8 t，主要开发层位为延8、延10、长4+5和长6等油层组。

五、开发利用情况

生活在陕西这片黄土地上的祖先，早在东汉时期就发现了石油。据班固（32～92年）在所著《汉书》中记载："高奴有洧水可燃"。高奴即指现在的陕西延长县附近，洧水是延河的支流。"水上有肥，可接取用之"（见北魏郦道元的《水经注》）。这里的"肥"就是指的石油。到863年前后，唐朝段成式的《酉阳杂俎》记载了"高奴县石脂水，水腻浮水上，如漆，采以膏车及燃灯，极明"。可见，800多年前，我们的先人已经采集油苗溢出的原油，用来照明和润滑车轴。

唐、宋、元、明、清各朝的史志资料，均对石油的发现使用情况有所记述。北宋沈括任延州（今延安）经略使时，曾用延长的石油制成炭黑。他在《梦溪笔谈》中，首次把这种天然矿物称为"石油"，指出"石油至多，生于地中无穷"。他试着用原油燃烧生成的煤烟制墨，"黑光如漆，松墨不及也"。沈括并且预言："此物后必大行于世"，当时他已经预见石油将来大有用途。

1905年，清政府批准筹办"延长石油厂"。1907年，打成中国陆上第一口油井"延1井"，井深80多米，日产油1～1.5 t，结束了我国大陆不产石油的历史，填补了中国民族工业的一项空白。由

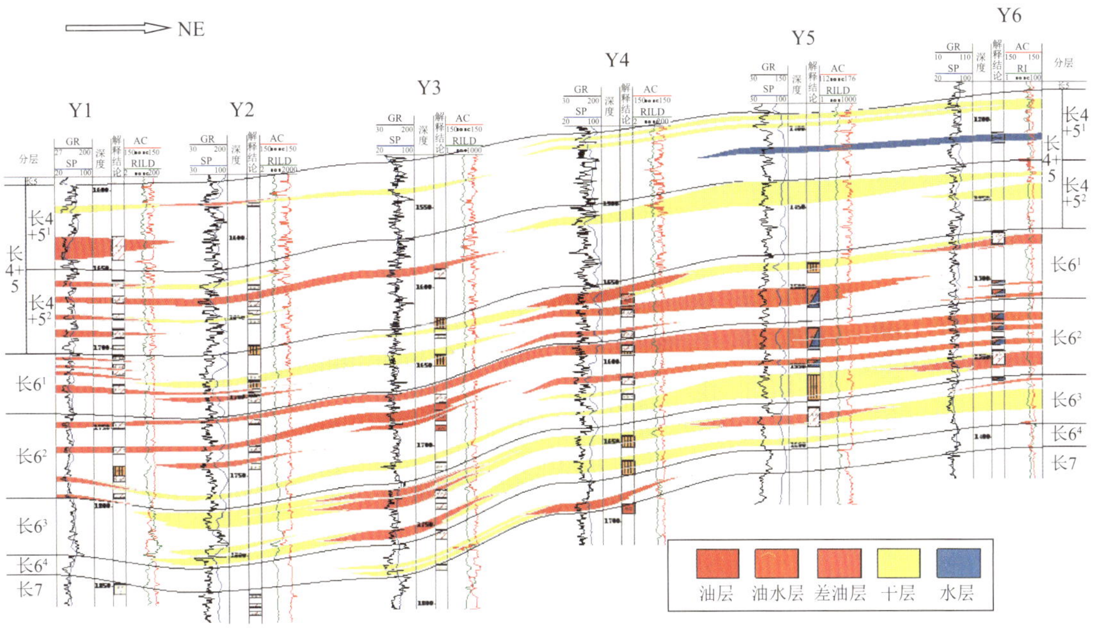

图 2－10　志丹县南部油藏延长组油藏剖面图

（延长石油公司孟祥振提供，2016）

1907 年建矿到 1935 年 10 月中央红军到达陕北的 28 年间，历经清朝政府、北洋军阀、中华民国 3 个历史时期，生产发展缓慢，共打油井 21 口，采油 2842 t，其中延 1 井产油 2502 t。

1935 年，延长石油厂获得解放，生产的石油产品积极支援抗日战争和解放战争，被誉为“功臣油矿”（图 2－11）。1944 年，毛泽东同志题词“埋头苦干”予以鼓励。至 1948 年累计产原油 6155 t，1949 年产原油 820 t，汽油 176 t。

图 2－11　1938 年延长石油厂生产图

（据延长石油公司资料）

新中国成立后，陕北石油开发迎来了大发展时期。据陕西省统计年鉴（2015 年）资料，2012 年，全省原油产量 3527.56×10^{4} t，2014 年产量达到了 3767.81×10^{4} t，在全省能源生产构成中占 11.52%。其中，延长石油集团公司 1992 年原油生产首次突破百万吨大关。2007 年生产原油 1031.69×10^{4} t，成功跨入国家千万吨级大油田行列。2008 年以来，原油产量以每年 50×10^{4} t 的速度增长，2015 年生产原油达到 1273×10^{4} t。长庆油田公司 2013 年 12 月，年产油气当量跨上 5000×10^{4} t 历史新高点，成为中国石油工业历史上继大庆油田之后，迄今为止诞生的第二个世界级特大型油气田（图 2－12）。

图 2-12 中国石油公司长庆油田油井生产场景
（据搜狐网 http://www.sohu.com/a/157131602_188371）

第五节 洁净的天然能源——天然气

一、工业用途

（一）基本性质

天然气是指自然界中天然存在的一切气体，包括大气圈、水圈和岩石圈中各种自然过程形成的气体。但我们日常所说的天然气，指的是蕴藏在地层中、常与石油相伴产出的一种含碳氢元素的可燃气体（图 2-13），石油地质学上称其为油田气和气田气，它的形成过程与石油基本相同。天然气主要成分是烷烃，其中甲烷占绝大多数（70%~90%），另有少量乙烷、丙烷和丁烷等重烃类（3%~27%）。此外，天然气一般有硫化氢、二氧化碳、氮气、水气和少量一氧化碳等非烃类成分及微量稀有气体，如氦和氩等，但通常含量较少，最大不超过 15%。天然气具有无色、无味、无毒之特性，但当混有硫化氢气体时，就会出现强烈的刺鼻臭味且有毒性。在地面标准大气压下，天然气混合物的密度一般为 0.7~0.75 kg/m^3，比空气轻，随着重烃含量增多而变大。天然气在地层中除溶解在石油及水中外，也常以自由态形式形成独立的天然气藏。天然气的热值比较高，平均低位发热量为 38.97 MJ/kg，标准燃料系数为 1.33，是一种高热值燃料。

天然气也有一定的危害性。当天然气在空气中的含量达到一定程度后，会使人窒息。作为燃料，当天然气在房屋或帐篷等封闭环境聚集到一定的浓度时，就会触发威力巨大的爆炸。由于天然气无色、无味，为了便于天然气泄漏时被及时发现和检测，在送到最终用户之前，用硫醇、四氢噻吩等来给天然气添加气味。

（二）主要用途

天然气是一种洁净的能源资源，易于开发使用，可以直接作为工业动力和民用燃料使用，也可压制分离出液化天然气作为液体动力燃料（天然汽油）。天然气与其他矿物能源比较，具有干净清洁、使用方便、燃烧效率高、当量热的价格低等优点。它几乎不含一氧化碳，也比空气轻，一旦泄漏，立

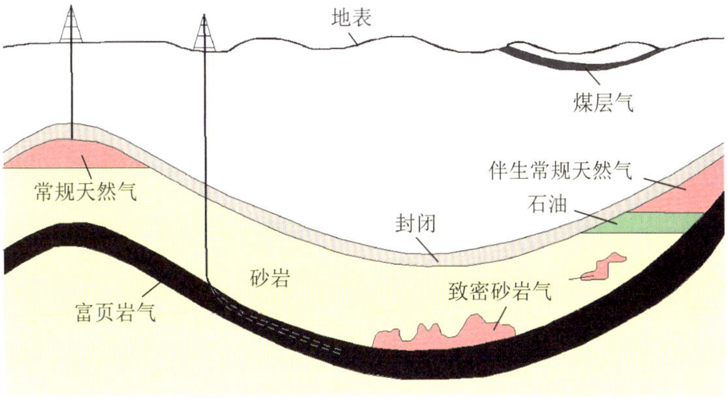

图2-13 天然气与石油的分布关系
（据四川长仪油气集输设备股份有限公司 http://www.cyvalve.com/news_detail.asp? id=120）

即会向上扩散，不易积聚形成爆炸性气体，安全性较高；天然气还是重要的有机化学工业原料，如天然气中甲烷是生产合成氨、甲醇的主要原料。天然气凝析油是裂解乙烯的优质原料，同时还可制造橡胶工业所需的炭黑。天然气发电在世界上发达国家中发展很快，其能源转化和输送方式的安全性、经济性具有较大的推广应用价值。

二、地理分布

世界天然气主要分布在北美洲、中南美洲、欧洲及欧亚大陆、中东、非洲、亚太地区。据国土资源部信息中心《世界矿产资源年评2015》资料，2014年世界天然气剩余查明可采储量为 197.26×10^{12} m^3。其中俄罗斯、伊朗、卡塔尔三大资源国拥有世界总储量的54%。专家普遍认为，世界天然气资源完全可以满足经济发展的需要，尤其是美国页岩气的快速发展，供应能力将进一步增强。

我国属世界上天然气资源比较丰富的国家。陆上天然气大多与石油相伴产出，主要集中分布在塔里木盆地、四川盆地、鄂尔多斯盆地、柴达木盆地、松辽盆地、东海陆架、海南莺歌海、琼东南和渤海湾等九大盆地。截至2014年底，我国天然气证实储量为 4.64×10^{12} m^3，居世界第十位（据国土资源部信息中心，2015）。

陕西的天然气集中分布在陕北的延安、榆林两市（见图2-9），除早期发现的刘家庄、胜利井、镇川堡等天然气田外，20余年来，又相继发现了靖边、榆林-子洲、神木、米脂、延安等大型天然气田。截至2014年底，天然气剩余技术可采储量为 8047.88×10^{8} m^3（陕西省国土资源厅，2014），在全国及西部省区均排名第四位。随着勘探技术的提高和开发精细化程度的提升，新领域、新层系天然气资源发现与天然气开发利用必将同步提升，陕西的天然气资源储量、天然气储量也将进一步增长。

三、矿床特征

（一）天然气种类

天然气有很多种分类方法。根据烃类组分分为干气和湿气；根据产状分为气藏气、油型气和煤型气。

1. 干气和湿气

干气是指甲烷含量在气体成分中占95%以上、重烃气含量不超过1%~4%的天然气。其在地层中呈气态，采出后在一般地面设备和管线中不析出液态烃。

湿气是指甲烷含量在气体成分中低于95%且含有一定量的汽油蒸汽的天然气。其在地层中呈气态，采出后在一般地面设备的温度、压力下即析出液态烃。

2. 气藏气、油型气和煤型气

气藏气指基本上不与石油伴生，单独聚集成气藏的天然气，其主要产出干气。

油型气指与石油共存于油气藏中的天然气，它在成因和分布上均与石油关系密切，重烃含量较高，常以产出湿气为主。

煤型气指煤系有机质热演化形成的天然气，包括煤成气和煤层气。煤成气是指煤层在煤化过程中生成的天然气，煤层气指以吸附状态存在于煤层中的煤成气。

（二）气田特征

陕西天然气资源丰富，其主要分布在榆林和延安8万多平方千米范围内，产于鄂尔多斯盆地古生界。截至2015年，延长石油公司查明天然气储量约$5000\times10^8\ m^3$，控制天然气储量约$2000\times10^8\ m^3$。

1. 下古生界气藏

下古生界奥陶系马家沟组为碳酸盐岩，马家沟组马五段白云岩风化壳为天然气的有利储集场所，为干气气藏。目前延长石油公司发现该层位气田有席麻湾气田、小河－清阳岔气田，目前正在投入开发。长庆油田在该层位也发现了靖安气田。

2. 上古生界气藏

上古生界天然气主要为煤成气，具有广覆式且连续生气的特征。山西组和下石盒子组碎屑岩是上古生界的主要产气层，石炭系本溪组海相砂岩分布局限，为次要的产气层。目前已发现有延安气田、榆林和大牛地等气田，天然气均产自山西组和下石盒子组碎屑岩地层。

延安气田是延长石油公司在鄂尔多斯盆地发现的主要气田，位于陕西延安市延长县境内，地质构造上处于鄂尔多斯盆地伊陕斜坡带上。该气田主要含气层位为石炭系本溪组、二叠系山西组及石盒子组的盒8段共3个主力含气层段，气田的储层类型为海相、海陆过渡相、陆相砂岩气藏，生气层主要是二叠系山西组的煤系地层。目前3个主力层已全面投入开发，年产天然气约$15\times10^8\ m^3$。

四、开发利用状况

我国天然气开采利用有着悠久的历史。据《史记》载，公元前3世纪，当时担任蜀郡太守的水利专家李冰就曾在今天的四川邛崃一带凿井汲卤，并利用开采盐井过程中取得的天然气煮卤熬盐。到了距今1700多年前的东汉时期，利用天然气做饭、熬盐已经普及到了四川的盐井分布地区。从公元13世纪开始，我国古代劳动人民已能够对四川自贡、富顺和荣县一带的浅层天然气进行大规模的开发和利用。在缺少金属材料的情况下，还因地制宜，利用当地唾手可得的竹子和木材，创造性地制造出一种叫作“笕”的运输管线。“笕”能翻山越岭，还能穿河过湖，把天然气和盐水输送到一二十千米以外的地方。到明朝中期，自流井天然气的开发规模已相当庞大，地面的输送管线已形成比较完善的输送系统。这不仅在当时是一项令人惊叹的工程，今天看来，仍然闪烁着智慧的光芒。新中国成立以前，我国只有3个小气田，年产量仅为$1000\times10^4\ m^3$，开采方法落后简陋，在能源生产和消费中所占密度微乎其微，不具备工业规模。新中国成立后，尤其是改革开放以来，天然气工业得到了快速发展，产量和消费量不断增长，但目前无论是在绝对产量、增长速度，还是在能源构成中的比例，都落后于发达国家。

20世纪80年代改革开放以来，陕西天然气的勘查开发进入稳步发展轨道。据陕西省统计年鉴（2015年）资料，2012年全省天然气年产量为$309.62\times10^8\ m^3$，天然气产量连年增长，2014年产量已达到了$410.11\times10^8\ m^3$，在全省能源生产构成中占11.67%，首次超过了原油生产所占比例。目前已向北京、西安、上海、济南、银川等中心城市输气，并列入我国西气东输的重要气源补充基地，成为陕西乃至全国重要的西气东输基地和枢纽。随着环境保护意识的增强，煤炭和石油消费将处于逐步下降趋势，天然气生产将会得到快速发展，最终将超过煤炭和石油而成为第一大消费能源。近年来，陕西延长石油集团利用自身的石油、天然气、煤炭资源优势，在煤、油、气资源综合利用方面开展了积极探索，为多种能源互补和高效利用开辟了新途径。

第六节　藏匿在石头中的天然气——页岩气

一、工业用途

（一）基本性质

页岩气，是指储存在页岩中的天然气（图2-14）。但页岩气并不像常规天然气那样密封在储集层里，它更像海绵里的水，以吸附和游离状态藏匿在页岩的孔隙之中。它的主要成分是甲烷，含少量乙烷、丙烷，是一种清洁、低碳能源。它完全燃烧后的产物主要是水蒸气，仅产生少量二氧化碳，碳排放量只相当石油和煤的一半。因此，页岩气是煤炭和石油的理想替代能源。正因为页岩气具有这样的潜能，美国率先大规模开发其国内的页岩气，在全球正在孕育着一场“页岩气革命”。

图2-14　含天然气的页岩
（左—地表露头；右—含气页岩钻探的岩心）
（延长石油公司孟祥振等提供，2016）

（二）主要用途

页岩气是一种清洁、高效的能源资源和化工原料，其工业用途与常规天然气没有区别，利用方向主要有城市燃气、工业染料、化工领域和发电领域，具有广阔开发前景。页岩气的开发和利用有利于缓解油气煤电资源短缺，增加清洁能源供应，是常规能源的重要补充。页岩气在化工行业也具有较为广泛应用。页岩气中可分离出大量天然气凝析液（简称NGL），其主要成分为乙烷、丙烷，分别经裂解和脱氢后，即可分别获得乙烯、丙烯。甲烷、乙烷、丙烷是页岩气化工的3种最基础的原料，由此构成了页岩气化工产业链。

目前，我国天然气管网稀疏，但电网分布相对密集，通过分布式能源技术，利用页岩气就近发电，就近传输电能，将是近期开发利用页岩气的主要方式。

二、地理分布

全球页岩气资源极其丰富，据2013年6月美国能源信息署（EIA）评估，包括美国在内的世界10个地理区域的42个国家，页岩气地质资源量约$1013\times10^{12}m^3$，技术可采资源量$220.69\times10^{12}m^3$。页岩气排名前10位的国家是美国、中国、阿根廷、阿尔及利亚、加拿大、墨西哥、澳大利亚、南非、俄罗斯和巴西。

我国页岩气资源主要分布在四川、新疆、重庆、贵州、湖北、湖南、陕西等省（区、市），据国土资源部发布的《中国矿产资源报告（2016）》资料，我国已累计查明页岩气地质储量5441 $\times 10^8 m^3$，页岩气资源十分丰富。

陕西的页岩气集中分布在陕北富县、甘泉地区，页岩气的钻采企业主要为陕西延长石油（集团）有限责任公司。截至2015年底，延长石油集团已初步查明页岩气地质储量685.88 $\times 10^8 m^3$（陕西延长石油（集团）有限责任公司，2015）。

三、矿床特征

（一）页岩气成因

页岩气按成因可分为3种类型，即生物成因页岩气、热解成因页岩气和混合型页岩气（图2－15）。生物成因气（又称生物气），是沉积有机质在低温下经厌氧微生物分解作用形成的天然气；热解成因气，是沉积有机质在较高温度及持续加热期间经干酪根热降解和裂解形成的天然气；混合型页岩气，是指不同成因类型的天然气在泥页岩中共同存在，表现为生物成因气和不同成熟度条件下形成的热解成因气同时存在的页岩气。

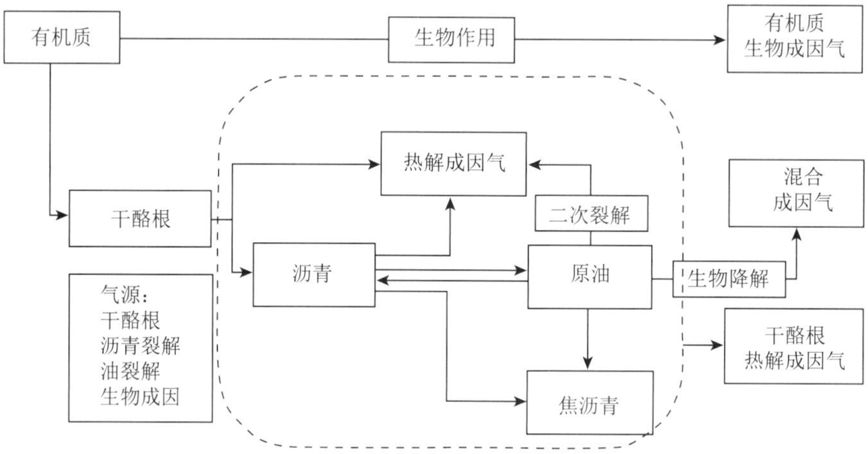

图2－15　页岩气藏气源成因示意图

（据Jarvie，2003）

（二）气藏特征

页岩气是赋存于页岩层中的天然气，主要以游离相态存在于页岩的裂缝、孔隙中，也可以吸附状态存在于干酪根、黏土颗粒及孔隙表面。天然气生成后，在源岩层内就近聚集，表现为典型的原地成藏模式。

陕西的页岩气含气地层为三叠系延长组长7和长9油层组，其总有机碳含量较高，处于成熟－湿气（原油伴生气）阶段。页岩气均为偏腐泥型干酪根热演化形成的油型气，以湿气为主，吸附态、游离态和溶解态并存。

四、开发利用状况

全球已有30多个国家陆续开展了页岩气前期评价和基础研究，但目前只有美国、加拿大、中国和阿根廷4个国家实现了页岩气的商业性开发。其中，美国早在1821年就开始了页岩气的勘查开发，1976年开始积极推进页岩气产业，经过近30年的技术沉淀和经验积累，2000年开始实施大规模的商业性开发。

我国的页岩气开发起步于2009年，比美国晚了30多年。目前国内页岩气开发工作主要集中于几大国有石油公司。2012年，中国石油公司在四川长宁钻获我国第一口具有商业价值的页岩气井，2014年长宁页岩气正式外输；中国石油化工公司也于2014年3月对四川涪陵页岩气田进入商业化开发阶段。

陕西的页岩气尚处于勘探开发的试验阶段。2008年，延长石油公司开始在其石油探区进行页岩气勘查，已有部分钻井获得了页岩气产能（图2-16、图2-17）。但由于缺乏地面输送管网系统支持，所采出的天然气采取“坑口发电”模式，仅用于井场发电、抽油机排液等动力方面（图2-18）。

图2-16　陕北页岩气勘探场景
（延长石油公司孟祥振等提供，2016）

图2-17　页岩气井现场点火
（延长石油公司孟祥振等提供，2016）

图2-18　延长石油页岩气井场发电综合利用
（延长石油公司孟祥振等提供,2016）

第七节　能炼出石油的页岩——油页岩

一、工业用途

（一）基本性质

油页岩，是一种含可燃有机质的沉积岩（又称油母页岩）。它是内陆湖海或滨海、潟湖深水还原条件下，由低等植物和矿物质形成的一种腐泥物质——高灰分的腐泥煤。一般呈棕色至黑色纹层状，韧性大，质轻，具油腻感。用指甲刻画时，划痕呈暗褐色。用小刀沿层面切削时，常呈刨花状薄片。用火柴点燃时冒烟，具油味（图2-19）。

图2-19　油页岩
（左—油页岩野外露头；右—燃烧的油页岩）
（左—新浪博客 http://blog.sina.com.cn/s/blog_46cfd98c0101871s.html；
右—360百科 https://baike.so.com/doc/538083-569664.html）

油页岩主要由有机质和矿物质组成，有机质主要是碳氢化合物及有机硫等，它是可燃有益组分，发热量一般为4.18~16.74 MJ/kg，一般含油率3.5%~15%。油页岩质轻易燃，燃点小于150℃。在150℃以上时有机部分开始分解，释放气体；燃烧至350~400℃时，分解作用达到最高限度；燃烧至500℃时，几乎全部有机质转化为气体，气体冷却后的产物为页岩焦油。

按照石油的定义——由碳氢化合物（天然气、原油等）组成的复杂混合物，油页岩应属于石油。但在国际上，通常把油页岩列为非常规油气资源。

（二）主要用途

油页岩在能源和化学工业上具有独特的地位，可以获得大量化学、能源——燃料产品、建筑材料及其他材料。油页岩的主要用途是提取液体燃料页岩油和可燃气体，用作化工原料，也可作固体燃料用于发电。干馏后的废渣可作水泥原料、烧制陶粒、陶瓷纤维等轻质骨料和保温材料。油页岩干馏产品有汽油、轻柴油、燃料油、重柴油、机油、黄石蜡、粉白蜡、硫铵和油焦。化工方面油页岩可用于生产合成氨、酚、吡啶等150多种产品。

二、地理分布

据《中国油页岩市场调研与发展前景预测报告2015年》资料，全球油页岩主要分布在美国、扎伊尔、巴西、爱沙尼亚、意大利、摩洛哥、约旦、澳大利亚、中国和加拿大等国家，蕴藏资源量巨大，估计有10×10^{12} t，比煤资源量7×10^{12} t还多40%。

我国油页岩主要分布在东北松辽及大杨树、辽宁抚顺、陕甘宁鄂尔多斯、西藏伦坡拉、新疆准噶尔、青藏高原羌塘、青海柴达木、广东茂名等9个沉积盆地。油页岩资源/储量仅次于美国、巴西和爱沙尼亚，居世界第四位。

陕西省油页岩主要分布在陕北的延安、榆林及渭北的铜川、渭南、咸阳等地（图2-9）。截至2014年底，累计查明油页岩资源/储量8.86×10^{8} t，预测资源量825余亿吨，居全国第五位。

三、矿床特征

（一）矿床类型

根据大多数地质学家的意见，油页岩矿床类型一般划分为3类：第一类，黑色海相油页岩。它与碳酸盐岩、硅质岩和含磷岩石相伴产出，一般层薄，厚数米，个别厚达十余米，油页岩含油量较富（可达20%）；第二类，黑色湖相油页岩。油页岩层厚达数百米，含油量一般较低（小于10%，有些可达10%~20%）；第三类，与煤系共生的油页岩。一般分布在煤层的底部或煤层之间，多数为煤层底板，油页岩层厚1~10 m，一般小而富（含油率可达20%）

（二）矿体特征

陕西具有丰富的油页岩资源，油页岩主要分布于铜川—黄陵、洛川、彬县—旬邑、宜君县及榆林市子洲县等地。含油页岩的地层主要有中生界侏罗系延安组和安定组、三叠系延长组、二叠系山西组及石炭系太原组。据《陕西省铜川—黄陵地区三叠纪油页岩资源普查地质报告》（2016），三叠系延长组第二段上部（长7）和下部（长9）分别赋存有油页岩层，其分布面积广，厚度较大，含油率较高，可望探获大型-特大型油页岩矿床（表2-9）。

表2-9　陕西省油页岩含矿地层及分布范围

<table>
<tr><th colspan="2">含油页岩地层</th><th>分布范围</th><th>厚度/m</th><th>含油率/%</th><th>形成环境</th></tr>
<tr><td>安定组</td><td>J_2a</td><td>杏子河—葫芦河一带</td><td>8~15</td><td></td><td>半深湖</td></tr>
<tr><td rowspan="2">延安组</td><td>$J_{1-2}y_4$</td><td>麒麟沟—无定河—磁瑶湾</td><td>6~9</td><td></td><td>沼泽</td></tr>
<tr><td>$J_{1-2}y_2$</td><td>安塞—延安—甘泉</td><td>5~10</td><td></td><td>半深湖</td></tr>
<tr><td>瓦窑堡组</td><td>T_3w</td><td>子长—蟠龙</td><td>8~12</td><td>6~14</td><td>沼泽</td></tr>
<tr><td rowspan="3">延长组</td><td>$T_3y_2^2$（长7）</td><td rowspan="3">陕北南部及渭北地区</td><td>10~40</td><td>5~10</td><td rowspan="3">深湖-半深湖</td></tr>
<tr><td rowspan="2">$T_3y_2^1$（长9）</td><td rowspan="2">0.9~4.4</td><td>>1~5.4</td></tr>
<tr><td>5.0</td></tr>
</table>

铜川 黄陵地区是陕西油页岩地质勘查程度较高地区，2009~2015年，以陕西省地质调查院为主的地勘单位，在该区先后开展了油页岩资源调查评价和重点地区油页岩普查等工作。现已基本查明，该地区延长组含两层油页岩矿层，第一层油页岩（俗称张家滩油页岩）位于延长组二段顶部，第二层油页岩（俗称李家畔油页岩）位于延长组二段下部，二者垂向间距120~166 m。其中，张家滩油页岩为可采油页岩，分布于宜君县彭镇—城关镇—太安镇—铜川市何家坊—瑶曲镇一带，呈北东-西南向展布，含矿层位稳定，矿层倾角平缓且与含矿地层的产状一致，地表延伸长达45 km，厚度0.68~19.96 m，含油率3.50%~8.70%，发热量1.24~11.91 MJ/kg；李家畔油页岩为局部可采油页岩，分布于宜君县棋盘镇—马庄—五里镇—黄陵县一带，呈北东-南西向展布，含矿层位不稳定，矿层倾角平缓且与含矿地层的产状一致，地表延伸长20 km，厚度1.10~10.00 m，含油率3.50%~3.82%，发热量5.03~6.13 MJ/kg。

新鲜油页岩为乌黑色、灰黑色（图2-20），一般随含油率的增加而颜色变深。油页岩呈薄纹层状构造，岩石致密细腻。密度2.22 g/cm^3。物质成分主要为泥质、少量粉砂质和有机质。其中有机质（沥青质、腐泥质和腐殖质）含量20%~30%。矿石中的有用组分为页岩油，灰分含量中等（33.23%~91.84%），全硫含量高（0.18%~9.47%），属富硫-高硫油页岩。

经资源量估算，该区主要油页岩矿层（张家滩油页岩）资源量（333+334?）约205×10^8 t，页岩油资源量11.52×10^8 t，全区平均含油率为5.62%。

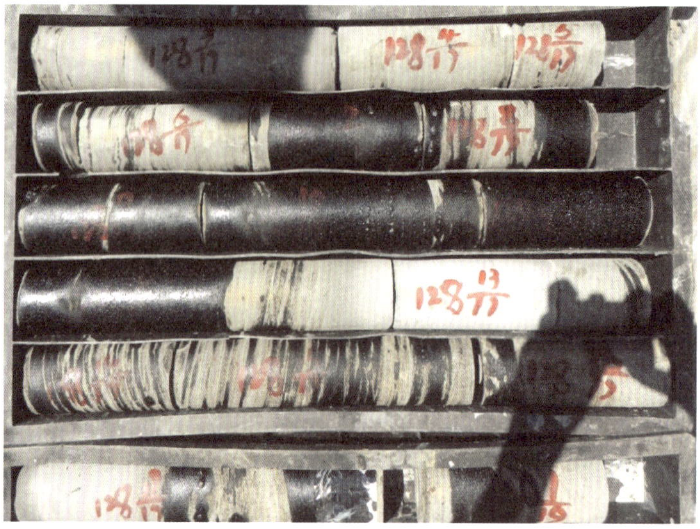

图 2-20　铜川地区普查钻孔中采取的张家滩油页岩岩心
（陕西省地质调查中心工喆摄，2015）

四、开发利用状况

世界上油页岩的开发利用可以追溯到 17 世纪。到 19 世纪时，油页岩的年产规模达百万吨，已经可以从油页岩中生产出诸如煤油、灯油、石蜡、燃料油、润滑油、照明气和化学肥料、硫酸铵等产品。到 20 世纪早期，由于汽车的出现，油页岩作为运输燃料被大量开采。直到 1966 年，由于原油的大量开采利用，油页岩作为主要矿物能源才退出历史舞台。近 10 多年来，由于全球能源需求的增长以及解决废弃油页岩环境问题的需要，油页岩迎来新的发展机遇，其用途已经扩展到发电、取暖、提炼页岩油、制造水泥、生产化学药品、合成建筑材料以及研制土壤增肥剂等各个方面。

我国油页岩的开发利用起步较早，但产业发展几度兴衰。辽宁抚顺于 1928 年兴建油页岩炼油厂，是当时世界上最大的页岩油生产基地；20 世纪 60 年代至 90 年代，由于常规石油工业的快速发展，油页岩开发规模逐渐萎缩；2000 年以来，随着油价持续走高导致油页岩产业复苏。2008 年国内页岩油产量 40×10^4 t。

陕西油页岩的大规模开发利用起步较晚。据西部网讯报道❶，2011 年 9 月，陕西油页岩开发项目在铜川市宜君县棋盘镇马庄村破土动工，项目计划总投资 3.75 亿元，预计建成后年开采油页岩 250×10^4 t，提炼产品 15×10^4 t。该项目的启动，标志着陕西省唯一一家资质健全的油页岩开发项目成功落地，在陕西油页岩综合利用领域具有重要意义。

第八节　原子能时代的宠儿——铀矿

在发现原子能以前，人类只知道世界上有机械能，如汽车运动的动能；有化学能，如燃烧酒精转变为二氧化碳气体和水放出热能；有电能，当电流通过电炉丝以后，会发出热和光等。1938 年居里夫人的女儿伊雷娜·居里和德国科学家奥托·哈恩，发现铀（U）元素发生“核裂变”后可释放出巨大能量，这一重大发现，使原子能应用变为现实，为人类开辟了新的能源。1942 年 12 月，美国物理学家费米在芝加哥大学 Stadium 建成人类第一台（可控）核反应堆——芝加哥一号堆。1954 年，苏联建成了世界上第一座核电站——奥布灵斯克核电站。从此，世界开始进入了原子能时代，铀矿也

❶ 据 2011 年 9 月 28 日陕西广播电视台 FM101.8 记者杜鹏报道。

由此成了世界上的新宠而备受重视。

一、工业用途

（一）基本性质

铀（U）属天然放射性元素，是一种银白色金属，具有放射性和核裂变现象，密度 19.7 g/cm^3，熔点 1130±2℃，沸点 3818℃。主要赋存在酸性岩浆岩中，它比 As、W、Mo、Sb、Hg、Ag、Bi 和 Au 等元素在地壳中的平均含量都高，但其分布极为分散。在地壳中含量为 2.7×10^{-6}。铀的存在形式主要为铀矿物类质同象混入物和分散吸附形式。天然铀是由 3 种同位素组成：${}^{238}_{92}U$（99.283%）、${}^{235}_{92}U$（0.71%）和${}^{234}_{92}U$（0.0054%）。${}^{235}_{92}U$ 能够为热中子所裂变，是现今核能的能源。${}^{238}_{92}U$ 和${}^{234}_{92}U$ 只能为快中子所裂变，因此它们可应用于快中子反应堆。

（二）主要用途

人类最早使用铀的天然氧化物，可以追溯到公元 79 年以前。当时氧化铀被用来为陶瓷上黄色的彩釉。1912 年，牛津大学的 R. T. Gunther 在意大利那不勒斯湾波希里坡海角的古罗马别墅中，发现了含 1% 氧化铀的黄色玻璃。从欧洲中世纪晚期开始，波希米亚约阿希姆斯塔尔（即今捷克亚希莫夫）的居民就使用银矿中提取的沥青铀矿来制造玻璃。19 世纪初，人们所知的铀矿仅在以上地区。

1938 年发现铀核裂变后可产生巨大能量，1 t ${}^{238}_{92}U$ 发生裂变所释放的能量相当于 2000 t 煤所放出的能量。因此，铀便成为军事和能源工业极为重要的核原料而被广泛用于核电站、核反应堆、同位素生产和核武器等方面。核电站是怎样发电的呢？其实原理不复杂，就是利用核反应堆中核裂变所释放出的热量进行发电，和火力发电极其相似（图 2－21）。但是，它所需要的铀燃料的体积比火力电厂使用煤炭的体积少很多。举例来说，想要产生同样多的电力，核电站每年要使用 80 t 核燃料——铀矿物，而火力发电站则需要 515×10^4 t 煤炭，如果使用天然气，也需要 143×10^4 t。

图 2－21　现代核电站外观

（据搜狗百科 http://baike.sogou.com/v16075.htm? ch=ch.bk.innerlink）

二、矿物种类

自然界已发现含铀矿物有170多种，主要是铀与不同数量的Mn、Fe、Ti、Nb、Th等元素组成的氧化物和含氧盐（图2－22）。有工业价值的铀矿物列于表2－10。

表2－10　主要铀矿物简表

矿物名称	化学式	w(U)/%	备注
沥青铀矿	$m\mathrm{UO_2} \cdot n\mathrm{UO_3}$	42～76	
晶质铀矿	$\mathrm{UO_2}$	55～64	
钙铀云母	$\mathrm{Ca(UO_2)_2[PO_4]_2 \cdot (10 \sim 12) H_2O}$	46～52	
铜铀云母	$\mathrm{Cu(UO_2)_2[PO_4]_2 \cdot (10 \sim 12) H_2O}$	42～52	
钒钾铀矿	$\mathrm{K_2(UO_2)_2V_2O_8 \cdot 3H_2O}$	42～46	
钒钙铀矿	$\mathrm{Ca(UO_2)_2V_2O_8 \cdot (5 \sim 8) H_2O}$	41～48	
钛铀矿	$\mathrm{(U, Ca, Y, Ce)(Ti, Fe)_2O_6}$		
铀石	$\mathrm{U(SiO_4)_{1-x}(OH)_{4x}}$	42～6	
硅钙铀矿	$\mathrm{Ca(UO_2)_2[SiO_3(OH)]_2 \cdot 5H_2O}$	42～76	

（据《矿产资源工业要求手册》编委会，2010）

图2－22　钙铀云母（左）及铀矿石（右）

（左—和讯网 http://tech.hexun.com/2016-02-24/182397509.html；
右—搜狐网 http://www.sohu.com/a/106987496_350326）

三、地理分布

世界上铀矿资源主要分布在澳大利亚、尼日尔、哈萨克斯坦、加拿大、纳米比亚、美国、俄罗斯、巴西、南非、中国和蒙古等国家。据国土资源部信息中心《世界矿产资源年评2015》资料，截至2013年1月，全世界价位在每千克130美元以内的铀矿可采储量共368.89×10^4 t。

我国是世界上铀矿资源不甚丰富的国家，截至2013年1月，我国价位在每千克130美元以内的铀矿可采储量共12×10^4 t，居世界前十位之后。我国铀矿主要分布于北方的新疆、辽宁、内蒙古、河北、陕西、甘肃等省（区），以及南方浙江、江西、湖南、广东、广西壮族自治区、云南等省（区）。

陕西的铀矿床主要分布在陕北（如黄陵双龙地浸砂岩型铀矿）以及华县华阳川、蓝田和丹凤等地区，陕南的石泉—安康一带也有分布。

四、矿床特征

（一）矿床类型

国际原子能机构提出的铀矿床分类为：与不整合面有关型、砂岩型、脉岩型、塌陷角砾岩筒型、表生型、石英卵石－砾岩型、角砾杂岩型、侵入岩型、热液型、磷块岩型、火山岩型、交代岩型、变质岩型、褐煤型和黑色页岩型14类。

我国铀矿床划分为内生铀矿床和外生铀矿床两大类，内生铀矿床又细分为侵入岩型、火山岩型，外生铀矿床分为砂岩型碳硅泥岩型。中—新生代含煤地层中的铀矿、碱性岩中铀矿及其他类型铀矿在查明储量中所占比例少，但具有找矿潜力。

陕西铀矿床类型主要有花岗岩型、花岗伟晶岩型、混合岩－变质岩型、热液型、碳硅泥岩型和砂岩型。

（二）矿床特征

1. 花岗伟晶岩型及热液型铀矿

商洛地区的花岗伟晶岩型铀矿，主要分布在伟晶岩脉集中分布区，矿体产状一般与花岗伟晶岩脉产状一致。主要有光石沟、陈家庄铀矿床；热液型铀矿床，主要产于桃花铺、高山寺花岗岩体内外接触带，有张湾、高山寺铀矿床等。

蓝田地区的铀矿，主要产于牧护关燕山期复式花岗岩体，受岩体内断裂带与北东向挤压破碎带联合控制。主要有魏家沟、小南沟、韩家堡、吊庄铀矿床。

2. 混合岩－变质岩型铀矿床

该类型铀矿床以华阴市华阳川铀铌铅矿为代表，矿体分布在太古宇太华岩群秦仓沟岩组片麻岩、片岩夹大理岩内的脉岩中。含矿脉岩有混合伟晶岩脉、含黑云母长石石英岩脉、石英－方解石杂脉、含沸石的重晶石石英方解石脉等。

3. 碳硅泥岩型铀矿床

陕西发现有两处此类矿床，一处是略阳县的坎子上铀矿床，产于状元碑区域大断裂北侧，含矿岩石为下志留统黑云母石英片岩；另外一处位于安康洪山乡和紫阳宝狮乡接壤处的蒿坪铀矿床。含矿地层主要为寒武系和下志留统大贵坪组。矿化类型有硅岩型铀矿体和脉岩型铀矿体两种类型。

4. 砂岩型铀矿床

陕西砂岩型铀矿床分布在鄂尔多斯盆地南缘，并以黄陵县店头铀矿床最具代表性。该矿床位于鄂尔多斯中生代盆地南部，含矿地层为中侏罗统直罗组下段，矿化岩石主要是长石砂岩，次为长石石英砂岩，铀矿化岩层分布稳定。

五、开发利用状况

世界铀矿开发主要集中在加拿大、澳大利亚、哈萨克斯坦、尼日尔、俄罗斯、纳米比亚、乌兹别克斯坦、美国。这8个国家提供了世界铀开采量的90%左右。

我国铀矿勘查开发目前已形成了空中、地面、地下三位一体的勘查能力。近年来在新疆、内蒙古等北方发现了大型和特大型铀矿，打破了铀矿开发长期依赖南方小矿床的格局。未来几年，中国北方多个大型铀矿山将投入开发利用。

陕西铀矿勘查开发较早。1990年在蓝田建成全国第一家全堆浸型铀矿山，采取原地爆破堆浸、溶浸技术，对铀矿进行采矿浸出，取得了良好经济效果。另外，陕西省桃园铀矿床已开采完，其他铀矿床因种种原因目前均尚未开发利用。

第三章　工业的支柱

——金属矿产

金属矿产，是指赋存于地表或地下，能从中提取工业利用的金属原料的矿产。我国金属矿产品种齐全，全国已查明储量的金属矿产有54种。在我国的冶金工业、有色金属工业、电力工业、核工业、建材工业及轻工业等主要工业部门的生产活动中，金属矿产资源或金属产品是这些产业的生产原料和物质基础，如果离开了它们，这些工业部门就失去了支柱。

陕西目前已发现43种金属矿产，其中，铁、铜、铅、锌、金、银、钼、汞、锑等29种矿产已查明有资源/储量，锂、钽等14种矿产尚未查明其资源/储量。根据金属的性质和用途，将金属矿产又进一步划分为黑色金属、有色金属、贵金属、稀有金属、稀土金属和分散元素矿产等6类（表3－1）。

表3－1　陕西省已发现金属矿产种类简表

矿产种类		已查明资源/储量的矿种		尚未查明资源/储量的矿种	合计/种
		列入资源/储量表的矿种	未列入资源/储量表的矿种		
		27	2	14	43
金属矿产	黑色金属	铁、锰、铬、钒、钛		5	
	有色金属	铜、铅、锌、铝、镍、钴、钼、汞、锑	钨	镁、锡、铋	13
	贵金属	金、银		铂、铑、铱、钌、锇	7
	稀有、稀土、分散元素	铌、铍、锶、稀土、铟、铼、镉、硒、碲、锗、镓	铷	钽、锂、锆、铯、镱、铊	18

（据陕西省国土资源厅，2014）

陕西的金属矿产主要分布在陕南秦岭、巴山群山峻岭之中，并由北而南形成了4个重要的金属矿床集中区，它们分别是潼关－洛南金钼矿集区、凤县－太白铅锌金矿集区、山阳－柞水－旬阳铁铜铅锌汞锑金银矿集区和勉县－略阳－宁强铁镍铜金矿集区（图3－1）。

第一节　钢铁工业的原料——黑色金属

黑色金属矿产，是指能提取铁、锰、铬、钛、钒等5种金属元素的矿产。黑色金属这个名字，常常使人误会，以为它们的颜色一定是黑色的，其实不然。铁、锰、铬、钛、钒它们5个都不是黑色的，纯铁是银白色的，铬也是银白色的，锰是灰白色的。因为铁的表面常常因生锈而覆盖着一层黑色的四氧化三铁与棕褐色的氧化铁混合物，看上去是黑色的，人们便称其为“黑色金属”。常说的“黑色冶金工业”，主要是指钢铁工业。因为最常见的合金钢是锰钢与铬钢，这样，人们把锰与铬也算成是“黑色金属”了。黑色金属是冶炼钢铁的主要原料，而钢铁在国民经济中占有极其重要的地位。因此，黑色金属矿产对工业生产及国民经济和社会发展具有极为重要的意义，其中铁、铬已被列为我国的战略性矿产资源。

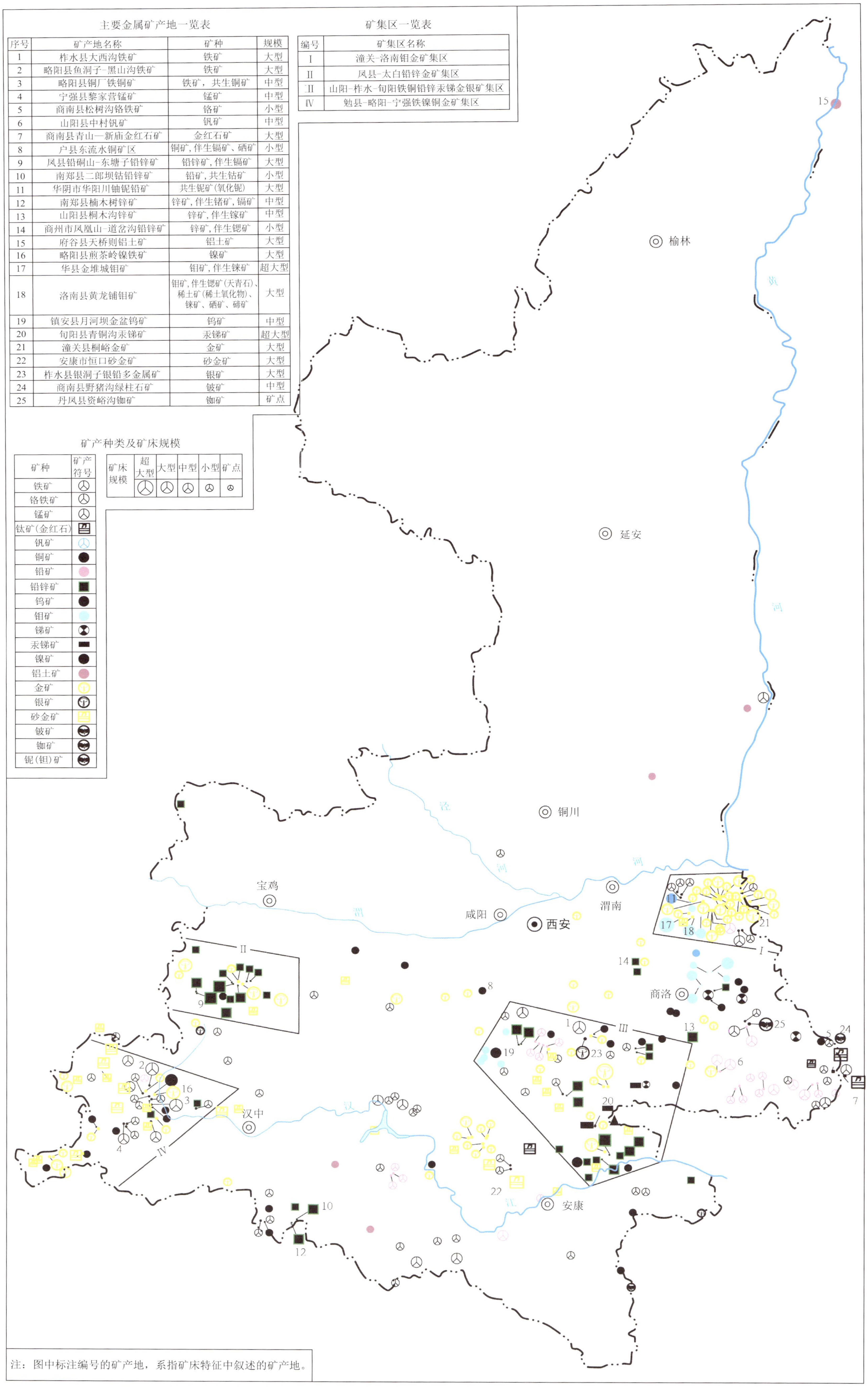

主要金属矿产地一览表

序号	矿产地名称	矿种	规模
1	柞水县大西沟铁矿	铁矿	大型
2	略阳县鱼洞子-黑山沟铁矿	铁矿	大型
3	略阳县铜厂铁铜矿	铁矿，共生铜矿	中型
4	宁强县黎家营锰矿	锰矿	中型
5	商南县松树沟铬铁矿	铬矿	小型
6	山阳县中村钒矿	钒矿	中型
7	商南县青山—新庙金红石矿	金红石矿	大型
8	户县东流水铜矿区	铜矿，伴生镉矿、硒矿	小型
9	凤县铅硐山-东塘子铅锌矿	铅锌矿，伴生镉矿	大型
10	南郑县二郎坝钴铅锌矿	铅矿，共生钴矿	小型
11	华阴市华阳川铀铌铅矿	共生铌矿（氧化铌）	大型
12	南郑县楠木树锌矿	锌矿，伴生锗矿，镉矿	中型
13	山阳县桐木沟锌矿	锌矿，伴生镓矿	中型
14	商州市凤凰山-道岔沟铅锌矿	锌矿，伴生锶矿	小型
15	府谷县天桥则铝土矿	铝土矿	大型
16	略阳县煎茶岭镍铁矿	镍矿	大型
17	华县金堆城钼矿	钼矿，伴生铼矿	超大型
18	洛南县黄龙铺钼矿	钼矿，伴生锶矿（天青石）、稀土矿（稀土氧化物）、铼矿、硒矿、碲矿	大型
19	镇安县月河坝金盆钨矿	钨矿	中型
20	旬阳县青铜沟汞锑矿	汞锑矿	超大型
21	潼关县桐峪金矿	金矿	大型
22	安康市恒口砂金矿	砂金矿	大型
23	柞水县银洞子银铅多金属矿	银矿	大型
24	商南县野猪沟绿柱石矿	铍矿	中型
25	丹凤县资峪沟铷矿	铷矿	矿点

矿集区一览表

编号	矿集区名称
I	潼关-洛南钼金矿集区
II	凤县-太白铅锌金矿集区
III	山阳-柞水-旬阳铁铜铅锌汞锑金银矿集区
IV	勉县-略阳-宁强铁镍铜金矿集区

矿产种类及矿床规模

矿种	矿产符号
铁矿	
铬铁矿	
锰矿	
钛矿（金红石）	
钒矿	
铜矿	
铅矿	
铅锌矿	
钨矿	
钼矿	
锑矿	
汞锑矿	
镍矿	
铝土矿	
金矿	
银矿	
砂金矿	
铍矿	
铷矿	
铌（钽）矿	

矿床规模	超大型	大型	中型	小型	矿点

注：图中标注编号的矿产地，系指矿床特征中叙述的矿产地。

图3-1 陕西省金属矿产地分布图

（据《陕西省矿产资源储量表》编制，2014；地理底图据陕西省地质调查院，2013b）

一、铁

（一）工业用途

1. 基本性质

铁（Fe），是一种银灰色金属（图3－2），常见铁的化合物主要为正二价、正三价；铁的密度为7.86 g/cm^3，熔点为1535℃，沸点为3000℃；单质铁是具有光泽的白色金属，有铁磁性。铁化学性质为中等活泼性的金属，在高温下易和氧、硫、氯等非金属发生强烈反应；铁易溶于稀的无机酸溶液或浓盐酸溶液中；金属铁能被浓碱溶液侵蚀。

图3－2　纯铁（左）及铁矿石（右—洛南县木龙沟铁矿）
（左—昵图网 http://www.nipic.com/show/8098161.html；右—董王仓摄，2014）

2. 主要用途

铁是钢的主要组成元素，中华人民共和国国家标准GB/T 13304—91《钢分类》中对钢的定义是："以铁为主要元素、含碳量一般在2%以下，并含有其他元素的材料。"通俗地说，钢就是含碳量小于2%的铁碳合金。除铁和碳元素外，钢通常还含有硅、锰等有益元素和硫、磷等有害元素。近代以来，铁是世界上利用最广、用量最多的金属，其消耗量约占金属总消耗量的95%。它广泛应用于国民经济的各个部门和人们日常生活的各个方面，世界上99%的铁矿石用于冶炼生铁，进而用于冶炼熟铁、铁合金、碳素钢、合金钢、特种钢等。钢铁在国民经济中占有极为重要的地位，是社会发展的重要支柱产业，是现代化工业最重要和应用最多的金属材料。所以，人们常把钢、钢材的产量、品种、质量作为衡量一个国家工业、农业、国防和科学技术发展水平的重要标志。此外，纯磁铁矿还可作合成氨的催化剂，赤铁矿、镜铁矿、褐铁矿还是天然的矿物颜料、饲料添加剂和名贵药石（磁石）等。

（二）矿物种类

自然界含铁矿物很多，但用来冶炼钢铁的主要是以下几种矿物（表3－2）。

表3－2　具有利用价值的主要铁矿物

矿物名称	化学式	Fe含量/%	矿物名称	化学式	Fe含量/%
磁铁矿	Fe_3O_4	72.4	赤铁矿	$\alpha-Fe_2O_3$	70
镜铁矿	Fe_2O_3	70	菱铁矿	$FeCO_3$	48.2
褐铁矿	$FeO\cdot OH\cdot Fe_2O_3\cdot nH_2O$	48～62.9	针铁矿	$\alpha-FeO(OH)$	62.19

（据《矿产资源工业要求手册》编委会，2010）

（三）地理分布

世界铁矿主要分布在澳大利亚、巴西、俄罗斯和中国。此外，印度、乌克兰、哈萨克斯坦、美国、加拿大和瑞典等国也有较多分布。截至2014年，世界铁矿石储量1900×10^8 t（中国地质调查局，2015）。

我国铁矿遍布全国各地，规模大的铁矿集中分布在辽宁、四川以及河北、山西、安徽、云南、内蒙古。截至2014年，全国查明铁矿石资源/储量为230×10^8 t，位居世界第五位（中国地质调查局，2015），但富铁矿较少，人均拥有量仅为世界人均量的34%，矿石品质较差，国际竞争能力弱。

陕西查明铁矿床59处，累计查明铁矿石资源/储量8.74×10^8 t，保有资源/储量7.82×10^8 t，在全国排名第19位，西部省区排名第七位。铁矿床主要集中分布在陕南的华阴－洛南、柞水－山阳、勉县－略阳、洋县－紫阳－镇坪等4个地区（表3－3）。此外，在渭北韩城阳山庄有一中型铁矿床，其他地区很少。

表3－3　陕西省大、中型铁矿产地简表

序号	矿产地名称	所在地区	规模	开发利用情况
1	韩城市阳山庄铁矿	渭南市	中型	开采矿区
2	柞水县大西沟铁矿	商洛市	大型	开采矿区
3	洛南县木龙沟铁矿	商洛市	中型	开采矿区
4	丹凤县庙沟铁矿	商洛市	中型	开采矿区
5	略阳县鱼洞子－黑山沟铁矿	汉中市	大型	开采矿区
6	略阳县阁老岭铁矿	汉中市	中型	开采矿区
7	略阳县铜厂铁铜矿	汉中市	中型	开采矿区
8	略阳县煎茶岭镍铁矿（共生）	汉中市	中型	开采矿区
9	洋县毕机沟钒钛磁铁矿	汉中市	中型	开采矿区
10	洋县八宝台铁矿	汉中市	中型	推荐近期利用
11	紫阳县桃园－大柞木沟钛磁铁矿	安康市	中型	推荐近期利用

（据陕西省国土资源厅，2014）

1. 华阴－洛南地区

主要分布有矽卡岩型铁矿及沉积变质型铁矿。其中，以洛南县木龙沟矽卡岩型铁矿为主，其周边分布许多矽卡岩型铁矿点。在潼关太要和善车峪、蓝田县新店子、洛南县孙家沟等地分布有沉积变质型铁矿。

2. 柞水－山阳地区

分布有一系列海相沉积型铁矿。除柞水县大西沟大型铁矿外，在其东西两侧尚分布有铁矿点10余处，总体构成一条近东西方向分布的铁多金属矿带。

3. 勉县－略阳地区

分布有一系列沉积变质型铁矿。除略阳县鱼洞子大型铁矿外，尚有略阳县黑山沟铁矿、阁老岭铁矿、高家沟铁矿、小沟山铁矿、水林树铁矿等众多中－小型铁矿床和铁矿点。

4. 洋县－紫阳－镇坪地区

陕南洋县、镇巴、紫阳、岚皋、镇坪一带分布一系列岩浆型钒钛磁铁矿，其中以洋县毕机沟中型钒钛磁铁矿床最具代表性。此外，尚有南郑县碑坝、石泉县漆树沟及紫阳铁佛、岚皋官元等铁矿点，总体呈现北西西向“带”状分布的特点。

按照行政区划分，铁矿主要分布在汉中市（22处）、商洛市（19处）、安康市（10处）、渭南市（5处）。另外，在西安市、咸阳市、宝鸡市各有1处（表3－4）。

表3－4 陕西省铁矿产地分布统计表

分布地区	矿床规模及数量				查明储量占比/%	保有储量占比/%
	大型	中型	小型	总数		
西安市			1	1	0.3	0.0
宝鸡市			1	1	0.0	0.0
咸阳市			1	1	0.0	0.0
渭南市		1	4	5	4.4	3.8
汉中市	1	5	16	22	39.5	36.9
安康市		1	9	10	6.0	6.8
商洛市	1	2	16	19	49.8	52.5
合计	2	9	48	59	100	100

（四）矿床特征

1. 矿床类型

我国铁矿床类型主要有以下5种：①岩浆型铁矿床；②接触交代（矽卡岩）型铁矿床；③沉积型铁矿床；④沉积－变质型铁矿床；⑤风化型铁矿床。

陕西的铁矿床类型主要为前4种，其中以沉积变质型和沉积型铁矿最为重要。

2. 陕西最早发现的大型铁矿——略阳县鱼洞子铁矿

略阳县鱼洞子铁矿床，位于汉中市略阳县东部之鱼洞子乡，铁矿区有公路直通略阳县城及略阳钢厂，二者相距22 km。

（1）发现过程

鱼洞子铁矿发现于20世纪50年代。1958年8月，陕西省冶金局矿山地质公司汉中地质队王文玉等人，根据群众报矿线索赴现场踏勘时发现了铁矿露头。经野外实地追索，在鱼洞子沟—黑山沟一带断续发现铁矿体。汉中地质队随即在该区开展了铁矿普查。经地质测量和地面磁法测量，很快圈出磁异常范围和铁矿带。1960年转入勘探，并投入槽探14万余立方米、坑探3600余米、钻探37683 m，1965年完成了勘探工作，是陕西最早探明的大型铁矿床。

（2）矿床特征

该铁矿床产于新太古代时期形成的鱼洞子岩群灰色条带状磁铁石英岩、磁铁阳起石片岩等中深变质岩中，其原始岩石为碎屑岩、海底火山喷发形成的基性－酸性火山岩。铁矿体呈层状－似层状、扁豆状赋存于变质岩层中，矿体与围岩产状一致，二者呈整合接触关系（图3－3）。

矿床内共有49个矿体，规模较大的主矿体有6个，主矿体长度1078～2680 m，矿体平均厚度在1～13.8 m。按空间分布，自南而北分为南、中、北3个含矿带。南含矿带断续长达2600 m以上，有矿体15个；中含矿带断续长达5200 m以上，有矿体23个；北含矿带断续长达3400 m以上，有矿体11个。该矿床3个含矿带有向东侧伏之趋势，主要矿体向深部延伸大于3600 m。矿区查明铁矿石资源/储量1.46×10^8 t，保有资源/储量1.22×10^8 t，矿石平均品位全铁（TFe）31.64%（据陕西省2013年资源/储量统计资料）。

地质学家研究认为，该矿床是地球形成早期阶段（26亿年左右的新太古代），海底火山活动过程中，与火山沉积岩同时沉积形成铁矿，后来遭受区域变质作用的进一步改造和影响，又发生了再一次的富集而形成如今的铁矿。因此，它历经了沉积成矿作用和变质成矿作用等漫长的地质历史时期，属沉积－变质型铁矿床。

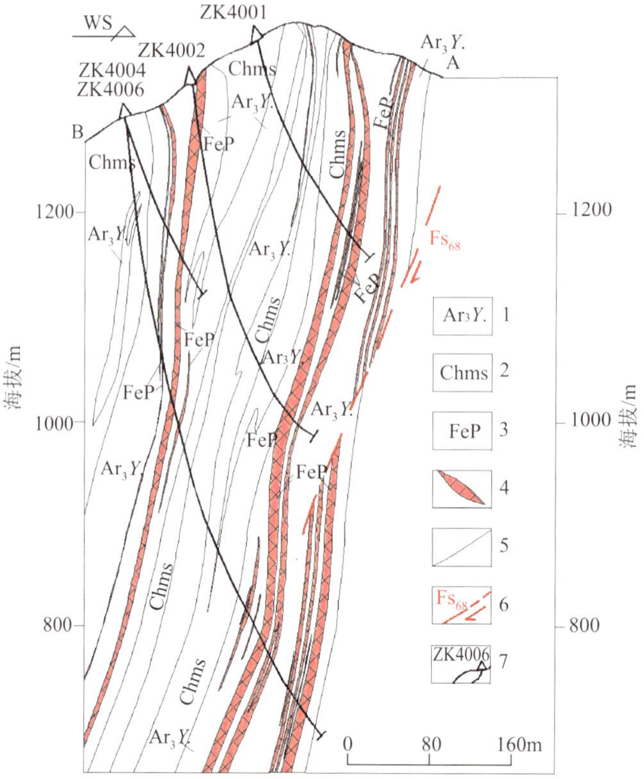

图3-3 略阳县鱼洞子铁矿勘探线剖面图

（据陕西省地质调查院，2013e，修改）

1—鱼洞子岩群；2—绿泥石片麻状混合岩；3—（阳起）磁铁石英岩；4—矿体位置；5—地质界线；6—走向断层及编号；7—钻孔位置及编号

（3）矿石质量

铁矿石主要为条带状磁铁石英岩（图3-4），矿石矿物主要为磁铁矿，次为赤铁矿、褐铁矿、黄铁矿、黄铜矿等。

图3-4 略阳县鱼洞子磁铁矿矿石

（董王仓摄于鱼洞子铁矿区，2014）

铁矿石类型主要有3种：①磁铁石英岩型；②阳起石磁铁石英岩型；③黑云母磁铁石英岩型。脉石矿物与围岩的组成矿物一致，以石英为主，其次为阳起石、绿泥石和黑云母。

铁矿石的化学成分主要为铁质和硅质，其中Fe元素总量（简称全铁TFe）为28%～50%，平均

TFe 31.6%；硅质（SiO_2）含量40% ~45%，属高硅贫铁矿石。矿石具强磁性，用一段磨矿湿式磁选流程选矿，回收率86.5%，铁精矿品位可达 TFe 65.47%，属易选矿石。

（4）开采状况

1984 年，略阳钢铁厂在该铁矿区的黑山沟矿段建成年生产能力 25×10^4 t 的矿山。2003 年企业改制，改由陕西诚信实业有限公司接手经营，并建成了采选一体化的半机械化铁矿矿业公司。十几年来，矿山年生产能力为 $25\times10^4 \sim 30\times10^4$ t，产品（铁精粉）销往略阳钢厂。2008 ~2012 年铁产品销售价格较高（最高达800 元/吨）期间，属矿山生产的鼎盛时期。

3. 铁匠炉“烧烤”出的大型铁矿——柞水县大西沟铁矿

柞水县大西沟铁矿位于秦岭南麓，属陕西省商洛市柞水县小岭镇管辖。矿区北距柞水县城 16km，西康铁路、西康高速公路及柞水—镇安、柞水—漫川关省道皆由矿区附近通过，交通方便。

（1）发现过程

说起大西沟铁矿的发现过程，有趣而富有戏剧性。1958 年陕西省秦岭中段地质队在柞水县大西沟矿产普查期间发现有磁铁矿存在，但因其规模小而放弃探矿工作。1966 年地矿部航空磁法测量大队开展航空磁法测量时，在该地区圈出了高强度的磁异常（M87）。1966 ~1969 年，西北冶金地质勘探公司下属七一三、七一四队及物探队，在该磁异常中心部位先后施工 5 个钻孔，仅见到厚度很小的磁铁矿细脉，没有发现大的铁矿体。1969 年 4 月，该队杨敏常和王成锡在野外工作时，发现先前钻探出来的“石英大理岩”岩心，地表风化后由原来的灰白色变成了黄褐色。这一“变色”，引起了他们的好奇和注意。随即，采集岩心标本在山下的铁匠炉上焙烧，结果又变成了褐黑色，且具有较强的磁性。他们确认，原来所谓的“石英大理岩”其实是菱铁矿。尽管是坚硬的石头，它也经受不住铁匠炉上“烧烤”，终于露出了本来面目。原来，由于菱铁矿（$FeCO_3$）的颜色呈灰白色，与“石英大理岩”的颜色一样，人们肉眼无法将它们区别开来。但在地表风化后，常常形成土黄色、褐色的褐铁矿（$Fe_2O_3\cdot nH_2O$），经过火炉的“烧烤”之后，则形成了具有磁性的磁铁矿（Fe_3O_4）。后来，地质人员依据这一认识，便在大西沟南坡发现了大量铁矿体露头。经过进一步勘探，1975 年探明了一个大型铁矿。

如果不经历那次铁匠炉的“烧烤”，也许大西沟铁矿至今还深居秦岭，默默地等待地质队员前来揭开它那含羞的面纱。

（2）矿床特征

大西沟铁矿产于古生代泥盆纪中晚期海相沉积环境形成的青石垭组碎屑岩—碳酸盐岩地层中。铁矿体呈一宽缓向斜形态，顺着地层呈层状产出，严格受地层控制，并随着地层的构造变形而同时变形（图 3 -5）。铁矿体分为层状菱铁矿矿体、层状重晶石 - 磁铁矿体和脉状磁铁矿矿体 3 类，其中层状菱铁矿体为主要矿体，储量占矿区总量的 99%。

矿区已查明铁矿体 17 个，伴生有重晶石矿体 5 个，铜矿体 2 个。主矿体长 2000 m，最大斜深 870 m，矿体平均厚度 51 m，矿体最厚处达 181 m。绝大部分矿体全铁（TFe）含量波动在 20% ~35% 之间，平均品位全铁（TFe）28.01%，属贫铁矿石。累计查明资源/储量 3.48×10^8 t，保有资源/储量 3.34×10^8 t（据陕西省国土资源厅，2014），该铁矿是目前陕西省探明铁矿中规模最大的铁矿床。

地质学家研究认为，古生代泥盆纪时期，该矿区所在区域处于华北板块陆缘弧前海盆地，在其沉积演化过程中发生了强烈的海底喷流 - 沉积作用，即由深部带来以铁为主的成矿物质，与陆源沉积物一并沉积在岩层中，形成以层状菱铁矿为主的铁矿体。后期地质构造活动又对它进行了叠加改造和富集而形成现今的铁矿床。地质学家把这样形成的铁矿称作沉积型铁矿——海底喷流沉积矿床，由于该铁矿与沉积岩层同时形成，严格受地层控制，又称为层控热液型铁矿床。

（3）矿石质量

铁矿的矿石矿物主要为菱铁矿（占 70% ~75%），次为磁铁矿，并见少量镜铁矿、黄铁矿、褐铁矿；脉石矿物主要为绢云母和石英，次为重晶石、绿泥石、铁白云石、黑云母等。矿石呈条带状构造，以及致密块状和浸染状构造（图 3 -6）。

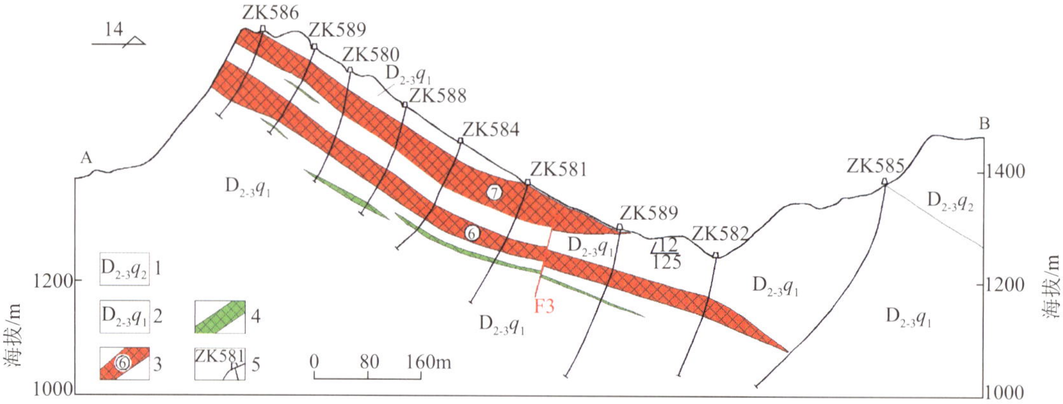

图 3-5 柞水县大西沟铁矿勘探线剖面图

（据陕西省地质调查院，2013e，修改）

1—中上泥盆统青石垭组第二段；2—中上泥盆统青石垭组第一段；3—菱铁矿体及编号；4—重晶石矿体；5—钻孔位置及编号

图 3-6 柞水县大西沟铁矿（左—地表菱铁矿层，右—条带状菱铁矿）

（董王仓摄于大西沟铁矿区，2014）

（4）开采状况

柞水县大西沟铁矿山始建于 1986 年 10 月，1988 年 4 月正式投产。当时为年采选磁铁矿石 5×10^4 t 的县属国有小型企业，主要产品为磁铁矿精矿粉。1988 年 12 月改制为陕西省柞水大西沟矿业有限公司。1999 年该铁矿公司被陕西龙门钢铁总厂兼并，开始筹备开发菱铁矿。2002 年 4 月，陕西龙门钢铁总厂改制为陕西龙门钢铁（集团）有限责任公司。随着菱铁矿开发的需要，2004 年 9 月成立了陕西龙门钢铁（集团）有限责任公司控股子公司——陕西大西沟矿业有限公司，对大西沟菱铁矿正式进行大规模“露天地下联合开采”（图 3-7）。菱铁矿回收利用技术长期以来属世界性难题，该公司经过多年的攻关试验，获得重大技术突破，2009 年大西沟低品位难处理菱铁矿选矿技术研究成果获陕西科学技术一等奖。此后，矿山生产规模大幅提高，由原来的每年 90×10^4 t 铁矿石生产规模扩大到 800×10^4 t，选矿能力达到了 1000×10^4 t，铁精粉生产能力达到每年 300×10^4 t 以上，成为我国大型矿山之一。

（五）开发利用

铁，是继青铜之后人类发现和开发利用最早的金属之一。人类使用铁器制品至少有 5000 多年的历史。但最早是用铁陨石中的天然铁制成铁器，如我国最早的陨铁文物是 1972 年河北藁（gǎo）城台

图 3－7 大西沟铁矿（左—露天采矿场，右—第一选矿车间）
（董王仓摄于柞水县大西沟铁矿区，2014）

西村商代中期（公元前 13 世纪中期）遗址中发现的古兵器铁刃青铜钺，表明商代人们已掌握了铁的加工技术。2009 年在甘肃临潭县磨沟寺洼文化墓葬发现了两块铁条，经清华大学及牛津仪器公司检测，是由“块炼渗碳钢”锻打而成，属于真正的冶炼铁。经 ^{14}C 同位素年龄检测，两块铁条的年代介于 3510 年前～3310 年前之间（公元前 1510 年～公元前 1310 年）。这是我国目前发现的最古老冶炼铁器，说明商代中晚期，我们祖先开始掌握了由铁矿石炼冶铁的技术。此后，铁器农具广泛应用于农耕生产，极大地促进了古代农业生产的发展。如陕西考古人员先后在春秋至战国中期的秦国都城遗址——雍城秦墓中发掘出铁铲，在咸阳汉阳陵出土有铁锯、铁铧等生产工具（图 3－8）。

图 3－8 雍城遗址出土的铁铲（左）和汉阳陵从葬坑出土的铁铧（右）
（左—尹宗义摄于凤翔县宝鸡先秦陵园博物馆；右—董王仓摄于咸阳汉阳陵，2016）

新中国成立以来，我国铁矿勘查开发取得了长足发展，目前已形成了东北鞍山－本溪、华北冀－密、邯－邢、五（台山）－吕（梁山）、鲁中、内蒙古包－白、西南攀－西、长江中下游地区宁－芜、鄂东和海南 10 个生产基地。21 世纪以来，我国钢铁工业快速发展。据《世界矿产资源年评 2015》资料，2014 年铁矿石产量达 14.99×10^8 t，生铁产量 7.12×10^8 t（占世界的 60.3%），已连续多年居世界前列；粗钢产量从 1996 年的 1.01×10^8 t（占世界 13.5%）到 2014 年的 8.23×10^8 t（占世界 50.3%）。但仍需大量由国外进口，以 2014 年为例，国外进口铁矿石量达 9.33×10^8 t，占当年铁矿石产量的 62.2%。近年来，我国钢铁生产增长幅度逐渐下降，已进入一个相对平稳的低速发展阶段。

陕西已查明铁矿床 59 处，近年来 18 处铁矿床已得到了不同程度的开采利用，占矿床总数的 30.5%；有 9 处矿床停采，占矿床总数的 15.3%；未开采矿床 32 处，占矿床总数的 54.2%。据陕西省统计年鉴（2015 年）统计资料，2014 年全省铁矿原矿产量为 1497.05×10^4 t，开采的铁矿石主要销往省内各钢铁厂。生铁产量 884×10^4 t（仅占全国的 1.2%），粗钢 1038.3×10^4 t，钢材 1683.9×10^4 t。

以往陕西省的钢铁企业主要分布在关中和陕南不同地区，且归不同部门管理。为了做大做强钢铁产业，提高陕西省钢铁产品的竞争力，2009 年 8 月，在陕西省委、省政府领导下，将原省内西安、韩城、汉中、商洛、宝鸡多家钢铁企业整合，成立了以地处韩城市的陕西龙门钢铁（集团）有限责任公司为北翼、以地处汉中勉县的汉中钢铁有限公司为南翼、“南北两翼，比翼齐飞”大型钢铁企业集团——陕西钢铁集团有限公司（图 3 -9）。目前，该集团公司已具备了 1000×10^4 t 钢的综合产能，年营业收入突破500 亿元，进入中国企业 500 强。其中，2014 年全年共产粗钢 791×10^4 t，生铁 763×10^4 t，钢材 788×10^4 t。钢产量位列全球第 51 位、中国 28 位，成为中国西部最大的钢精品建材生产基地❶。

图 3 -9　位于韩城市的陕西龙门钢铁（集团）有限责任公司

（据郭宗义摄于 2005 年）

二、锰

（一）工业用途

1. 基本性质

锰（Mn）是银白色性脆而坚的金属（图 3 -10），比铁稍软，密度 7.3 g/cm^3，熔点 1244℃，沸点 2097℃；纯锰在常温下较稳定，不被氧、氮、氢侵蚀，但在潮湿处会被氧化。锰矿石主要有氧化锰矿和碳酸锰矿。

图 3 -10　电解锰（左）及锰矿石（右—汉中天台山锰矿）

❶　数据来源：http://www.shaangang.com/info/2015061510/201506051440397381.shtml

2. 主要用途

锰及其化合物应用于国民经济的各个领域，但主要用于钢铁工业，目前锰矿石的90%用于钢铁生产，是钢铁工业的基本原料之一。锰具有脱氧、脱硫及调节作用，加入锰可增加钢材的强度、耐磨性、韧性、可淬性。锰可制造高锰钢，如耐磨钢、不锈钢、无磁钢、耐热钢等，还可与铜、镍、铝、镁制成各种耐热耐蚀合金材料。

锰也广泛用于其他工业。二氧化锰在干电池中作消极剂；在环保中用于汽车尾气和工业用水、饮用水的净化剂；在有色金属行业供湿法冶金；在氢醌（对苯二酸）生产、铀的提炼上作氧化剂；在陶瓷工业中作氧化剂和釉色；在玻璃工业用于消除杂色和制作装饰玻璃；化学工业上生产的硫酸锰、高锰酸钾等是医药、焊接、油漆等的重要原料。锰的硅酸盐　蔷薇辉石（粉翠）是工艺品的原料。

（二）矿物种类

含锰的矿物有150多种，有工业价值主要有软锰矿、硬锰矿等（表3－5）。

表3－5　具有工业开采价值的锰矿物及含锰矿物

矿物名称	化学式	含量/%	矿物名称	化学式	含量/%
软锰矿	$\beta-MnO_2$	MnO_2 90～97	水锰矿	$\gamma-MnO(OH)$	MnO 40.4；MnO_2 49.4
硬锰矿	$BaMn^{2+}Mn^{4+}O_{20}\cdot 3H_2O$	MnO_2 60～85 MnO 0～7.46	菱锰矿	$MnCO_3$	Mn 35～45
褐锰矿	$Mn^{2+}Mn_6{}^{3+}SiO_{12}$	Mn 55～60	硫锰矿	MnS	Mn 55.69
黑锰矿	$MnO_2\cdot Mn_2O_3$	Mn45～65	蔷薇辉石	$(Mn.Fe.Mg.Ca)SiO_3$	Mn 42

（据《矿产资源工业要求手册》编委会，2010）

（三）地理分布

全球陆地锰矿资源比较丰富，但分布不均匀。锰矿主要分布在南非、乌克兰、澳大利亚、巴西、印度、中国、加蓬、哈萨克斯坦、墨西哥、加纳等国家，锰矿石储量5.7×10⁸ t（国土资源部信息中心，2015》)。此外，海洋中尚有大量潜在的多金属锰结核（图3－11）。

我国锰矿不少，主要集中分布在云南、广西、湖南、贵州等省（区），截至2014年，全国查明锰金属储量仅0.44×10⁸ t，在世界排名第六位。与国外比较，我国锰矿床以中、小型为主，品位较低，平均含锰20%～30%。长期以来我国锰矿供不应求，约50%依赖进口。据2017年4月13日贵州日报（记者　靖晓燕　通讯员　王琴）报道，贵州省铜仁市松桃苗族自治县境内新发现了亚洲最大、世界第五的4个世界级隐伏超大型锰矿床和6个大中型锰矿床，新增锰矿石资源量达6.17亿吨，超过了2011年我国锰矿保有资源量5.48亿吨的总和。这些新发现，可缓解我国锰矿供不应求的状况。

陕西省的锰矿主要分布在陕南地区的汉中、西乡、宁强、镇巴、紫阳等地（表3－6），其中以汉中天台山、宁强黎家营锰矿、紫阳县屈家山锰矿最为重要。累计查明锰矿石量2611.862×10⁴ t，保有锰矿石量1228.148×10⁴ t。

（四）矿床特征

1. 矿床类型

我国锰矿床类型主要有化学沉积型、沉积－变质型、风化型等3种。陕西省锰矿以沉积型为主，次为沉积－变质型，少数为风化型。

2. 宁强县黎家营锰矿

宁强县黎家营锰矿在陕西锰矿中具有一定的代表性。该矿床位于宁强县东皇沟乡何家营村黎家营。矿区南距阳（平关）－安（康）铁路之代家坝车站11 km，其间有简易公路相通，交通方便。

图 3-11　2012 年我国“海洋六号”从 5000 多米深海底采获的金属结核
（据中国地质调查局 http://www.cgs.gov.cn/ddztt/jqthd/jxjsj/xjtd/201603/t20160309_291652.html）

表 3-6　陕西省主要锰矿产地简表

序号	矿产地名称	所在地区	规模	开采利用情况
1	略阳县张户坝锰矿	汉中市	小型	推荐近期利用
2	镇安县马家沟锰矿	商洛市	小型	可供进一步工作
3	洛南县北沟-银洞沟锰矿	商洛市	小型	闭坑矿区
4	镇巴县石堡山锰矿	汉中市	小型	停采矿区
5	镇巴县栗子垭锰矿	汉中市	小型	停采矿区
6	汉中市天台山磷锰矿	汉中市	中型	开采矿区
7	西乡县水晶坪锰矿	汉中市	小型	开采矿区
8	宁强县黎家营锰矿	汉中市	中型	开采矿区
9	石泉县白沟锰矿	安康市	小型	计划近期利用
10	紫阳县屈家山锰矿	安康市	中型	开采矿区

（据陕西省国土资源厅，2014）

（1）发现过程

黎家营锰矿最早在 1961 年元月由原陕西省地质局第二综合队发现，随后转入普查评价，进行了地形地质测量、槽探、坑探等工作，1963 年 4 月完成了黎家营锰矿床普查，成为当时省内发现的一个重要锰矿床。1967 年，西北冶金地质勘探公司七一一队金永波等对该矿踏勘后，认为其形成与火山喷发沉积作用相关，深部具有很好的找矿潜力。根据这一认识，1972 年开始对矿床深部进行详查，1978 年转入勘探。1982 年 12 月完成了矿床的勘探工作，查明为中型锰矿床。

（2）矿床特征

锰矿床位于新元古界震旦系陡山沱组海相火山喷发沉积-陆源碎屑-碳酸盐岩地层，矿体赋存于碎屑岩向碳酸盐岩过渡部位的含锰硅质灰岩中。锰矿体呈层状、似层状，其与周围地层产状一致（图 3-12）。共查明大小锰矿体 10 个，其中 I 号主矿体规模最大，矿体地表长度 887 m，垂直延深 533 m，矿体平均厚度 2.81 m。全矿床锰品位介于 10% ~35%，平均 21.45%。含磷 0.05%、硫

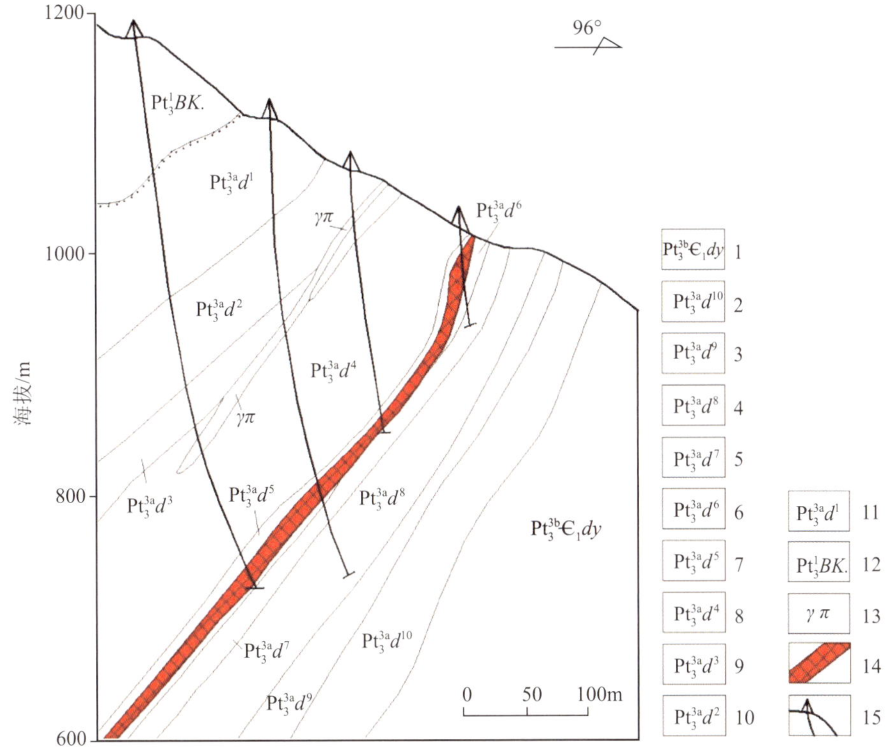

图 3－12　黎家营锰矿第 16 勘探线剖面

（据陕西省地质调查院，2013e，修改）

1—新元古界灯影组；2～11—新元古界陡山沱组第 10 段～第 1 段；12—新元古界碧口岩群；13—花岗斑岩；14—锰矿体；15—钻孔位置

0.046%，全铁 1.85%。累计查明锰矿石资源/储量 792.68 $\times 10^4$ t，保有资源/储量 385.23 $\times 10^4$ t（据 2013 年陕西省矿产资源/储量统计资料）。

黎家营锰矿是怎样形成的呢？地质专家认为，新元古代震旦纪早期，矿区处于扬子板块北部浅海陆棚环境，当时不仅有陆源沉积物源源不断被搬运到海盆，而且海底发生有强烈的火山喷发活动。火山活动不仅形成了火山岩，而且由深部带来了锰元素，使其与火山物质一起沉积形成层状锰矿体。

（3）矿石质量

锰矿石主要由褐锰矿组成，其次有软锰矿、硬锰矿、菱锰矿、水锰矿等。锰矿石有褐锰矿石、硬锰矿－软锰矿－褐锰矿矿石、氧化锰－碳酸锰矿石 3 种类型。

（4）开采状况

该矿床勘探结束后，1990 年，地方乡镇建成陕西宁强锰矿开始开采。该矿的开发利用，不仅缓解了陕西对锰矿的需求，而且对当地脱贫致富有促进作用。

（五）开发利用

人类利用锰矿物的历史十分悠久。据文献记载，世界上利用锰矿物最早的国家有埃及、古罗马、印度和中国。我国利用锰矿物的历史可追溯到距今约 4500～7000 年新石器时代的仰韶文化（彩陶文化）时期。由于软锰矿呈土状，颜色呈黑色，极易染手，古人便将它用作奇妙的陶器着色颜料。但锰元素的发现却比较晚，直到 1774 年瑞典矿物学家甘恩（J. G. Gahn）才从软锰矿中还原出了金属锰。

我国锰矿地质找矿工作开始得也比较早，据所见资料，1890 年首先在湖北兴国州（今阳新）发现锰矿，并建成湖北阳新锰矿山开采锰矿，后因质量不佳而停采。大规模的锰矿地质勘查工作开始于新中国成立以后，并先后发现勘查了一系列锰矿，相应地建设了许多锰矿山企业。据国土资源部信息中心《世界矿产资源年评2015》资料，我国锰矿石产量多年来稳居世界第一，如2014年国内锰矿生产量达1400×10^4 t，但我国的锰矿石品位低、质量不高，每年需从国外进口大量高质量的锰矿石，如2014年进口量为1621.6×10^4 t，占全世界锰矿石贸易量的2/3。

陕西的锰矿自20世纪90年代开始开发利用，目前正在开采的有4处，计划近期开采的4处，停采矿区2处，闭坑矿区1处，需进一步工作的1处（表3-6）。

三、铬

（一）工业用途

1. 基本性质

铬（Cr）是一种光亮的银白色金属（图3-13），具延展性，密度为7.20 g/cm^2，熔点1890℃，沸点2482℃。在地壳内，绝大部分的铬以尖晶石类的氧化物形式存在。铬金属具有质硬、耐磨、耐高温、抗腐蚀等特性。

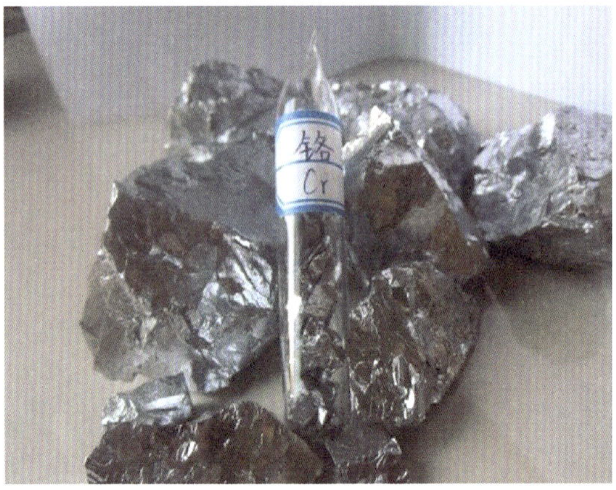

图3-13　铬（左—金属铬，右—铬铁矿）

（左—搜狐网 http://www.sohu.com/a/112306369_207225；右—人文网 http://www.renwen.com/wiki/铬铁矿）

2. 主要用途

铬是重要的战略物资之一，在冶金工业、耐火材料和化学工业中有着广泛的用途。铬铁矿的最大消费领域是冶金工业的铬铁合金，而铬铁合金主要用于生产不锈钢；在耐火材料上，主要用来制造铬砖、铬镁砖和其他特殊耐火材料；化学工业上，铬主要用来生产重铬酸钠，进而制取其他铬化合物，用于颜料、纺织、电镀、制革等工业。还可制作催化剂和触媒剂等。

（二）矿物种类

在自然界中已发现的含铬矿物约有50余种，分别属于氧化物类、铬酸盐类和硅酸盐类。此外，还有少数氢氧化物、碘酸盐、氮化物和硫化物。其中氮化铬和硫化铬矿物只见于陨石中。而具工业价值的铬矿物均属铬尖晶石类矿物，有工业价值的铬矿物，其铬（Cr_2O_3）含量一般在30%以上，其常见者见表3-7。

（三）地理分布

世界铬铁矿资源丰富，主要分布在南非、哈萨克斯坦、印度、土耳其、巴西等国家，其中98%的铬资源集中在南非、哈萨克斯坦和印度3个国家。截至2014年，世界铬金属基础储量18×10^8 t，铬金属储量4.8×10^8 t（据中国地质调查局，2015）。

表 3-7　具有工业价值的铬矿物简表

矿物名称	化学式	Cr_2O_3 含量/%
铬铁矿	(Mg、Fe) Cr_2O_4	50~60
铝铬铁矿（或铬铁尖晶石）	Fe (Cr, Al)$_2$O$_4$,	32~38
硬铬尖晶石	(Mg、Fe) (Cr、Al)$_2$O$_4$	32~50

（据《矿产资源工业要求手册》编委会，2010）

我国铬矿主要分布在西藏、新疆、甘肃、青海、内蒙古等西部偏远省（区），查明资源/储量不大，且矿石质量较差。截至 2013 年底，全国累计查明铬金属量约 400×10^4 t，保有铬金属量约 320×10^4 t。长期以来，我国依靠国外进口铬矿。

陕西铬矿严重短缺，截至目前仅在商南松树沟、留坝、勉县等地发现有铬铁矿（表 3-8），累计查明铬矿石量 16.82×10^4 t，保有矿石量仅 2.153×10^4 t。

表 3-8　陕西省铬矿产地简表

序号	矿产地名称	所在地区	规模	开采利用情况
1	商南县松树沟铬铁矿	商洛市	小型	停采矿区
2	勉县舒坪铬铁矿	汉中市	小型	推荐近期利用
3	留坝县楼房沟铬铁矿	汉中市	小型	近期难以利用

（据陕西省国土资源厅，2014）

（四）矿床特征

1. 矿床类型

我国铬矿床类型分为原生矿床和砂矿床两类。原生矿床类型为岩浆型铬矿床，又可分为：①基性-超基性岩型铬铁矿床和②蛇绿岩型铬铁矿床两个亚类；砂矿床属以冲积砂矿和海滨砂矿为主的机械沉积矿床。

陕西的铬矿床类型主要为基性-超基性岩型铬铁矿，它们多与超镁铁岩有关。

2. 商南县松树沟铬矿

商南县松树沟铬矿床为陕西铬矿的代表性矿床，该矿地处商南县富水镇松树沟，其南侧有 312 国道及沪-陕高速、西（安）-南（京）铁路通过，交通方便。

（1）发现过程

松树沟铬矿床分布于商丹-唐藏断裂带中的富水超基性岩带中。含矿的松树沟超基性岩体是 1957 年秦岭区域地质测量大队八分队发现的，同年省冶金局四〇七队发现铬铁矿并开展普查。后经西北冶金地质勘探公司七一三队勘探，于 1977 年 12 月提交了铬铁矿床地质总结报告。

（2）矿床特征

铬矿体产于中—新元古代镁质超基性岩岩体边部之纯橄岩和斜方辉橄岩中，矿体多分布在岩体边部及上下盘凹陷处及岩体拐弯、膨大部位，除少数矿体受原生裂隙控制外，主要矿体受原生流动构造制约。矿体形态绝大多数呈脉状、似脉状，少数呈不连续透镜状、扁豆状，极少数呈不规则状及串珠状。矿体多与围岩呈渐变过渡或迅速过渡关系，一般无清楚界线（图 3-14）。矿区圈出具有工业价值的铬矿体 48 个。其长度 1~70 m，最长 140 m，厚度 0.3~2 m，最大厚度 5.4 m，矿体延深与延长之比一般为 1∶1~1∶3，最大 1∶5。矿区累计查明铬铁矿矿石量 13.32×10^4 t，保有铬矿矿石量 1.52×10^4 t（2013 年陕西省矿产资源/储量表）。

（3）矿石质量

矿石中金属矿物有铬尖晶石、磁黄铁矿、镍黄铁矿，并含有铂族矿物。脉石矿物有橄榄石、顽火

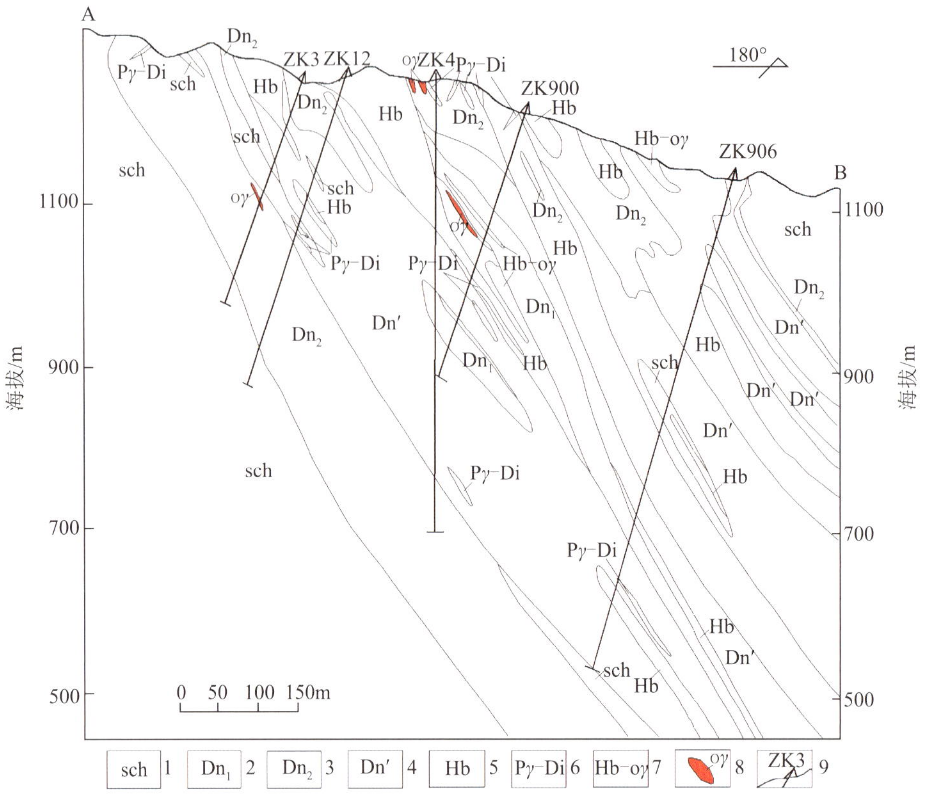

图 3-14 松树沟铬矿区勘探线剖面图

（据陕西省地质调查院，2013e）

1—斜长角闪片岩；2—中粗粒纯橄岩；3—蛇纹石化纯橄岩；4—方辉纯橄岩；5—斜方辉橄岩、方辉橄榄岩；6—透辉橄榄岩-透辉岩；7—矿化斜方辉橄岩；8—铬铁矿体；9—钻孔位置及编号

辉石、透辉石等；次生脉石矿物有蛇纹石、铬斜绿泥石、透闪石、滑石、蛭石、磁铁矿及菱镁矿等。矿石大多属需选矿的浸染型贫矿。矿石铬品位（Cr_2O_3）一般为 12%～20%，最高 51.31%。矿石伴生铂族元素总量 0.057～0.446 g/t，大部分铂族元素总量大于 0.18 g/t。

（4）开采状况

该铬铁矿从 1957 年到 1977 年，经历了找矿、勘探、开采等阶段。20 世纪 70 年代商南县筹建矿山，1970 年矿山投产，后因资源枯竭，1977 年停采闭坑。

（五）开发利用

1799 年俄罗斯乌拉尔山区首先发现了铬铁矿，并成为 18 世纪世界铬铁矿的主要供应来源，那时铬主要用在化学工业上。1827 年，美国相继在马里兰州、宾夕法尼亚州和弗吉尼亚州发现了铬铁矿，从而使美国成了当时世界铬铁矿的供给国之一。1860 年土耳其发现了一个大矿床，供给国际市场。直到 1906 年印度和罗得西亚（今津巴布韦）发现铬矿为止，土耳其一直是世界铬铁矿的主要来源。

1949 年以前，我国仅有吉林开山屯和宁夏小松山 2 个铬铁矿点。新中国成立后，我国开始了大规模的铬矿寻找与勘查。但直到 20 世纪 70 年代新疆鲸鱼和西藏罗布莎铬铁矿的发现，铬铁矿找矿工作才取得了突破性进展。目前西藏罗布莎、新疆萨尔托海、甘肃大道尔吉等是我国重要的铬铁矿生产基地。

陕西省目前仅有 3 个小型铬铁矿床，推荐近期利用的 1 处，近期难以利用的 1 处，停采矿区 1 处。由此可见，陕西省铬铁矿开发利用状况堪忧，前景不看好。

四、钒

（一）工业用途

1. 基本性质

钒（V）是一种银白略带蓝色的金属（图3－15），密度5.96 g/cm^3，熔点高（1890±10℃），与铌、钽、钨、钼并称难熔金属。钒具延展性，无磁性，是电的不良导体。钒进入合金可增强合金强度，降低热膨胀系数，耐盐酸、稀硫酸、碱溶液及海水的腐蚀，但可溶于或能被硝酸、氢氟酸、浓硫酸腐蚀，空气中不被氧化。

图3－15　钒金属（左）及钒矿石（右—商南县千家坪矿区条带状钒矿石）
（左—互动百科 http://www.baike.com/wiki/钒钛磁铁矿；右—西北有色地质研究院叶磊拍摄，2016）

2. 主要用途

钒以钒铁合金、钒化合物和金属钒的形式，广泛应用于冶金、宇航、化工等部门。钒是冶炼合金钢的重要原料，如果说钢是虎，那么钒就是翼，钢含钒犹如猛虎添翼。钒产量的85%用于铁合金和非铁合金，在钢中加入百分之几的钒，就能提高钢的强度、延展性和韧性，以及抗磨损、抗爆裂性，使其既耐高温又抗奇寒。高强度耐热的钒钛合金广泛用于航空、火箭和宇航工业；在化学工业中，用来生产硫酸、精炼石油、制造染料的催化剂，还可作吸收紫外线、热射线的玻璃及陶瓷的着色剂。

钒电池是目前发展势头强劲的优秀绿色环保蓄电池之一，与锂离子电池、镍氢电池相比较，它不仅具有制造、使用及废弃过程均不产生有害物质的优势，还具有可制备兆瓦级电池组、充电迅速、大功率长时间提供电能、寿命长、安全性高、价格低廉等优点，因而应用领域十分广阔。

（二）矿物种类

钒在自然界呈分散状态，常与其他元素结合形成钒矿物，其具有工业价值的矿物有以下七八种（表3－9）。

表3－9　主要含钒矿物简表

矿物名称	化学式	V_2O_5 含量/%	矿物名称	化学式	V_2O_5 含量/%
绿硫钒矿	VS_4	19～25	钒铅矿	$Pb_5(VO_4)_3Cl$	19.3
钒云母	$KV_2 \cdot AlSi_3O_{10}(OH)_2$	21～29	钒钙铀矿	$Ca(UO_2)_2(V_2O_4)_{2n} \cdot H_2O$	19.8
钒铜铅矿	$(Cu.Pb)(OH)VO_4$	18	钒磷铁矿	$Fe^{2+}(Fe^{3+}, V)_2O_4$	5
钒钾铀矿	$K_2(UO_2)_2V_2O_8 \cdot 3H_2O$	20	钒磁铁矿	$Fe(Fe, V)_2O_4$，	<5

（据《矿产资源工业要求手册》编委会，2010）

（三）地理分布

世界钒矿非常丰富，主要分布在中国、俄罗斯、南非、澳大利亚等国家。据国土资源部信息中心《世界矿产资源年评2015》资料，截至2014年底，全球钒储量1500×10^4 t。其中中国510×10^4 t，占世界1/3多。

我国钒资源丰富，钒储量位居世界第一。钒矿分布在四川、湖南、广西、陕西等十几个省（区），但主要集中在四川攀枝花地区和河北承德地区。此外，我国石煤中钒资蕴藏量丰富，从中提取钒已成为利用钒资源的一个重要发展方向。

陕西的钒矿主要分布在商南、山阳及洋县、镇安、岚皋一带（表3－10），其资源/储量相当可观。查明钒矿25处，累计查明钒（V_2O_5）资源/储量377.49×10^4 t，保有钒（V_2O_5）资源/储量356.49×10^4 t。

表3－10　陕西省主要钒矿产地简表

序号	矿产地名称	所在地区	规模	开采利用情况
1	商南县湘河钒矿大泉矿段	商洛市	中型	可供进一步工作
2	山阳县中村钒矿	商洛市	中型	开采矿区
3	商南县汪家店钒矿	商洛市	中型	计划近期利用
4	商南县白鲁础钒矿	商洛市	小型	推荐近期利用
5	商南县千家坪钒矿	商洛市	中型	推荐近期利用
6	商南县湘河街钒矿	商洛市	小型	推荐近期利用
7	商南县穆家河钒矿	商洛市	中型	推荐近期利用
8	山阳夏家店金钒矿床Ⅱ－1钒矿	商洛市	中型	计划近期利用
9	山阳县薛家庄钒矿	商洛市	中型	计划近期利用
10	镇安县东云钒矿蔡家沟矿段	商洛市	小型	计划近期利用
11	洋县毕机沟钒钛磁铁矿（伴生钒矿）	汉中市	中型	开采矿区
12	岚皋县沙沟钒矿	安康市	中型	推荐近期利用

（据陕西省国土资源厅，2014）

（四）矿床特征

1. 矿床类型

钒的独立矿床较少，主要为共伴生矿床。我国钒矿床类型有：①与辉长岩有关的岩浆岩型钒钛磁铁矿，钒赋存于钒钛磁铁矿中；②沉积型钒矿，包括黑色页岩中的钒矿、红色砂岩系中的钒钾铀矿。

陕西的钒矿床类型主要为沉积型钒矿和岩浆型钒矿，而岩浆型钒矿全部为钛磁铁矿床中的伴生钒。

2. 起死回生的山阳县中村钒矿

山阳县中村钒矿属陕西省沉积型钒矿的典型代表，其位于山阳县城东南中村金狮剑沟—烟家沟一带。矿区至县城56 km，距中村镇11 km，均有公路相通。

（1）发现过程

1956年，地质部中南地质局四三七队（后来的秦岭区域地质测量大队）三分队，在山阳地区进行区域地质测量时，在碳质岩石中发现了钒，并命名为银花钒矿，但未对其进行详细调查。1957年，地质部陕西办事处秦岭中段地质队二分队在该区开展地质测量中，圈定了钒矿层的分布范围。同年，第二机械工业部西北一八二队在该区进行铀矿地质、物探简测，并进行了钻探验证，顺便对钒元素进行了解，初步证实钒矿向深部有一定延伸。1958 年，陕西省地质局山阳地质队，对该钒矿开展勘查工作，于 1959 年提交了“陕西省山阳县银花钒矿区储量计算报告”，查明钒矿（V_2O_5）资源/储量 297×10^4 t。由于当时选矿试验效果欠佳，被列为暂难利用矿床而停止了探矿。时隔 20 年后的 1977 年，陕西第十三地质队在矿区烟家沟探矿硐采取两个钒矿选矿样品，经西安实验室选冶试验后，获得较好的选矿效果，从而使这个沉睡了 20 年的钒矿起死回生。1984 年，第十三地质队在以往探矿基础上，选择烟家沟－金狮剑矿段进行了槽探揭露、取样，圈定矿体，1985 年结束探矿，最终查明了这个中型规模的钒矿床。

（2）矿床特征

中村钒矿床，产于寒武纪早期形成的水沟口组碳质板岩与硅质板岩中，钒矿带长 30 km，宽 50～100 m，钒矿体呈层状、似层状与周围岩层产出状态一致。在矿带西段圈出 3 个钒矿体，其中Ⅰ号矿体规模最大，长度 3200 m，平均斜深 338 m，平均厚度 7.3 m，V_2O_5 平均含量 0.96%；Ⅱ号及Ⅲ号矿体长分别为 1650 m 和 2700 m，平均厚度 2.7 m 和 3.1 m，V_2O_5 平均含量 0.62% 和 0.65%。该矿累计查明钒（V_2O_5）资源/储量 17.39×10^4 t，保有钒（V_2O_5）资源/储量 14.53×10^4 t。

（3）矿石质量

矿石分为硅质岩型钒矿石、碳质黏土岩型钒矿石与硅质碳质黏土岩型钒矿石 3 种自然类型。矿石中未见独立钒矿物，其绝大多数以类质同象赋存于水云母矿物中，少量以吸附状态存在于碳质和其他黏土矿物中。矿石除含钒外，部分矿体镓元素（Ga）含量已达工业要求。此外，还伴生有铀（U）、锶（Sr）、铜（Cu）、铅（Pb）、锌（Zn）等元素。

（4）开采状况

1983 年，陕西省山阳县成立钒矿筹建处，进行小型生产性试验，取得了满意效果。由此加速了该矿的勘查与开发进程。目前，该矿由山阳县矿业开发公司中村钒矿开采，年处理钒矿石量 9×10^4 t，年产 V_2O_5 585 t。

（五）开发利用

我国是世界上钒矿资源大国，也是钒产品的生产大国。除西藏、宁夏、海南外，几乎每个省市都有钒的生产企业，厂家数量达到 50 余家，大中型企业有 10 余家。其中，四川攀钢和河北承钢结成的钒联盟集团占据国内钒产量的 2/3。

陕西目前有两家正在开采的钒矿山企业，以及两家钒产品生产企业。其中，位于山阳县境内的陕西丰源钒业科技发展有限公司，作为中国较早从事五氧化二钒生产经营行业的知名企业，曾长时间雄踞中国钒行业前三名。2008 年 3 月，开始全面启动投资建设五氧化二钒下游产品——钒氮合金的深加工产业（图 3－16）。2010 年 10 月，建成一期规模年产氮化钒 1000 t，达产后预计年产 10000 t 氮化钒，同时建设 5000 t 80#钒铁生产线，研发生产钒电池等系列高端产品；另一家是位于安康市高新区的陕西华银科技有限公司，该公司属 2012 年省政府重点招商引资企业、2013 年陕西省重点建设工程、2014 年陕西省“千亿百项”技术改造重大项目，计划年产钒氮合金 10000 t，目前已进入试生产阶段。项目达产后，年产值可达 20 亿元，年新增税金 2 亿元。钒氮合金是一种新型合金添加剂，可以替代钒铁用于微合金化钢的生产，不仅能提高钢的强度、韧性、延展性及抗热疲劳性等综合机械性能，并使钢具有良好的可焊性，而且添加氮化钒可节约钒加入量 30%～40%，从而降低炼钢的成本。

五、钛

（一）工业用途

1. 基本性质

钛（Ti）是一种灰色金属元素，纯钛呈银白色，具有金属光泽（图 3－17）。常以氧化物矿物出

图 3－16　陕西丰源钒业科技发展有限公司外景

（据陕西传媒网 http://esb.sxdaily.com.cn/sxrb/20141104/html/page_09_content_000.htm）

现。钛具有熔点高（1675℃）、密度小（4.5 g/cm^3）、机械强度高、耐低温（超低温下电阻率几乎为0）、耐腐蚀、线钛塑性良好、不易氧化、还原性强等特点。

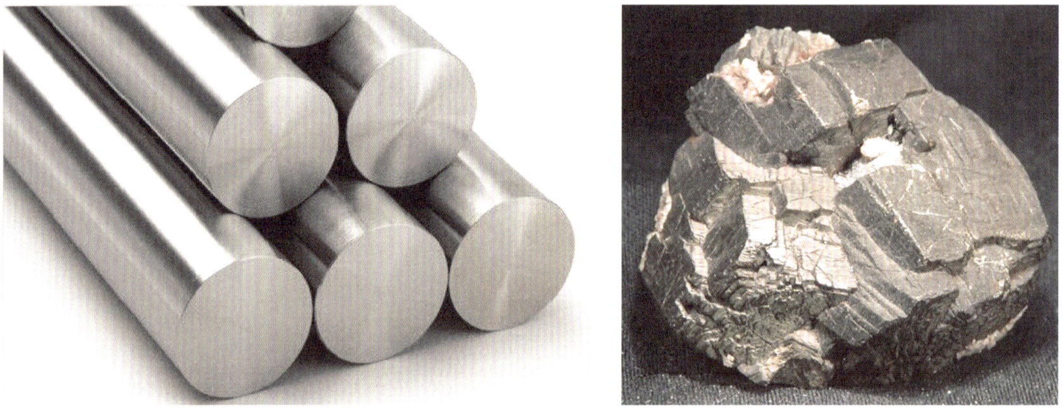

图 3－17　钛（左—钛金属，右—钛铁矿石）

（左—百度百科 https://baike.baidu.com/pic/%E9%92%9B/499070/0/9358d109b3de9c8229aa64876b81800a18d843ef?fr=lemma#aid=0&pic=9358d109b3de9c8229aa64876b81800a18d843ef；右—百度百科 http://baike.baidu.com/item/%E9%92%9B%E7%9F%BF）

2. 主要用途

钛，作为新金属材料虽然只有50多年的历史，但由于其优异的性能，现已成为工程技术及高科技领域中的关键材料及支撑性材料，被誉为“继铁、铝之后处于发展中的第三金属”和“战略金属”，甚至有人将21世纪称为是“钛的世纪”，在航空、航天、舰船、军工、冶金、化工、机械、电力、海水淡化、交通运输、轻工、环境保护、医疗器械等多个领域有着广泛的应用。

钛的氧化物——二氧化钛（TiO_2，亦称钛白），具有无毒、物理化学稳定性良好、折射率高及很强的白度、着色力、遮盖力、耐温性、抗粉化等特征，被称为颜料之王，广泛应用于涂料、纸张填料、塑料、橡胶、化学纤维等领域。

钛和钛合金大量用于航空和宇航工业，有“空间金属”之称。与合金钢相比，钛合金可使飞机重量减轻40%。其他如人造卫星外壳、火箭发动机壳体、导弹等，钛合金都可大显身手。非宇航部门使用工业纯钛和钛合金主要在于发电站冷凝器、接触海水装置等，尤其是海水淡化加热器用钛是钛工业发展中划时代事件。

钛除主要用于生产工业纯钛和钛合金外，还为钢铁工业生产钛铁合金和含钛钢，广泛用于汽车、船舶和石油钻探等方面，已发展成仅次于锰钢的第二大钢系。此外，由于钛合金还与人体有很好的相容性，所以钛合金还可以作人造骨。

（二）矿物种类

钛在地壳中含量十分丰富。在岩石、矿物、土壤中都有钛的存在，地壳中含钛1%以上的矿物约有80多种，但具有工业利用价值的主要是金红石、钛铁矿和钛磁铁矿等矿物（表3－11）。

表3－11　具有工业利用价值的钛矿物简表

矿物名称	化学式	TiO_2 含量/%	矿物名称	化学式	TiO_2 含量/%
金红石	TiO_2	90～99	钙钛矿	$CaTiO_3$	66.46
钛铁矿	$FeTiO_3$	55.66	木屑石	$CaTiSiO_5$	40.82
钛磁铁矿	$(Fe, Ti)_3O_4$	12～16	锐钛矿	TiO_2	90～91
白钛矿	$TiO_2 \cdot nH_2O$	94	板钛矿	TiO_2	80～89
镁钛矿	$MgTiO_3$	52			

（据《矿产资源工业要求手册》编委会，2010）

（三）地理分布

世界钛矿资源丰富，世界查明的钛铁矿主要分布在中国、澳大利亚、南非、印度、挪威等国家，截至2014年底，世界查明钛铁（TiO_2）矿储量7.2×10^8 t（国土资源部信息中心，2015）；金红石主要分布于澳大利亚、南非、印度、乌克兰、塞拉利昂、巴西等国家，金红石（TiO_2）储量0.47×10^8 t。

我国钛矿资源十分丰富，居世界首位。查明的钛资源主要分布在四川攀枝花，其次有河北、海南、广东、湖北、广西、云南、陕西、山西等21个省区。截至2014年底，我国查明钛铁矿储量（折合TiO_2）20000×10^4 t，在世界排名第一（国土资源部信息中心，2015）。

陕西已查明9个钛矿区（表3－12），分布于商洛、汉中、安康地区。累计查明钛资源/储量437.72×10^4 t，保有钛资源/储量430.32×10^4 t。

表3－12　陕西省钛矿产地简表

序号		矿产地名称	所在地区	规模	开采利用情况
1	金红石矿	商南县青山－新庙金红石矿	商洛市	大型	可进一步工作
2		商南县过风楼金红石矿	商洛市	小型	可进一步工作
3		商南县青山－新庙金红石矿（半扎店矿段）	商洛市	大型	可进一步工作
4		洋县铁河石墨矿（大安沟矿段伴生金红石）	汉中市	大型	推荐近期利用
5		安康市大河熊山沟金红石矿	安康市	中型	近期难以利用
6	钛铁矿	洋县毕机沟钒钛磁铁矿（伴生钛铁矿）	汉中市	中型	开采矿区
7		紫阳县寨子梁钛磁铁矿（伴生钛铁矿）	安康市	小型	推荐近期利用
8		紫阳桃园钛磁铁矿（伴生钛铁矿）	安康市	中型	推荐近期利用
9		石泉县马池砂金矿（伴生钛铁矿）	安康市	小型	开采矿区

（据陕西省国土资源厅，2014）

（四）矿床特征

1. 矿床类型

我国钛矿床类型有3种：①含金红石的变质型矿床；②岩浆型矿床，与基性岩有关的钒钛磁铁矿；③机械沉积型金红石矿。

陕西省的钛矿主要为与基性岩有关的岩浆型钛矿床和变质型钛矿床。而岩浆型钛矿床均为伴生钛矿，即钛铁矿作为次要成分产在铁矿中，在利用铁矿时顺便加以回收利用。

2. 商南县青山－新庙金红石矿

陕西的岩浆岩型钛矿床的矿床特征在铁矿相关部分已予介绍，此处仅以商南县青山－新庙金红石矿为例，介绍变质型钛矿床的基本特征。该金红石矿位于商南县青山、新庙两乡，矿区至商南县城25 km，交通比较方便。

（1）发现过程

1988年，陕西省地质矿产局第十三地质队和化学工业部地质勘探公司陕西地质勘探大队，根据河南省西峡县发现大型金红石矿床的信息，分别在陕豫边界沿相同含矿地层向西采用穿越路线法找矿。1988年6月24日，当追索至陕西省商南县新庙一带时，第十三地质队白俊德在新庙乡大坪村公路旁发现了金红石矿层。随即，该队综合分队开展了地表初步评价，认为矿区远景规模巨大，并于同年底提交了金红石新发现矿产地说明书。1989～1991年，该队九分队接替综合分队工作，先后投入2514 m钻探工作，1992年12月完成了探矿并提交了《商南县青山—新庙金红石矿床新庙矿段勘探报告》，查明钛（TiO_2）资源/储量55.7×10^4 t，其中工业储量27.93×10^4 t。商南县青山矿段则由化学工业部地质勘探公司陕西地质勘探大队发现，并于1988～1992年先后开展了探矿工作，查明钛（TiO_2）储量29.44×10^4 t。

（2）矿床特征

青山－新庙金红石矿产于泥盆系牛耳川组黑云角闪片岩、角闪片岩中，矿体呈层状、似层状严格受地层控制。矿区有南、北、中3个矿带，中部矿带规模最大，有Ⅰ、Ⅱ号两个矿体。其中，Ⅰ号矿体长10 km，厚度9.89～12.66 m，平均品位TiO_2 1.91%～1.98%，控制延深60～265 m；Ⅱ号矿体长4 km，平均厚度20.78 m，矿体延深53～153 m，平均品位TiO_2 1.87%。矿床累计查明金红石矿石量4443.42×10^4 t，折合TiO_2 31×10^4 t。保有矿石量4391.42×10^4 t，折合TiO_2 29×10^4 t。

（3）矿石质量

矿石类型为金红石黑云角闪片岩型，矿石矿物为单一金红石，呈星点状、浸染状较均匀嵌布于角闪石或黑云母矿物颗粒之间，金红石粒径一般为0.03～0.15 mm；脉石矿物为角闪石、黑云母、方解石、长石等。矿石呈鳞片粒状、柱状变晶结构，片状构造。

（4）开采状况

该矿因选矿回收率较低，近年来仅进行过小规模试采，尚未正式开发利用。

（五）开发利用

我国钛矿资源勘查开始于1949年新中国成立后。钛矿深加工利用则是从1954年北京有色金属研究院研制海绵钛开始，1958年沈阳有色金属加工厂建成海绵钛及钛材加工车间投产，20世纪60年代末开始形成钛工业体系，至1997年我国钛工业已形成矿山－冶炼－加工和科研－设计－生产－应用两个相互关联、比较完整的体系。目前，我国钛精矿生产基地集中在四川攀枝花、海南和广西。

陕西目前查明4处钛矿，有两处正在开采，两处为推荐近期可开发利用。但以宝钛集团有限公司为龙头企业的宝鸡市高新区钛产业集群的兴起，使宝鸡市成为我国最大的以钛及钛合金为主的专业化稀有金属生产、销售、科研基地（图3－18），享有“中国钛工业的摇篮和旗帜”及“中国钛谷”之美誉。目前，宝鸡高新区从事钛及稀有金属产业的企业有400多家，其中50多家被认定为钛领域的高新技术企业，打造的“宝钛”品牌列入中国500强企业名单。截至2012年年底，钛材料及产品产量已占到国内生产总量的85%，约占世界钛材总产量的22%。

图 3－18　宝钛集团有限公司外景

（据宝钛集团 http://www.baotigroup.com/china/know/lnews/lnews_detail.asp? ID＝459）

第二节　工业的战略物资——有色金属

有色金属，是指黑色金属以外的所有金属，但我国习惯将铜、铅、锌、铝、镁、镍、钴、钨、锡、钼、铋、汞、锑等13个矿种称作有色金属矿产。有色金属是国民经济、人民日常生活及国防工业、科学技术发展必不可少的基础材料和重要的战略物资，2016年11月国务院批复通过的《全国矿产资源规划（2016～2020年）》，已将铜、铝、镍、钴、钨、锡、钼、锑等8种有色金属列为我国的战略性矿产资源。

陕西已发现全部有色金属矿产，其中铜、铅、锌、铝、镍、钴、钨、钼、汞、锑等10个矿种查明有资源/储量，而镁、锡、铋目前尚未查明资源/储量。

一、铜

（一）工业用途

1. 基本性质

铜（Cu）是一种紫红色金属（图3－19），莫氏硬度2.5～3，密度8.5～9 g/cm^3，熔点1083℃。铜延展性和导热性强，导电性高，具良好化学稳定性和易与锌、铅、镍、铝、钛等熔成合金的性能。铜有良好的导电性是众所周知的常识，但当采用纳米技术将铜材料切割至纳米级别的大小时，它便在磁场中失去了导电性（维克托·迈尔－舍恩伯格等，2013）。

2. 主要用途

铜是人类最早发现和使用的金属之一，自人类从石器时代进入青铜器时代以后，青铜（铜－锡－铅合金）就被广泛地用于铸造钟鼎礼乐之器，如中国的稀世之宝——商代晚期的司（后）母戊鼎就是用青铜制成的。铜矿石被称为“人类文明的使者”。

到了现代，铜被广泛应用于电气、轻工、机械制造、建筑工业、国防工业、有机化工、工艺美术

图 3－19　铜金属（左）及铜矿石（右—宁强大茅坪铜矿石）
（铜矿石图片由李方周提供，2016）
（铜金属片 http：//www. qjy168. com/detail/65192740）

及农业等多个领域，在我国有色金属材料消费中仅次于铝。铜用来制造电线、电缆、电机设备；黄铜用来制造枪弹和炮弹；白铜（含镍的铜合金）用来制造舰艇和发电设备冷凝器和热变换器；无氧铜（纯铜）制造超高频电子管；铍青铜（含铍铜合金）用于制造航空仪表的弹性元件；锡青铜（含锡铜合金）用于制造轴承、轴套；铝青铜（含铝铜合金）用于制造物理仪器、精密仪器、齿轮及医疗器械；康铜（含镍和锰的铜合金）和锰铜用作高温电阻材料。

我国是世界铜矿消费大国，多年来我国铜的年消费量居世界第一位，长期以来国内铜供应量不足，需要从国外大量进口。

（二）矿物种类

自然界的含铜矿物约有 280 多种，但有工业意义的仅 10 余种（表 3－13）。

表 3－13　具有工业意义的铜矿物简表

分类	矿物名称	化学式	Cu 含量/%	分类	矿物名称	化学式	Cu 含量/%
自然铜	自然铜	Cu	约 100	铜的硫化物	黄铜矿	$CuFeS_2$	34.6
铜氧化物	赤铜矿	Cu_2O	88.8		斑铜矿	Cu_5FeS_4	63.3
	黑铜矿	CuO	79.9		辉铜矿	Cu_2S	79.9
铜硫酸盐、碳酸盐和硅酸盐	孔雀石	$Cu_2CO_3(OH)_2$	57.5		铜蓝	CuS	66.5
	蓝铜矿	$Cu_3(CO_3)_2(OH)_2$	55.3		方黄铜矿	$CuFe_2S_3$	23.4
	硅孔雀石	$CuSiO_3 \cdot 2H_2O$	36.2		黝铜矿	$Cu_{12}Sb_4S_{13}$	45.8
	胆矾	$CuSO_4 \cdot 5H_2O$	56.2		砷黝铜矿	$Cu_{12}As_4S_{13}$	51.6
	氯铜矿	$Cu_2Cl \cdot (OH)_3$	59.5		硫砷铜矿	Cu_3AsS_4	48.4

（据《矿产资源工业要求手册》编委会，2010）

（三）地理分布

世界上铜矿资源丰富，主要分布在智利、美国、印尼、秘鲁、波兰、墨西哥、中国、澳大利亚、俄罗斯、赞比亚等国。据中国地质调查局 2015 年《重要矿产资源简明手册》统计资料，全世界已查明铜金属基础储量和储量共计 17×10^8 t（截至 2008 年铜基础储量 10×10^8 t，截至 2014 年铜储量 7×10^8 t）。

我国是世界上铜矿较多的国家之一，铜矿主要分布在江西、西藏自治区、云南、内蒙古自治区、山西、甘肃、新疆维吾尔自治区、四川、湖北等省（区）。我国铜金属储量多年来一直维持在 3000×10^4 t 左右（中国地质调查局，2015），在世界排名第四位，属世界上铜资源较丰富的国家之一。

陕西目前发现并查明以铜为主的矿产地 20 多处（表 3-14），累计查明铜金属量 71×10^4 t，保有铜金属储量 42×10^4 t，在全国排名第 18 位，西部省区排名第八位。商洛市铜矿产地最多，其次是渭南市和汉中市。渭南地区铜矿产地数量虽不多，但金堆城钼矿的伴生铜资源/储量巨大，已达到中型铜矿床规模，是目前陕西铜资源/储量最大的铜矿产地。

表 3-14　陕西省主要铜矿产地简表

序号	矿产地名称	所在地区	规模	开采利用情况
1	眉县铜峪铜矿	宝鸡市	小型	停采矿区
2	凤县九子沟铜矿	宝鸡市	小型	停采矿区
3	凤县银母寺多金属矿	宝鸡市	小型	开采矿区
4	周至县西骆峪铜矿	西安市	小型	停采矿区
5	户县东流水铜矿区	西安市	小型	停采矿区
6	华县金堆城钼矿（伴生铜）	渭南市	中型	开采矿区
7	商州区三十里铺铜矿	商洛市	小型	推荐近期利用
8	商洛县流岭沟铜矿	商洛市	小型	推荐近期利用
9	丹凤县皇台外围铁铜矿	商洛市	小型	推荐近期利用
10	丹凤县皇台铜矿	商洛市	小型	停采矿区
11	山阳县银厂沟铜矿	商洛市	小型	可供进一步工作
12	山阳县小河口铜矿	商洛市	小型	停采矿区
13	山阳县下官坊铜矿	商洛市	小型	可供进一步工作
14	柞水县穆家庄铜矿	商洛市	小型	停采矿区
15	南郑县田咀铜矿	汉中市	小型	推荐近期利用
16	南郑县罗家坡铜矿	汉中市	小型	可供进一步工作
17	勉县火地沟铜矿	汉中市	小型	推荐近期利用
18	宁强县黑窝子铜矿	汉中市	小型	可供进一步工作
19	宁强县大石岩铜矿	汉中市	小型	开采矿区
20	宁强县刘家坪铜矿	汉中市	小型	停采矿区
21	宁强县广坪镇大茅坪铜矿	汉中市	小型	开采矿区
22	略阳县徐家沟铜矿	汉中市	小型	计划近期利用
23	略阳县铜厂铁铜矿	汉中市	中型	开采矿区
24	旬阳县夹沟铜矿	安康市	小型	开采矿区

（据陕西省国土资源厅，2014）

（四）矿床特征

1. 矿床类型

我国铜矿床类型主要有：①斑岩型铜矿床，主要产于各种斑岩（花岗闪长斑岩、二长斑岩、闪长斑岩、斜长花岗斑岩等）岩体及其周围的岩石中；②矽卡岩型铜矿床，沿中酸性侵入岩与碳酸盐类岩石接触带的内外或离开岩体沿围岩的岩层产出；③变质型铜矿床，在变质岩中沿层产出；④岩浆型铜镍矿床，主要产于超基性岩体中；⑤沉积型铜矿床，在红色砂岩中的灰或灰绿色砂岩中沿层产出；⑥火山岩型铜矿床，产于变质火山岩中；⑦构造热液型铜矿，产于各种围岩断裂带中的脉状铜矿床。

陕西铜矿床类型主要为海相火山岩型铜矿床、矽卡岩型铜矿床、斑岩型铜矿床及岩浆（超基性岩）型铜镍矿床。

2. 陕西发现最早的独立铜矿床——略阳县铜厂铜矿

略阳县铜厂铜矿床是陕西省发现最早、以铜为主的中型铜矿床，其位于略阳县城东南约 25 km 的峡口驿镇境内，因古人在此采冶铜而得名。

（1）发现过程

铜厂铜矿的发现、勘查到确定其工业价值，前后历经了漫长的 35 年。1957 年冬，陕西省地质局汉中地质一队（后改名为西北有色地勘局七一一队）王集磊、张家荫等技术人员在野外检查矿点时，发现了古代开采和冶炼铜的遗迹。1958 年，该队即在铜厂地区开展了铜矿的普查找矿工作。经大比例尺地质草测和工程揭露，发现了铜矿露头。1959 年，通过进一步探矿工程施工，发现 10 余条含铜石英方解石脉，当时计算铜金属量 900 余吨。1964 ~ 1969 年，该队在勘探杨家坝铁矿时，在钻孔的岩芯中见到了铜矿，圈出 23 个小矿体。1975 ~ 1988 年，西北有色地勘局七一一总队四分队开展第二轮找矿，通过物化探找矿，圈出了几十个铜、金、镍、锌等元素异常，同时发现了较多铜矿点。与此同时，附近杨家坝铁矿在生产巷道中，见到了铜含量较高的铜矿体，从而揭开了铜厂铜矿再次勘查的序幕。至 1991 年底，完成了铜厂铜矿床北矿带中段详查，施工钻孔 54 个，进尺 23436. 8 m，坑道 12 个、探槽 28 条，探求工业及远景铜资源/储量 25×10^4 t。

（2）矿床特征

矿区出露新元古界碧口岩群阳坝岩组海相中基性火山岩和断头崖组碳酸盐岩，断裂构造发育，并有以石英闪长岩为主的中酸性侵入岩体出露（图 3 – 20）。

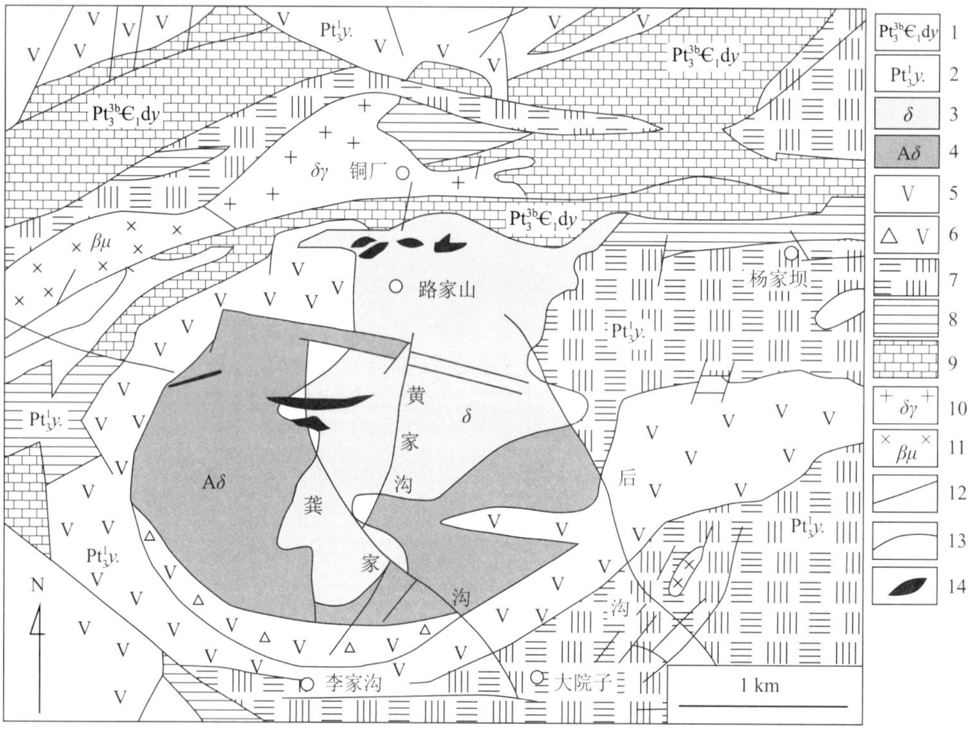

图 3 – 20　略阳县铜厂铜矿矿区地质图

（据陕西省地质调查院，2013e，修改）

1—灯影组；2—阳坝岩组；3—闪长岩；4—钠长岩；5—细碧岩；6—细碧质角斑岩；7—凝灰质千枚岩夹白云质灰岩透镜体；8—碳质板岩；9—厚层白云岩；10—长湾花岗岩；11—辉绿岩；12—断层；13—地层界线；14—铜矿体

铜矿化带呈近东西向分布于石英闪长岩体北缘内、外接触带的片理化挤压破碎带，铜矿体多呈脉状、透镜状以及细脉状、复脉状产于近东西向断裂带上盘次级断裂带。在矿区自南而北圈出南、中、北 3 个铜矿带。其中，南矿带断续长达 5000 m 以上，共发现铜矿体 11 个，矿体规模均较小；中矿带为主矿带，共发现铜矿体7个，其中I—9号铜矿体规模最大，矿体长1700 m，一般厚1～3 m，平均厚1.93 m，矿体延深840 m。其余矿体规模均小；北矿带断续长2000余米，有7个铜矿体、4个锌铜矿体、15个含铜黄铁矿体，矿体规模均较小。矿区内矿体铜品位大多变化在2.61%～9.88%，全矿床铜平均品位2.01%。查明铜金属资源/储量103318.56 t，矿床平均铜品位2.01%。

地质专家认为，该铜矿床的形成经历了多期多阶段漫长的成矿作用过程。新元古代时期，区内发生了强烈的海底火山活动，由深部带来了以铁、铜元素为主的成矿物质，形成了碧口岩群阳坝岩组含铁铜岩层——“矿源层”。随后，新元古代中酸性岩浆作用及中生代断裂活动，又先后对该“矿源层”进行叠加、改造，使其中的铜元素活化、迁移、富集、再聚集于断裂构造带等有利空间而形成铜矿体。地质学家把由这种方式形成的矿床，称为海相火山沉积-改造型铜矿床。

（3）矿石特征

铜矿石中金属矿物主要有黄铜矿、辉铜矿、黄铁矿，次为闪锌矿、方铅矿、辉钴矿、黝铜矿、斑铜矿、黑铜矿、孔雀石、铜蓝、蓝铜矿等；脉石矿物为石英、方解石、白云石等。

铜矿石类型主要有3种：石英-方解石-黄铜矿型矿石、斜长绿帘石-黄铜矿-黄铁矿型矿石和透闪黄铁矿-黄铜矿型矿石。矿石中除含铜外，还伴生有钼、钴、银、金、硫等有用成分。

（4）开采状况

略阳县杨家坝铁矿20世纪90年代开采铁矿过程中，同时开采了该铜矿。经过多年采掘，该铜矿资源枯竭，现已闭坑。

（五）开发利用

铜是人类最早开发利用的金属之一，铜矿石被称为“人类文明的使者”。铜在地壳中的含量只有十万分之七，可是为何古人很早就发现并使用铜呢？原来，因为铜矿所在的地表往往分布有紫红色自然铜（又叫红铜）。它质软，富有延展性，稍加敲打即可加工成工具和生活用品。我国商代出土的铜器（图3-21）表面还常见一种绿得惹人喜爱的孔雀石（因其色彩像孔雀的羽毛而得名），孔雀石别号叫“铜绿”，它还是找矿的标志。南美洲的智利，号称“铜矿之国”。那里有个大铜矿，就是根据孔雀石发现的。那是18世纪末叶的一个趣闻。当时，智利还在西班牙殖民者的统治下。一次，有个西班牙的中尉军官，因负债累累而逃往阿根廷去躲债。他取道智利首都圣地亚哥以南50英里❶的卡佳波尔山谷，登上1600 m高的安第斯山时，无意中发现山石上有许多翠绿色的铜绿。他的文化素养使他认识到这是找铜的“矿苗”，于是带着矿石标本去报矿。后经勘查证实，这是一个大型富铜矿，目前它是世界上最大的地下开采铜矿，年产铜锭30×10^4 t。

我国开采使用铜的历史年代久远，大约在五六千年以前，我们祖先就开始使用铜。1973年在陕西临潼姜寨遗址（公元前4600～公元前4400年）出土了世界上最早的冶炼铜——一块半圆形黄铜片和一块黄铜管状物，年代测定为前4700年左右。值得指出的是，采用X射线荧光面扫描分析，发现姜寨黄铜片不同区域的锌含量差异显著，而铅元素呈零星点状分布，其特征与固态还原法制备的黄铜完全相同，从而证明先民在使用天然金属与发明金属铸造之间，都曾采用热煅法或固体还原法冶炼金属（王昌燧，2010），标志着人类初步掌握了金属冶炼技术，为青铜时代的到来打下基础。进入青铜器时代后，青铜便被广泛用于铸造钟鼎礼乐之器。在陕西宝鸡一带，自西汉宣帝神爵四年（公元前54年）开始，就不断有青铜器出土，历代不绝。截至目前，已先后出土青铜器3万余件，包括何尊、折觥、墙盘、卫鼎、秦公钟等国宝级青铜器（图3-22、图3-23）。何尊，1963宝鸡贾村出土的西周青铜重器，尊内铸有铭文122字，记载了周朝初期营建“洛邑（今洛阳）”的重大历史事件，其中的“宅兹中国”为“中国”一词最早的文字记载。这些承载商周文化的青铜器，充分说明早在3000年前，先民利用铜的技术水平已经达到相当高的水平。新中国成立后，通过大规模的地质找矿，我省发现了许多铜矿。如山阳小河、宁强刘家坪及大茅坪、户县西骆峪等铜矿。20世纪60年代后，先后

❶ 1英里（mile）=1609.344m。

图 3－21　宝鸡出土的青铜器上具有的“铜绿”（左—商代晚期父乙卣，右—西周象尊）
（尹宗义摄于宝鸡青铜器博物院，2016）

图 3－22　宝鸡出土的青铜器（左—西周．何尊，右—春秋．秦公钟）
（尹宗义摄于宝鸡青铜器博物院，2016）

建成小型矿山投入开采，略阳县铜厂铜矿也随杨家坝铁矿一起被开采利用，华县金堆城钼矿中的伴生铜也一直在采选钼矿时综合回收利用。

据2014年陕西省矿产储量表统计资料，目前陕西有各类铜矿30余处，7处正在开采，年产铜金属量约2000多吨，矿石量50余万吨。12处已停采，7处需进一步开展工作，还有7处可推荐开采利用。总体而言，陕西省铜矿资源较少，仅有的1处独立铜矿——略阳铜厂中型铜矿业已闭坑。

二、铅锌

（一）工业用途

1. 基本性质

铅（Pb），是一种蓝灰色金属，硬度1.5，密度10.67～11.34 g/cm^3，熔点327.4℃，沸点

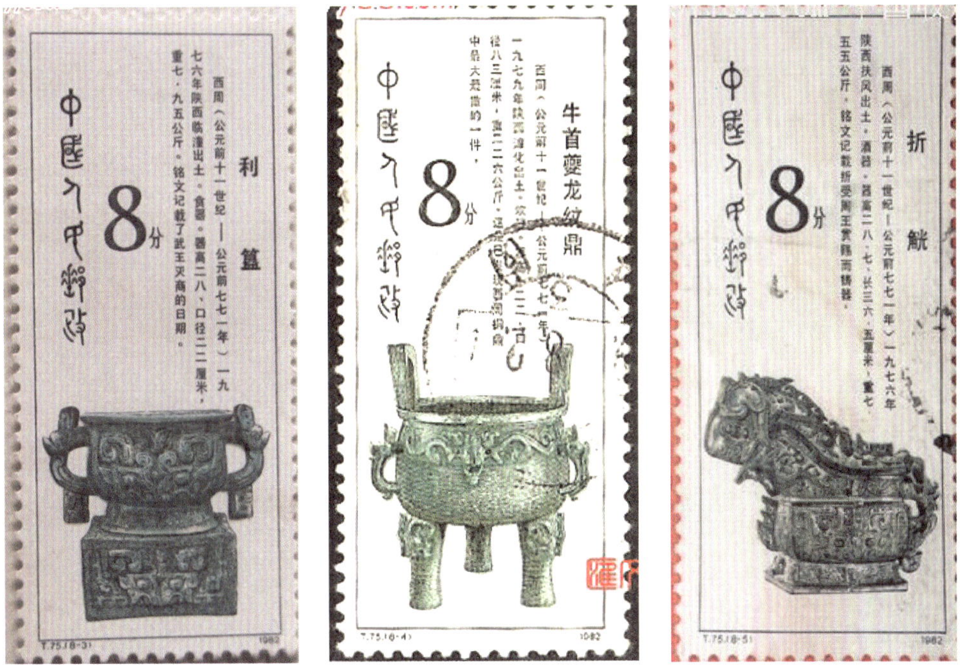

图 3-23 陕西关中出土的西周青铜器特种邮票 T75（国家邮政局发行，1982）
（自左至右［8-3 利簋］、［8-4 牛首夔龙纹鼎］、［8-5 折觥］）
（7788 商城 http://www.997788.com/48103/auction_668_4701851.html）

1749℃，铅是所有金属中最软的重金属，也是密度大的金属之一。铅的展性良好，延性甚微，是热和电的不良导体，具有较好的可锻性和抗磨性，并易与锌、锡、砷、锑等制成合金。铅主要来源于方铅矿矿石，方铅矿新鲜面钢灰色，金属光泽（图 3-24）。

图 3-24 方铅矿矿石（左—南郑马元）及闪锌矿矿石（右—旬阳南沙沟）
（陈西民提供，2016）

锌（Zn），是一种蓝白色金属，硬度 2，密度 7.19 g/cm^3，熔点 419.4℃。锌在常温下发脆，100 ~150℃时，具有良好的压延性，但继续加热到 250℃时，又变得很脆。锌的导热、导电性比铅强。潮湿空气中，锌表面易形成碳酸锌和氢氧化锌薄膜，从而使其不被氧化。锌主要来源于闪锌矿矿石，闪锌矿新鲜面一般呈深棕色，金属光泽。

2. 主要用途

铅广泛应用于各种工业，按金属的用量排序，铅处于铁、铝、铜、锌之后，是工业经济中第五位重要金属。以往，铅被大量用于制造铅酸蓄电池，用于汽车工业，占总消费量的 60%。随新材料电池出现，铅酸蓄电池将被替代；在化工和冶金工业中，铅常用作管件和设备的防腐内衬；原子能工业中，铅用来制作防辐射外罩；国防工业中用来制造弹头；电气工业中制作电缆包皮和熔断保险丝。

锌在有色金属的消费中仅次于铜和铝，广泛用于制造各种合金，如黄铜、白铜、青铜等。锌还可用铸造法生产用途广泛的海绵金属。锌的另一个用途是镀锌工艺，用以防止金属被腐蚀。高纯锌制造的银-锌电池，用于飞机和宇宙飞船的电气仪表。锌粉、锌片用在冶金工业中，可除去溶液中的杂质。锌化合物用于制造油漆、染料、颜料等；农业上用锌制作杀虫剂。

（二）矿物种类

我国发现的铅和含铅矿物40多种，具有工业意义列于表3-15。

表3-15 具有工业意义的铅矿物

矿物名称	化学式	Pb含量/%	矿物名称	化学式	Pb含量/%
方铅矿	PbS	86.6	铬铅矿	$PbCrO_4$	64.1
硫锑铅矿	$Pb_5Sb_4S_{11}$	55.42	钼铅矿	$PbMoO_4$	56.4
脆硫锑铅矿	$Pb_4FeSb_6S_{14}$	40.16	砷铅矿	$Pb_5[AsO_4]_3Cl$	69.6
车轮矿	$PbCuSbS_3$	42.54	钒铅矿	$Pb_5[VO_4]_3Cl$	73.1
白铅矿	$PbCO_3$	77.6	硫酸铅矿	$PbSO_4$	68.3

（据《矿产资源工业要求手册》编委会，2010）

在铅锌矿床中常伴生铜、钨、锡、钼、铋、砷、汞、钴、镍、金、银及铂族、稀有、稀散等元素，以及硫铁矿、萤石、天青石、重晶石等矿物，可以回收利用。

我国常见的含锌矿物有闪锌矿、纤维锌矿、菱锌矿、异极矿、硅锌矿、水锌矿等（表3-16）。其中，闪锌矿是最富含锌的矿物，占锌总产量的90%左右。

表3-16 常见的锌矿物

矿物名称	化学式	Zn含量/%	矿物名称	化学式	Zn含量/%
闪锌矿、纤锌矿	ZnS	67.1	硅锌矿	Zn_2SiO_4	58.6
菱锌矿	$ZnCO_3$	52.1	水锌矿	$Zn_5(CO_3)_2(OH)_6$	59.6
异极矿	$Zn_4Si_2O_7(OH)_2 \cdot H_2O$	54.3	红锌矿	ZnO	80.34

（据《矿产资源工业要求手册》编委会，2010）

（三）地理分布

世界铅锌矿资源丰富，主要分布于澳大利亚、中国、俄罗斯、秘鲁、美国等国家。据国土资源部信息中心（2015）资料，截至2014年，世界已查明铅锌储量3.17×10^8 t，其中，铅储量0.87×10^8 t、锌储量2.3×10^8 t。

我国铅锌矿分布广泛，资源储量较丰富，其主要分布在云南、内蒙古、甘肃、广东、湖南、广西、新疆等省（区）。截至2014年，全国查明铅锌储量0.57×10^8 t（铅0.14×10^8 t、锌0.43×10^8 t），铅锌储量在世界均排名第二位。

陕西的铅锌矿主要分布在宝鸡市、安康市、商洛市等地（表3-17）。此外，在潼关、华阴及蓝田、洛南、山阳、镇安、柞水等地也有分布。截至2014年底，累计查明铅锌金属资源/储量合计690.13×10^4 t，保有铅锌金属资源/储量合计510.10×10^4 t。铅资源/储量在全国排名第12位，西部省区排名第八位；锌资源/储量在全国排名第15位，西部省区排名第十位。

表 3－17　陕西省主要铅锌矿产地简表

序号	矿产地名称	所在地区	规模	开采利用情况
1	凤县核桃坝多金属矿	宝鸡市	小型	开采矿区
2	凤县峰崖铅锌矿	宝鸡市	中型	停采矿区
3	凤县铅硐山－东塘子铅锌矿	宝鸡市	大型	开采矿区
4	凤县八方山铅锌矿	宝鸡市	大型	停采矿区
5	凤县银母寺多金属矿	宝鸡市	中型	开采矿区
6	凤县银洞梁铅锌矿	宝鸡市	中型	开采矿区
7	商州区引寺沟铅锌矿	商洛市	小型	基建矿区
8	山阳县桐木沟锌矿	商洛市	中型	停采矿区
9	镇安县大沟－银洞弯－九龙顶铅锌矿	商洛市	中型	停采矿区
10	镇安县黄土岭铅锌矿	商洛市	中型	推荐近期利用
11	镇安县月西铅锌矿	商洛市	中型	开采矿区
12	镇安县锡铜沟铅锌矿	商洛市	中型	停采矿区
13	南郑县九岭子铅锌矿	汉中市	中型	推荐近期利用
14	南郑县楠木树锌矿	汉中市	中型	可供进一步工作
15	勉县白云寺铅锌矿	汉中市	小型	可供进一步工作
16	旬阳县白家坡铅锌矿	安康市	中型	开采矿区
17	旬阳大磨沟－泗人沟－刘家河铅锌矿	安康市	大型	开采矿区
18	旬阳县红花坪铅锌矿	安康市	中型	计划近期利用
19	旬阳县南沙沟铅锌矿	安康市	中型	停采矿区
20	旬阳县中沟铅锌矿	安康市	中型	推荐近期利用

（据陕西省国土资源厅，2014）

（四）矿床特征

1. 矿床类型

铅与锌在自然界中密切共生，其产出的地质条件基本相同。我国铅锌矿床的主要类型有：①浅成中－低温热液型铅锌矿，包括产于碳酸盐岩及泥岩－碎屑岩中的层控热液型铅锌矿床、各种围岩中的构造－热液型铅锌矿床；②矽卡岩型铅锌矿床；③海相火山岩型铅锌矿床。

陕西铅锌矿床类型主要为中－低温热液型铅锌矿，包括：①碳酸盐岩和浅变质泥岩－碎屑岩中的层控热液型铅锌矿；②各种围岩中的构造－热液型铅锌矿床。

2. “钱洞山”里找出大型铅锌矿——凤县铅硐山铅锌矿

凤县铅硐山铅锌矿床是陕西发现较早，且规模大的矿床。该矿床地处宝鸡市凤县东南留凤关，矿区有简易公路至留凤关与川陕公路相接，北距宝成铁路双石铺（凤县县城）车站 25 km，北距宝鸡市 125 km，南距汉中市 147 km，交通便利。

（1）发现过程

铅硐山铅锌矿被发现以前，该地名为“钱洞山”。古人曾在此地采矿，遗留有古采矿坑硐 25 处，硐深一般数米至数十米。1959 年，原陕西省地质局秦岭区域地质测量大队十五分队在该区进行凤县幅区域地质测量，同年 8 月该队李艾成在检查重砂、化探异常时，他们在“钱洞山”里没有找到一个钱币，却发现了铅锌矿。此后，该地便由“钱洞山”更名为“铅硐山”。大队总工程师阎廉泉指示十五分队从铅硐山入手，尽快做出地表评价。当年 10 月提交了初步普查报告，肯定了该矿具有找矿远景。1959 年 11 月，由秦岭区域地质测量大队矿二队继续进行工作。1960 年 5 月，陕西省地质局凤县勘探队（西北地质局陕四队前身），对该矿进行勘探，1961 年 9 月结束工作，1963 年 10 月提交了《陕西凤县铅硐山矿区地质总结报告》，查明铅锌储量 20.5×10^4 t，远景储量 24×10^4 t。

1978 年 8 月，西北冶金地质勘探公司七一七队对铅硐山铅锌矿再次进行勘查。1985 年 6 月提交了《陕西省凤县铅硐山铅锌矿地质勘探总结报告》，查明铅锌金属量 112×10^4 t，达大型铅锌矿床规模。

（2）矿床特征

矿区出露泥盆系古道岭组和星红铺组碳酸盐岩－碎屑岩，受三叠纪晚期华北板块和扬子板块的俯冲碰撞造山作用影响，上述岩层发生了强烈的构造变形，形成了以铅硐山背斜为主体的近东西方向展布的褶皱、断裂构造。铅锌矿体分布于铅硐山背斜南北两翼，呈层状、似层状、透镜状、鞍状赋存于古道岭组和星红铺组过渡带碳酸盐岩中（图 3－25），矿体产状与围岩一致（图 3－26）。含矿岩石为硅化灰岩、硅质岩和白云质千枚岩等。矿区共有 10 个矿体，一般长数十米到 200 余米，长者可达千余米，厚一般 1～5 m，矿体延深百余米至 400 余米不等。该矿查明铅锌资源/储量 113.97×10^4 t，伴生银、镉、汞储量亦均达中型矿床规模。

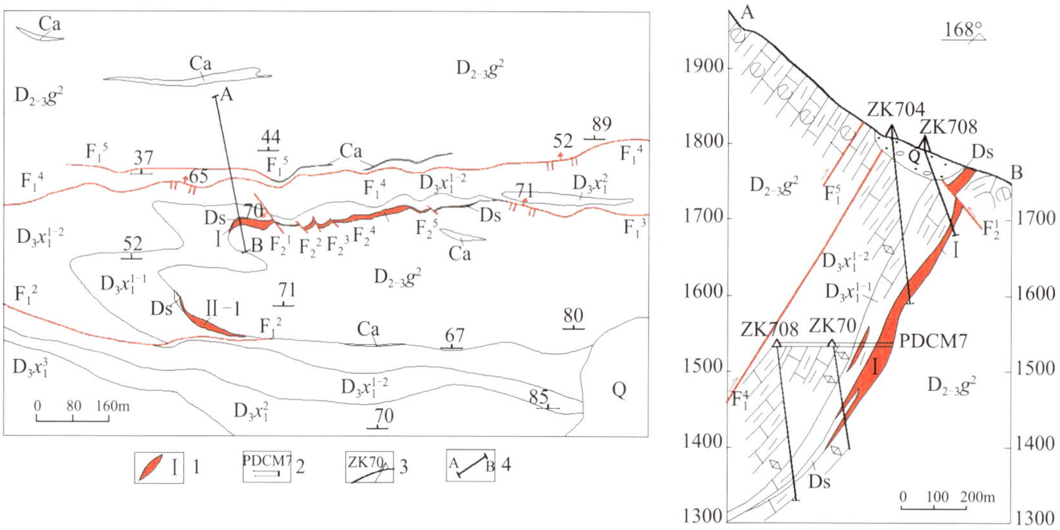

图 3－25 陕西省凤县铅硐山铅锌矿区地质图（左）及钻孔剖面图（右）

（据陕西省地质调查院，2013e，修改）

1—铅锌矿体及编号；2—平硐位置及编号；3—钻孔位置及编号；4—勘探线及编号

地质专家研究认为，该铅锌矿床是古生代泥盆纪中晚期，通过海底喷流－沉积作用而形成。这种观点认为，大气降水、海水等沿着沉积盆地的裂隙下渗过程中，淋滤、萃取途经岩层中的铅锌等成矿物质形成含矿溶液，在深部岩浆房或火山作用的热力驱动下，又沿着海底断裂、裂隙发生对流循环上升，与其他沉积物一并沉积在海盆中，形成层状铅锌矿床。把由这种方式形成的铅锌矿称作海底喷流沉积型矿床，由于它的产出受碳酸盐岩地层控制，也称作层控热液型矿床。

（3）矿石质量

矿石自然类型主要有铅锌矿石和锌矿石。矿石中矿物成分多达 29 种，其中金属矿物主要有闪锌矿、方铅矿、黄铁矿及黄铜矿、磁黄铁矿、菱铁矿；非金属矿物有方解石、铁白云石、石英等。矿石品位铅为 0.01%～22.9%，平均品位 1.73%；锌为 0.07%～40.54%，平均 7.68%。伴生的银、镉、汞可综合回收。

（4）开采现状

铅硐山铅锌矿床目前由陕西有色金属集团公司下属陕西铅硐山矿业有限公司开发（图 3－27）。该公司成立于 1993 年，目前企业年产铅锌矿石 45×10^4 t，选矿处理 45×10^4 t，生产铅精矿 5000 t，

图 3-26 层状铅锌矿体——铅硐山矿区 1330 平硐内

（董王仓摄，2015）

生产锌精矿 20000 t，生产工业碱式碳酸锌 2000t，生产电铅 6×10^4 t，工业硫酸 5×10^4 t。以 2010 年为例，企业年营业收入 20.22 亿元，实现利润 6000 万元。目前该公司已成为当地经济社会发展中的一个重要国有企业。

图 3-27 铅硐山采矿现场（左—1330 矿硐入口，右—运输巷道）

（董王仓摄，2015）

（五）开发利用状况

中华民族的祖先对铅锌矿的开采、冶炼和利用曾做出过重要贡献。商代中期，在青铜器铸造中已用到了铅；西周的铅戈含铅达 99.75%。由于铅矿中多含有银，古代为了提取白银，因此大量开采并冶炼铅。我国还是最早发明炼锌的国家，据史料记载，最迟在 10 世纪的五代就已能冶炼锌。明、清时期，锌主要用来配制黄铜，供铸钱及制造各种器皿用。17 世纪初，开始向欧洲出口锌锭。1745 年从广州装运锌锭的一艘船在瑞典哥德堡触礁沉没，1872 年打捞起一部分锌锭，经分析锌含量达 98.99%，可见当时中国冶炼锌的水平已相当高。新中国成立前，我国铅锌矿业基础薄弱，只有几个规模小的矿山和工厂，采、选、冶基本上土法生产。新中国成立后，铅锌矿业发展很快，目前已形成了东北、湖南、两广、滇川、西北等五大铅锌采选冶和加工配套生产基地，具有很大的采选冶能力。21 世纪以来，我国铅锌产量 10 多年连续雄居世界第一，成为世界最大铅锌生产国。

陕西属西北铅锌生产基地的重要组成部分，有铅矿区 51 处，15 处正在开采，20 处停采，1 处闭坑；锌矿区49处，有11处正在开采，21处停采，1处闭坑。其中，陕西凤县铅硐山铅锌矿、二里河铅锌矿等属省内规模较大的矿山企业。据陕西省统计年鉴（2015年）统计资料，2012年全省锌金属产量29.63×10^4 t，此后连年大幅增长，2014年达到了54.90×10^4 t。

三、铝土矿

（一）工业用途

1. 基本性质

铝（Al），是一种银白色金属，在20℃条件下，密度2.7 g/cm^3，熔点660.37℃，沸点2467℃。铝属于轻金属，具有良好的导电性、传热性、延展性、压光性和抗蚀性。铝合金具有质轻且坚硬的物理机械性能。铝主要来源于铝土矿石（图3－28）。

图3－28　铝土矿石（左—灰白色铝土矿，右—蒲城县三眼桥铝土矿层）
（据西北有色地质勘查局七一二总队 路永安，2016）

2. 主要用途

在100多年前，铝被认为是一种稀罕的贵金属，价格比黄金还贵，以至被列为“稀有金属”之一。铝的价值贵贱，完全取决于炼铝工业的水平。100多年前，人们使用金属钠来制取铝。钠很贵，当然铝就更贵了。直到19世纪末，人们发明了电解法获得铝的新方法后，铝开始走向大工业，走向我们生活的各个角落。

铝土矿的应用领域有金属和非金属两个方面。作为金属，由于铝具有密度小、导电导热性好、易于机械加工及其他许多优良性能，因而广泛应用于电力、电气通信、包装、建筑、交通运输、飞机制造工业、机械工业及民用器具等，其用量占世界铝土矿总产量的90%以上。铝及其合金粉末能迅速燃烧放出强光，从而被用作燃烧弹、信号弹、火箭等。目前，铝已经成为重要的工业金属，其产量和消费量在金属中位居第二，仅次于铁；作为非金属，铝用量所占密度虽小，但用途却十分广泛，主要作化学制品、耐火材料、研磨材料及高铝水泥的原料。

（二）矿物种类

自然界常见的含铝矿物约43种，但并不是所有的含铝矿物都能被工业利用。目前用于提炼铝的主要是一水硬铝石、一水软铝石或三水铝石组成的铝土矿（表3－18）。铝土矿实际上是指能被工业利用含铝矿物所组成的矿石的统称（图3－28）。另外，苏联因缺乏铝土矿资源，利用霞石和明矾石提炼氧化铝。我国的硫磷铝锶矿也可综合回收氧化铝。

（三）地理分布

世界铝土矿资源丰富，储量巨大。据中国地质调查局2015年《重要矿产资源简明手册》资料，截至 2014 年底，全世界已查明铝土矿储量 280×10^8 t，主要分布在几内亚、澳大利亚、巴西、越南、牙买加、印度、圭亚那、中国等国家。

表 3－18　主要的铝矿物和含铝矿物简表

矿物名称	化学式	Al_2O_3 含量/%	矿物名称	化学式	Al_2O_3 含量/%
刚玉	Al_2O_3	100	矽线石	$Al_2O_3 \cdot SiO_2$	63.0
一水硬铝石	$\alpha-Al_2O_3 \cdot H_2O$	85.1	明矾石	$KAl_3(SO_4)_2(OH)_6$	37
一水软铝石	$\gamma-Al_2O_3 \cdot H_2O$	85.1	霞石	$KNa_3[AlSiO_4]_4$	32.3～36.0
三水铝石	$\gamma-Al(OH)_3$	65.4	水铝英石	$m SiO_2 \cdot n Al_2O_3 \cdot p H_2O$	30.0～35.0
高岭石	$Al_4[Si_4O_{10}](OH)_8$	39.5	磷铝锶石	$SrAl_3(PO_4)_2(OH)_5 \cdot H_2O$	33.12
红柱石	$Al_2O_3 \cdot SiO_2$	63.0	莫来石	$Al_6Si_2O_{13}$	71.79
蓝晶石	$Al_2O_3 \cdot SiO_2$	63.0			

（据《矿产资源工业要求手册》编委会，2010）

我国的铝土矿主要集中在山西、河南、广西、贵州 4 省（区），截至 2014 年底查明铝土矿储量 8.3×10^8 t（中国地质调查局，2015），仅占世界铝土矿查明储量的 1.3%，在世界排名第八位。

陕西的铝土矿主要产在渭北和陕北，已查明有铜川上店、蒲城县三眼桥、府谷天桥则等铝土矿（表 3－19）。另外，在汉中市的镇巴、西乡等县也有查明资源量的矿区。截至 2014 年，累计查明铝土矿矿石量 1206.72×10^4 t，保有矿石量 1184.53×10^4 t。铝土矿资源/储量在全国排名第 12 位，西部省区排名第 6。

表 3－19　陕西省铝土矿矿产地一览表

序号	矿区名称（矿产组合）	所在地区	矿床规模	开采利用情况
1	府谷县天桥则铝土矿（单一矿产）	榆林市	大型	近期难以利用
2	铜川市上店黏土矿（共生铝土矿）	铜川市	小型	停采矿区
3	蒲城县三眼桥铝土矿（主要矿产）	渭南市	小型	近期难以利用
4	韩城市溢家峪铝土矿（单一矿产）	渭南市	小型	停采矿区
5	西乡县黄梨沟铝土矿（单一矿产）	汉中市	小型	近期难以利用
6	镇巴县铝土矿（单一矿产）	汉中市	小型	近期难以利用

（据陕西省国土资源厅，2014）

（四）矿床特征

1. 矿床类型

我国铝土矿矿床类型主要有两种：①沉积型铝土矿；②风化型铝土矿，包括产于玄武岩风化壳以及原沉积型铝土矿淋滤就近堆积而形成的矿床。

陕西省的铝土矿矿床类型均为沉积型铝土矿，含矿地层在陕北和渭北一带为石炭系本溪组，在陕南地区为二叠系吴家坪组。

2. 陕西最大的铝土矿——府谷县天桥则铝土矿

府谷县天桥则铝土矿属陕西省发现较早、规模最大的沉积型铝土矿床。该矿床位于府谷县城北 11 km 处，属海则庙乡管辖，矿区距海则庙 3 km，有便道相通，海则庙到县城有简易公路，交通较为便利。

（1）矿床发现史

天桥则铝土矿发现于 20 世纪 50 年代末期。1958 年陕西省冶金局矿山地质队派地质组首先对府谷地区含铝岩系开展了调查。同年，陕西省冶金局矿山地质公司渭北地质队，在府谷地区开展以铝为主的普查找矿，他们沿浪湾、天桥则、海则庙及大沟村一带利用地表工程对含矿地段进行揭露，并圈定出铝土矿矿体。1961 年提交《陕西省神木县府谷铝土矿床地质勘探工作中间报告》，初步查明该矿为一中型矿床。20 世纪 70 年代，陕西省冶金地质勘探公司七一六队，在渭北地质队工作基础上，对天桥则铝土矿进行了详细勘探，评价了伴生矿产的综合利用价值。1975 年提交勘探总结报告，1980 年对该矿进行了补充工作，于 1985 年提交了勘探总结报告补充说明书。1986 年，经陕西省矿产储量委员会批准铝土矿矿石储量 1013×10^4 t，在陕西省查明了第一处中型铝土矿床。

20 世纪 80 年代末，中国有色金属工业总公司西北地质勘查局，在天桥则至海则庙矿区外围的大沟村和浪湾成矿有利地段进行了普查找矿，经钻探工作控制，基本查明了两地铝土矿赋存特征，分别求得远景储量 1089×10^4 t 和 417×10^4 t，从而扩大了该区铝土矿的找矿远景，使之成为陕西省最大的铝土矿产地。

（2）矿床地质特征

矿区主要出露石炭系本溪组含铁铝煤细碎屑岩，不整合于奥陶系马家沟组灰岩古侵蚀面之上。岩性主要为灰绿色页岩、黏土岩、砂页岩等，底部夹褐铁矿、黏土矿矿层，中部夹铝土矿层，上部夹煤线及菱铁矿结核。铝土矿矿体呈似层状、鸡窝状产于本溪组底部及中部黏土岩中，矿层上界平整，下界凹凸不平，起伏较大，并有尖灭再现和分枝复合现象。矿体产状与围岩基本一致近于水平。矿体露头长 3100 m，厚 0.3 ~ 19.01 m，一般厚 4.32 ~ 5.34 m。主矿体长 1200 m，宽 1050 m，厚 3.64 m。矿石品位 Al_2O_3 平均 40% ~62%。查明铝土矿矿石量 1013.14×10^4 t（陕西省国土资源厅，2014），该铝土矿床目前暂未开发利用。

（3）矿石质量

矿石呈浅灰、灰白和暗红色，致密块状、砂状、豆状、鲕状；矿石矿物主要为一水硬铝石、水铝石、高岭石、黏土等；含 Al_2O_3 40.08% ~78.65%，Fe_2O_3 1.22% ~38.07%，平均 15.18%；TiO_2 1.1% ~3.93%，平均 2%；Al/Si 平均为 7。

（五）开发利用状况

我国铝土矿的开采最早始于 1911 年，当时日本人首先对中国辽宁省复州湾铝矾土矿进行开采。随后 1925 ~1941 年又对辽宁省辽阳、山东烟台矿区铝土矿进行开采，以上开采多用作耐火材料。新中国成立后，我国的铝土矿进入了大规模的开发利用时期。20 世纪 80 年代后，铝土矿勘探和铝工业得到了迅速发展，新建和扩建了以山西铝厂、贵州铝厂为代表的一批大型铝厂，建立了从地质、矿山到冶炼加工完整的铝工业体系，铝金属及其加工品基本可满足经济建设需要。

陕西省 6 处铝土矿矿区有两处已经停采，其余 4 处均为近期难以利用矿区。

四、镍

（一）工业用途

1. 基本性质

镍（Ni），是一种银白色金属。镍密度为 8.8 ~8.9 $g\cdot cm^{-3}$，硬度为 5，熔点 1455℃，具有良好的机械强度和延展性、难熔、在空气中不氧化等特性。镍具有磁性，但在加热到 365℃时则失去磁性。盐酸、硫酸、有机酸和碱性溶液对镍的侵蚀极慢，只有稀硝酸是镍的强侵蚀剂，强硝酸使镍表面钝化而具抗蚀性。

2. 主要用途

镍是一种十分重要的有色金属原料，具有优异的储能、防腐、耐磨、耐高温和高强度等特殊性能，它是不锈钢、充电电池、电镀、汽车配件、军工器件等的关键原料和重要战略物资，被广泛地用于飞机、雷达、导弹、舰艇、宇宙飞船、原子反应堆等军工制造业。民用工业中，镍可作陶瓷颜料和防腐镀层。镍钴合金是一种永磁材料，广泛用于电子遥控、原子能工业和超导工艺等领域。化学工业中，镍常用作氢化催化剂，高镍钢还可以制化学制品。近年来，在彩色电视机、磁带录音机和其他通信器材等方面，镍的用量也正在迅速增大。

（二）矿物种类

自然界已知含镍矿物约50余种，其主要的含镍矿物列于表3－20。

表3－20 主要镍矿物和含镍矿物简表

矿物名称	化学式	Ni含量/%
镍黄铁矿	$(Fe \cdot Ni)_9S_8$	22～42
紫硫镍（铁）矿	$FeNi_2S_4$	38.9
针镍矿	NiS	64.7
辉（铁）镍矿	Ni_3S_4；$(Ni, Fe)_3S_4$	57.9（一般42～54）
方硫镍矿	NiS_2	47.8
红砷镍矿	NiAs	43.9
砷镍矿	Ni_3As_2（接近于$Ni_{11}As_8$）	54.0（一般51.9）
辉砷镍矿	NiAsS	35.4

（据《矿产资源工业要求手册》编委会，2010）

（三）地理分布

世界镍矿资源丰富。据中国地质调查局2015年《重要矿产资源简明手册》资料，截至2014年，世界查明镍储量0.81×10^8 t，主要分布在澳大利亚、新喀里多尼亚（法）、巴西、俄罗斯、古巴、印度尼西亚、南非、菲律宾、中国和加拿大等国家。此外，大洋海底锰结核中镍储量丰富，将是未来镍的重要来源。

我国的镍矿主要集中在甘肃，在新疆、云南、吉林、四川、陕西和青海6省（区）也有分布。据中国地质调查局2015年《重要矿产资源简明手册》资料，截至2014年，我国查明镍金属储量300×10^4 t，仅占世界镍查明储量的1.3%，世界排名第九位。我国镍资源处于相对紧张状况，对进口镍资源的依赖程度较高。

陕西目前仅查明镍矿床3处（表3－21），累计查明镍金属量27.289×10^4 t，保有镍金属量26.764×10^4 t。

表3－21 陕西省镍矿产地简表

序号	矿产地名称	所在地区	规模	开采利用情况
1	商南县金盆铜镍矿	商洛市	小型	停采矿区
2	略阳县煎茶岭镍矿	汉中市	大型	开采矿区
3	西乡县余家山铜镍钴矿	汉中市	小型	未开采

（据陕西省国土资源厅，2014）

（四）矿床特征

1. 矿床类型

我国镍的矿床类型主要有3种：①岩浆型镍矿，包括超基性岩铜镍矿床和热液脉状硫化镍－砷化镍矿床；②沉积型硫化镍矿床；③风化型镍矿，产于超基性岩的风化残坡积层中。

陕西的镍矿均属岩浆型镍矿，其成矿与超基性岩浆岩关系密切。

2. 陕西唯一的大型镍矿——略阳县煎茶岭镍矿

煎茶岭镍矿位于略阳县东南 20 km 处，属何家岩镇管辖。勉县 - 略阳公路通过矿区。矿区向东 42 km 至勉县与阳平关 - 安康铁路相连，交通方便。

（1）发现过程

1970 年原西北冶金地质勘查公司七一一队二分队，在略阳县煎茶岭超基性岩体中进行铁矿找矿过程中，罗文森等人在超基性岩体西段膨大部位发现一规模较大的含镍镁绿泥石与硫化物的铁帽❶，经取样分析，其镍含量较高。同时，在铁帽上盘的超基性岩体内发现了磁铁矿体露头。依据上述线索，该队大胆地在铁帽中部进行了钻探验证，结果在钻孔中见到了数十米厚的硫化镍矿体，由此揭开了煎茶岭镍矿勘查工作的序幕。从 1970 年到 1980 年，该队投入槽探工作量 29320 m^3、钻探 112336 m、坑探 1088 m，1984 年 10 月，查明了陕西省第一个大型镍矿床。

（2）矿体特征

煎茶岭镍矿产于略阳 - 褒河断裂带南侧的超基性岩体中。主岩体主要由蛇纹岩、滑石菱镁岩和菱镁岩等蚀变超基性岩组成，原岩以斜辉辉橄岩及斜辉橄榄岩为主。岩体总体呈近东西向延伸，向北陡倾。地表出露面积近 6 km^2。镍矿体主要呈似层状、扁豆状、脉状赋存于磁铁矿化滑石菱镁岩、蛇纹岩内。成带成群呈左行雁行状产出，与围岩呈渐变关系。圈出工业矿体 13 条，大都以盲矿体产出，单矿体一般长 500 ~ 1100 m，矿体厚度 5 ~ 45 m，平均厚 11.38 m，最大延深 795 m。主矿体有 5 号和 4 号矿体，其储量占全矿床储量的 51.5%。矿石平均品位全镍（TNi）0.547%，硫化镍（SNi）0.479%。查明镍金属储量 27.2185×10^4 t，伴生钴金属储量 1.1245×10^4 t。

（3）矿石质量

镍矿石中的金属矿物有磁黄铁矿、黄铁矿、镍黄铁矿、针镍矿、黄铜矿、磁铁矿、镜铁矿等。矿石主要有益元素为镍，伴生钴、铜、铂族元素及贵金属。

矿石自然类型有滑镁岩型镍矿石、叶蛇纹岩型镍矿石、菱镁岩型镍矿石、透闪岩型镍矿石；矿石工业类型为硫化镍矿石，极少量硅酸镍矿石（图 3 - 29）。

图 3 - 29　煎茶岭镍矿 945 采矿硐口（左图）及镍矿石（右图）
（董王仓摄于煎茶岭镍矿，2015）

（4）开采状况

煎茶岭镍矿由陕西煎茶岭镍业有限公司开采（图 3 - 30）。该公司成立于 2006 年底，属陕西有色金属控股集团有限责任公司权属企业，是陕西省重点建设项目及实现陕南突破发展的重点项目。2011 年 10 月已建成年 100×10^4 t 的镍采选工程，镍冶炼项目镍产量位居全国前列。

（五）开发利用状况

大约 3500 年前，我们的祖先就开始用含镍的铁陨石制作器物。1972 年在河北省藁城县台西村商

❶ 铁帽，是铜、铅锌等金属硫化物矿床地表风化后形成的以铁质成分为主的残留物。因其主要由黄褐色、褐色铁的氢氧化物和含水氧化物（褐铁矿、针铁矿、水赤铁矿等）组成，故常作为寻找金属硫化物矿床的重要找矿标志。

图 3－30　煎茶岭镍矿矿区全貌（左图）及选矿工程（右图）
（董王仓摄于煎茶岭镍矿，2015）

代遗址（公元前 1520 ± 160 年）发现了一件铁刃铜钺兵器（图 3－31）。经电子探针检测，铁刃中没有人工冶铁所含的大量夹杂物，原材料镍含量在 6% 以上。更为重要的是，尽管经过锻造和长期风化，铁刃中仍保留有高低镍、钴层状分布。据此断定，这件铜钺的铁刃系由陨铁制成，表明我国先民早在公元前 14 世纪前后已能识别铁镍金属，并能锻打成兵刃使用。

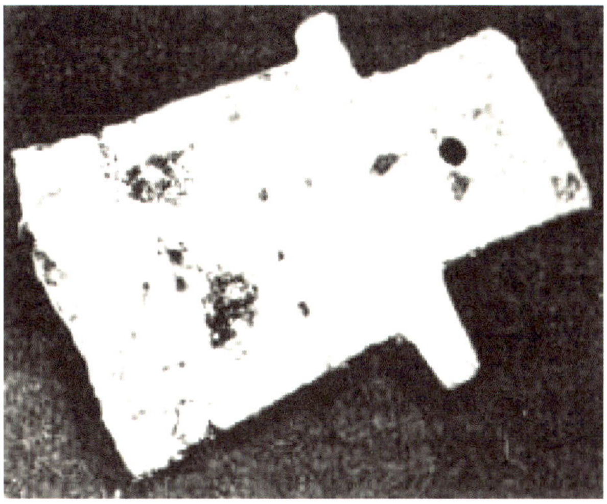

图 3－31　河北藁城县商代遗址中的铁刃铜钺
（据互动百科 http://tupian.baike.com/a2_71_06_01000000000000119080624813271_jpg.html）

我国正规的镍工业开始于 1957 年四川省力马河镍矿的开采，当时虽然其生产规模较小，但却填补了我国镍工业的空白，缓和了当初我国的“镍荒”。1958 年甘肃省地质局发现了金川（即白家嘴子）镍矿，并于 20 世纪 60 年代建矿投产，历经几十年的持续发展，其目前已成为全国最大的镍矿储备提炼基地。

陕西省目前仅略阳县煎茶岭镍矿正在生产，商南县金盆镍矿已经停产，西乡县余家山铜镍钴矿尚未开采。

五、钴

（一）工业用途

1. 基本性质

钴（Co），是一种具有光泽的白色金属（图 3－32）。钴的熔点 1495℃，沸点 2930℃，具耐高温性。常温下密度8.9 g/cm^3，硬度5.6。钴具有强而稳定的磁性，其居里点（失去磁性的临界温度点）1115℃，比任何金属和合金都高。此外，钴是唯一能增加铁磁化的元素。

图3－32　钴金属（左）及含钴矿石（右）

（左—电池中国 http://www.cbea.com/html/www/hydt/201701/ff808081597bfb55015995c18deb0673.html；
右—百度百科 http://baike.baidu.com/item/%E9%87%91%E5%B1%9E%E9%92%B4?func=retitle）

2. 主要用途

钴广泛地应用于航空、航天、电器、机械制造、化学和陶瓷工业，是世界上一种重要的战略物资。作为耐热合金，在航空工业和涡轮制造业中有广泛的应用。钴钢比钨钢、钼钢、铬钢都硬，抗磨、抗腐蚀、高温下仍保持很高的机械强度，故用来制造车床、凿岩机械、喷气发动机及导弹火箭的发动机部件等。含钴的永久磁铁在电子、电气工业中有重要作用。有机和无机钴盐用在油漆、搪瓷、陶瓷、染料、石油和煤加工等工业中。放射性同位素钴－60用来治疗癌症。青霉素中加入适量钴，可提高医疗效果。对造血有特殊作用的维生素B_{12}钴含量达到4.5%。

近年来，随着全球新能源汽车产业的发展，动力电池对“比能量”（单位质量的电极材料放出电能的大小）的要求越来越高，三元材料（镍钴锰酸锂$Li(NiCoMn)O_2$）正在逐步取代磷酸铁锂，而钴作为三元电池的上游原材料将明显受益，使其在电池领域的需求前景充满了光明。

（二）矿物种类

目前，自然界中已发现的钴矿物和含钴矿物百余种，具有工业意义的主要含钴矿物列于下表（表3－22）。

表3－22　具有工业意义的钴矿物和含钴矿物简表

矿物名称	化学式	Co含量/%	矿物名称	化学式	Co含量/%
辉砷钴矿	$CoAsS$	35.5	土状钴矿	$CoMn_2O_5 \cdot 4H_2O$	32
砷钴矿	$CoAs$	44	硫铜钴矿	$CuCo_2S_4$	38
硫钴矿	Co_3S_4	57.99	钴华	$Co(AsO_4) \cdot 8H_2O$	37.54
硫镍钴矿	$CoNi_2S_4$	20	方硫镍钴矿	$(Co, Ni)_3S_4$	26
含钴黄铁矿	$(Fe, Co)S_2$	14			

（据《矿产资源工业要求手册》编委会，2010）

（三）地理分布

世界钴矿资源丰富。钴矿主要分布在刚果（金）、澳大利亚、古巴、赞比亚、加拿大、俄罗斯、新喀里多尼亚（法）和菲律宾等国家。国土资源部信息中心《世界矿产资源年评2015》统计资料显示，截至2014年，全球钴储量720×10^4 t。大洋深海的多金属结核和海山区锰结核中含钴较丰富，或许成为未来钴的主要来源。

我国钴矿资源不多，其主要分布在甘肃、吉林、新疆、山东、湖北等省区。截至2014年，我国钴储量为8×10^4 t，占全球储量的1.11%，钴储量在世界排名第十位。我国钴产量尚不能满足国内需求，每年约有半数需要进口。

陕西钴矿主要分布在西安市户县、汉中市南郑县和略阳县、商洛市商南县和柞水县等地，且均为铜、铅锌、镍、铁等矿产的伴生矿产，未发现钴的独立矿床（表3－23）。全省累计查明钴金属量仅1.26×10^4 t，保有钴金属量1.23×10^4 t。

表3－23　陕西省钴矿产地一览表

序号	矿区名称（矿产组合）	所在地区	矿床规模	开采利用情况
1	户县东流水铜矿（伴生钴矿）	西安市	小型	停采矿区
2	商南县金盆铜镍矿（共生钴矿）	商洛市	小型	停采矿区
3	柞水县银洞子银铅多金属矿（伴生钴矿）	商洛市	小型	停采矿区
4	南郑县二郎坝钴铅锌矿（共生钴矿）	汉中市	小型	计划近期利用
5	略阳县徐家沟铜矿（伴生钴矿）	汉中市	小型	计划近期利用
6	略阳县煎茶岭镍铁矿（伴生钴矿）	汉中市	中型	开采矿区

（据陕西省国土资源厅，2014）

（四）矿床特征

1. 矿床类型

钴很少形成独立矿床，我国绝大部分钴都是以伴生组分产在其他矿床中。

陕西也无独立钴矿床，钴主要以共伴生成分赋存于其他矿床中，这些矿床类型有：①岩浆型铜镍硫化物矿床中的伴生钴矿，如煎茶岭镍矿；②海相火山岩型铜矿中的伴生钴矿，如略阳县徐家沟铜矿；③中低温热液型铅锌银矿中的伴生钴矿，如柞水县银洞子银铅多金属矿；④风化型钴土矿，如南郑二朗坝钴铅锌矿。

2. 南郑县二郎坝含钴矿床

南郑县二郎坝含钴铅锌矿床，位于南郑县碑坝镇境内，北距汉中市约150 km，矿区内有简易公路向外与陕西汉中－四川通江公路衔接。

钴土矿呈似层状赋存于寒武纪早期的杂色页岩与下伏震旦系灯影组白云质灰岩的假整合面之间，矿体产状与地层一致。含矿地层层位稳定，由于受古剥蚀面地形影响，矿体分布不连续，沿走向有尖灭再现现象。厚度变化亦较大，含矿层断续长达30 km，以含钴0.06%为边界，共圈出7个矿（化）体，其长度30～300 m不等，厚度0.7～3.3 m。矿石钴含量一般0.06%～0.17%，少数0.2%～0.7%，个别样品0.4%～0.7%。伴生镍含量0.06%～0.7%，锰1.2%～3.91%，此外尚含有微量Os、Ru等元素（0.001%）。

钴土矿呈土状，黑色，主要组分为黏土矿物，有多水高岭石，微晶高岭石、含锰钴高岭石、水铝石、微晶水云母。此外，有硬锰矿、水锰矿及显微长石、石英等，钴多赋存于硬锰矿中。查明钴金属储量478 t，目前暂未开发利用。

（五）开发利用状况

钴矿物的应用有着悠久的历史，我国从唐朝起在陶瓷生产中广泛应用钴的化合物作为着色剂。但我国的钴工业起步较晚。20世纪50年代末期以来，随着甘肃金川、四川会理、吉林磐石等铜镍矿的开发，硫化铜镍矿成为钴的重要来源。近年来，随着世界钴矿产量的不断提升，我国钴矿生产也出现了快速增长的态势。如2014年我国钴产量达到了7200t，占全球的6.43%，已经成为世界第二大钴生产国（据国土资源部信息中心，2015）。

陕西省查明的6处伴生钴矿中，目前仅略阳县煎茶岭矿山正在开采，3处停采，2处尚未开采利用。

六、钼

（一）工业用途

1. 基本性质

钼（Mo），是一种银白色金属（图3-33），熔点2617℃，沸点4612℃，密度10.22 g/cm^3（20℃），莫氏硬度5~5.5。在常温下，钼在空气或水里是稳定的。钼的特殊性能是导电性和导热性强，膨胀系数小，约为铜膨胀系数的30%，硬度和强度极限比钨低，加工性能稳定，受压较易加工，在没有氧化剂的条件下，钼一般难熔，对无机酸具有突出的耐腐蚀性能。但在稀硝酸、沸腾盐酸和热王水、200~250℃浓硫酸及氢氟酸和硝酸的混合物中，则能被迅速溶解。

图3-33　钼金属（左）及钼矿石（右）

（左—搜狐网 http://www.sohu.com/a/118906535_468253；右—白小鸟摄于镇安月坪钼矿区，2015）

2. 主要用途

钼是一种难熔的金属，是冶金、电气、化工、航空和航天等制造业中不可缺少的原料。钼在冶金工业上，用作生产各种合金钢的添加剂，并能与钨、镍、钴、锆、钛、钒、铼等组成高级合金，此类合金的耐高温强度、耐磨性和抗腐性优于一般合金，广泛用于制造飞机的金属构件、机车和汽车的耐蚀零件、高速切削的刃具、军舰的甲板、坦克、枪炮、火箭、卫星等的合金构件和零部件；钼大量用作高温电炉的发热材料和结构材料、真空管的大型电极和栅极、半导体及电光源材料；因钼的热中子俘获截面小及具高持久强度，还用作核反应堆的结构材料；钼的化合物，主要用作催化剂、活化剂和润滑剂；钼在颜料、燃料、涂料、陶瓷、玻璃等方面也有着广泛的用途。随着科学技术发展及钼的广泛应用，它已成为人类生存和发展不可或缺的资源，许多国家已将其列为重要战略金属。

（二）矿物种类

自然界中已知的钼矿物及含钼矿物约有30余种，其中具有工业价值的主要是辉钼矿（MoS_2），主要的含钼矿物成分及含量见表3-24。

（三）地理分布

世界钼矿资源非常丰富，主要分布在中国、美国、智利、秘鲁、俄罗斯、加拿大、亚美尼亚、蒙古等国家。全世界已查明钼金属储量1100×10^4 t（中国地质调查局，2015）。

表 3－24 钼矿物和含钼矿物简表

矿物名称	化学式	Mo 含量/%	矿物名称	化学式	Mo 含量/%
辉钼矿	MoS_2	59.96	钼钙矿	$CaMoO_4$	48
铁钼华	$Fe_2^{3+}(MoO_4)_3 \cdot 8H_2O$	39.1	钼铅矿	$PbMoO_4$	26.1
钼华	MoO_3	66.7	胶硫钼矿	MoS_2	59.96
铁辉钼矿	$FeMo_5S_{11}$	49.94	蓝钼矿	$Mo_3O_8 \cdot nH_2O$	

（据《矿产资源工业要求手册》编委会，2010）

我国是世界钼资源大国，钼矿集中分布在河南、陕西、吉林 3 省，山东、河北、辽宁、内蒙古、安徽也有分布。其中，钼储量大于或接近 100×10^4 t 的钼矿有河南栾川、吉林大黑山和陕西金堆城，我国钼储量多年来一直维持在 430×10^4 t，位居世界第一（据中国地质调查局，2015）。

陕西钼矿资源丰富，主要分布在渭南市和商洛市的华县—洛南之间的小秦岭地区（表 3－25）。截至 2014 年底，累计查明钼资源/储量 140 余万吨，保有钼资源/储量 101×10^4 t。钼矿资源/储量位居全国第七位，西部省区第三位。

表 3－25 陕西省钼矿产地简表

序号	矿产地名称	所在地区	规模	开采利用情况
1	华县金堆城钼矿（主要）	渭南市	超大型	开采矿区
2	华阴市华阳碾子沟钼矿	渭南市	小型	推荐近期利用
3	商州区潘河钼矿	商洛市	中型	推荐近期利用
4	洛南县黄龙铺钼矿（主要）	商洛市	大型	开采矿区
5	洛南县西沟－桃官坪钼矿（主要）	商洛市	中型	停采矿区
6	洛南县马河钼矿	商洛市	小型	开采矿区
7	洛南县碾子坪钼矿	商洛市	中型	计划近期利用
8	洛南县马头山钼矿	商洛市	小型	开采矿区
9	宁陕县新铺钼矿	安康市	小型	推荐近期利用
10	宁陕县大西沟钼矿	安康市	小型	开采矿区
11	宁陕县发财沟钼矿	安康市	小型	推荐近期利用
12	宁陕县月河坪钼矿	安康市	小型	推荐近期利用

（据陕西省国土资源厅，2014）

（四）矿床特征

1. 矿床类型

我国钼矿床类型主要有：①斑岩型钼矿床；②矽卡岩型钼矿床；③岩浆热液脉型钼矿床；④沉积型钼矿床。

陕西以斑岩型钼矿床和岩浆热液脉型钼矿床为主，其他类型不多。

2. 世界级超大型钼矿——华县金堆城钼矿床

金堆城钼矿是我国最大的露天钼业生产矿山，其位于渭南市华县城东南 27 km 金堆城镇，有公路连接省道洛（南）－华（县）公路，交通便利。

（1）发现过程

1955 年，国家建设刚刚起步，急需矿产资源。当时的西北地质局六四七队（后改组为金堆城地质队）在金堆城地区派出找矿普查小组，本以找铁矿为初衷。这年秋天，找铁未果，正准备转移。

意想不到的事情发生了，有一天，一个名叫陈述伦的江西籍年轻地质队员，他在河边解手时，顺手捡起一块石头，略加端详，顿时引起极大兴趣，便采集了标本带回小组驻地，随后送到队部交给技术负责人李振。当这位技术负责人拿到这块石头时非常高兴，判定是矿，并立即派人将这块矿石送到西北地质局实验室，终于搞清楚这是一块钼矿石。当时苏联专家高兴地说它是比黄金还稀缺的“灰金”。当时这一发现震动了西北地质局和国家地质部。上级指令这个地质队，立即开展追索寻查。陈述伦所在的普查小组一共4个人，他们是组长郭伯珠，组员有赵亨、陈代富和陈述伦。接受任务之后，他们立即开展踏勘了解。时任西北地质局总工程师王恒升、副总工程师宋叔和、工程师杨登华等亲临矿点指导追索，肯定了该矿的找矿前景。随后又进行了初查、详查、初勘、详勘等一系列系统的地质勘查工作，终于查明了这是一个特大型钼矿，一个可与美国克莱麦克斯钼矿相媲美的世界级大矿。踏破铁鞋无觅处，得来全不费功夫。一个重要发现，往往存在于有意和无意之间。说它无意，只不过是随手捡来；说它有意，只有有心人，才会产生好奇，才会爱不释手，才会有所发现。为了表彰该队在找矿中所作出的贡献，原地质部于1980年授予原西北地质局金堆城地质队“地质找矿功勋单位”称号。

受金堆城钼矿的启发，地质工作者随后在附近的洛南县黄龙铺、华县桃园等地，向东到河南栾川、安徽大别山等地，又相继发现了一系列大中型钼矿床。在我国中东部地区形成了一条巨大的钼成矿带，其中陕西金堆城和河南栾川已成为我国重要的钼业生产基地。

（2）矿体特征

金堆城钼矿产于中生代白垩纪花岗斑岩体及中元古界熊耳群变安山玢岩中（图3－34）。该花岗斑岩体呈北西方向分布，其南段出露地表，北段隐伏于地下深处。辉钼矿主要呈星散状、浸染状赋存于花岗斑岩体内部、斑岩体与围岩接触带附近的石英脉、钾长石石英脉及各种蚀变岩石中（图3－35），矿体中心部位，含矿脉体密度最大，多者可达70多条/米，一般也有20～40条/米，向两侧则逐渐减少。这些大量产出、密集分布的含辉钼矿脉体及蚀变岩石构成了一个巨大的辉钼矿体。在平面上看，矿体表现为一个北西方向延伸的巨大扁豆体状。地表出露长1600 m，深部延伸长达2200 m，矿体厚600余米。矿区探明钼资源/储量98.19×10^4 t，保有资源/储量65.95×10^4 t。

地质学家研究后认为，金堆城钼矿是中生代白垩纪时期，区内地壳深处熔融的岩浆沿断裂构造快速侵入到地壳浅部后，岩浆演化分异出的大量含矿（钼、铜、硫等）热水溶液，在岩体内部及其周围岩石中发生充填、交代作用而形成的。

（3）矿石质量

矿石中金属矿物主要为辉钼矿、黄铁矿，次为磁铁矿、黄铜矿，含微量方铅矿、闪锌矿、锡石、辉铋矿等。脉石矿物有石英、斜长石、绢云母等。矿石平均含钼0.099%，伴生钼、铜、硫、铼、硒、碲等有用元素。

（4）开采状况

金堆城钼矿始建于1958年10月。1959年建成日处理500 t矿石的小厂，填补了陕西钼工业空白。经过几十年的发展，现已具有采选能力4.7×10^4 t/日、焙烧钼精矿3.8×10^4 t、钼铁3.2×10^4 t、钼酸铵16500 t、钼粉4200 t、钼杆及丝材900 t的生产能力，形成了集采、选、冶、加、科、贸于一体的钼专业化生产贸易公司（图3－36），产业规模跃居全国首位，生产规模亚洲最大、世界第三，年出口创汇五六亿美元，已跻身中国企业500强之列、全国出口百强企业。

（五）开发利用

世界上第一个开发的钼矿是挪威王国的克纳本（Knaben）钼矿。该矿于1885年开始开采，由于当时对钼的需求量很小，矿山时采时停。20世纪以来，由于对钼的需求量逐年增加，钼矿开采也逐年扩大，世界上钼年产量开始迅速增长。

我国钼矿首先发现于清朝末年，始采于第一次世界大战前夕。新中国成立后，我国先后建立起了辽宁杨家杖子、陕西金堆城、河南栾川等具有采、选、冶综合性生产能力的一体化大型钼业基地，以及若干中小型矿山。目前全国已有钼生产企业300余家，钼矿年产量跃入世界先进行列。

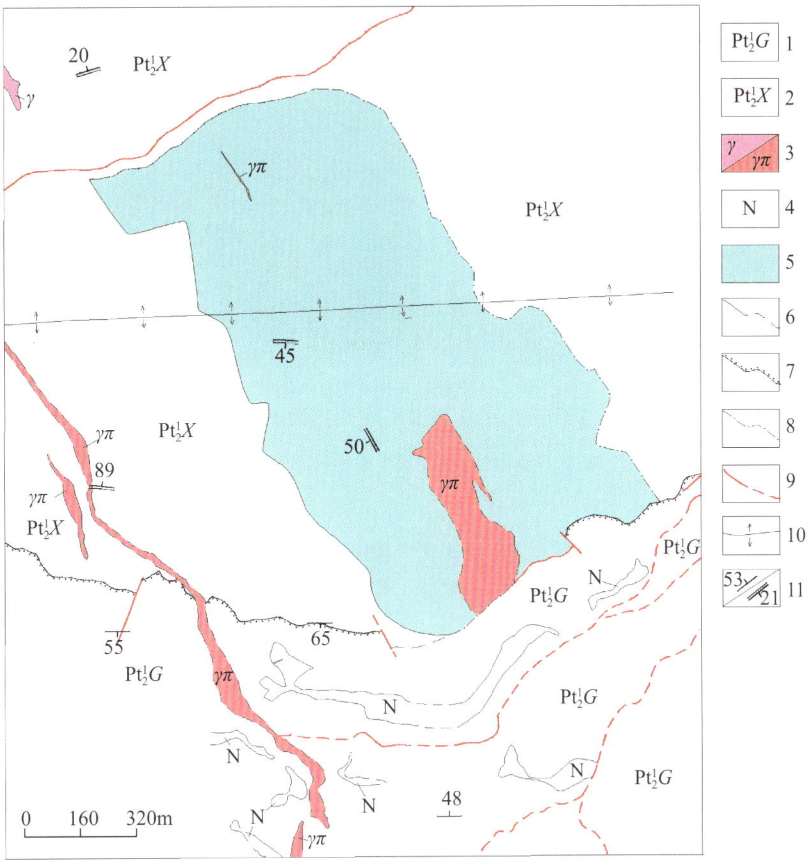

图 3－34　华县金堆城钼矿矿区地质图

（据陕西省地质调查院，2013e，修改）

1—中元古界高山河群；2—中元古界熊耳群变安山玢岩；3—花岗岩/花岗斑岩；4—中基性岩；5—钼矿体范围；6—实测及推测地质界线；7—实测角度不整合界线；8—岩体界线；9—实测及推测的性质不明的断层；10—推测背斜；11—岩层产状/片理产状

图 3－35　安山玢岩中的网状矿脉（左）及斑岩体中的网状矿脉（右）

（董王仓摄，2014）

陕西有钼矿床 17 处（包括共、伴生矿床），目前正在开采的有金堆城钼矿为代表的钼矿床共 4 处，停采矿床 1 处，未开采矿床 12 处。据陕西省统计年鉴（2015）资料，近年来，全省钼金属产量（折合钼精矿）一直稳定在 4.9×10^4 t 左右。其中，金堆城钼矿的产量占绝对优势。该钼矿的发现和开发，使昔日鲜为人知的穷乡僻壤，如今已发展成车水马龙、电网纵横的中国钼业之都（图 3－37）。

图 3－36　金堆城矿山采矿场远景（左—露天采场，右—采矿平台）
（董王仓摄，2014）

图 3－37　金堆城钼业集团公司（左—矿区局部景观，右—百花岭选矿厂）
（左—中国经济网 http://12365. ce. cn/zlpd/qytthy/zs/shanxi/201112/06/t20111206_482135. htm；
右—西部网 http://news. cnwest. com/content/2013－11/27/content_10389093_13. htm）

七、钨

（一）工业用途

1. 基本性质

钨（W）呈银白色，是熔点最高的金属（图 3－38）。钨质地致密，具较强光泽，硬度大，高温强度好，其熔点 3410±20℃，沸点 5927℃，在 2000～2500℃高温下，蒸气压仍很低，密度 19. 3 g/cm^3，与黄金相近。在高温下直径 0. 002 mm 的钨丝拉伸强度为 450 kg/mm^2，其膨胀及压缩系数在金属中最小，在高温下抗张强度超过任何金属。其导电性和导热性良好，散热系数低，电导率为 18. 1，是铜的 1/3。钨还具很强的化学稳定性，耐腐蚀。常温下空气中是稳定的，不易被酸碱溶液和王水侵蚀，但可溶于硝酸和氢氟酸的混合酸中。

2. 主要用途

钨是一种耐热金属，广泛用于电力、电器、电子、石油、化工及军事等领域。金属钨是电器工业及电子工业的重要材料；碳化钨做硬质合金，一般用于制造高速钻头和高速切削工具等；钨与铬、铁、钴组成耐热、耐磨合金，用于制造切削刀具、金属表面硬化材料、燃气汽轮机叶片和燃烧管等；钨与铌、钽、钼等可组成难熔合金；高密度的钨、镍、铜合金用作防辐射的防护屏；钨粉可烧结成各种孔隙度的过滤器；钨化合物应用于颜料、油漆、橡胶、纺织、石油、化工等工业；钨铜合金和钨银合金用于制造电气开关、断电器和点焊电极等；钨铝合金多用于航空、航海

 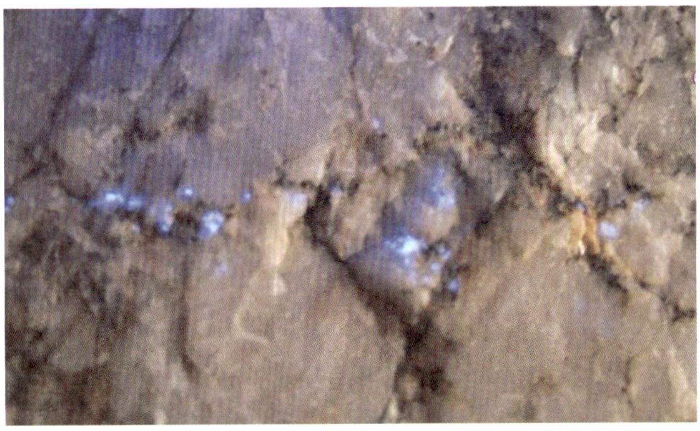

图 3－38　钨金属制品（左）及白钨矿石（右—紫外灯下白钨矿发蓝色荧光）
（左—百度百科 http://baike. baidu. com/link? url = CW5ojb8E9QiF6fxMYvMfvu5vyq89cG - Ukagb - kabi4roQkri9 ij0QYKlPsbHMkB7Mf5R__ZLm5mQX - l_Z9tVxWEKvDUrZ - NJBfxjvAOyAXq；右—西安广腾电子科技有限公司 http://www. xagt. cn/product. asp? page = 1&Cla = 46&Ncla = ）

和汽车工业中。在宇航工业用作火箭喷嘴、喷管、离子火箭发动机的热离解器，核子工程用钨作盛液态金属的容器等。

（二）矿物种类

目前已发现的钨矿物和含钨矿物有 20 余种，其中最具有工业价值的矿物有黑钨矿和白钨矿（表 3－26）。

表 3－26　主要钨矿物简表

矿物名称	化学式	WO_3 含量/%	矿物名称	化学式	WO_3 含量/%
黑钨矿	$(Fe、Mn)WO_4$	76.58	白钨矿	$CaWO_4$	80.6

（据《矿产资源工业要求手册》编委会，2010）

（三）地理分布

世界钨矿资源丰富。据国土资源部信息中心《世界矿产资源年评 2015》资料，截至 2014 年，世界查明钨储量 330×10^4 t，主要分布在中国、加拿大、俄罗斯、澳大利亚、美国等国家。

我国是世界钨矿资源最丰富的国家，截至 2014 年，全国查明钨储量 190×10^4 t，位居世界第一。钨矿主要集中在湖南（柿竹园）、江西（赣南、赣北等）和河南（栾川）等地，3 省的钨储量占全国总储量的 60%。

陕西省钨矿资源贫乏，2013 年以前省内有钨矿产地 3 处，但查明钨矿资源/储量极少。2013～2015 年，陕西省地质调查中心等单位在镇安县西部金盆村、东阳村和宁陕县黑沟等地新发现了钨钼矿（表 3－27），目前尚在进一步勘查中。

（四）矿床特征

1. 矿床类型

我国钨矿床类型主要有：①矽卡岩型钨矿床；②斑岩型钨矿床；③云英岩型钨矿床，产于花岗岩类岩体上部及顶部岩层中；④岩浆热液脉型钨矿床。

陕西的钨矿床类型主要为矽卡岩型和岩浆热液脉型钨矿。

表 3-27　陕西省钨矿产地简表

序号	矿产地名称	所在地区	规模	开采利用情况
1	蓝田县清峪上长钨矿	西安市	矿点	未开采
2	商州区大蛇沟钨矿	商洛市	小型	未开采
3	商州区杨屋场钨矿	商洛市	矿点	未开采
4	镇安县东阳钨矿	商洛市	中型	正在勘查
5	镇安县月河坝金盆村钨矿	商洛市	中型	正在勘查
6	宁陕县黑沟钨矿	安康市	小型	正在勘查

（据陕西省国土资源厅，2014；陕西省地调中心，2016）

2. 近年新发现的钨矿——镇安县月河坝金盆村钨矿

该钨矿床位于镇安县西部月河坝镇金盆村。钨矿体产于下古生界寒武系—奥陶系石瓮子组白云石大理岩与侏罗纪花岗岩侵入体接触带，矿化与发育在接触带内的矽卡岩化关系密切。矿区地表已发现白钨矿体 9 条，深部发现盲矿体 15 条。矿体呈似层状、脉状。似层状矿体厚度延伸较稳定，脉状矿体沿走向具有膨胀狭缩现象。矿体长度 100～520 m，最长者 720 m，厚 0.8～23.50 m，钨品位（WO_3）0.12%～4.09%，个别矿体含钼（Mo）0.04%～0.34%。

矿石的矿物组分较简单，有用矿物主要为白钨矿，次为辉钼矿；脉石矿物有透辉石、透闪石、石榴子石、金云母、石英、绢云母、绿泥石、方解石等。白钨矿在矿石中呈浸染状、条带状分布（图 3-39），偶见团块状产出。

图 3-39　金盆矿区钻孔所见白钨矿（左—紫外灯下的白钨矿，右—白钨矿岩心）
（陕西省地质调查中心 王洁明提供，2016）

（五）开发利用

1783 年，西班牙人首次从黑钨矿中提取金属钨以来，世界钨矿的勘查和开发利用经历了 200 余年的历史。中国对世界钨矿业发展做出了举世瞩目的贡献。1907 年，我国在江西省大余县西华山首次发现钨矿，1915～1916 年开始了钨矿的开发利用。此后，在江西、湖南、广东等地相继发现不少钨矿区，生产规模不断扩大，至第一次世界大战末期，钨精矿产量达到万吨，跃居世界首位，直至当今，我国钨产量仍稳居世界第一。

陕西不仅钨矿资源贫乏，且至今无钨矿产业。近年在镇安西部—宁陕一带新发现了资源潜力较大的钨矿产地，但均处于勘查阶段，尚不具备开发的条件。

八、汞、锑

（一）工业用途

1. 基本性质

汞（Hg），是常温下唯一呈液态的金属。因其像水一样可以流动，又像银一样白色闪亮，故俗称水银。常温下密度13.55 g/cm^3，凝固点为 -38.89℃，熔点 -38.87℃，沸点357.25℃。化学性质较稳定，但具有很强的内聚力，可以溶解除铁以外的多种金属。汞在常温下可蒸发出汞蒸气，汞蒸气和汞化合物具有剧毒（慢性），容易污染环境，有害人体健康。

锑（Sb），为银白色的金属，性脆、无延展性，莫氏硬度为3，密度为6.6 g/cm^3。锑具较好的化学稳定性，常温下不易被氧化，耐酸；具冷胀热缩性能；电和热的不良导体；机械性能差，无法单独利用。我国污水综合排放标准将锑列为第一类污染物，最高允许排放浓度为0.1 mg/L，欧盟将锑列为高危害有毒和可致癌物质。

2. 主要用途

汞，被广泛用于电气、仪表、化学及军事工业等。电气和仪表工业上，主要用来制造紫外灯、水银灯、交通信号灯的自动控制器；在化工上，汞化合物可做皮革、植物等防腐剂等。此外，汞还用作原子核反应堆的冷却剂和防原子辐射材料，用混汞法提取金等。20世纪70年代以来，汞蒸气和汞化合物对环境的公害引起广泛关注，汞的应用受到限制，其消费量也大幅下降。

汞提炼之前的主要矿物原料是硫化汞矿物（HgS）—辰砂，由于它色泽鲜红、美丽而被用作高档颜料，颗粒粗大者可做珠宝砂，用于激光技术等；当辰砂与高岭石等矿物共生时，常形成鸡血石，可作珍贵工艺品石料。

锑，它的金属用量很少，但含锑合金及锑化合物则用途十分广泛。锑合金大量用于蓄电池极板、轴承、硬铅、家庭用具合金、海底电缆包皮、军事工业上制造枪弹、炮弹的弹头；高纯度的锑用于电子工业制造半导体及热电装置；锑氧化物作遮盖剂、阻燃剂（用于儿童服装、玩具、汽车座套等）、催化剂等；锑硫化物用于引爆、引燃。我国是世界上最大的锑资源国，也是最大的锑生产国和贸易国，具有左右世界锑市场的能力。

（二）矿物种类

自然界已发现的汞矿物和含汞矿物有20多种，主要为辰砂（图3-40），其他含汞矿物列于下表（表3-28）。已发现的锑矿物和含锑矿物达120多种，但具工业价值的仅10余种（表3-28）。其中，辉锑矿是主要的锑矿物。

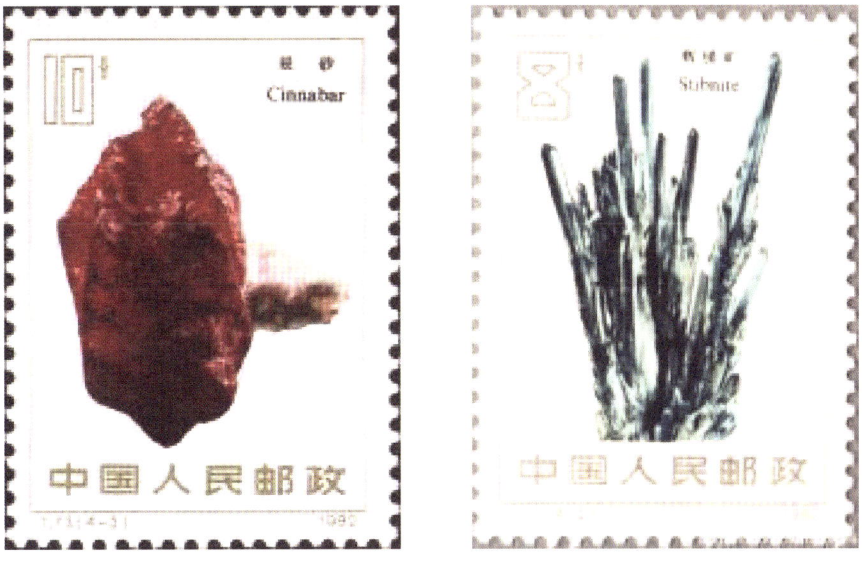

图3-40　含汞矿物—辰砂（左）和含锑矿物—辉锑矿（右）

（1982年国家邮政局发行的矿物特种邮票之辰砂和辉锑矿，据新浪博客 http://blog.sina.com.cn/s/blog_6fdd778901010ns7.html）

表 3－28　具有工业利用价值的汞、锑矿物

矿物名称		化学式	Hg 含量/%	矿物名称		化学式	Sb 含量/%
汞和含汞矿物	自然汞	Hg	100	锑和含锑矿物	辉锑矿	Sb_2S_3	71.4
	辰砂	HgS	86.2		方锑矿	Sb_2O_3	83.3
	硒汞矿	HgSe	71.7		锑华	Sb_2O_3	83.3
	辉汞矿	Hg（S，Se）	83.8		锑赭石	$Sb_2O_3 \cdot Sb_2O_4 \cdot H_2O$	74～79
	碲汞矿	HgTe	61.14		黄锑华	Sb_3O_6（OH）	74.5

（据《矿产资源工业要求手册》编委会，2010）

（三）地理分布

1. 汞矿

据《世界矿产资源年评 2014》资料，世界汞矿主要分布在西班牙、意大利、俄罗斯、吉尔吉斯斯坦、墨西哥等国，查明汞基础储量 30×10^4 t。

我国是世界上汞矿资源比较丰富的国家之一，汞矿主要分布在贵州、陕西、重庆，以上 3 省份查明的汞资源/储量占全国的 50%；其次为广东、湖南、青海。

汞矿是陕西的优势矿种之一，其主要分布在安康市旬阳北部公馆－青铜沟、商洛市镇安马家沟－山阳丁家山两个地区。此外，宝鸡市凤县一些铅锌矿中也伴生少量汞（表 3－29）。截至 2014 年底，累计查明汞资源/储量 1.5082×10^4 t，保有资源/储量仅 0.1499×10^4 t。陕西已查明汞储量居全国第二位。

表 3－29　陕西省主要汞矿产地简表

序号	矿区名称	所在地区	矿床规模	开采利用情况
1	旬阳县青铜沟汞锑矿	安康市	超大型	开采矿区
2	旬阳县公馆汞锑矿北含矿带	安康市	中型	停采矿区
3	旬阳县公馆南含矿带	安康市	大型	停采矿区
4	山阳县丁家山汞锑矿	商洛市	中型	停采矿区
5	山阳县石家山汞矿	商洛市	小型	可供进一步工作
6	凤县铅硐山－东塘子铅锌矿（伴生汞）	宝鸡市	中型	开采矿区

（据陕西省国土资源厅，2014）

2. 锑矿

世界锑矿主要分布在中国、玻利维亚、俄罗斯、塔吉克斯坦等国家，截至 2014 年，查明锑储量 180×10^4 t（国土资源部信息中心，2015）。

我国是世界上锑矿产资源大国，截至 2014 年，已查明锑储量 95×10^4 t（据国土资源部信息中心，2015），占世界总量的 52.8%，主要分布在湖南、广西、贵州、甘肃、云南、陕西和西藏等省区。

陕西的锑矿主要分布在商洛市商州区高岭沟—丹凤县蔡凹、镇安县马家沟—山阳县丁家山和安康市旬阳县北部公馆—青铜沟等 3 个地区（表 3－30）。此外，汉中市留坝县八卦山—宝鸡市凤县尖峰垭一带也有少量分布。累计查明锑资源/储量 11.41×10^4 t（基础储量 8.9272×10^4 t），保有资源/储量 2.7547×10^4 t。

（四）矿床特征

1. 矿床类型

我国汞锑矿的矿床类型主要为浅成中－低温热液型，可分为热液层状汞锑矿床和热液脉状汞锑矿床两个亚类。前者是指汞锑矿呈层状、似层状产于碳酸盐岩层中；后者是指汞锑矿呈脉状、透镜状等赋存于岩层之断裂破碎带中。

表 3-30　陕西省主要锑矿产地简表

序号	矿区名称（矿产组合）	所在地区	矿床规模	开采利用情况
1	商州区高岭沟锑矿	商洛市	中型	停采矿区
2	丹凤县蔡凹锑矿	商洛市	中型	开采矿区
3	商南县油坪沟锑矿	商洛市	小型	推荐近期利用
4	留坝县八卦山银锑矿	汉中市	小型	停采矿区
5	山阳县丁家山汞锑矿	安康市	小型	停采矿区
6	旬阳县青铜沟汞锑矿	安康市	中型	开采矿区
7	旬阳县公馆南含矿带	安康市	中型	停采矿区
8	旬阳县公馆汞锑矿北含矿带	安康市	小型	停采矿区

（据陕西省国土资源厅，2014）

陕西的汞锑矿均属热液脉状汞锑矿床，主要产于碳酸盐岩的断裂内。地质学家研究后认为，它们是由来源于地下深处的含矿热水溶液，运移到浅部断裂裂隙中，与周围岩石发生化学反应、沉淀富集而成。

2. 国内唯一的超大型“汞锑孪生”矿——旬阳县青铜沟汞锑矿

旬阳县青铜沟汞锑矿，不仅以其查明的汞资源/储量巨大而驰名国内，且以汞矿与锑矿共生一处而称奇于世。矿区位于安康市旬阳县双河镇青铜沟，隶属双河镇红军乡管辖。矿区西侧 26 km 处有西（安）－（安）康铁路、西（安）－（安）康高速公路由小河通过，北距镇安县 54 km、西安市 205 km，南距旬阳县 61 km。

（1）发现过程

本地区汞矿发现的年代最早可追溯至明朝。据《明史》四部备要·史部——明史卷四十二（292 页）记载：“兴安州洵阳……东北有水银山，产水银、朱砂”，1901 年（光绪二十七年）清高宗敕编《清一统志》卷一百八十八载有“水银山在县东北 120 里，南临蜀河，北连鹳岭，有朱砂水银洞三处”。矿区古采矿遗迹较多，已发现的古采矿坑硐多达 186 个，部分采空区规模较大。

新中国成立后，原地质部陕西办事处秦岭中段地质队四分队，1957 年首先进入该区开展找矿工作。技术人员郭启民、张春华二人搜集到“公馆河边石缝中雨季发现水银豆”的群众报矿线索，随后分队长董映碧安排席家骅、张维刚小组前往深山寻找汞矿，几经反复，最终找到了带有汞矿（辰砂）的白云质灰岩标本。1958 年 6 月，陕西省地质局秦岭区测队十分队，以盛必信为组长的矿产组，在调查古采矿硐中发现了汞矿。1961 年 4 月份，旬阳地质队（陕西省第一地质队前身）进入该区开展找矿，后因技术力量投入西侧公馆汞锑矿勘查，该区的找矿工作则于 1961 年 9 月—1965 年 5 月、1967～1979 年两次中断，累计中断时间近 17 年。1980 年 3 月陕西地矿第一地质队又重新进入该区，至 1986 年 6 月底，历经 6 年多时间，先后开展了汞锑普查、详查和勘探等工作，查明了一超大型汞锑矿床。与同期全国同矿种勘查成本比较，仅为全国平均成本的 11.7%，处于当时国内的先进水平。

（2）矿体特征

矿区主要出露古生界泥盆系公馆组白云岩，受中生代华北板块与扬子板块俯冲、碰撞，以及随后的陆内造山等多期构造运动影响，白云岩层发生了强烈的构造变形，先后形成了近东西方向分布的褶皱构造，以及近东西方向、北东方向、北西方向和近南北方向等多组断裂带，它们在区内相互叠加、纵横交错，构成了近似网格化的构造系统。沿断裂带普遍发育硅化（SiO_2）、碳酸盐化（$CaCO_3$）、重晶石化（$BaSO_4$）等热液蚀变现象，汞矿（辰砂）、锑矿（辉锑矿）即呈浸染状、脉状、星点状等形式分布在这些蚀变矿物中，当其富集到一定程度便构成汞锑矿体。

矿区共查明汞锑矿体29个，盲矿体83个，分布于朝阳寨、王家沟、鹰咀石－铁山寨等3个含矿带。矿体一般呈连续或断续的脉状、透镜状、豆荚状等形态，主要分布在北东向和近南北向断裂带内。矿体产状与含矿断裂产状一致，除个别矿体产状比较平缓外，大多矿体属陡倾斜矿体（图3－41）。矿体长度一般为数十米～320余米，延深数十米～730余米不等，矿体厚度0.19～4.59 m，平均厚度1.41 m。矿体平均品位汞0.105%～1.713%，锑0.00%～9.59%。全矿床平均品位：汞0.563%、锑2.1%。

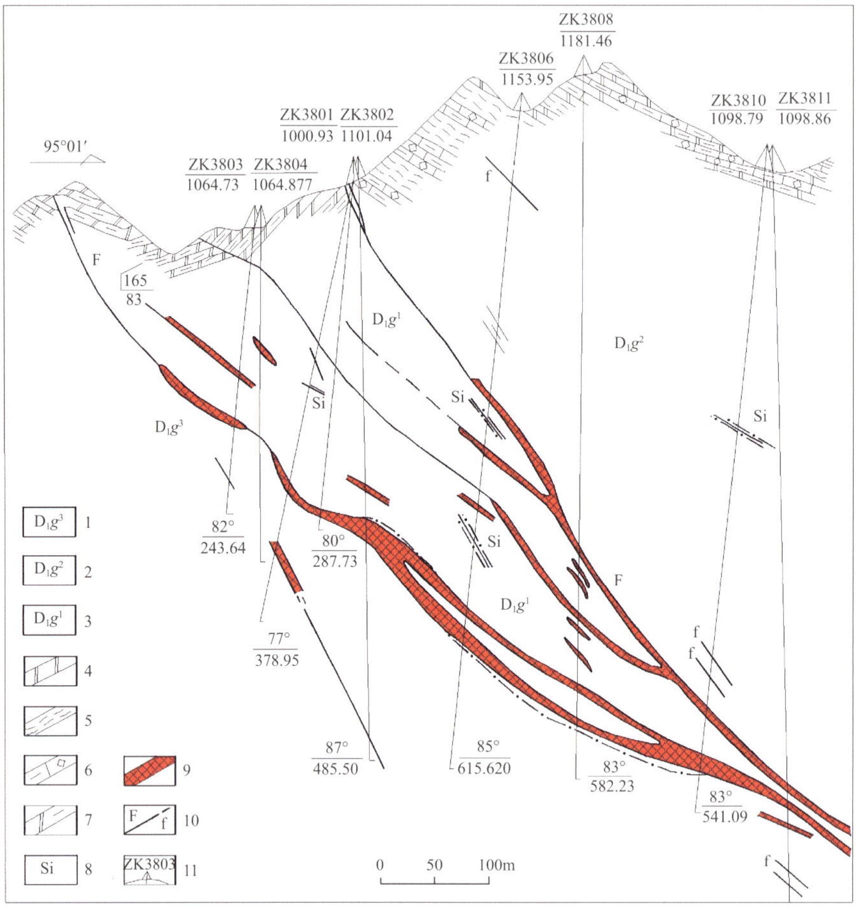

图3－41 旬阳县青铜沟汞锑矿床38勘探线剖面图

（据陕西省地质调查院，2013e）

1～3—下泥盆统公馆组第3段～第1段；4—白云岩；5—千枚岩；6—泥质结晶灰岩；7—黏土质白云岩；8—硅化碳酸盐化；9—汞锑矿体；10—实测、推测断层及编号；11—钻孔及其编号

1986年该矿床勘探结束时，全矿床16个矿体和83个盲矿体累计查明汞金属储量10825.59 t，锑金属储量40867.25 t。其中，汞的资源/储量远大于大型汞矿床规模（2000 t）指标，属超大型汞矿床；共生锑的资源/储量达中型矿床规模。

地质学家研究认为，该矿床是在距今约1～1.4亿年前的中生代（燕山期）陆内造山运动过程中，来自地下深处的含Hg、Sb元素的中－低温热水溶液，沿矿区断裂构造发生运移、聚集、沉淀而形成的浅成热液汞锑矿床。

（3）矿石特征

区内矿石中的有用矿物主要为辰砂、辉锑矿，二者常紧密伴生。辰砂，朱红色，部分为亮红色，呈他形－半自形晶粒状或集合体充填在脉石矿物之间，常形成浸染状、条带状和角砾状辰砂矿石；辉锑矿，灰黑色，呈他形－半自形晶粒状，部分呈柱状、针状，集合体呈不规则状、放射状、束状，常与辰砂共生，呈浸染状分布于矿石中（图3－42）。辰砂含量较高、造型美观、具有观赏价值的辰砂矿石，近年来作为鸡血石而备受国内玉石界和收藏家青睐。脉石矿物为石英、白云石、方解石等。

图3－42　角砾状汞矿石（左—红色为辰砂）和浸染状汞锑矿石（右—刚灰色为辉锑矿）
（左—董王仓摄于旬阳县，2016；右—陈西民提供，2016）

矿石中的有用组分为汞、锑，伴生微量铜、铅、锌、砷以及放射性元素铀（U）。U元素仅在个别矿体局部地段分布，其含量在0.024%～0.106%，且主要以分散、吸附状态赋存于含铁的泥化碳酸盐岩和星散状黄铁矿中。

（4）开采状况

本地区汞矿开采历史悠久。在旬阳县博物馆里，收藏着4件从旬阳公馆古矿遗址出土的铁镢，其中3件经专家鉴定属于明代遗物，另一件铁镢上面口儿较宽，与旬阳县杨家河秦汉遗址出土的铁镢十分相似。对此，有学者推断，旬阳县公馆、青铜沟一带的汞矿可能在秦汉时期就已经开采。据当地村民传闻，明清时期，在包括本矿区在内的公馆、砂洞沟等方圆数十里范围内，“采砂”、“炼丹”盛况空前，来此经商的马帮进出频繁，后因土匪劫掠而采矿中止。

古人是如何开采矿石的呢？西北大学教授、原秦陵考古队队长段清波，从当地古采矿洞中发现的多处火烧痕迹推测，当时人们使用的应该是“火焚水淬法”。即古人们先是在洞中寻找矿脉，确定要开采的矿石，随后就用大火将石头烧热到一定程度，再将冷水喷浇在灼热的矿石上，在冷热交替的击打下，矿石产生裂缝以致破碎，再使用工具开采出矿石，在450～800℃的温度下焙烧，将汞还原为气态，然后冷凝成液态汞（水银）。

水银提纯之前的主要矿石原料称丹砂（辰砂）。历史上，关于丹砂最有名的事件就是炼制所谓的仙丹妙药。这种炼丹术历来为皇室所推崇，传说清雍正皇帝就是因为痴迷炼丹术，最后服用丹药中毒而丧命。在道教文化里，丹砂被赋予了避邪除魔的神奇力量。一些王侯在墓葬中也使用水银灌输，用来防腐和防盗墓者。有历史记载的就有齐桓公、秦始皇等。有专家推测，秦始皇陵墓地宫中的水银至少有100 t左右。原秦陵考古队队长段清波教授，在其学术专著《秦始皇陵园考古研究》一书中提出，秦始皇陵墓中的大部分水银有可能就来自旬阳地区。

20世纪80年代查明青铜沟汞锑矿床后，当地政府随即组建旬阳青铜沟汞锑矿业有限公司开发利用汞锑资源，几经扩建，2000年以后已发展成具有采、选、冶现代化汞锑生产线、年生产能力5×10^4 t的大型汞锑生产企业。以2005年为例，全国年汞产量1094 t，青铜沟汞锑矿业公司产量就达361 t，稍低于贵州（533 t）而位居第二（朱训，2010）。从2011年开始，随着贵州铜仁等地汞矿资源加速衰竭，旬阳县接替贵州万山汞矿一跃为国内最大的汞矿来源地。目前，该汞锑矿转由陕西汞锑科技有限公司经营。此外，该矿区蕴藏的鸡血石资源近年来受到当地政府的重视，将鸡血石开发作为新兴产业加以培育，组建了旬阳鸡血石产业协会，统一协调、经营“旬阳鸡血石”产业。

（五）开发利用

陕西已查明的汞锑矿中，除山阳县石家山汞矿因工作程度低未开发外，其余矿床均被开发利用。但目前正开采的仅有旬阳县青铜沟汞锑矿和丹凤蔡凹锑矿，其他矿山已闭坑停采。

第三节　富贵华丽　流光溢彩——贵金属

贵金属矿产，指金、银和铂族（钌、铑、钯、锇、铱、铂）等8种金属元素富集形成的矿产。它们在地壳中含量很少，大多拥有美丽的色泽，对化学药品的抵抗力相当大，在一般条件下不易引起化学反应，长期被人们用作首饰和储备，金、银还被用于制作货币，因而被认为是最高贵的金属，故名贵金属。尤其是黄金，它是具有一般商品和货币双重属性的特殊产品，是重要的全球性战略资产和各国金融储备体系的基石，在维护国家金融稳定、经济安全中具有不可替代的作用。2016年11月国务院批复通过的《全国矿产资源规划（2016～2020年）》，已将金矿列为战略性矿产资源。

陕西已发现并查明大量金、银矿产资源，但至今仅发现铂族元素矿化线索，未发现其矿产地。现就陕西的金、银矿产的相关情况简要介绍如下。

一、金

（一）工业用途

1. 基本性质

金（Au），是一种贵重金属。因其呈黄色，故又名黄金（图3－43）。金具有强金属光泽，密度为19.32 g/cm^3（20℃时），熔点1064.43℃，沸点2807℃，质地较软，莫氏硬度2.2。金具有很好的延展性，可压成厚度仅0.01 μm的金箔，可拉成仅0.5 mg/m重的金丝。金的电导率仅次于银和铜，热导率为银的74%。

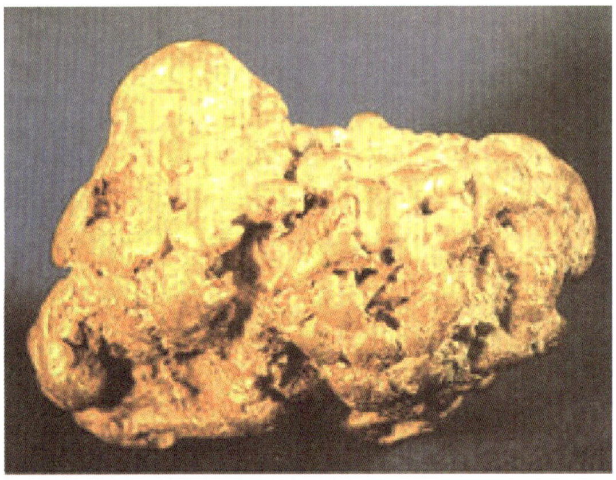

图3－43　自然金块（左）及金矿石

（右—潼关善车峪金矿，董王仓摄，2014）

（左—人文网 http：//www. renwen. com/wiki/青草坞村）

金的化学性质稳定，一般不与氧或硫发生化学反应。金不溶于一般的酸和碱，但可溶于王水，也可溶于碱金属氰化物。金与汞易形成汞齐，它是汞与金的机械混合、浸润和表面反应的结果。金选矿方法中，混汞法提取金便是以此为根据的。

2. 主要用途

在有历史记载的史前时期，黄金就被人类认知及高度重视。它是继铜、铁、银、铅等之后，人类最早广泛使用的金属之一。公元前2600年埃及象形文字中就已有金的描述。但19世纪以前数千年人类社会历史中，黄金主要用于珠宝装饰、首饰（图3-44）及祭祀仪式。19世纪以来，随着国际贸易和世界市场的形成，黄金有了新的用途，即作为世界的通用货币，开始受到普遍重视和广泛应用。

20世纪70年代以来，黄金与美元脱钩后，黄金的货币职能有所减弱，但目前仍在各国财政储备中占重要地位。此外，投资也是黄金的重要消费形式。尤其当世界政局及美元疲软时，黄金的价格往往会攀升，其投资需求会相应增大。

图3-44 富贵华丽 流光溢彩的黄金制品—金首饰

（左—素材公社 http://www.tooopen.com/view/779963.html；右—昵图网 http://www.nipic.com/show/10922208.html）

此外，黄金还被广泛应用于陶瓷、镶牙、制币、金章、仿金币等方面。随着科学技术的发展，特别是尖端技术的发展，黄金及其合金在电子、电气、医疗、化工设备、宇航和国防尖端工业中具有特殊用途。

（二）矿物种类

目前自然界已发现的金矿物和含金矿物98种，但常见的只有47种，而工业上可以利用的矿物仅20余种，主要的金矿物和含金矿物列于下表（表3-31）。

表3-31 具有工业利用价值的主要金矿物和含金矿物

矿物名称	化学式	Au含量/%
自然金	Au	84.96
银金矿	AgAu	50~80
金银矿	AuAg	20~50
针碲金银矿	$AuAgTe_4$	25.45
碲金矿	$AuTe_2$	42.15
金汞齐	Au_2Hg	56.91

（据《矿产资源工业要求手册》编委会，2010）

（三）地理分布

世界金矿主要分布在澳大利亚、南非、俄罗斯、智利、印度尼西亚、美国、巴西、加纳、中国、秘鲁等国家。据国土资源部信息中心《世界矿产资源年评2015》资料，截至2014年，世界上已查明

黄金储量共计 5.5×10^4 t。

我国金矿资源丰富，分布广泛，以山东省为最多，其次为甘肃、河南、贵州、云南、吉林、陕西、江西等省（区）。我国黄金储量多年一直维持在 1900 t（据国土资源部信息中心，2015），位居世界第九位。

金矿是陕西的优势矿种之一，主要分布于潼关－洛南、凤县－太白、镇安－旬阳、勉县－略阳、石泉－安康等地（表 3－32）。全省查明黄金资源/储量 714.03 t，保有资源/储量 350.41 t。金矿资源/储量居全国第十位，西部第六位。

表 3－32 陕西省大、中型金矿产地统计表

序号	矿区名称	所在地区	矿床规模	开采利用情况
1	凤县庞家河金矿	宝鸡市	大型	开采矿区
2	凤县八卦庙金矿	宝鸡市	大型	开采矿区
3	太白县双王金矿	宝鸡市	大型	开采矿区
4	周至县马鞍桥金矿	西安市	中型	开采矿区
5	潼关县潼峪 Q515、401 号金矿脉	渭南市	中型	开采矿区
6	潼关县潼峪 505 金矿脉	渭南市	中型	停采矿区
7	潼关县桐峪金矿	渭南市	大型	开采矿区
8	潼关县小秦岭北坡 500、500－3 金矿	渭南市	中型	开采矿区
9	宁强县鸡头山－小燕子沟金矿	汉中市	中型	可供进一步工作
10	宁强县丁家林金矿	汉中市	中型	停采矿区
11	略阳县铧厂沟金矿	汉中市	中型	停采矿区
12	略阳县煎茶岭金矿	汉中市	大型	开采矿区
13	略阳县东沟坝金银矿	汉中市	中型	开采矿区
14	汉阴县黄龙金矿	安康市	中型	开采矿区
15	旬阳县大沟槽金矿	安康市	大型	基建矿区
16	洛南县大王西峪金矿	商洛市	中型	开采矿区
17	洛南县葫芦沟金矿	商洛市	中型	停采矿区
18	洛南县火龙关金矿区 Q851 号脉	商洛市	中型	停采矿区
19	山阳县夏家店金矿	商洛市	中型	开采矿区
20	镇安县金龙山金矿区	商洛市	大型	开采矿区
21	柞水县公家坪金矿	商洛市	中型	计划近期利用

（据陕西省国土资源厅，2014）

（四）矿床特征

1. 矿床类型

金在地球中的含量很低微，地核为 2.6×10^{-6}，地幔为 0.005×10^{-6}，地壳为 0.004×10^{-6}。金在地壳中的丰度只有铁的 1/1000，银的 1/21。地球上 99% 以上的金存在于地核中。因此，在地壳中要形成金矿床，金元素需富集上千倍。要形成大金矿，金元素则要富集几千、几万倍，甚至更高。一般认为，规模巨大的金矿床，一般要经历相当长的地质时期，通过多次成矿作用的叠加才可能形成。

我国金矿床类型主要有以下 5 种：①中－低温热液型金矿，包括常见的含金石英脉型、微细粒浸染型（卡林型）等不同亚类；②岩浆热液型金矿，包括热液脉型金矿、破碎蚀变岩型金矿等亚类；③火山岩型金矿；④沉积型金矿，包括古砂砾岩型金矿、机械沉积（砂金）型金矿；⑤风化型金矿。

陕西省所发现的金矿床类型以中－低温热液型金矿为主，机械沉积（砂金）型次之。其中，中－低温热液型金矿又以潼关县小秦岭金矿田的石英脉型金矿最具代表性，机械沉积型金矿则以安康恒口砂金矿为代表。

2. 焕发青春的千年金矿——潼关县小秦岭金矿

小秦岭金矿，地处陕、晋、豫3省交界处的渭水、黄河之南，东西跨越陕西、河南两省，在东西方向延长约70 km的范围内形成了一个巨大金矿田，其以陕西潼关县和河南灵宝市所辖地域为主，陕西部分约占金矿田面积的1/2，并分属潼关、华阴、洛南三县管辖，主体位于潼关、洛南境内。

（1）发现过程

小秦岭地区金矿发现的历史悠久。据潼关县志记载，以及潼关县偏岔沟脑、鳖盖沟、河南灵宝东蹄子沟等地石崖陡壁上留有的北宋“崇宁三年”（1104年）、明代“景泰二年六月二十六日起开洞二百余眼”（1451年）和“天启四年”（1624年）、“崇祯二年二月二十八日陈李王田杨马阎”等石刻遗迹分析，古人远在距今900年多年前的北宋时期就已发现了这里的金矿，并对其进行了开采。古采矿硐屡见不鲜，在潼峪、蒿岔、太峪、东桐峪等峪道都发现有古采矿硐遗址，仅麻峪就有72孔之多。据资料记载，明末清初区内的采金业渐衰而废止。这些古代采矿遗迹，为重新在深山丛林中发现黄金这一宝藏提供了重要线索。

新中国成立后，1964年河南省地质局在小秦岭东段灵宝县境内找到了金矿（S505）。西北地质局根据这一线索指示陕七队首先在毗邻河南的潼关县小秦岭地区开展金矿普查。1965年春，陕七队组成了以刘玉昆为分队长、常建国和徐凤祥为技术负责人的二分队，开始对陕西境内小秦岭山区进行了全面的找金工作。期间共找到164条石英脉，其中有24条金含量大于1 g/t。随后，对Q401、Q505两条金矿脉作了评价，认为“两条矿脉规模大、延伸稳定，金含量在7～10 g/t，矿床规模都在中型以上……”，由此拉开了该区黄金找矿工作的序幕。

1966年，陕西省地质局以第九普查队为基础组建了陕西省地质局第六地质队，分别对嵩岔峪的Q401和潼峪的Q505进行勘探，对桐峪地区的Q8、Q10、Q12、Q15、Q18等含金石英脉进行普查和详查，1969年向国家提交了两个中型金矿床，同时还发现了一批新的含金石英脉，使该区含金石英脉的总数达600余条，该区具有巨大金矿资源远景初露端倪。

20世纪70年代末改革开放以来，随着我国经济建设和社会发展对黄金需求的不断增长，小秦岭金矿的勘查开发也进入了快速发展时期。黄金勘查工作一改陕西省地质矿产局第六地质队孤军作战的局面，相继有西北冶金地质勘探公司七一二队（后更名为西北有色地质勘查局七一二总队）、中国人民武装警察部队黄金第十四支队、中国核工业总公司西北地质勘探局二○三所、二二四队、陕西地质矿产局第十三地质队、第三地质队等地勘单位进军该区投入金矿勘查，累计发现含金石英脉700余条，其中对20余条主要含金石英脉进行了详查和勘探，取得了金矿找矿的重大突破。陕西省地质矿产局第六地质队因在金矿勘查中贡献突出，1977年受到陕西省科学技术大会的奖励，1989年又与河南地矿厅有关地质勘查单位共同获得国家科学技术进步一等奖，1993年获原地质矿产部找矿一等奖。另外，此期间西北有色地质勘查局七一二总队在洛南县驾鹿葫芦沟，首次发现了新的金矿类型——构造蚀变岩型金矿，拓宽了区内寻找金矿的思路。

（2）矿床特征

小秦岭地区出露新太古界太华岩群斜长片麻岩、绢云绿泥片岩等中深变质岩及中酸性岩浆岩，发育褶皱断裂构造。其中，近东西向延伸的褶皱和断裂构造属主干构造，同时发育北东向、北西向及近南北向断裂裂隙，其共同构成了矿田网格状断裂系统。含金石英脉呈透镜状、板状、脉状主要分布于近东西向及北东向断裂内，北西向及近南北向断裂内则分布较少。金含量较高的石英脉则形成了金矿床，其中重要的金矿床有东桐峪Q8金矿脉、桐峪Q12金矿脉、善车峪Q161金矿脉、洛南县大王西峪金矿等（图3－45）。金矿体均局限在石英脉体内部，单矿体长度一般数十米到数百米，最长可达1000余米，矿体平均厚度数十厘米至2.50 m，金含量多在8～20 g/t之间。矿体延深一般小于矿体长度。

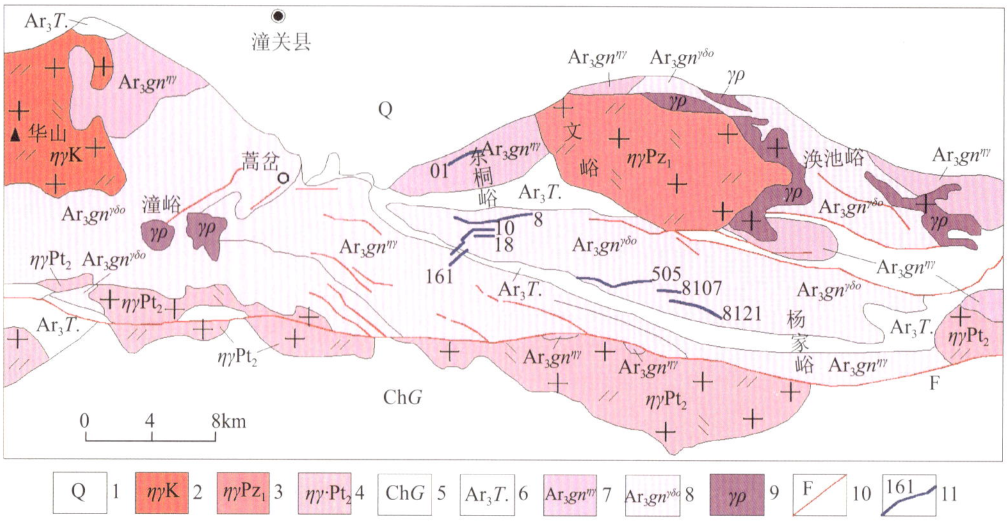

图3-45 小秦岭金矿田区域地质图

（据陕西省地质调查院，2013e）

1—第四纪沉积；2—白垩纪二长花岗岩；3—早古生代二长花岗岩；4—中元古代二长花岗岩；5—新太古界高山河群；6—新太古界代太华岩群；7—二长花岗质片麻岩；8—英云闪长质片麻岩；9—花岗伟晶岩；10—断层；11—含金构造带及编号

小秦岭金矿田累计查明金资源/储量114 t，占全省查明金资源/储量的16%。但保有金资源/储量仅13余吨，仅约占全省保有金资源/储量的4%。

小秦岭地区金矿的形成，经历了多期多次漫长的地质作用，最终形成于距今0.70～1.1亿年的中生代白垩纪，与当时区内大规模的花岗岩浆活动密切相关，金矿形成于岩浆期后热液成矿作用，属热液脉型金矿床。

图3-46 小秦岭矿硐中的金矿体（左）及钻孔中的金矿石（右）

（据陕西省地质调查中心 彭海练，2015）

（3）矿石特征

金矿石由黄铁矿、方铅矿、黄铜矿和闪锌矿等金属矿物，以及脉石矿物石英、方解石、菱铁矿及绢云母等组成（图3-46）。黄金主要以独立的自然金、银金矿等赋存于黄铁矿、方铅矿、石英等矿物中，金颗粒一般较大，肉眼可见或在显微镜下可见；其次是以超显微金形式赋存于黄铁矿、方铅矿、石英等矿物晶格或晶格缺陷内，金颗粒及其微小，借助高倍电子显微镜或电子探针方能一见尊容。矿石中除黄金外还伴生有Ag、Cu、S、Pb、Zn、Mo等元素。

矿石的自然类型多以金-黄铁矿-石英脉型金矿石和多金属硫化物-石英脉型金矿石为主，矿石易采易选。

（4）开采状况

小秦岭地区采金历史可追溯距今900余年的北宋时期。在潼关县潼峪、蒿岔、太峪、东桐峪等峪道发现的古采矿硐不计其数，仅麻峪就有72孔。新中国成立后，先后查明了一系列金矿床，黄金储量位居全省之首，已查明的金矿绝大部分已被开采。20世纪80年代中期，生产黄金已达1万多两、白银2.35万多两、铅400多吨，在省内率先跨入全国生产黄金万两县行列。小秦岭金矿的开发利用，迅速带动了当地经济的发展。潼关县原来为一贫困县，曾长期靠吃国家财政补贴度日。自开发黄金以来，工农业总产值迅猛增长，一举甩掉了吃国家财政补贴的帽子。同时，黄金生产也带动了其他乡镇企业的发展。目前，全区经济社会发展生机勃勃，当地居民生活已开始迈入小康水平。

3. 古有金州，今有恒口——安康恒口砂金矿

安康恒口砂金矿，位于安康月河流域恒口盆地，矿区东西长25 km，南北宽1 ~9 km。阳（平关）-安（康）铁路和十（堰）-天（水）高速公路纵贯区内。

（1）发现过程

早在春秋战国时期，古人就在安康发现了砂金。管子讲“金起于江汉”。到了西魏废帝三年（公元554年），安康因月河川道产麸金（形似小麦麸子皮的麦黄色砂金）而设为“金州”。《唐书·地理志》曰：“金州汉阴郡，汉阴月川水有金”。《续陕西通志》云：“月河堡俱产砂金”。20世纪30年代，地质工作者根据史料记载和当地有民采砂金的报道，开始对安康地区的砂金进行调查。1937 ~1939年，陕西省探矿处的白士倜和西北大学的魏寿崐等人，先后对安康月河流域进行砂金调查，编有《安康砂金简报》和《勘察安康砂金矿简报》。1940年，曹士禄、韩影山等人对安康、旬阳、石泉等地砂金调查后著有《陕西金矿》一书。认为安康月河、石泉饶峰河、旬阳旬河等河段有砂金分布。1959年4月，陕西省地质局汉江地质队进入本区开展月河流域的砂金普查，并选择五里铺江家店一带进行详查，施工砂钻553 m，提交砂金储量0.52 t，确定为一小型砂金矿床。此后，限于工作手段等问题停止了砂金勘查。

1975年，陕西省地质局第七地质队开始对月河砂金进行了全面踏勘。首先选择了矿区中部大同矿段进行普查和详查，经工作查明矿层稳定、矿化连续，随即转入勘探。1979年提交了《陕西月河砂金矿床大同矿段勘探报告》，查明了一个中型砂金矿床。随后，又相继对恒口、傅家河地段进行了详查和勘探，于1981年底结束月河流域砂金勘探工作，查明了恒口大型砂金矿床，砂金储量14.9 t。该队因安康月河砂金找矿的突出贡献，1985年被地质矿产部授予找矿一等奖。

（2）金矿体特征

金矿位于月河断陷盆地东段，砂金主要赋存于第四纪全新世Ⅰ级阶地的下部砂砾层及现代河漫滩砂砾层中，共圈出3个矿体，沿月河河床、河漫滩及Ⅰ级阶地近水平层状产出。其中Ⅰ号金矿体规模最大，纵贯全区而呈水平带状展布（图3-47）。矿体长24699 m，宽50 ~1200 m，平均宽593 m，厚2.6 ~6.8 m，平均厚4.42 m，金含量0.13 ~0.80 g/m^3，平均0.24 g/m^3。垂向上，一般在砂砾层的上部金品位较贫，中下部较富，金的粒度上细下粗，矿体顶界面埋深2 ~10 m。查明砂金储量14.9 t，为易采、易洗、易选的大型金矿。此外，伴生钛铁矿34×10^4 t、磁铁矿12.5×10^4 t、石榴子石36.8×10^4 t。截至2014年底，保有砂金资源/储量4.04 t。

地质学家调查研究认为，恒口砂金矿的自然金，主要来源于月河流域南北两侧下古生界地层中的原生含金地质体和金矿体。这些含金地质体和金矿体，在地表经历了长期的、反复多次的风化、剥蚀、搬运等一系列地质作用，最后沉积在月河河床的砂砾层中，形成砂金矿床。

（3）矿石特征

砂金矿石主要由砾石、砂组成，含少量黏土质粉砂及重矿物，且松散未固结，属松散的含金砂砾石。砾石占70% ~82%，砂10% ~20%，黏土质粉砂3% ~8%。自然金就混杂在砂砾之中，此外还伴生有钛铁矿、石榴子石及磁铁矿等有用矿物，这3种矿物均达到工业品位要求，且储量达到大型规模，大大提高了矿床的经济价值。

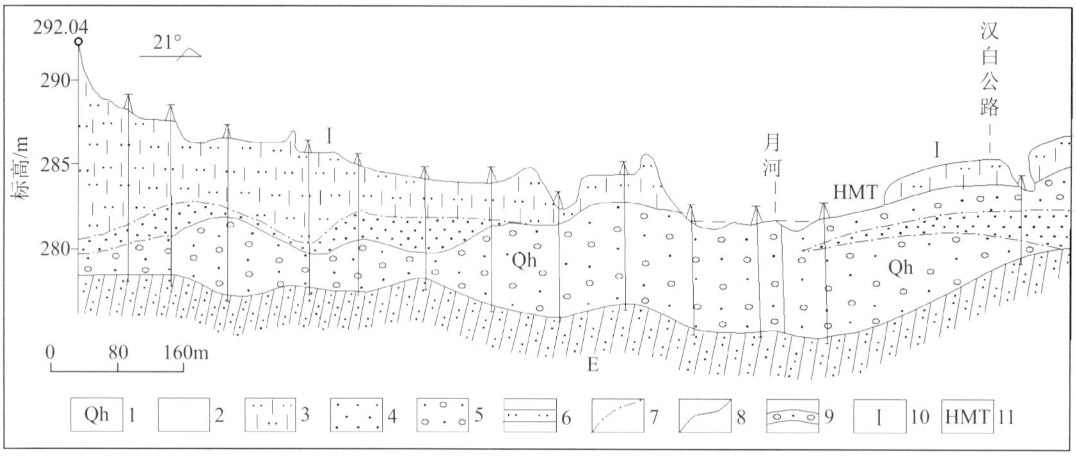

图 3－47　安康月河恒口砂金矿勘探线剖面图

（据陕西省地质局第七地质队，1979）

1—第四系全新世沉积层；2—古近系沉积层；3—粉砂质黏土层；4—砂层；5—含金砂砾层；6—粉砂岩；7—岩性界线；8—地层界线；9—矿体；10—Ⅰ级阶地；11—河漫滩

自然金主要呈金黄色，局部略带白色。形态有粒状、柱状、圆板状、片状及不规则状，总体以圆板状、片状为主。自然金颗粒表面一般较洁净，且有较多圆形、不规则形小凹坑以及磨擦痕迹（河水搬运过程中与砂砾碰撞而成）。自然金粒度较细小，一般在 0.1 ~ 1 mm 之间，最大 13.6 mm。电子探针分析，自然金成色较高，一般在 930‰ ~ 980‰之间，金粒中含银多小于 5%。其密度为 17.3 g/cm^3。

（4）开采状况

安康采金历史悠久。早在春秋战国时期，人们就在汉水及月河等支流用木床和浪金盆等原始方法从河中采取砂金，并以赋税的形式源源不断地上贡给朝廷。安康关庙曾出土过春秋战国时期货币“卢金”，据学者考证，应是盛产黄金的安康当地所铸造。此后历代淘金不绝，1989 年在石泉县前池南岸古河床一级阶地上发现汉代淘金场遗址。历年来，在安康还出土了大量两汉时期的黄金饰物，反映出秦汉时期安康采金和黄金饰物加工的盛况。南北朝时期，安康砂金已在全国占有极重要的位置。据《文献通考》记载，西魏废帝三年（公元 554 年），安康“因其地产金改金州”。到唐朝，随着地方经济的快速发展，安康采金更盛。据载，唐朝安康每年都要向朝廷贡金。唐朝诗人方千《路入金州江中作》诗称：“棹寻椒岸萦回去，数里时逢一两家。知是从来贡金处，江边牧竖亦披沙”。也正是长期的采金历史，给安康留下了许多与“金”有关的地名，如现今的恒口镇就有金坑、金玉、金河滩、金沙湾、金鸭滩等，月河川道有金兔、金斗坡、金头岭、金鸡山、金马沟等，安康城区有金川街、金川门、金银巷、金州路等，这都是安康产金给人们留下的记忆和骄傲的话资。

20 世纪 80 年代中期，随着恒口砂金的查明，该区掀起了新的采金热潮。1986 年冶金工业部安康金矿及地方相继投入 10 余条 50 ~ 150m^3 的采金船开采砂金，1996 年因砂金资源枯竭而闭坑，10 年间共向国家销售成品金 4.45 t。砂金的开采，加快了贫困山区的脱贫致富步伐，为地方经济发展做出了突出贡献。

（五）开发利用状况

人类社会在史前时期就已经认识并开始利用黄金，但在 19 世纪之前，黄金生产水平非常低下。有研究认为，19 世纪之前的近 5000 年历史中，人类生产的黄金还不到 1×10^4 t。18 世纪仅生产了 200 t 黄金。19 世纪以来，由于一系列大型金矿的发现，黄金生产得到了大幅提高，黄金生产达到了 1.15×10^4 t，是整个 18 世纪的 57.5 倍。进入 20 世纪后，世界黄金生产总体呈上升趋势，1900 年世界黄金产量每年 300 t，20 世纪 80 年代黄金年产量突破 2000 t。进入 21 世纪以来，世界黄金产量平均稳定在每年 2600 t 左右。

我国是世界上最早认识和开采利用黄金的国家之一，在历史上也是盛产黄金的国家，很早就掌握了利用黄金的高超技术。如距今 2000 多年前西汉时期的鎏金铜马等（图 3 - 48），其通体鎏金，表面光洁，鎏金匀厚，金光灿烂，已经达到了很高的水平。新中国成立后，我国开始了有计划的金矿勘查工作，并建立了较完备的黄金工业体系，黄金生产稳步发展。20 世纪 70 年代，黄金年产量十几吨，80 年代年产量 20 ~ 30 t，到 1994 年，黄金产量已增长到 135 t，跃居世界第六。2015 年已达 450.05 t，连续 9 年位居世界第一。

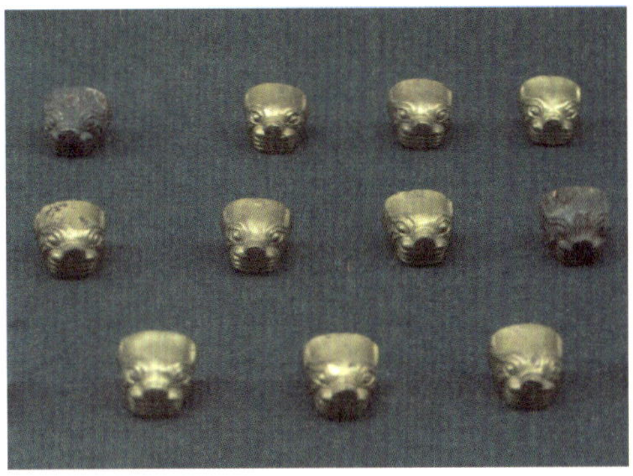

图 3 - 48　陕西咸阳市茂陵出土的鎏金铜马（左）和汉阳陵出土的鎏金虎头饰品（右）
（尹宗义摄，2016）

陕西发现的金矿床大多已被开发利用。据《中国黄金年鉴 2013》统计，2012 年陕西省金储量位居全国第七，黄金产量 17.13 t，位居全国第九。2013 年陕西省以黄金为主的矿山企业近 100 个，以黄金为主的贵金属生产总值达 42 亿元，占全省矿业总产值的 1.21%，是省内除煤炭、建材和有色金属之外的又一重要的矿产业，对于满足陕西黄金市场需求起到了重要作用。

二、银

（一）工业用途

1. 基本性质

银是一种美丽的白色、有光泽的金属，故俗称白银（图 3 - 49）。它的化学符号 Ag，来自拉丁文名称 Argentum，是“浅色、明亮”的意思。纯银质软，掺有杂质后变硬，且颜色变为灰、红色。它的密度为 10.5 g/cm^3，莫氏硬度仅 2.7，熔点 960.8℃，沸点 2212℃。银具有很好的延展性，其延展性仅次于金，导电性和传热性在所有的金属中名列前茅。银可以被压成几乎透明的 0.00003 mm 厚的薄片，1 g 纯银可以拉成近 2000 m 的细丝。银的可塑性好，易于抛光、造型，还能与许多金属组成合金，并且具有较强的抗腐蚀性，耐有机酸、碱性。银易溶于硝酸或热的浓硫酸。

2. 主要用途

白银和黄金一样，是一种应用历史悠久的贵金属，至今已有 4000 多年的历史。普通民众对白银的概念大多集中在银圆、银首饰、银餐具等方面，其实白银还是重要工业原料，广泛应用于电子、感光材料、医药化工、消毒抗菌等领域。

在工业上，电子电气是用银量最大的行业，可用作电接触材料、复合材料和焊接材料，以及制作灵敏度极高的物理仪器元件；各种自动化装置、火箭、潜水艇、计算机、核装置以及通信系统设备中的大量接触点都是用银制作的；银还用于能源工业领域，将银涂在巨大的弧形玻璃镜面上，可聚集太阳光，用于获得热能和电能。银锌、银镉电池比普通电池强 20 倍以上；随着微电子工业的发展，银

图3-49 银锭（左）及银矿物（右—淡红银矿）
（左—华讯财经 http://money.591hx.com/article/2016-05-03/0000399509s.shtml；右—河南省山水地质旅游资源开发有限公司 http://www.hndzzy.com/science_show.aspx? id=301&from=singlemessage&isappinstalled=0）

作为高比容量的微型电池用量激增；银易溶于硝酸或热的浓硫酸，硝酸银在医药上用作消毒剂和防腐剂；卤化银是重要的感光材料；银的配合物主要用于镀银工业上，碘化银可以用于人工降雨。

银除了本身及其化合物的广泛用途外，银离子在我们日常生活中可用于杀菌消毒等。据测定，水中含 Ag^+ 为 0.01×10^{-9} 时，就能完全杀死水中的大肠杆菌，且能保持长达90天内不繁衍出新的菌丛（张文钲，1994）。研究还发现，银离子可以通过凝固病毒的蛋白质分子和束缚其DNA分子上的供电子体导致病毒死亡（常涛，2005）。白银的杀菌作用亦源于此，用银餐具盛放食物不易发酵变酸；银化合物可治疗烧伤包敷伤口等。

（二）矿物种类

目前发现的自然银和含银矿物有20余种，其中主要含银矿物有辉银矿，其次是角银矿、自然银。此外，还有硫锑铜银矿、脆银矿、硫锑银矿等（表3-33）。

表3-33 具有工业利用价值的银矿物和含银矿物简表

矿物名称	化学式	Ag含量/%	矿物名称	化学式	Ag含量/%
自然银	Ag	99.6	硫锑银矿	Ag_3SbS_3	59.76
辉银矿	Ag_2S	87.1	硒银矿	Ag_4AgSeS_4	73.15
角银矿	$AgCl$	75.3	碲银矿	Ag_2Te	62.86
硫锑铜银矿	$8(Ag, Cu)S\cdot Sb_2S_3$	74.32	氯角银矿	$Ag(Br, Cl)$	23.33
淡红银矿	Ag_3AsS_3	65.42	硫铜银矿	$AgCuS$	52.42
脆银矿	Ag_5SbS_4	68.33			

（据《矿产资源工业要求手册》编委会，2010）

（三）地理分布

世界银矿主要分布在澳大利亚、秘鲁、波兰、智利、中国、墨西哥、美国、玻利维亚和加拿大等国家，截至2014年，全球银储量 53×10^4 t（据国土资源部信息中心，2015）。

我国属银资源大国，银矿主要分布在内蒙古、江西、云南、广东、湖北、湖南、广西、甘肃、四川、安徽、青海、河北、河南等省（区），银储量多年来一直维持在 4.3×10^4 t（国土资源部信息中心，2015），居世界第五位。

陕西的银矿主要分布在柞水小岭乡大西沟—银洞子一带，以及陕鄂交界地带的白河县卡子镇大兴（表3-34）。此外，商洛和潼关地区的金、铜、铅锌、钼等矿床中也伴生有银。截至2014年底，共查明银资源/储量4493.29 t（基础储量2554.06 t），保有资源/储量2057.71 t（基础储量439.83 t），查明银资源/储量居全国第24位，西部省区第九位。

表3-34　陕西省银矿产地简表

序号	矿区名称	所在地区	矿床规模	开采利用情况
1	柞水县银洞子银铅多金属矿	商洛市	大型	开采矿区
2	留坝县八卦山银锑矿	汉中市	小型	停采矿区
3	白河县大兴银金矿	安康市	小型	停采矿区

（据陕西省国土资源厅，2014）

（四）矿床特征

1. 矿床类型

我国银的矿床类型主要有3种：①热水沉积型银多金属矿床（泥岩-碎屑岩型碳酸盐岩型、千枚岩型）；②火山岩型银矿床；③中-低温热液型银矿床。

上述3种类型银矿在陕西均有产出。其中，沉积型银矿以柞水县银洞子银矿床为代表，火山岩型银矿以白河县大兴银矿床为代表，中-低温热液型银矿以留坝县八卦山银矿床为代表。

2. 陕西最大的银矿——柞水县银洞子银矿

柞水县银洞子银矿，是目前陕西查明银资源/储量最多的大型银矿床。它位于柞水县城东南方向16 km处，属柞水县小岭镇管辖。矿区向西至乾佑河畔有G210国道、西-康铁路和西-康高速公路经过，至西安181 km，交通方便。

（1）发现过程

银洞子银矿古代即开采很盛，采矿遗迹到处可见，当地的银洞子、银洞沟、洞子沟等地名可能均因采银而得名。清光绪十一年（1885年）纂修的《孝义读志》载："厅属蔡御窑与镇安小岭西沟接壤处有银铅矿，明天启初，朝廷在西沟召官商采冶银达十三年之久。矿洞星罗棋布，至崇祯六年（1633年）官军与闯军交锋辍停"。从此，这里的采矿活动停止了。直至20世纪50年代后期，有关地质队才进入本区开展找矿工作。1958年，陕西省冶金局矿山地质公司商洛地质队曾在银洞子发现铜异常；1966~1968年，西北冶金地质勘探公司七一四队（现今武警黄金第十四支队）冯立昌普查组发现了羊石崖、银洞沟铜矿，并在王家坡的探槽中发现方铅矿。但当时只注意找铁铜矿，而未对铅引起重视。1971年，七一四队为了验证航磁异常向东侧伏及银洞沟口铜矿体向东延伸情况，施工了钻孔ZK571。马云程首先在该钻孔中发现了富铅矿。同期，该公司物探水文队发现此处有银异常存在。七一四队杨绪峥在查阅矿石多元素分析资料时，发现银含量较高，便提出在矿石化学分析中增加银分析项目，后来分析结果证实矿石普遍含银。随后于1976年转入详细勘探，通过系统地深部钻探，查明了以银铅为主的多金属矿床，1979年10月结束野外工作，最终探明了这个以银为主的多金属大型矿床。

（2）矿床特征

银洞子银矿区出露古生代泥盆纪中期深海盆地形成的青石垭组浅变质泥质-碳酸盐岩地层，银矿体呈层状、似层状、透镜状产于泥质-粉砂质沉积岩、热水沉积岩向碳酸盐岩过渡部位，赋存于硅质钠长质岩、硅质岩等热水沉积岩中，与围岩产状一致，并与地层同步褶曲，显示出与地层同时沉积的特征。矿体形态简单、产状稳定、具多层性。矿区共查明18个矿体，一般长十几米至千余米，厚度0.6~20余米，全矿床平均含银100.32 g/t。其中13号矿体为矿区的主矿体，矿体长1900 m，厚度0.75~23.55 m，平均厚4.44 m。矿石平均含银14.62~88.51 g/t、铅1.52%~2.28%、铜0.44%，为含银、铅、铜的综合矿体。它集中了全矿床银储量的72%，铅的72.4%，锌的100%以及铜储量的44.6%。

该矿床累计查明银资源/储量2230.84 t，达大型银矿床规模。同时伴生铅20.96×10^4 t、铜9.96

$\times 10^4$ t，另有锌 1.1×10^4 t、钴 6463 t、硫 22.5×10^4 t、菱铁矿 336.07×10^4 t，为一伴生多种元素的大型银多金属矿床。

地质学家们研究认为，古生代泥盆纪时期，该区处于原华北板块南缘之弧前深海盆地。此期间，盆地内部沉积了一套巨厚的碎屑岩－薄层碳酸盐岩建造，同时，由于盆地内部发育的同沉积断裂与深部热源沟通，导致发生海底热水喷流－沉积作用，银铅多金属矿便是这种热水喷流－沉积作用的产物。地质学家把由这种方式形成的矿床称作热水喷流沉积型矿床，鉴于该类矿床是由含矿热液沉淀而成，且严格受沉积岩地层控制，故也有地质学家将其称为层控热液型银矿床。

（3）矿石特征

银矿石中含银矿物主要为含银黝铜矿－银黝铜矿、辉银矿、硫锑铜银矿、硫银锑铅矿、自然银等，脉石矿物主要为重晶石和钠长石。银矿石类型主要为原生硫化物矿石，矿石呈条纹、条带状构造。

（4）开采情况

20 世纪 80 年代该银矿勘探结束后，1987 年即开始建设陕西银矿，1989 年建成投产，设计年采选矿石量 99×10^4 t。但 20 世纪 90 年代实际年处理矿石量 15×10^4 t 左右，近年来年处理矿石量也仅 30 余万吨。矿石易选、选矿流程简单且效果好。铅、银、铜回收率分别为 86.7% ~95%、87% ~91.3% 和 88% ~89.6%。截至 2013 年底，企业职工 450 人，资产总额达 8 亿元，已成为我国生产能力最大的单体银矿采选企业，全国五百强企业。主要产品有银铜精矿、银铅精矿、铁精矿、硝酸银等。该矿床的开发，对发展我国贵金属及有色金属工业，振兴陕西省经济，促进柞水县山区脱贫致富起到了重要作用。同时，该矿的发现，对在秦岭地区乃至全国寻找同类型多金属矿床提供了经验。

（五）开发利用

银在地壳中的含量约是金的 15 倍，但它很少以单质状态存在，大部分是化合物状态产出，因而它的发现要比金晚。我国古代常把银与金、铜并列，称为“唯金三品”。战国时代的《禹贡》一书便记载有“唯金三品”，可见我国早在公元前 23 世纪，即距今 4000 多年前便发现了银。

银的传统用途主要是制造货币和银器、首饰。1970 年 10 月，西安市南郊何家村唐长安城兴化坊内出土的两个唐代银罐，其内装满珍宝，就包括 200 多件金银器物（图 3－50）。银在历史上曾经与黄金一样，作为许多国家的法定货币，具有金融储备职能，也曾作为国际重要的支付手段。我国

图 3－50　西安何家村出土的唐朝鎏金舞马衔杯纹仿皮囊银壶（左）及鎏金双狮纹银碗（右）

（据河南文物网 http://www.haww.gov.cn/wbzt/2014－01/26/content_161802.htm；

右—网易摄影 http://pp.163.com/dpx03－126/pp/4313109.html）

把白银作为货币历史悠久，早在战国时期，白银就已作为货币使用，当时还制造不少银器和银锭。自唐宋始，以银为货币制度得到确立，在元朝时流行银元宝，明朝因为和西班牙、葡萄牙贸易，银币大量流通，于是白银成为正式货币，使中国成为银本位国家，并一直到1935年国民政府发行法币为止。

历史上还有许多与银有关的神奇而有趣的传说。相传，公元前300多年，马其顿王国皇帝亚历山大带领军队东征时，受到热带痢疾的感染，大多数士兵得病死亡，东征被迫终止。但皇帝和军官们却很少染疾。这个迷直到现代才被解开。原来皇帝和军官们的餐具都是用银制造的，而士兵的餐具是用锡造的。银在水中能分解出微量银离子，能吸附水中的微生物，使微生物赖以呼吸的酶失去作用，从而杀死微生物，但对人体却几乎无害。据我国古籍《天香楼外史》记载：古时候，有一个妇人藏了150两私房银。有一天她开箱查看时，银竟不翼而飞。妇人大吃一惊，怀疑被人盗走，一时弄得全家人心惶惶。后来再开箱寻找，只见一大堆白蚁正团团集在一起，吃着残存的银粒。妇人一气之下，把白蚁投入炉中，以解心头之恨。“火烧蚁死，白银复出”，一称，恰好150两。

陕西的银矿开发程度不一。已查明的3个以银为主的矿床，正在开发的有柞水县银洞子银矿，白河县大兴银矿和留坝县八卦山银矿均已停产。其他伴生银矿则随其主矿不同程度地被开发，但大多矿山未回收利用伴生银。

第四节　物以稀为贵——稀有金属

稀有金属，通常指在自然界中含量少、分布稀散的金属，包括铌、钽、铍、锂、锆、锶、铪、铷、铯等9种金属元素。它们的共性是在地壳中丰度低，各具不同的物理化学性质。如，铷无独立矿物存在，多与铯共生或赋存在含钾矿物的晶格中；铪除形成铪石外，多分散在含锆矿物中。2016年11月国务院批复通过的《全国矿产资源规划（2016~2020年）》，将锂、锆列为战略性矿产资源。我国稀有金属矿产主要有5种矿床类型（表3-35）。陕西已发现了铌、钽、铍、锂、锆、锶、铪、铷等8种稀有金属矿产，但查明资源/储量的仅铌、铍、锶和铷4个矿种，其矿产地列于表3-36。

表3-35　我国稀有金属主要矿床类型简表

矿床类型			代表性矿产地
1	岩浆型矿床	碱性长石花岗岩型矿床	江西宜春钽铌矿床
		碱性花岗岩型矿床	内蒙古扎鲁特旗稀土稀有金属矿床（铌、铍、铪、锆、稀土元素）
		碱性岩-碳酸盐岩矿床	湖北庙垭铌、稀土矿床
2	花岗伟晶岩型矿床		新疆阿勒泰可可托海锂铍铌钽矿床
3	岩浆热液型矿床		湖南香花岭锂铍矿床
4	叠加（复合/改造）型矿床		内蒙古白云鄂博铌稀土铁矿床
5	风化型矿床		广东博罗县524矿区铌钽矿床

表3-36　陕西省稀有元素矿产地简表

序号	矿产地名称	矿种	所在地区	规模	开采利用情况
1	商南县野猪沟绿柱石矿	铍	商洛市	中型	近期不宜工作
2	洛南县黄龙铺钼矿伴生锶	锶	商洛市	超大型	开采矿区
3	华阴市华阳川铀铌铅矿床	铌	渭南市	中型	近期难以利用
4	丹凤县资峪沟铷矿	铷	商洛市	矿点	需进一步工作

（据陕西省国土资源厅，2014）

一、铌

（一）工业用途

1. 基本性质

铌元素（Nb）发现于1801年。它是一种外观似钢的银白色金属（图3－51）。熔点2468℃，沸点5127℃，密度为8.66 g/cm^3。铌具有难熔、耐腐蚀、抗疲劳、抗变形、热电传导性能好，以及高温下具极好电子发射性能，热中子俘获截面较小，超导性能极佳等特点。

图3－51　铌金属（左）及含铌矿物（右）

（左—360百科 https://baike.so.com/doc/4194259－4395085.html；
右—百度搜索 http://cargocollective.com/virgo/Niobium－crystals）

2. 主要用途

铌广泛应用在冶金、原子能、航空航天、军事、电子、化学、材料等工业制造方面。冶金工业是铌的最大消费市场，主要用于生产高强度低合金钢及碳素钢等。铌具有提高钢强度和韧性、改善焊接性能等作用，成为输油、输气管道中不可代替的合金。铌合金强度比普通碳钢高1～2倍，可节约钢材30%以上；航空航天和军事工业中，应用铌及铌合金耐高温和耐腐蚀性作军用飞机、坦克和火箭的发动机；世界上铌的消费结构为：高强低合金钢约占75%，耐热和不锈钢占12%，耐热合金占10%，铌钽超导合金等占3%。随着超导材料工业的迅速发展，目前工业上利用的超导材料90%以上使用的是铌钽合金超导体。

（二）矿物种类

自然界含有铌矿物达130多种，但主要含铌矿物列于表3－37。

表3－37　主要的铌矿物和含铌矿物简表

矿物名称	化学式	Ta_2O_5含量/%	Nb_2O_5含量/%
铌铁矿－钽铁矿	$(Fe, Mn)(Ta, Nb)_2O_6$	≤14.55	≥63.77
钽铁矿－铋铁矿		≥72.18	≤10.33
褐钇铌矿	$Y(Nb, Ta)O_4$	25～11.09	33.64～42.9
易解石	$(Ce, Th)(Nb, Ta)_2O_6$	0.26～3.3	21～35
铌易解石	$(Ce, Ca, Th)(Nb, Ti)_2O_6$	0.51	41.13
铌铁金红石	$(Ti, Nb, Fe)O_2$	0.31	6.71～23.67
烧绿石（黄绿石）	$(Ca, Na)_2Nb_2O_6F$	1.44～6.65	56.0～67.77
细晶石	$NaCaTa_2O_6(OH)$	55～77	0.40～10.13

（据《矿产资源工业要求手册》编委会，2010）

（三）地理分布

世界铌矿资源丰富，主要分布在巴西、加拿大、尼日利亚，可满足世界工业发展需求。我国是世界上铌资源最丰富的国家之一，铌矿主要分布在新疆、内蒙古、四川、青海、江西、广东、广西、湖南、湖北、福建等地。

陕西的铌矿资源不多，以往仅发现华阴市华阳川铀铌铅矿床1处，该矿因选矿难度较大，至今未被开发利用。近多年来，陕西省地质调查院、陕西省地质调查中心先后在安康市紫阳、镇坪双河口发现有铌矿。其中，镇坪县双河口铌矿床估算铌氧化物资源/储量0.128×10^4 t，达小型铌矿床规模。另外，在略阳县安林沟—仙台坝一带也见有铌矿，预测该区具有较好的铌矿找矿潜力（张景平、王海岗，2013）。

（四）世界少见的大型“三胞胎”矿——华阴市华阳川铀铌铅矿

华阴市华阳川铀铌铅矿位于华山山脉北侧，行政区划隶属华阴市华阳川乡。矿区北距陇海铁路罗夫站25 km，有公路与之相接，交通方便。该矿床是国内唯一、世界少见的大型铀、铌、铅3种元素共生一体的矿床。

1. 发现过程

华阳川地区古代就曾采冶铅矿，古采矿、冶炼遗迹至今可见。1956年，金堆城地质队外围普查组赵亨等技术人员，根据群众报矿线索，在华阳川含银铋的方铅矿脉中发现了放射性异常，这是获得华阳川铀铌铅矿的最早信息。1959～1963年，陕西省地质局渭南地质队、第三综合队、西北地质局陕七队先后在该区内开展了找矿工作，分别圈出了许多有色－稀有金属－放射性异常区。随后，渭南地质队圈出了12处铅矿化富集地段和5处铀铌矿化富集地段。1963～1964年，西北地质局第七地质队，再次进驻矿区，在前人工作基础上，进一步圈出铅矿体42个、铀矿体48个。1970～1974年，陕西省地质局第十一地质队重新普查，并于1974年提交了《陕西省华阴县铀铌铅综合矿床勘探及详细普查报告》。

2. 矿体特征

矿区出露25亿年前太古宙形成的太华岩群片麻岩，发育北北西、北西、北东、北北东等4组断裂，沿这些断裂裂隙充填有伟晶岩脉、含黑云母长石石英岩脉、长石霓辉石脉、含霓辉石－钠闪石的重晶石、石英－方解石杂脉。铀铌铅元素即聚集在这些岩脉而形成矿体。矿区共圈出铀铌矿体55个，铅矿体86个。铀铌矿体长一般大于850 m，宽度一般20～50 m，最宽90余米，向下延深一般约300 m以上。矿体铌含量一般在0.1%～0.03%，最高0.7%。

该矿床累计查明铌氧化物资源/储量2.6×10^4 t，矿石量12407×10^4 t。

3. 矿石特征

铀铌铅矿石主要金属矿物有黄铁矿、方铅矿、磁铁矿、铌钛铀矿、钍石、铀钍矿、褐帘石、锆石、独居石、钡－天青石、含锶重晶石、菱锶矿等。

矿石有用组分主要为铀、铌、铅，同时伴生有银、铋、镉、碲、硒、砣、锶及稀土等有用元素。银、铋、镉元素赋存于方铅矿中，铋含量0.001%～0.005%。碲、硒、砣呈分散状态赋存于方铅矿中，含量不稳定。稀土元素的独立矿物有独居石、褐帘石，一些则呈类质同象分散于其他矿物中。

二、铍

（一）工业用途

1. 基本性质

铍（Be）元素发现于1797年，但直到20世纪20年代才得到工业应用。铍是一种稀有轻金属，致密的铍呈浅灰色（图3－52）。密度1.85 g/cm³，熔点1284℃，热导率大，具有良好的耐腐蚀性和高温强度以及良好的辐射透过性和对中子慢化、反射及红外线的反射性能。铍的氧化物无色、无味、易挥发，容易使人中毒。

图 3－52　铍金属（左）及含铍的矿物（右—绿柱石）

（左—杭州市新润金属贸易有限公司 http://xrjs588.cn.globalhardwares.com/sell/index.php? itemid=458987；右—珠宝大家坛 http://www.giabbs.com/post/1013397640489）

2. 主要用途

铍主要以铍铜合金和铍金属广泛用于航空、航天和核反应堆。在宇航和航空工业中，用以制造火箭、导弹、宇宙飞船的转接壳体和蒙皮，作大型飞船、空间渡船的结构材料，作火箭、导弹、喷气飞机高能燃料的添加剂。核工业中，用作原子能反应堆的防护材料和制备中子源。冶金工业中，铍是合金钢的添加剂，制作镀铜、铍镍、镀铝等合金。

1969 年以前，世界上几乎所有的铍都是从花岗伟晶岩型绿柱石矿床中回收。美国犹他州斯波山凝灰岩中羟硅铍石矿山投产以后，结束了绿柱石一统天下的局面。1983 年，加拿大在雷神湖正长岩体中发现了硅铍石矿床，整个世界铍资源形势发生了很大变化，形成了绿柱石、羟硅铍石、硅铍石三足鼎立的局面。

（二）矿物种类

自然界已知铍矿物和含铍矿物约有 60 多种，常见有 40 种，但目前世界上铍的来源主要是绿柱石，其次是其他含铍矿物（表 3－38）。

表 3－38　主要的工业铍矿物、含铍矿物简表

矿物名称	化学式	BeO 含量/%	备注
绿柱石	$Be_3Al_2(Si_6O_{18})$	9.26～14.4	好的可作宝石
硅铍石（似晶石）	Be_2SiO_4	43.67～45.67	
羟硅铍石	$Be_4(Si_6O_7)(OH)_2$	39.6～42.6	
金绿宝石（铍尖晶石）	$BeAl_2O_4$	19.5～21.5	好的可作宝石
日光榴石	$Mn_8(BeSiO_4)_6S_2$	8～14.5	

（据《矿产资源工业要求手册》编委会，2010）

（三）地理分布

世界铍矿主要分布在巴西、印度、俄罗斯、中国、阿根廷、美国等国家，花岗伟晶岩型铍矿床仍是铍的主要来源，其余产自接触交代型铍矿床、火山热液型铍矿床、云英岩型铍矿床及石英脉型铍矿床。

我国的铍矿主要分布在新疆、内蒙古、四川、云南 4 省区，其占全国铍资源/储量的近 90%。而新疆境内铍矿的资源/储量就占全国的1/3，新疆富蕴县可可托海锂铍铌钽矿区查明的铍储量又占新疆铍储量的87%。

陕西仅有一处铍矿，即商洛市商南县野猪沟花岗伟晶岩型绿柱石矿。截至2014年，累计查明铍矿资源/储量绿柱石42 t，目前暂未开发利用。

（四）矿床特征

1. 矿床类型

我国的铍矿床以岩浆型、伟晶岩型、云英岩为主（表3-34）。陕西商南县发现的铍矿为伟晶岩型。

2. 商南县野猪沟绿柱石矿

商南县野猪沟绿柱石矿，位于商南县大东沟、野猪沟脑、大苇园、凤凰寨和富水安沟一带，交通较为方便。该矿是陕西省第三地质队1964~1965年通过对伟晶岩脉开展勘查而发现的。含矿体为花岗伟晶岩脉，铍矿脉一般长20余米，厚度0.3~2.7 m，平均含BeO 0.1594%、Nb_2O_5 0.0173%、Ta_2O_5 0.0069%。铍主要赋存于绿柱石矿物中，此外含锂矿物类（锂辉石、磷锂铝石、锂云母、腐锂辉石）、铌钽矿物类（铌铁矿、锰铌铁矿、铌钽铁矿、钽铁矿、细晶石）、铯矿物（铯榴石）、稀土矿物类（黑稀金矿、褐帘石）。

三、锶

（一）工业用途

1. 基本性质

锶（Sr）是自然界中广泛分布的一种稀有金属。锶呈银白色，性质活泼，在自然界中不以单质形态存在，仅以化合物形式出现（图3-53）。锶的稳定同位素核裂变产物^{90}Sr是放射性同位素，对动物和人体健康有损害。锶的密度2.54 g/cm^3，熔点769℃，沸点1384℃。

图3-53　锶金属（左）及锶矿物（右—菱锶矿）
（左—360百科 https://baike.so.com/doc/4200684-4401637.html；
右—新浪博客 http://photo.blog.sina.com.cn/photo/1341745375/4ff968df44962ab0b943a）

2. 主要用途

金属锶在制造合金、无线设备和记忆芯片上有广泛用途。锶在钢铁工业中可作为脱硫、脱磷剂；在硅铁生产中可提高硅钢质量。锶还可以用作难溶金属的还原剂和电解锌生产中的脱铅剂及冶炼特种合金，以及耐久的原子电池。

锶的化合物——碳酸锶，主要用于生产彩色电视机和计算机显像管的荧光屏，可防止X射线辐射，提高图像清晰度和色调的真实性；硝酸锶和硫酸锶的化合物是生产信号弹、曳光弹、照明弹和礼花焰火的材料。锶用在陶瓷和玻璃工业中，可提高产品质量；铬酸锶、硫化锶可作为各种颜料的配色和主色，添加到涂料中可防腐、防锈、耐高温；硫酸锶在造纸、制碱、塑料加工中起漂白、提纯和黏结作用。近年来，锶与镧、铜的氧化物可作为组成超导陶瓷的重要金属。

（二）矿物种类

世界上已知含锶矿物有10多种，提取锶的矿物有天青石和菱锶矿（表3－39）。此外，硫磷铝锶石及含锶地下卤水等作为潜在利用对象有一定工业意义。

表3－39 提取锶的主要矿物种类

矿物名称	化学式	SrO含量/%
天青石	$SrSO_4$	45～47
菱锶矿	$SrCO_3$	55～60

（据《矿产资源工业要求手册》编委会，2010）

（三）地理分布

世界上锶矿主要分布在中国、西班牙、墨西哥、阿根廷、伊朗、土耳其、巴基斯坦、美国等国家，世界已查明锶矿物储量 680×10^4 t，预计锶矿物资源总量超过 10×10^8 t（据国土资源部信息中心，2015）。

我国锶矿资源丰富，总保有储量居世界前列。但锶矿分布不广，主要分布在青海、陕西、云南、湖北、重庆和江苏等6个省（区），且以青海为多，陕西、湖北、重庆次之。锶矿产品除满足国内需求外，还出口日本、韩国等国家。

陕西省的锶矿主要产在商洛市洛南县黄龙铺钼矿区，锶元素与钼矿相伴产出，省内目前尚未发现独立的锶矿床。截至2014年，全省累计查明锶矿资源/储量（按天青石计）为 691×10^4 t，矿石量 15494.9×10^4 t。

（四）矿床特征

1. 矿床类型

我国锶矿床类型主要有3类：① 化学沉积型锶矿床；②岩浆热液型锶矿床；③中－低温热液（沉积改造）型锶矿床。

陕西无独立锶矿，仅在洛南县黄龙铺岩浆热液型钼矿床中伴生有锶。

2. 依附于钼矿的锶——洛南县黄龙铺伴生锶矿

黄龙铺钼矿，位于金堆城钼矿床北东约8 km处，与金堆城钼矿具有相同的区域地质背景。

矿区发育北西、北东及近南北向为主的断裂裂隙，其中普遍充填石英－碳酸岩脉。岩脉规模变化大，长度从小于1 m到数十米，个别长达百余米，宽度从小于1 mm到数米，个别脉体宽度达20 m以上，岩脉的形态为不规则－规则状。辉钼矿呈散点状、细脉状分布于脉中，石英－碳酸岩脉即为矿脉。岩脉内的矿物成分十分复杂，既有石英、黄铁矿，又有独居石、铌钛铀矿、磷灰石、锆石等矿物，还有钡天青石和方铅矿、闪锌矿、辉钼矿、黄铜矿等。

这些大小不同的矿脉大体相互平行排列、紧密相依，在黄龙铺荣誉山一带形成了矿脉密集地段，构成了黄龙铺钼矿床。矿体呈多头楔状，沿倾向斜插，倾角50°～60°（图3－54）。矿体厚度不等，最大连续厚度达78 m，最小仅0.5 m。矿床平均品位钼（Mo）0.079%，伴生锶、铅、硫、铼、碲、稀土等有用元素，其中锶平均含量为1.09%。

矿石矿物有主要金属矿物为辉钼矿、方铅矿、黄铁矿，次为磁铁矿、闪锌矿、黄铜矿、赤铁矿等；脉石矿物主要为方解石、石英、钡天青石。

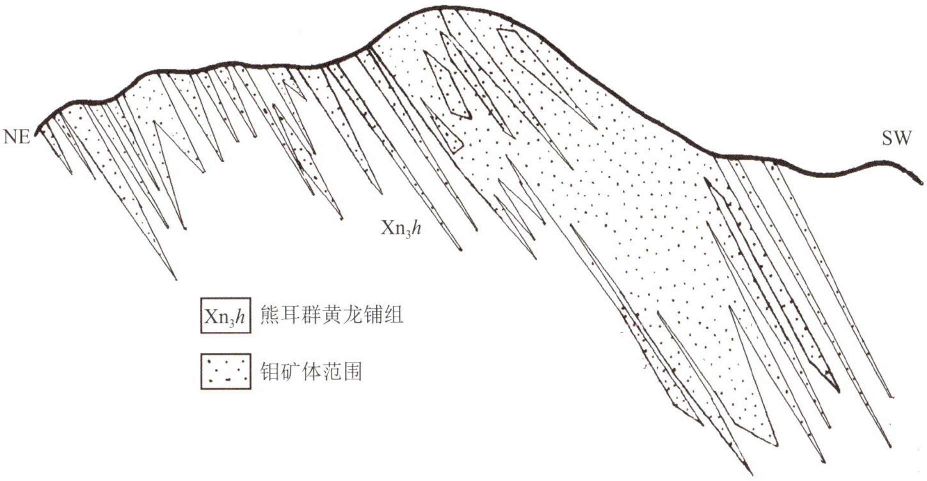

图3－54　黄龙铺（大石沟）钼矿床（伴生锶矿）16线剖面图
（据陕西省地质调查院，2013）

锶元素主要赋存于钡天青石和方解石等矿物中。其中，钡天青石含锶量占矿石总含锶量的72.45%，方解石占27.44%。矿石中除伴生锶元素外，还伴生有硫、铅、锌、稀土、铀、铼、硒、碲、银、镉、钴、铋等。其中，伴生的锶、银、铀、稀土等元素的储量均达大型矿床规模。

四、铷

（一）工业用途

1. 基本性质

铷（Rb）是一种稀有金属，为银白色的轻金属（图3－55），质软，密度1.53 g/cm³，熔点39℃，沸点688℃。铷在空气中能自燃，遇水激烈燃烧，甚至爆炸，具有较高的正电性和最大的光电效应。

图3－55　铷金属粉（左）及含铷矿石（右）
（左—化工资讯网 http://www.b2star.com/news－8401；右—慧聪网 http://b2b.hc360.com/buy/204905936.html）

2. 主要用途

目前铷在全球的工业应用主要是电子工业、玻璃陶瓷、医药和催化剂行业及能源工业等高新技术领域。用含铷及其化合物作磁流体发电机的发电材料（导电体），可获得较高热效率。如一般核电站的总热效率29%～32%，而结合磁流体发电可使核电站总热效率提高到55%～66%；碳酸铷常用作生产特种玻璃的添加剂，可降低玻璃导电率、增加玻璃稳定性和使用寿命等。含铷特种玻璃已广泛使用在光纤通信和夜视装置等方面。在空间技术方面，离子推进器和热离子能转换器需要大量的铷；铷的氢化物和硼化物可作高能固体燃料。放射性铷可测定矿物年龄。此外，铷的化合物还应用于制药和造纸业。

（二）赋存状态

自然界没有独立的铷矿物，铷常分散在锂云母、铁锂云母、铯榴石、盐矿层和矿泉水中。铷还呈钾的类质同象分布于中酸性侵入岩的长石矿物中。目前，铷主要是从锂云母、铁锂云母和光卤石中提取的。

（三）地理分布

世界上，铷矿产地主要分布在津巴布韦、纳米比亚、加拿大、德国等国家。据美国地质调查局2015年统计资料，全球氧化铷（Rb_2O）储量为 341×10^4 t，其中伟晶岩中氧化铷（Rb_2O）储量总计 167×10^4 t，盐湖卤水中氧化铷（Rb_2O）储量总计 109×10^4 t。

我国铷资源主要分布在江西、湖南、广东、四川、青海、湖北等省。其中，新疆富蕴县的可可托海属国内铷矿的重要产地。

陕西以往无铷矿。2012～2014年，陕西省地质调查院先后在商洛市丹凤县和镇安县木王镇菜子沟发现了花岗伟晶岩型铷矿，从此结束了陕西无铷矿的历史。其中，在丹凤县资峪沟镇、峦庄镇大南沟及桃坪发现3个铷矿床（点），在商南城关镇羊泉沟—大苇园发现1个铷矿点，共估算铷矿石量（333类）881×10^4 t，氧化铷（Rb_2O）0.51×10^4 t。镇安木王镇菜子沟铷矿点，地表工程圈出5个矿体，其中Ⅱ号矿体规模最大，矿体长1300 m，厚1.5～3.86 m，平均厚度1.36 m。氧化铷（Rb_2O）含量0.04%～0.12%，平均含量0.08%。

（四）矿床特征

1. 矿床类型

在我国，与铷相关的矿床类型主要有岩浆型铷矿床、伟晶岩型铷矿床（表3-34），此外，在盐类矿床中，特别是钾盐矿床中可以综合回收利用铷。陕西省近年在丹凤县资峪沟发现的铷矿为花岗伟晶岩型矿床。

2. 陕西首次发现的铷矿——丹凤县资峪沟铷矿

资峪沟铷矿位于丹凤县资峪沟镇资峪沟，西距西安市110 km，商州区40 km；沪陕高速公路、312国道及西安-合肥铁路从矿区外围通过，交通便利。

2012～2014年，陕西省地质调查院在开展“陕西丹凤-商南地区锂等稀有矿产调查评价”工作中，针对区内分布的花岗伟晶岩脉，通过槽探、钻探等探矿工程，在丹凤县资峪沟发现了该铷矿。

矿区出露花岗岩类岩体及花岗伟晶岩脉，铷矿体主要产于花岗伟晶岩脉中（图3-56），花岗岩中铷含量微弱。矿区共圈出铷矿体9条，花岗伟晶岩脉全岩或部分含铷，铷矿体长530～1600余米不等，矿体厚度1.16～7.23 m，氧化铷（Rb_2O）品位0.104%～0.139%。

资峪沟铷矿石类型为微斜长石花岗伟晶岩型。含铷岩脉主要由微斜（条纹）长石、微斜长石、斜长石、石英组成，其次含石榴子石、白云母、锆石。此外，见少量的铌铁矿、独居石、黄铁矿、褐铁矿、黄铜矿及方铅矿等矿物。

矿石中铷含量与钾含量呈明显的正相关关系。铷主要以类质同象形式赋存于含钾矿物中，铷的载体矿物主要为钾长石（微斜长石），其次为白云母和黑云母。铷在钾长石中的含量占88.48%，在白云母中占10.61%，在黑云母中占0.91%，其他矿物几乎不含铷。

目前，矿区估算铷资源/储量（333类）：铷矿石量 735×10^4 t，氧化铷（Rb_2O）资源量4310 t，达到大型铷矿床规模。

图 3－56　资峪沟铷矿（左—含铷伟晶岩脉）及矿脉中取样槽（右）
（董王仓摄，2016）

第五节　工业维生素——稀土金属

稀土金属矿产，也称稀土元素矿产。它是元素周期表第Ⅲ族副族钪、钇和镧系等 17 种元素的合称，它们在地壳中的含量很低，但常共生在一起。

一、工业用途

（一）基本性质

稀土元素是因为瑞典科学家在提取稀土元素时应用了稀土化合物而得名。稀土元素包括镧（La）、铈（Ce）、镨（Pr）、钕（Nd）、钷（Pm）、钐（Sm）、铕（Eu）、钆（Gd）、铽（Tb）、镝（Dy）、钬（Ho）、铒（Er）、铥（Tm）、镱（Yb）、镥（Lu）、钇（Y）等 16 种元素，因钪（Sc）与其他稀土元素性质相似，因此也划入稀土元素类，但钪（Sc）不与其他稀土元素共生。稀土元素的活泼性仅次于碱金属和碱土金属元素，能形成稳定的氧化物、卤化物、硫化物，可与氮、氢、碳、磷发生反应，易溶于盐酸、硫酸和硝酸。其主要物理性质列于下表（表 3－40）。

（二）主要用途

稀土元素在冶金、石油化工、玻璃陶瓷、电气、原子能工业以及农业、医药、轻纺、环保等领域都有广泛用途，有“工业维生素”的美称，现如今已成为现代工业极其重要的矿产资源。2016 年 11 月国务院批复通过的《全国矿产资源规划（2016～2020 年）》，稀土元素矿产列为战略性矿产资源。

在传统用途方面，被大量用于冶金工业。如：在冶炼钢铁时加入稀土氧化物可以去掉钢铁中的杂质。用稀土氧化物烧成的高强度低合金钢，可制造汽车部件，并可压成钢板、钢管，用于制造输油管及输气管。稀土具有优越的催化活性，在石油工业中被用作石油裂解的催化裂化剂，以提高轻质油的产出率。稀土还用作汽车尾气的催化净化剂，油漆催干剂、制造合成橡胶、人造羊毛、尼龙等化工产品。中国首次将稀土用于农业，作为多元复合肥的微量元素，促进农业增产。

在高科技应用方面，钇、铽、铕的氧化物广泛用于彩色电视、各类显示系统的红色荧光体以及制造三基色荧光灯荧光粉。利用稀土特殊的磁性能制造各种超级永磁铁，如钐钴永磁铁、钕铁硼永磁铁。在各类电机、核磁共振成像装置、磁悬浮列车以及光电子等高技术领域有着广泛的应用前景。在电子工业上，添加氧化钕、氧化镧、氧化钇的各类陶瓷被用作各类电容器材料。稀土金属用于制造镍氢充电电池。在原子能工业上，钇可作核反应堆的结构材料，钐、铕、钆的特点与钇正相反，可作核反应堆的控制棒或停堆棒等。铈组稀土元素与铝、镁制成的轻量耐热合金被用于航空航天工业，如制造飞机、飞船、导弹、火箭等零部件。

稀土元素的产品种类很多，共计300多个品种、500多个规格。据国土资源部信息中心资料（2015），中国自1998年起，稀土消费量超过美国而位居世界第一，多年来稀土消费量在6.4×10^4 t ~8.7×10^4 t之间，消费结构为：高科技材料占48.9%（含永磁体），冶金及机械9%，玻璃和陶瓷7%，石油化工6%，农业、轻工业、纺织业占7%，其他占22.1%。

表3-40　稀土元素主要物理性质简表

元素名称	熔点/℃	沸点/℃	密度24℃ $g\cdot cm^{-3}$	电阻率 $\Omega\cdot cm$	布氏硬度	其他性质	
						颜色	刚柔性
镧	918	3464	6.146	61~30	20~30	灰色	有延展性
铈	798	3433	6.770	70~30		灰色	有延展性
镨	931	3520	6.773	68		灰色	有延展性
钕	1021	3074	7.008	65		灰色	有延展性
钷	1042	3000	7.264	—			
钐	1074	1794	7.520	91		灰色	性脆、质硬
铕	822	1529	5.244	91		灰色	
钆	1313	3273	7.901	127		灰色	有延展性
铽	1365	3230	8.230	114		灰色	有延展性
镝	1412	2567	8.551	100		灰色	有延展性
钬	1474	2700	8.795	88		灰色	有延展性
铒	1529	2868	9.006	71		灰色	有延展性
铥	1545	1950	9.321	74		灰色	有延展性
镱	819	1196	6.966	28		灰色	延展性良好
镥	1663	3402	9.841	60		灰色	有延展性
钇	1522	3338	4.469	59		灰色、银白色	有延展性

（据《矿产资源工业要求手册》编委会，2010）

二、矿物种类

自然界已经发现的稀土矿物有250种以上，最重要的有氟碳铈镧矿、独居石（图3-57）、磷钇石、黑稀金矿、硅铍钇矿、褐帘石、铈硅石。工业上用来提取稀土元素的矿物列于表3-41。

三、地理分布

世界稀土资源丰富，但分布不均匀。据国土资源部信息中心资料（2015）显示，稀土矿主要分布在中国、美国、印度、俄罗斯、澳大利亚等国家。截至2014年，世界稀土储量为1.3×10^8 t（以稀土氧化物REO计），全球稀土资源潜力巨大，可满足人类社会发展的需求。

我国是世界稀土资源大国，稀土矿主要分布在内蒙古、江西、广东、四川、山东等地，截至2014年，我国稀土储量5500×10^4 t，占世界总储量的42%。稀土矿不但资源储量丰富，且稀土元素齐全、稀土品位高及矿点分布合理等优势，为我国稀土工业的发展奠定了坚实的基础。但由于过去多年的大量出口，以及猖獗的非法开采，稀土资源/储量已经明显下降，尤其是中重稀土储量下降尤为惊人。

陕西稀土矿不多，目前仅在洛南黄龙铺钼矿及洛南驾鹿发现有稀土元素，累计查明稀土矿（稀土氧化物）总量36.42×10^4 t，保有稀土矿总量36.41×10^4 t。

图 3-57 稀土矿物独居石（左）及氟碳铈镧矿（右）

（左—据搜狗百科 http://www.zhongguoyuqi.com/Vuw-1519-1.html；右—百度百科 http://baike.baidu.com/item/%E6%B0%9F%E7%A2%B3%E9%93%88%E9%95%A7%E7%9F%BF）

表 3-41 有工业价值的主要稀土矿物简表

矿物名称	化学式	含量/%	备注
独居石	(Ce, La, Nd) PO_4	REO 65.13	重要
氯碳铈矿	Ce_2CO_3F	REO 74.77	重要
氟菱钙铈矿	$Ce_2Ca(Co_3)_3F_2$	REO 60.30	重要
氟碳铈镧矿	(Ce, La) CO_3F	REO >70	
褐帘石	$(Ca, Ce)_2(Al, Fe)_3(SiO_4)(Si_2O_7)O(OH)$	REO 23.12	
烧绿石	$NaCaNb_2O_6F$	REO 10 ±	
磷钇矿	YPO_4	REO 62.02	重要
硅铍钇矿	$Y_2FeBe_2(SiO_4)_2O_2$	REO 51.51	重要
褐钇铌矿	Y (Nb, Ta) O_4	REO 39.94	重要
钇易解石	$(Y, Ca, Fe, Th)(Ti, Nb)_2(O, OH)_6$	REO 32.41	
铈铌钙钛矿	(Na, Ce, Ca) (Ti, Nb) O_3	$[Ce]_2O_3$ 28.71	
硅钛铈铁矿	$Ce_4(Fe^{2+}, Mg)_2(Fe^{3+}, Ti)_3(Si_2O_7)_2O_8$	$[Ce]_2O_3$ 45.82	
绿层硅铈钛矿	Ce, Na, $Ca_4Ti(Si_2O_7)_2OF_3$	$[Ce]_2O_3$ 16.68	
黑铈金矿-复稀金矿	$Y(Nb, Ta, Ti)_2O_6-Y(Ti, Nb, Ta)_2O_6$	Y_2O_3 18.38~28.76	

（据《矿产资源工业要求手册》编委会，2010）

四、矿床特征

（一）矿床类型

我国稀土元素矿床类型主要有以下 5 种：①叠加（复合/改造）型矿床；②岩浆型（含稀土碳酸岩）矿床；③风化型稀土矿床；④伟晶岩矿床；⑤机械沉积型矿床（独居石砂）等。

陕西的稀土元素矿属岩浆型矿床，以洛南黄龙铺钼矿床伴生稀土矿为代表。

（二）依附于钼矿的稀土元素矿床——洛南县黄龙铺伴生稀土矿

伴生稀土元素是洛南黄龙铺钼矿的特征之一。目前该钼矿床已累计查明稀土总量 36.42×10^4 t，保有稀土总量 36.41×10^4 t，稀土氧化物平均含量 0.24%。

稀土元素在钼矿床中有两种分布形式：一是作为独居石、氟碳铈矿、磷钇矿、钇易解石、褐帘石等矿物组分；二是以微量组分分散在辉钼矿、方铅矿、黄铁矿、闪锌矿、铅铀钛铁矿、方解石、钡天青石、钾长石等矿物中。

五、开发利用

我国是世界上稀土资源大国，也是稀土生产和出口大国。据国土资源部信息中心资料（2015），自 20 世纪 80 年代我国进入国际稀土市场以来，我国的稀土生产一直保持领先地位。以 2014 年为例，全球稀土生产总量为 13000×10^4 t，我国稀土产量为 5500×10^4 t，占全球产量的 42%。目前，国内稀土产量严重过剩情况突出，稀土产能高达 32×10^4 t，外加国外企业的投产，市场供应量远远超过每年 12×10^4 t 的世界需求总和。

陕西省稀土矿稀少，目前仅在洛南黄龙铺钼矿中作为伴生元素开发利用。

第六节　寄人篱下的矿产——分散元素

分散元素，是地壳内含量很低、在岩石中极为分散的一组元素，包括锗（Ge）、镓（Ga）、铟（In）、铊（Tl）、铼（Re）、镉（Cd）、硒（Se）、碲（Te）等 8 种。它们一般很少形成自己独立的矿床，恰似没有自身家园的“流浪汉”，主要依附、寄居在其他元素的矿床之中。

除铊（Tl）外，陕西已发现有其他 7 种分散元素矿产（表 3－42），它们均伴生在铅、锌、铜、钼等矿床中，或产在煤矿中。

一、锗

（一）工业用途

1. 基本性质

锗（Ge）是银灰色性脆的金属（图 3－58），熔点 937.4℃，沸点 2830℃，密度 5.32 g/cm^3，硬度 6～6.5；室温下晶体锗质脆，有明显的非金属性质。室温下，单质锗与氧、水不起作用；锗能溶于热的浓硫酸、硝酸；易溶于硝酸和氢氟酸的混合液。锗在自然界分布散而广，主要以分散状态存在于各种金属的硅酸盐矿、硫化物矿以及各种类型的煤中。

2. 主要用途

锗主要用于电子工业中，用于生产低功率半导体二极管、三极管。锗在红外器件、γ 辐射探测器方面有着新的用途，金属锗能让 2～15 μm 的红外线通过，又和玻璃一样易被抛光，能有效地抵制大气的腐蚀，可用以制造红外窗口、三棱镜和红外光学透镜材料。锗在空间技术上可用于保护超灵敏的红外探测器。

锗的消费主要集中在红外光学设备领域，其消费量占总消费量的 65%，光导纤维占 15%，其他领域占 20%。20 世纪 80 年代，美国宣布把锗列为战略储备矿产资源。由于新用途的开辟，目前世界上锗已出现供不应求的局面。

（二）矿物种类

锗的独立矿物很少，它通常以分散状态存在于闪锌矿、硫砷铜矿等矿物中。煤中也常含锗，1 t 煤平均含 10 g 左右锗。主要锗矿物列于表 3－43。

表 3-42 陕西省分散元素矿产地简表

序号	矿产地名称	矿种	所在地区	规模	开采利用情况
1	南郑县楠木树锌矿（伴生锗）	锗矿	汉中市	大型	可供进一步工作
2	山阳县桐木沟锌矿（伴生镓）	镓矿	商洛市	小型	停采矿区
3	商州市凤凰山沟铅锌矿（伴生铟）	铟矿		小型	停采矿区
4	华县金堆城钼矿（伴生铼）	铼矿	渭南市	中型	开采矿区
5	洛南县西沟钼矿伴生铼		商洛市	中型	停采矿区
6	洛南县黄龙铺钼矿伴生铼		商洛市	大型	开采矿区
7	户县东流水铜矿伴生镉	镉矿	西安市	小型	停采矿区
8	凤县铅硐山-东塘子铅锌矿伴生镉		宝鸡市	大型	开采矿区
9	凤县八方山铅锌矿伴生镉			小型	停采矿区
10	凤县银母寺多金属矿伴生镉			小型	开采矿区
11	凤县银洞梁铅锌矿伴生镉			小型	开采矿区
12	南郑县楠木树锌矿伴生镉		汉中市	小型	可供进一步工作
13	旬阳县红花坪铅锌矿伴生镉		安康市	小型	计划近期利用
14	商州市凤凰山—道岔沟铅锌矿伴生镉		商洛市	小型	停采矿区
15	商州区引寺沟铅锌矿伴生镉			小型	基建矿区
16	镇安县月西铅锌矿伴生镉			小型	开采矿区
17	镇安县锡铜沟铅锌矿伴生镉			中型	停采矿区
18	户县东流水铜矿伴生硒	硒矿	西安市	小型	停采矿区
19	洛南县黄龙铺钼矿伴生硒		商洛市	中型	开采矿区
20	洛南县黄龙铺钼矿伴生碲	碲矿	商洛市	中型	开采矿区

（据陕西省国土资源厅，2014）

图 3-58 锗金属（左）及锗原矿石（右）

（左—百度百科 http://baike.baidu.com/link? url=6Ivcf8sIg4TrWFjt74vSNZ9qJ8UjByFU0YM2mfTLCESxWmWF5nIUQHbXli4j9sE-MsWl0Q_9d7pU51DAWx9Rn5Jz46UqypVZvlQWp0rJ76K;
右—http://info.b2b168.com/s168-18685013.html）

（三）地理分布

世界锗资源比较缺乏。据英国统计，北美洲、欧洲、非洲三大地区共查明锗储量 2150 t。世界煤中所含锗资源量估计有 4500 t。另外，在含锗的铅多金属矿床中，仅刚果（金）的基普希和纳米比亚的楚梅布矿床中锗储量就达 4500 t。

表 3-43 主要含锗矿物简表

矿物名称	化学式	Ge 含量/%
锗石	GeO_2	10
硫锗铁铜矿	$(Cu, Zn)_{11}(Ge, As)_2Fe_4S_{16}$	7.7
硫银锗矿	Ag_8GeS_6	6.7
黑硫银锡矿	$Ag_8(Sn, Ge)S_6$	1.82
灰锗矿	$Cu_2(Fe, Zn)GeS_4$	16.9
硫银锗矿	Ag_8GeS_6	6.93

（据《矿产资源工业要求手册》编委会，2010）

我国锗资源比较丰富。查明锗资源主要分布在内蒙古、广东、云南、甘肃、四川、山西、吉林、贵州等省（区）。中国铅锌矿伴生的锗约占总储量的70%。此外，中国云南临沧地区褐煤中伴生有丰富的锗资源，品位高达0.01%~0.09%，已成为我国重要的锗资源基地之一。陕西的锗矿主要分布于汉中市南郑县楠木树锌矿及陕北煤矿中。

（四）矿床特征

我国与锗矿相关的矿床类型主要有：①含锗中-低温热液硫化物矿床；②含锗的沉积铁矿床和铝土矿床；③含锗有机岩矿床，如煤、油页岩、黑色页岩及石油等是锗的重要来源。

陕西的锗矿有两种矿床类型，一种是伴生于中-低温热液型矿床硫化物中，特别是闪锌矿和纤锌矿中一般含锗0.01%~0.05%，有的高达0.1%。如南郑县楠木树锌矿床中，锗以分散状态存在于闪锌矿及其他矿物中，锗资源/储量280.59 t；另一种是煤层中的锗，尤其在煤层最上部和最下部锗元素含量较高。

二、镓

（一）工业用途

1. 基本性质

镓（Ga）是一种银白色的软金属（图3-59），它的绝妙性质是熔点很低（29.78℃），在人体温度下（37℃）便能熔化成液体，但沸点高达2403℃。镓在常温空气中稳定，因为表面覆有一层薄的氧化膜，即使在加热烧红时也不会被空气所氧化。镓的密度（29.6℃时）5.904 g/cm^3。自然界中，镓常以微量分散于铝土矿、闪锌矿等矿物中。

2. 主要用途

镓元素发现时间较早，但大量应用却很晚。直到20世纪60年代中期还处于研究阶段。20世纪60年代末期以来，则跃居为仅次于硅和锗的良好半导体金属材料。镓的主要用途是制备新型半导体材料（占99%）。在微波器件领域内，砷化镓是最有希望的半导体材料，用它可作固体激光器材料，广泛用于光导纤维通信系统；还有可能用作太阳能电池的材料以及制作大规模高速集成电路。

镓具有很高的光反射能力，可把它挤压在两块加热的玻璃板之间制成镜子。镓制造的低熔点合金，可用作防火信号和熔断器。镓能提高某些合金的硬度、强度及耐腐蚀能力。镓在荧光材料、核反应堆的热交换介质、特殊应变剂、催化剂、焊料、镶牙等方面也有广泛用途。用氮化镓制成发光二极管，能把给它的全部能量转换成光。氮化镓灯泡是传统灯泡寿命的100倍，但能耗仅为其1%。

（二）矿物种类

镓主要赋存于闪锌矿、霞石、白云母、锂辉石、铝土矿及煤矿中。镓的独立矿物有硫镓铜矿［$CuGaS_2$］，含镓35.4%；水镓矿［$Ca(OH)Ga_2O_3$］，含镓35.4%。但这些矿物很稀少，不能构成

图 3－59　镓金属（左）及含镓矿石（右）
（左—中国金属新闻网 http://www.metalnews.cn/ys/show－826024－1.html；
右—http://www.fiiwoo.com/product/19781.html）

独立矿床。目前，工业上没有可以直接利用的镓矿物，一般镓都是作为副产品在含铝矿物（铝土矿、铝硅酸盐）及锌矿冶炼过程中，以及从煤焦化烟尘中回收。

（三）地理分布

据美国地质调查局 2015 年发布的数据，世界铝土矿储量中伴生镓储量超过 100×10^4 t，闪锌矿中也伴生一定的镓储量。世界镓的主要生产国有中国、德国、乌克兰、美国、英国和日本等国家。

我国镓资源丰富，其中产于铝土矿的伴生镓占 50% 以上；其次为钼、煤、铜、铅锌和铁矿中的伴生镓。镓主要集中在广西、河南、山西、贵州、云南等省（区）。沉积型铝土矿是我国伴生镓的主要资源类型，代表性的矿床有广西的平果铝土矿、山西的阳泉铝土矿、孝义铝土矿等。镓还可以在生产氧化铝的过程中回收。

陕西仅在商洛市山阳县桐木沟锌矿中发现有伴生镓元素，累计查明伴生镓金属量 11 t，目前该矿山处于停采状态。

（四）矿床特征

在我国，与镓相关的矿床类型有：①含镓中－低温热液矿床，以铅锌矿床中赋存的镓最有意义；②含镓铝土矿，它是镓的重要来源。此外，某些沉积铁矿和沉积变质铁矿以及煤矿中也含镓 0.003% ~0.005%。

陕西的镓矿主要伴生于铅锌矿中。如山阳县桐木沟锌矿中，镓元素赋存于闪锌矿中，平均含量 0.009%。

三、铟

（一）工业用途

1. 基本性质

铟（In）是一种银白色金属（图 3－60），其熔点 156.61℃，沸点 2080℃，密度（20℃时）7.31 g/cm^3。铟的化学性质与铁相似，常温下纯铟不被空气或硫氧化，加热到超过熔点时，可迅速与氧和硫化合。铟的可塑性强，有延展性，可压成极薄的铟片，但拉伸极限低，黏度大，故难拉成丝和不利于切削。质地很软，能用指甲刻痕。铟的导电性比铜约低 4/5，其热膨胀系数几乎是铜的 1 倍以上。

2. 主要用途

铟广泛用于电子、电器工业，是制造半导体、焊料、合金、整流器、热电偶、电子元器件、高速传感器与光伏电池、电脑芯片的重要材料。铟锡氧化物靶材是制造液晶显示器、液晶电视、手机屏

 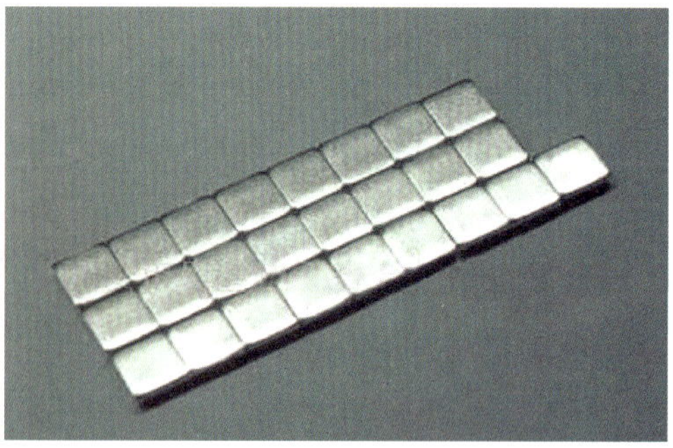

图3-60 铟金属珠（左）及铟金属块（右）

（左—首商网 http://www.sooshong.com/apwwm8/offerdetail-4416725.html；

右—环球经贸网 http://china.nowec.com/supply/detail/1751888.html）

幕、等离子电视等多种电子、电信产品不可缺少和不可替代的材料。铟的另一个重要用途是作焊料和合金。

世界芯片巨头英特尔已经发布了运算速度将提升50%的下一代标准半导体晶体管——锑化铟晶体管，如果新生产的电脑有一半使用该晶体管，全球对铟的需求至少年增加300 t以上；如果新型太阳能电池达到商业化，每年全球对铟的需求量要在400 t左右。我国是世界铟主要生产国之一，铟年产量的80%供出口。

（二）矿物种类

自然界主要含铟矿物有硫铟铜矿（$CuInS_2$）、硫铟铁矿（$FeInS_4$）、硫铁铟锌矿（$ZnFeInS_4$）、水铟矿［$In(OH)_3$］等，但量极少，绝大部分铟分散在其他矿物中，如闪锌矿含铟0.0001%~0.1%，黄铜矿含铟0.002%~0.1%，锡石和黝锡矿等一般含铟为0.002%~0.05%。因此，常在铅锌冶炼厂和锡冶炼厂都能回收铟。

（三）地理分布

据美国矿业局估计，世界铟储量主要分布在加拿大、美国、秘鲁和俄罗斯。20世纪90年代，全球从锌等主矿产冶炼的炉渣、滤渣、残渣和烟尘中提取的铟及再生铟，年产量约120~140 t。

我国铟矿资源较为丰富，其主要分布在云南、广西、湖南、青海、内蒙古、广东、黑龙江、福建等省（区）。铟主要与锌伴生，约占总储量的50%；其次与铜、铁、铅、锌等矿共生，约占30%；其他少量与汞、钼矿和铁、锡矿伴生。

陕西仅在商洛市凤凰山-道岔沟铅锌矿中见有伴生铟矿，累计查明铟金属量7.36 t，保有铟金属量2.06 t。该矿目前已停采。

（四）矿床特征

在我国，与铟伴生的矿床类型主要有：①含铟的各种类型锡石-硫化物矿床，其中铟含量一般为0.01%~0.1%。②含铟的中-低温热液矿床，由于铟具有强的亲硫性，所以铟主要聚集于硫化物矿床的硫化物中，如闪锌矿中通常含铟0.004%，高的可达千分之几；黄铜矿中一般为0.002%左右，高可达0.1%。

陕西无独立铟矿床，铟作为伴生元素主要产于热液型铅锌矿中。商洛市商州区凤凰山-道岔沟铅锌矿是陕西省唯一的伴生铟的矿床，铟属铅锌矿的伴生组分，它主要呈类质同象形式存在于闪锌矿、方铅矿以及其他多金属硫化物中。在闪锌矿中含量最高，一般为10×10^{-6}~20×10^{-6}，个别达1%。

四、铼

（一）工业用途

1. 基本性质

铼元素（Re）发现较晚。1872 年俄国人门捷列夫根据元素周期律预言，在自然界中存在一个尚未发现的原子量为 190 的“类锰”元素。1925 年德国化学家诺达克用光谱法在铌锰铁矿中发现了这个元素，以莱茵河的名称 Rhein 命名为 Rhenium。以后，诺达克又发现铼主要存在于辉钼矿中，并从中提取了金属铼。

铼是银白色难熔金属（图 3－61），熔点 3180℃，沸点 5627℃，密度（20℃时）21.0 g/cm^3。纯铼质软，有良好机械性能。常温下在空气中稳定，300℃时开始氧化。铼不溶于盐酸，但溶于硝酸和热浓硫酸，可生成铼酸（H_2ReO_4）。

图 3－61　铼金属（左）及铼合金制造的喷气发动机涡轮叶片、排气喷嘴（右）

（左—慧聪网 http://b2b.hc360.com/viewPics/supplyself_pics/203498478.html；

右—金属百科 http://baike.asianmetal.cn/metal/rhenium/application.shtml）

2. 主要用途

铼及其合金被广泛应用于航空航天、电子、石油化工等领域。航空航天工业上，铼用作火箭、导弹的高温涂层及喷气发动机重要构件（图 3－61）。宇宙飞船用的热屏蔽、电弧放电、电接触器等都需要铼制作；电子工业上，由于铼具有很高的电子发射性能，广泛应用于无线电、电视和真空技术。铼及其合金还可作电子管元件和超高温加热器以蒸发金属。

（二）矿物种类

铼在地壳中的丰度约为 $0.5\times10^{-6}\sim1\times10^{-6}$。铼的矿物很少，迄今只发现辉铼矿（$ReS_2$）和铜铼硫化矿（$CuReS_4$）两种独立的铼矿物。在自然界中，铼多以微量元素伴生于钼、铜、铅、锌、铂、稀土矿和铌钽矿等矿物中，主要存在于辉钼矿中。具有经济价值的提取铼原料为辉钼矿和铜精矿。

（三）地理分布

世界上铼资源主要分布在欧洲和美洲。根据美国地质调查局 2015 年发布的数据，全球铼查明资源量约为 1100 t（中国地质调查局，2015）。

我国的铼矿主要集中分布在陕西金堆城钼矿、河南栾川钼矿、吉林大黑山钼矿、黑龙江多宝山铜（钼）矿等矿床中，储量主要集中在陕西（占全国铼总储量的近 45%）、黑龙江和河南，合计占全国铼总储量的近 90%。

陕西的铼主要分布于华县金堆城钼矿、洛南县西沟钼矿及黄龙铺钼矿等3个矿区，累计查明铼金属量102.91 t。3处伴生铼矿中，2处正在开采，1处停采。

（四）矿床特征

1. 矿床类型

铼主要集中于辉钼矿中，重要的含铼矿床类型为：①斑岩铜矿和斑岩钼矿；②热液型铀－钼矿床；③含钼、钒的含铜页岩及硫质－硅质页岩矿床。目前，铼主要是从钼精矿中提取。

陕西几乎所有类型的钼矿床中都含有一定量的铼，但斑岩型钼矿中的铼经济意义最大（如华县金堆城钼矿），次为岩浆热液脉型钼矿（如洛南县黄龙铺钼矿）。

2. 铼赋存形式

华县金堆城钼矿中的铼主要赋存于辉钼矿中，铼平均含量为3.27×10^{-6}，矿区已累计查明铼金属量41.85 t。在开发利用辉钼矿的同时可综合回收利用铼。

五、镉

（一）工业用途

1. 基本性质

镉（Cd），为银白色带蓝色光泽的金属（图3－62）。镉的熔点320.9℃，沸点765℃，密度（20℃时）8.65 g/cm^3，有韧性和延展性。镉不溶于碱液，与硫酸、盐酸和硝酸作用生成相应的镉盐。镉毒性较大，被镉污染的空气和食物对人体危害严重，且在人体内代谢较慢。

图3－62　镉锭（左）及镉矿石标本（右—硫镉矿）

（左—百度百科 http://baike.baidu.com/item/%E9%95%89；右—硫镉矿百度搜索 http://www.chinaneolithic.net/MineralPhoto/CN/31/20128101523069960.jpg）

镉在地壳中的含量比锌少得多，具有显著的亲硫性，常常以少量包含于锌矿中，很少单独成矿。

2. 主要用途

镉主要用于生产镍－镉电池和银－镉电池，其次用于生产耐磨合金、低熔点合金、电镀、颜料和化学稳定剂等。镉合金在国防工业中有重要的用途，美国将镉列为战略储备物资。镉可以制造轴承合金、特殊易熔合金、焊锡。镉对盐水和碱液有良好的抗腐蚀性能，可以用作钢构件的电镀防腐层。但近年来因镉的毒性，此项用途有减缩的趋势。

（二）矿物种类

镉的主要矿物有硫镉矿（CdS）、菱镉矿（$CdCO_3$）、方镉矿（CdO），但目前未发现镉形成的独立矿床，工业上也未从含镉矿物中提取镉。镉主要赋存于锌矿、铅锌矿和铜铅锌矿石中，尤其在浅色闪锌矿中含量较高，一般为0.1%～0.5%，最高可达5%。因此，工业上主要从锌及铅锌铜等矿山选冶厂回收镉。

（三）地理分布

世界上镉主要伴生在锌矿中。美国、澳大利亚、加拿大、日本、墨西哥等国是镉的主要资源国。

我国镉资源丰富。主要集中分布在云南、四川、广东、广西、湖南、甘肃、内蒙古、青海、江西等省（区）。在已查明的伴生镉矿山中，大中型矿床占60%，所占资源/储量为总储量的98%。代表性的矿山有广西南丹大厂、江西大余漂塘。云南兰坪金顶铅锌矿是我国特大型的伴生镉矿床。

陕西的镉矿与铅锌矿、铜矿有关，主要分布在西安户县、宝鸡凤县、汉中南郑、安康旬阳、商洛等地，与铅、锌、铜矿相伴产出。目前陕西省有镉矿11个，累计查明镉金属量7263.55 t。11处伴生镉矿床，目前正在开采的有4处，正在基建的1处，计划近期利用的1处，需进一步工作的1处，停采矿山4处。

（四）矿床特征

镉元素很少形成独立矿床，它主要富集于硫化物矿床的闪锌矿中。通常随成矿温度降低，镉含量逐渐增高。因此，中低温热液形成的闪锌矿含镉最富。

陕西镉矿主要产于中－低温热液型铅锌矿中，如凤县铅硐山（东塘子、峰崖）铅锌矿、凤县八方山铅锌矿、南郑县楠木树锌矿、镇安县月西铅锌矿等；其次，海相火山岩型铜矿床也含有镉元素，如陕西户县东流水铜矿床。

凤县铅硐山（东塘子、峰崖）铅锌矿床，伴生镉金属量2860 t，矿石量894×10^4 t；保有镉金属量699 t，矿石量219×10^4 t。该矿床矿石矿物主要为闪锌矿、方铅矿，此外有黄铜矿、黄铁矿。经对铅、锌、银、镉元素多元回归分析，显示镉元素与锌元素关系密切，镉主要赋存于闪锌矿中，其含量0.01%～0.084%，达到了工业要求，在铅锌矿开发利用的同时可予以综合回收利用。

六、硒

（一）工业用途

1. 基本性质

硒（Se），元素名称来源于希腊文，原意是“月亮”。它是一种半金属，性质与硫相似，但金属性比硫强（图3－63）。硒的最显著特性是在光照下的导电性比在黑暗中成千倍地增加，是典型的半导体，性脆，密度9.81 g/cm^3，熔点220℃，沸点685℃。无机硒一般指亚硒酸钠和硒酸钠，从金属矿藏的副产品中获得；有机硒是硒通过生物转化与氨基酸结合而成，一般以硒氮氨酸的形式存在。

2. 主要用途

硒主要用于玻璃、电子、光学及冶金工业。工业纯硒用于玻璃的着色和脱色颜料。发射高质量信号用的透镜玻璃含硒2%，加入硒的平板玻璃用作太阳能的热传输板和激光器窗口红外过滤器。硒可以改善碳素钢、不锈钢和铜的切削加工性能，大约30%的硒以高纯形式（99.99%）与其他元素制成合金，用以制造低压整流器、光电池、热电材料以及各种复印、复写的光接收器。硒以化合物形式用作有机合成的氧化剂、催化剂、医药、动物饲料微量元素添加剂（0.1×10^{-6}）。

硒还是生物体必需的元素。早在20世纪50年代，人们就认识到了硒在生命中的重要性。时至今日，硒已经广泛应用于食品、医疗、保健、农业等各个方面，被国内外医药界和营养学界尊称为“生命的火种”，享有“长寿元素”、“抗癌之王”、“心脏守护神”、“天然解毒剂”等美誉。硒在人体

图 3－63　硒块（左）及硒矿物（右—红硒铜矿）
（左—360 百科 https://baike. so. com/doc/41447－43331. html；
右—百度搜索 https://zh. mindat. org/locdetailed－239735. html）

组织内含量为千万分之一，但它却对人类健康具有重要作用。缺硒会直接导致人体免疫能力下降，临床医学证明，威胁人类健康和生命的40多种疾病都与人体缺硒有关，如癌症、心血管病、肝病、白内障、胰脏疾病、糖尿病、生殖系统疾病等。广西巴马县是世界著名四大长寿地区之一，中国科学院专家对巴马的研究表明：巴马土壤、谷物中的硒含量高于全国平均水平10倍以上，百岁老人血液中的硒含量高出正常人的3~6倍。后来在安徽省石台县又发现一个长寿村，80岁以上老人占全村人口的12%，更为奇特的是50年来未发现一例癌症患者、心脑血管、糖尿病患者和肥胖患者。经对该村土壤中硒含量分析测定表明：硒含量高出一般地方10倍。原来，硒元素是抗氧化剂谷胱甘肽过氧化物酶的活性成分，人体补充了充足的硒元素，就能有效清除自由基，抗氧化，延缓衰老。

20世纪80年代以来，世界硒的消费量增长很快，20世纪90年代初已达年消费量2000 t。其中，电子和光学领域约占30%，玻璃制造占35%，冶金和颜料各占10%，农业和生物学占5%。

（二）矿物种类

目前已发现硒矿物百余种，主要含硒矿物有硒铜矿、硒铋矿、硒铜银矿、红硒铜矿等（表3－44）。此外，在我国还首次发现了硒锑矿（Sb_2Se_3）和单斜蓝硒铜矿（$CuSeO_3 \cdot 2H_2O$）。但硒一般不单独形成矿床，硒主要赋存在黄铜矿、黄铁矿和方铅矿中，有时也赋存在辉钼矿、铀矿中。工业上生产硒的主要原料是冶炼铜矿石、多金属矿石及镍矿石时的副产物，近20%的硒由硫酸工业所供给。

表3－44　主要硒矿物简表

矿物名称	化学式	Se 含量/%	矿物名称	化学式	Se 含量/%
硒铜矿	Cu_2Se	39.22	硒银矿	Ag_2Se	22.92
硒铋矿	Bi_2Se_3	22.02	硒银铅矿	$(Ag_2Pb)Se$	
硒铜银矿	CuAgSe	31.6	硒汞矿	HgSe	
红硒铜矿	Cu_3Se_2	43.3			

（据《矿产资源工业要求手册》编委会，2010）

（三）地理分布

世界硒资源分布十分广泛。据美国矿业局资料，世界上硒主要集中在已开发的铜矿床中，且主要分布在美国、中国、比利时、加拿大、智利、荷兰、印度、墨西哥、秘鲁、瑞典、前南斯拉夫、赞比亚等国家。

我国是硒的主要资源国之一，国内查明的硒矿主要集中在甘肃、广东、黑龙江、湖北、青海5省，占全国硒矿总资源/储量的80%。其中，甘肃金川－白银地区、长江中下游地区、粤北地区的硒资源/储量最为集中。铜镍硫化物型矿床中的硒资源，占全国资源/储量的50%（甘肃金川），其余50%的储量分布于斑岩型铜矿床（江西德兴铜矿）、矽卡岩铜或铅锌－多金属矿床（江西九江城门山）和热液型矿床（广东曲江大宝山）中。另外，近多年来，我国江西、湖北、浙江、青海等许多省份，通过区域土壤地球化学测量，发现了大量富硒土壤分布区。

陕西的硒作为金属硫化物矿床中的伴生元素产出，全省累计查明硒160.38 t。此外，陕西已在多地发现富硒土壤，其中以安康市紫阳县最为著名。紫阳县是全国著名的富硒资源研究开发基地，全县土壤平均含硒0.49×10^{-9}，富硒区双安乡土壤中平均含硒达到16.515×10^{-9}，紫阳县境内生长的动植物是有机硒的天然载体，紫阳富硒茶早已享誉国内。清朝安康知府叶世倬曾留下诗句：自昔关南春独早，清明已煮紫阳茶。1990年，习仲勋同志曾为紫阳茶题词："健康佳品，驰誉神州"（图3－64）。著名作家贾平凹曾经写过一联："无忧何必要饮酒，清静常品紫阳茶"，也力荐紫阳富硒茶。目前，以紫阳为中心的安康市富硒茶园总面积近70万亩，茶农超过55万人，有400多家企业从事茶叶生产经营，其中省级龙头企业11个，市级龙头企业22个。

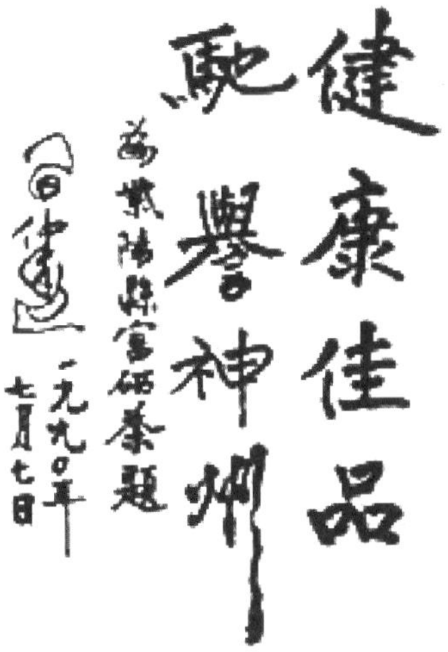

图3－64　习仲勋同志为紫阳富硒茶题词

（据陕西传媒网 http://www.sxdaily.com.cn/n/2016/0524/c1207－5886174－6.html）

2012～2014年，陕西省地质调查中心承担完成的"关中－天水经济区（关中盆地）富硒区地球化学调查与评价"项目，在陕西省三原－阎良、周至－户县、临潼等地也发现了富硒土壤（硒含量$>0.4\times10^{-9}$）分布区，共圈定富硒土壤面积98 km^2（14.80万亩）。其中，三原－阎良地区富硒面积77 km^2（11万亩），周至—户县地区富硒面积21 km^2（3万亩），临潼地区富硒面积0.15 km^2（225亩）。

（四）矿床特征

我国独立的硒矿床少见，含硒相关的矿床类型有：①岩浆型矿床（如铜－镍硫化物矿床），硒存在于硫化物中；②火山岩型及火山沉积型矿床，很多火山型硫矿床中常含有硒，有时可达百分之几，黄铁矿型矿床也是提取硒的来源之一；③含硒岩浆热液型和斑岩型矿床，如斑岩铜矿、含硒的金银矿床以及含硒化物的沥青铀矿矿床等；④含硒的沉积型矿床，如钒钾铀矿及含铀磷块岩矿等也含有硒。

陕西的硒矿有两种矿床类型：一类是含硒的岩浆热液型矿床，如洛南县黄龙铺钼矿床中的伴生硒；一类是火山及火山沉积成因矿床，此类矿床中常含有硒，有时可达百分之几，而黄铁矿型矿床也是提取硒的来源之一，如户县东流水铜矿。

七、碲

（一）工业用途

1. 基本性质

碲（Te）属稀散元素，有两种同素异形体。一种具有银白色金属光泽（图3－65），另一种为无定形，呈黑色粉末。碲熔点449.8℃，沸点1390℃。在20℃时，结晶碲的密度为6.24 g/cm^3，无定形碲的密度为6.015 g/cm^3。碲在空气或氧气中燃烧生成二氧化碲（TeO_2），并发出蓝色火焰。

图3－65　碲锭（左）及碲金矿石标本（右）

（左—百度百科 http://baike.baidu.com/item/Te/8693846；右—百度百科 http://baike.baidu.com/item/%E7%A2%B2%E9%87%91%E7%9F%BF）

2. 主要用途

碲与硒的用途相似，主要用于冶金工业。加入少量碲，可以改善低碳钢、不锈钢和铜的切削加工性能。在铅中添加碲可提高材料的抗蚀性能，用作海底电缆的护套；也能增加铅的硬度，用来制作电极板。工业上碲可用作石油裂解催化剂的添加剂以及制取乙二醇（$C_2H_6O_2$）的催化剂，氧化碲用作玻璃的着色剂。高纯碲可用作温差电材料的合金组分，其中碲化铋（Bi_2Te_3）为最好的制冷材料。碲化合物半导体（$As_{32}Te_{48}Si_{20}$）是制作电子计算机存储器的材料。

（二）矿物种类

碲主要赋存在黄铁矿、黄铜矿、闪锌矿、金银矿、铜－镍硫化物、锡石－硫化物矿中。主要含碲矿物列于表3－45。碲钨矿是2014年中国地质大学（北京）科学研究院李国武教授发现的一新矿物，并得到国际矿物学会矿物分类及命名委员会（IMA－CNMNC）的正式批准（批准号IMA2014－053），该新矿物发现于云南省华坪县境内一半风化碱性花岗岩中。

表3－45　主要的碲矿物

矿物名称	化学式	Te含量/%	矿物名称	化学式	Te含量/%
碲铅矿	PbTe	38	碲铜矿	Cu_3Te_2	59.21
碲铋矿	Bi_2Te_3	36.18	碲银矿	Ag_2Te	37.14
辉碲铋矿	Bi_2Te_2S	47.89	针碲金银矿	$AgAuTe_4$	60.61
碲金矿	$AuTe_2$	56.41			

（据《矿产资源工业要求手册》编委会，2010）

（三）地理分布

世界上碲资源主要分布在美国、加拿大、秘鲁、日本等国的铜矿中。此外，碲还伴生于铅矿、煤矿和金矿中。

我国碲资源丰富，查明的碲矿资源主要集中在广东、江西、甘肃、四川4省。碲多分布在热液型多金属矿、矽卡岩型铜矿和岩浆铜镍硫化物型矿床中。

陕西的碲主要分布在钼矿中。如洛南县黄龙铺钼矿床即伴生有碲，查明碲金属量281.01 t，碲矿石量34366.947 $\times 10^4$ t。碲赋存于辉钼矿中，含量0.08 $\times 10^{-9}$，在钼矿开发利用的同时可予以综合回收利用。

（四）矿床特征

自然界中碲虽可形成多种独立矿物，如自然碲、硒碲矿、碲金矿、碲铋矿等，但一般不具独立开采的工业意义。碲主要产于中－低温热液型矿床中，与黄铁矿、黄铜矿、闪锌矿、方铅矿等硫化物矿床关系密切，常作为伴生矿产出。我国的独立碲矿床仅见于四川石棉县大水沟以辉碲铋矿为主的独立碲矿床。

陕西所见碲矿仅见于洛南县黄龙铺钼矿床中（伴生碲），其基本特征已在铼矿部分介绍，在此不再赘述。

第四章　人类最早利用的矿产

——非金属矿产

非金属矿产，是指在地壳中可以直接开采利用的非金属矿物和岩石。从旧石器时代人类开始制作和使用石刀、石斧和削刮器等石器工具，到新石器时代烧制陶器，人类最早认识和利用的就是非金属矿产。随着科学技术和经济的迅速发展，20 世纪 50 年代以来，非金属的应用范围日益扩大，在现代工业、农业及尖端技术等领域有了更多的应用。新用途、新类型的研究和发展，要比金属矿产更加广泛。2016 年 11 月国务院通过的《全国矿产资源规划（2016 ~ 2020 年）》，已将磷、钾盐、晶质石墨、萤石等非金属矿产列为战略性矿产资源。

我国已发现工业矿物和工业岩石两大类非金属矿产 95 种 135 个亚类，陕西发现 83 种非金属矿产，但查明资源/储量的仅 60 种（表 1 – 11），它们主要分布在陕南、渭北及陕北北部地区，关中平原及陕北中部延安市很少分布（图 4 – 1）。其中，渭北及陕北北部以盐类、水泥用灰岩、玻璃用石英砂岩、黏土类等化工及建材矿产为主；陕南地区主要为磷、重晶石、硫铁矿等化工及化肥原料矿产，以及石墨、白云母、水晶、冶金白云岩、水泥灰岩等冶金辅助原料及建材工业原料矿产。

第一节　化学工业的原料——工业矿物

据陕西省矿产资源/储量统计资料（2013 年），非金属工业矿物主要有石墨、磷、硫、盐矿、镁盐、砷、芒硝、压电水晶、熔炼水晶、矽线石、红柱石、普通萤石、重晶石、毒重石、滑石、石棉、蓝石棉、白云母、长石、电气石、石榴子石、透辉石、透闪石、蛭石、石膏等 25 种。其中，石盐矿是陕西的优势矿产。

一、毒重石

（一）工业用途

1. 基本性质

毒重石为含钡的碳酸盐矿物，又名碳钡矿、碳酸钡矿，化学式 $BaCO_3$。晶体少见，常呈致密粒状、柱状、纤维状或葡萄状集合体，白色或被染成灰、黑灰、浅黄褐色，玻璃光泽，莫氏硬度 3 ~ 3.5，密度 4.2 ~ 4.35 g/cm^3，折射率 1.529 ~ 1.677，溶于酸，常与重晶石共生。需要特别注意的是吸入碳酸钡粉能使人中毒。

2. 主要用途

毒重石的主要用途之一是制取钡化工产品碳酸钡、氟化钡、硫酸钡、硝酸钡、氯化钡、锌钡白等钡化合物。①碳酸钡，用于制备光学玻璃、显像管玻璃等特种玻璃、陶瓷、搪瓷、釉药、油漆和制造高级纸张的填充剂、纺织工业的上浆剂、钡磁性材料和电容器的材料；②氟化钡，主要用于杀虫剂、纺织皮革工艺的煤染剂、人造丝的消光剂，机械淬火和金属加工；③硫酸钡，主要用作油漆、油墨、塑料、橡胶、蓄电池的原料和填充剂；④硝酸钡，主要用于烟花、军工等行业；⑤氟化钡，主要用于制造电机电刷、光导纤维、激光发生器、珐琅和木材防腐剂；⑥锌钡白（立德粉），是一种优质的白色颜料，主要用于有机树脂、塑料、油漆、油墨以及橡胶制造、漆布、皮革、纸张、搪瓷的着色；⑦其他钡化合物，主要用于生产电子元件、医药造影剂、高效干燥剂、脱水剂、皮革脱毛剂和漂白剂。

毒重石的用途之二是提取金属钡，用于电视和其他真空管的吸气剂和黏结剂。冶金工业用以生产钡合金，如钙钡合金、钇铜钡超导体合金、钡镍合金、硅钡铁合金以及钡与铝、镁、铅、钙等制成合金用于轴承制造。

（二）矿物种类

含钡的矿物有20余种，但只有毒重石（图4-2）和重晶石（$BaSO_4$）具有工业利用价值。

图4-2　毒重石矿物

（左—金投网 http://zhubao.cngold.org/bstj/duzhongshi.html；右—中国百科网 http://www.chinabaike.com/z/keji/ck/866645.html）

（三）地理分布

陕西有独立的毒重石矿两处、与重晶石共生的一处，分布在安康市紫阳县、平利县一带（表4-1），全省累计查明毒重石矿石量249.253×10^4 t。目前3处毒重石矿产地，1处可供进一步工作，1处推荐近期利用，1处停采。

表4-1　陕西省毒重石矿产地简表

序号	矿产地名称	所在地区	规模	开采利用情况
1	紫阳县黄柏树湾毒重石矿	安康市	小型	停采矿区
2	紫阳县茶寨院子毒重石矿	安康市	小型	可供进一步工作
3	平利县长梁重晶石（毒重石）矿	安康市	小型	推荐近期利用

（据陕西省国土资源厅，2014）

（四）矿床特征

1. 矿床类型

我国和陕西的毒重石矿床类型均为沉积型层状矿床。

2. 紫阳县黄柏树湾毒重石矿

紫阳县黄柏树湾毒重石矿，位于紫阳城南西方向，直线距离38 km处。含矿地层由寒武系鲁家坪组白云岩、硅质岩、碳质板岩组成，矿体呈层状产在硅质岩夹白云岩层中，矿体长18～195 m，厚2.39～9.98 m。矿石含毒重石65%～95%，重晶石<15%，石英5%～10%，碳质1%。矿石品位：富矿 $BaCO_3$ 64.61%、$BaSO_4$ 14.17%、SiO_2 16.6%、CaO 1.1%；贫矿 $BaCO_3$ 37.49%、$BaSO_4$ 24.92%、SiO_2 27.28%、CaO 2.11%。

二、石盐

（一）工业用途

1. 基本性质

石盐分为岩盐、湖盐及天然卤水，其化学式 NaCl。岩盐常见晶形为立方体，其次是八面体，集合体多为块状。岩盐质纯者无色透明（图 4-3），但常因含杂质而被染成各种颜色。莫氏硬度 2~2.5，密度 2.2~2.28 g/cm^3，熔点 804℃，沸点 1413℃，易溶于水，味咸。

图 4-3　食盐及岩盐矿（右—延川永坪镇钻井中岩盐矿心）
（左—成都市科学技术协会 http://www.cdkjx.com/ReadNews.asp? NewsID=8781；右—陕西新闻联播，2016.8.30）

天然卤水为含溶解盐的天然水。一般将含盐量大于 50%、矿化度不小于 50 g/L 的称为卤水。天然卤水为淡黄、绿色，含离子不同而呈颜色各异的液体。

2. 主要用途

盐是人类延续生命的必需品，具有调节人体内水分的均衡和分布、维持体液平衡的作用。因此，盐是国计民生一日不可无的必需矿产品。中国是利用盐最早的国家之一，作为食用盐，见于史料记载的已有 3500~4000 年历史。现代社会，与盐有关的产品多达 1.4 万种，其用途可分为食用盐和工业用盐两大类。

食用盐的消耗量占盐全部用量的一半以上，除食物调味品外，主要用作食品加工剂，如腌制肉类、海产品、蔬菜类、蛋类，以及用作酵母加工和葡萄酒稳定剂、畜牧业作饲料添加剂。适量摄取食盐有益于身体健康，但长期食盐过量，可导致高血压、中风、冠心病等心脑血管疾病。老话说“众口难调”，或咸或淡，可依各自口味，在一定的范围内食盐多少并无大碍。但是，别忘了世界卫生组织的建议，健康人每日最佳食盐量不应超过 6 g。

工业用盐主要是作化工原料，用于合成纯碱（Na_2CO_3），其次用于制取盐酸、氯气、苛性钠和氢元素。其中，纯碱绝大部分用于建材、轻工和化工部门，玻璃工业是纯碱最大的消费部门，每吨玻璃需纯碱 0.2 t。优级重质纯碱用于生产彩电显像管玻璃壳，搪瓷工业用作色素的碱性熔融剂，制革工业用作原料皮的脱脂、中和铬鞣革，轻工用于合成洗涤剂生产，化学工业用于制取水玻璃、氯化钠、小苏打、硼砂等；盐酸用于化工、陶瓷、染料、皮革、金属矿冶炼、印刷、纺织和焊熔剂；氯气用于医药麻醉制、杀菌剂、农药、灭火剂、炸药、制冷剂和纺织业；氢用于生产乙醇、高能燃料、有机合成纤维、药品及合成宝石。

（二）矿物种类

盐矿，以产出状态分为池盐（湖盐）、岩盐（石盐）及天然卤水（习惯上称井盐）。原矿中常含有钾盐、镁盐、芒硝、石膏，以及硼、锂、锗、镓、铯、铷、溴、碘和重金属等。天然卤水按所含化学成分不同，分为氯化物型、硫酸盐型和碳酸盐型3类；按赋存条件分为地表卤水、地下卤水；按化学组分分为盐卤水、硝卤水；按赋存状态分为晶间卤水、孔隙卤水和盐湖卤水、滨海卤水、石油卤水。

（三）地理分布

中国盐矿资源分布广泛，东部海盐，西部湖盐，中部井矿盐，且是世界上盐湖分布最多的国家之一。

陕西省以往查明的岩盐矿主要分布在榆林、米脂、绥德、佳县、吴堡等陕北北部奥陶系马家沟组碳酸盐岩地层中，形成了全省唯一、全国最大、全球少有的海相岩盐田（表4－2）。据2016年8月31日西部网讯（陕西广播电视台《陕西新闻联播》记者杨泾茂）报道，陕西省国土资源厅找矿突破战略行动中，中国建筑材料地质勘查中心陕西总队，在延安市延川县永坪镇一带新发现了一个巨型岩盐矿，查明岩盐矿石资源量1113×10^8 t，氯化钠资源量927×10^8 t，相当于90多个大型岩盐矿床的规模。该盐矿成为目前我国已查明岩盐矿床中单体资源/储量最大的一个，填补了延安市无岩盐矿的空白。

表4－2　陕西省盐矿产地简表

序号	矿产地名称	所在地区	规模	开采利用情况
固体盐矿				
1	榆林市镇川堡地区石盐矿	榆林市	中型	计划近期利用
2	榆林市安崖石盐矿		大型	计划近期利用
3	榆阳区鱼河石盐矿		大型	计划近期利用
4	榆林市阎庄则勘查区石盐矿		中型	推荐近期利用
5	榆林市镇川堡－绥德盐矿		超大型	推荐近期利用
液体盐矿				
1	定边县盐矿	榆林市	小型	停采矿区
2	定边县苟池盐矿		小型	停采矿区

（据陕西省国土资源厅，2014）

据2014年《陕西省矿产资源报告》统计数据，全省5处盐田累计查明氯化钠8855.148×10^8 t，占全国保有储量的67.1%，位列全国第一。加上延安市新近发现的超大型石盐矿，陕西盐矿保有储量在全国占的比重就更上一个台阶。

2008年10月，陕西省联合能源化工技术有限公司编制了《陕西省盐资源开发利用规划》。目前，榆林5处盐田中有3处计划开发利用，两处推荐近期利用。

（四）矿床特征

1. 矿床类型

中国石盐矿床类型有3种：①蒸发沉积型矿床；②地下卤水盐矿床；③现代湖盐矿床。陕西盐矿床类型主要为蒸发沉积型矿床和地下卤水盐矿床。

2. 陕西最大的石盐矿——榆林市镇川堡－绥德石盐矿田

榆林市镇川堡－绥德岩盐矿属目前陕西发现的最大盐矿田，产于奥陶系马家沟组第一段至第五段石灰岩、白云岩和硬石膏岩中，形成上、下重叠的6套含盐岩层。岩盐以硬石膏型石盐矿为主，矿体为大型层状，矿层埋深2100～3000 m。单层盐矿厚度0.14～10 m，盐层总厚317.27 m（榆9井），从聚盐中心向周边减薄。石盐品位NaCl平均达97%以上，估算潜在资源量为6×10^{8} t。该盐矿质纯、低钾、低溴。有害元素氟（F）含量$0.1\times10^{-6}\sim0.2\times10^{-6}$、砷（As）含量$0.04\times10^{-6}$均远低于食用盐工业指标的要求。

（五）开发利用

中国人大约在神农氏（炎帝）与黄帝的时期开始利用盐。中国古时的盐是用海水煮出来。20世纪50年代福建有文物出土，其中有煎盐器具，证明了仰韶时期（公元前5000～公元前3000年）古人已学会煎煮海盐。

古时盐的种类繁多，除了海盐取海卤煎炼而成外，井盐取井卤煎炼而成，碱盐刮取碱土煎炼而成，池盐出自池卤风干，崖盐生于土崖之间。初期盐的制作，直接安炉灶、架铁锅、燃火煮。这种原始的煮盐费工时，耗燃料，产量少，故盐价很贵。从盐诞生起，王室就立有盐法。在周朝时，掌盐政之官叫“盐人”；汉武帝始设立盐法，实行官盐专卖，禁止私产私营；晋代时，私煮盐者百姓判四年刑，官吏判两年。立盐法后，民众食盐是有规定的。《管子》：“凡食盐之数，一月丈夫五升少半，妇人三升少半，婴儿二升少半。”到了唐代，则设“盐铁使”，管理食盐专卖；到元代，设“盐运使”，明清直至北洋政府和民国时期，都设有类似官职专管食盐产销供。

新中国成立之前，中国共产党领导的军队和根据地里，曾发生过许多和盐有关的故事。1935年，红军历经万里长征到达陕北后，陕甘宁边区很快发展成管辖横跨陕西、甘肃、宁夏3省27个县市、人口约150万的革命根据地。由于自然条件差，地广人稀，基础薄弱，交通闭塞，经济建设的任务非常艰巨。边区政府各项工作和各项事业的开展，部队将士打仗、休整、装备等等都需要大量经费。钱从何来？根据陕北当地的实际情况，发展盐业生产，繁荣食盐贸易成为事关根据地生存和发展的重要工作。据《绥德州志》记载：“初出于城（绥德）四百里三眼泉，后三皇峁（今子洲县马蹄沟镇三皇峁村）上下川十里尽成盐滩。”当地人“刮土煎盐”，所产小盐晶莹洁白、味正易融，极负盛名。盐井、盐滩、盐土堆在大理河两岸绵延10余里，因此被称作十里盐湾，又有“十里刮金板”之说。20世纪40年代，红军在延安开展大生产运动，边区政府号召盐工多打井，多产盐，使盐井由原来的几十口发展到近120口，盐工由200多名增至七八百名，大力组织盐业生产，把盐运到西华池等口岸出售。用盐换回根据地所急需的棉花、布匹、火柴、办公用具等，大大缓解了边区经济生活上的困难。当时，盐的收入是边区政府除公粮外最大的收入，盐的外销占对外出口的90%，对发展边区经济、克服财政困难做出了重大贡献。因此，毛泽东当时曾说“宁丢延安，不丢十里盐湾”。可见食盐的生产、运输和销售，对当时的陕北根据地是何等的重要啊！

三、萤石

（一）工业用途

1. 基本性质

萤石旧称氟石，是自然界主要的含氟矿物，化学式CaF_2，钙常被铈、钇代替。钇含量高时，称钇萤石。萤石晶形具有标型特征，在碱性溶液中结晶时呈立方体；在中性溶液中结晶为菱形十二面体、八面体，偶具四六面体和六八面体；在酸性溶液中形成八面体，大多为粒状、块状集合体。萤石一般呈黄、绿、蓝、紫、红、灰、深灰及黑等色调（图4－4），加热时褪色，受射线照射可恢复原色，玻璃光泽，莫氏硬度4，密度3.18 g/cm³，熔点1270～1360℃。

萤石在阴极射线和紫外线照射下发紫色荧光，含钇、铈、镧系元素高时具强荧光，在阳光照射后发磷光。

2. 主要用途

萤石主要用于钢铁、氟化工、炼铝和建材工业。其用途有：①在冶金工业中，用于冶炼钢铁的助

图 4－4　萤石矿物

（左—冀石之光 http://www.jishizhiguang.com/shizhong/369.html；
右—搜狗百科 http://baike.sogou.com/h947448.htm? sp = Sprev&sp = l67863660）

熔剂，增强钢铁的可锻性和抗张强度；②在化学工业中，用于制取氢氟酸及氟树脂、氟橡胶、氟涂料、含氟精细化学品、无机氟化合物等氟化工产品，广泛用于军工、航天、航空、轻工、机械等领域；③在建材工业中，主要用作水泥煅烧熟料的矿化剂和玻璃、陶瓷、搪瓷、辉绿岩铸件等工业助熔原料和重要配料；④人工合成的高纯度萤石中含钕（Nd）、镝（Dy）等稀土元素，达到一定含量时可作激光材料；⑤无色透明萤石可作光学仪器；⑥色泽鲜艳、透明、半透明、无解理裂纹的块状萤石可作美术工艺雕刻材料；⑦萤石还用于医药、农业等领域。

（二）矿物种类

萤石是唯一能形成工业矿床的氟矿物，常含赤铁矿、铅、锌等杂质，有时含有气相、液相和黄铁矿、白铁矿、黄铜矿的固态包裹体。据有关测试资料，约有 60% 的萤石具有放射性，无色者放射性活度 1～3 Bq（贝可），蓝、紫色者放射性活度达 100 Bq（贝可）。

（三）地理分布

我国萤石矿产资源较丰富，主要分布在内蒙古、浙江、福建、江西和湖南等省区，截至 2014 年，全国查明萤石储量为 2400×10^4 t，占世界查明萤石储量的 10%（据国土资源部信息中心，2015）。

陕西的萤石矿主要分布在商洛市商州区玉石坡、洛南县李塬、安康市平利县大磨沟闹阳坪等地（表 4－3），查明萤石（CaF_2）资源/储量 101.645×10^4 t，矿石量 224.347×10^4 t。3 处萤石矿中，商洛市的两处已经处于停采状态，1 处可推荐近期利用。

表 4－3　陕西省普通萤石矿产地简表

序号	矿产地名称	所在地区	规模	开采利用情况
1	商州市玉石坡萤石矿	商洛市	中型	停采矿区
2	洛南县李塬萤石矿	商洛市	小型	停采矿区
3	平利县闹阳坪铅锌矿（共生萤石）	安康市	中型	推荐近期利用

（据陕西省国土资源厅，2014）

（四）矿床特征

1. 矿床类型

我国的萤石矿一般分为单一萤石矿和共生、伴生萤石矿两大类。单一萤石矿有两种矿床类型：①

热液脉型萤石矿；②层控热液型萤石矿；共生、伴生萤石矿有3种矿床类型：①铅锌硫化物矿床中的共伴生矿；②钨锡多金属矿床中的共伴生矿；③稀土及铁矿中的共伴生矿。

陕西萤石矿床类型为热液脉型萤石矿和铅锌矿床中共伴生萤石矿两种类型。

2. 商州市玉石坡萤石矿

该萤石矿床，位于商州区黑山区松树咀乡玉石坡及杨斜区麻池河乡花石崖寨。萤石矿产于印支期沙河湾斑状角闪黑云二长花岗岩体内，分为玉石坡和花石崖南北两个矿带。北矿带（花石崖）圈出7个矿体，主矿体长648 m，平均厚3.4 m，控制斜深55～155 m，矿石类型有萤石型和石英－萤石型两种，含 CaF_2 20.8%～34%，SiO_2 56.3%；南矿带（玉石坡）有矿体5个，主矿体长412 m，厚1.7 m，控制斜深375 m，其余矿体长9.5～147 m，厚1.4～1.6 m。矿石类型为萤石型富矿，主矿体平均含 CaF_2 55.7%、SiO_2 34.8%。

四、磷

（一）工业用途

1. 基本性质

磷（P）是亲生物元素，磷共有4种同质多象变体，常见的有白磷和赤磷。白磷，由于受光和杂质的影响易变为淡黄色，习惯上称为黄磷，黄磷为黄色蜡状固体，质软，用刀可切割，相对密度1.82 g/cm^3（20℃），熔点44.1℃，沸点280℃，不溶于水而溶于液碱、苯、乙醇、氯仿、甲苯和二硫化碳；易燃、易氧化，因而必须储存于水中；在黑暗中能发磷光，有恶臭、剧毒。

赤磷，由黄磷在隔绝空气条件下以250℃温度长时间加热制得，为紫红色无定形粉末，具金属光泽，密度2.34 g/cm^3，熔点595℃，沸点725℃，溶于三溴化磷和氢氧化钠，不溶于二硫化碳、氨和乙醚，加热至200℃时生成五氧化二磷，易燃、无毒、无臭，在暗处不发磷光。

2. 主要用途

磷矿主要用于制取磷肥，其次用于制取黄磷、赤磷、磷酸和其他磷酸盐类及磷化合物。具体用途为：①磷肥是农业上不可缺少的肥料；②黄磷主要用于制取热法磷酸、磷化合物、有机磷农药和灭鼠剂，军事上用于制造燃烧弹、曳光弹、烟幕弹和信号弹；③磷酸主要用于制造各种磷酸盐，用以生产合成洗涤剂、饲料添加剂、食品工业发酵剂与疏松剂和改良制以及营养增补剂，塑料工业的阻燃剂、增塑剂、稳定剂和抗氧化剂；④磷酸二氢铝是一种胶凝材料，应用于电气工业，高温窑炉和尖端科学领域；⑤磷与铟、镓的磷化物主要用于生产半导体材料；⑥五氧化二磷和磷化合物，用于制药和冶金工业制造磷青铜片及轻金属的脱酸等。

据国土资源部信息中心《世界矿产资源年评2015》，2014年世界磷矿的消费结构：磷肥占68%、饲料磷酸钙占8%、食品工业占8%，其他工业约占16%。我国磷矿石消费量为6270×10^4 t，是世界上最大消费国之一，占亚洲的50%。

（二）矿物种类

自然界中已知含磷矿物有100多种，分布广泛。但是按其质和量都能达到可以开采利用的含磷矿物则不过二、三种，最重要的是磷灰石，其化学式为 $Ca_5[PO_4]_3$（F，OH，Cl）。柱状晶体，集合体呈粒状、致密块状或结核状，色灰、褐黄或淡绿（图4－5）。根据其成分中附加阴离子的不同，磷灰石又可分为氟磷灰石、氯磷灰石、羟磷灰石、碳磷灰石等。另外，外生成因的磷灰石，常呈隐晶质块体或结核状，统称胶磷矿。

具工业价值的含磷矿石主要有磷块岩、磷灰岩和磷灰石，还有鸟粪磷矿和磷钙土。磷块岩的主要矿物是碳氟磷灰石，选矿较难。磷灰岩和磷灰石的主要成分为氟磷灰石及少量氯磷灰石，生物堆积磷矿的主要成分是碳磷灰石，羟磷灰石。

图 4－5　磷灰石（左）及磷块岩（右）

（左—互动百科 http://www.baike.com/wiki/磷矿；右—360 百科 https://baike.so.com/doc/5575044－5789462.html）

（三）地理分布

我国磷矿资源较贫乏，主要分布在云、贵、川、鄂、湘 5 省。云南晋宁、湖北襄阳和贵州开阳（被誉为“三阳开泰”、“中国三大磷矿”），其中以云南晋宁资源最为丰富，与美国的佛罗里达、苏联的柯拉、非洲的摩洛哥齐名称为“世界四大磷矿”。截至 2014 年，我国查明磷矿石储量 30.73×10^{8} t，占世界总量的 4.6%，居世界第二位。

陕西磷矿主要分布在汉中市汉台区、南郑县、勉县、略阳县、宁强县、镇巴县。另外，在宝鸡市的岐山县、陇县、凤县，商洛市的山阳县也有分布（表 4－4）。累计查明矿石量 58939.426×10^{4} t，在全国排名第七位，西部地区排名第四位。全省 16 个磷矿中，有两个正在开采，5 个已停采，5 个推荐近期利用，3 个可进一步开展工作，1 个计划近期利用。

表 4－4　陕西省主要磷矿产地简表

序号	矿产地名称	所在地区	规模	开采利用情况
1	岐山县涝川磷矿	宝鸡市	小型	推荐近期利用
2	陇县景福山磷矿		小型	可供进一步工作
3	凤县九子沟磷灰石矿		超大型	可供进一步工作
4	山阳县胡家沟磷矿区	商洛市	小型	停采矿区
5	汉中市天台山磷锰矿	汉中市	大型	开采矿区
6	南郑县朱家坝磷矿		小型	停采矿区
7	勉县茶店磷矿		中型	开采矿区
8	宁强县阳平关磷矿区		中型	停采矿区
9	宁强宽川铺磷矿		小型	推荐近期利用
10	略阳县何家岩磷矿		小型	可供进一步工作
11	略阳县徐家沟磷矿		小型	停采矿区

（据陕西省国土资源厅，2014）

（四）矿床特征

1. 矿床类型

我国磷矿床类型有 5 种：①生物化学沉积型磷块岩矿床；②风化型磷块岩矿床；③沉积－变质型磷灰岩矿；④变质交代型磷灰岩矿；⑤岩浆型磷灰石矿。陕西的磷矿床类型主要有①和⑤两个类型，代表矿床分别为汉中市天台山磷锰矿和凤县九子沟磷灰石矿床。

2. 陕西最早探明的大型磷矿——汉中市天台山磷矿床

陕西汉中市天台山磷矿，是1965年由陕西省地质局第四地质队发现，后经过1975～1988年的详查和勘探，省内最早探明的一处大型磷块岩矿床。该矿床位于汉中市以北的武乡镇境内。磷矿体呈层状产于下寒武统牛蹄塘组（原矿区称为塔南坡组）碳质千枚岩中，磷矿层之上见有含锰石灰岩。矿区圈出31个磷矿体，长140～2966 m，平均厚度0.55～10.32 m，延深610～656.9 m。矿石以硅钙质磷块岩为主，其次为硅质磷块岩和少量钙质磷块岩。矿石矿物为胶磷矿、磷灰石。矿石平均含磷（P_2O_5）16.60%。该磷矿储量大、开采条件较好，矿石易选。除磷矿外，矿区还共生有8个锰矿体，其长度250～1520 m，平均厚度1.01～2.34 m，平均锰（Mn）含量18.05%。锰矿石类型以碳酸锰为主，地表有部分氧化锰矿石。锰矿物粒度较细，属难选矿石。

1974年当时的汉中县成立了天台山磷矿，对该磷矿区局部矿段开始了小规模露天开采。1978年后，随着农业生产对磷肥的需求增加，磷矿的开发范围逐步扩大，开采方式也由露天开采扩大到硐采。1985年以后，由于矿石滞销曾处于停产状态。1997年，陕西省天台山矿业开发有限责任公司注册登记了该矿的采矿权，重新启动了矿区的生产。

五、硫

（一）工业用途

1. 基本性质

硫（S），呈粉末状和块状，淡黄色，硫的晶体为锥状、板状（图4－6）。自然界中硫一般以自然元素矿物——自然硫、硫砷化合物矿物——硫铁矿、硫酸盐矿物和气态的硫化氢存在。自然硫硬度1～2，密度2.05～2.08 g/cm^3，熔点112.8℃，着火点248℃，沸点444.6℃，不传热，不导电，在248～261℃时易燃烧生成二氧化硫，并呈蓝色火焰。自然硫具热膨胀性，并随温度而变化，加热至112.8℃时呈易流动的液体，继续加热呈黏稠状，加热至200～250℃时又呈液体，加热至444℃时沸腾为硫蒸气，遇冷形成粉状硫（硫华）。

图4－6　自然硫（左）及硫磺（右）

（左搜狐网 http://www.sohu.com/a/124334098_499009；

右—互动百科 http://tupian.baike.com/a0_50_09_20300000246938133146099402304_jpg.html）

2. 工业用途

硫主要用于制取硫酸，少量炼制硫磺（图4－6）。硫酸主要用于生产化肥（如硫酸铵、过磷酸钙等）和磷酸，其他还用于生产各种无机酸、硫酸盐和无机盐产品。硫酸的其他用途是：在有机化工生产中用于酸化、磺化、催化等方面；在冶金工业中用于钢铁、镍等金属酸洗，有色金属冶炼；在颜料工业中用于生产钛白粉、立德粉；其他还用石油精炼、石油化工、造纸、农药、塑料、树脂、有机玻璃、医药、合成洗涤剂、印染等工业。高品位硫精矿制酸后的烧渣，可作为冶炼钢铁原料，而低品位的烧渣则可作为高标号硅酸盐水泥原料。

硫磺主要用于生产橡胶、医药、烟花爆竹、火柴、农药和杀虫剂、各种炸药和发烟剂，并可作为面粉、淀粉和制糖的漂白剂。

硫的消费形式有两种：即元素硫和硫酸，全球80% ~85%的硫用以生产硫酸。硫的一般消费结构包括：农业化工工业（主要是磷肥）占62%，炼油业占16%，金属矿开采业占3.7%，其他占18.1%。

（二）矿物种类

硫有三大类资源，一是硫铁矿、伴生硫；二是自然硫矿；三是石油、天然气、有色金属硫化物中的回收硫。国外以天然气、石油回收硫和自然硫为主要工业来源，我国则以硫铁矿为主。有工业利用价值的含硫矿物主要有4种（表4－5）。

表4－5 具工业利用价值的主要硫矿物

名称	化学式	S含量/%
自然硫	S	理论成分100，但随杂质含量不同变化较大
黄铁矿（工业上又称硫铁矿）	FeS_2	53.45
白铁矿	FeS_2	53.45
磁黄铁矿	$Fe_{1-x}S$（$x=0.1\sim0.2$）	38.8 ~40.11

（据《矿产资源工业要求手册》编委会，2010）

（三）地理分布

我国除上海外，其余省（区、市）都有硫矿产地分布，但主要集中于内蒙古、安徽、广东、贵州、云南、四川、江西、山西、河南和湖南等省（区）。据国土资源部信息中心《世界矿产资源年评2015》资料，截至2014年，我国硫铁矿矿石量13.39×10^8 t、有色金属伴生硫近0.96×10^8 t、自然硫114×10^4 t。

陕西的硫矿主要分布在商洛、汉中和安康，渭南、西安和宝鸡也有分布（表4－6、表4－7），查明自然硫和伴生硫资源/储量4006.156×10^4 t，矿石量138256.762×10^4 t；查明硫铁矿矿石量4731.425×10^4 t。查明硫铁矿资源/储量在全国排名第17位，西部省区第八位。有硫矿28处，正开采的两处，推荐近期利用7处，计划近期利用两处，正在基建两处，可进一步工作两处，停采13处。

表4－6 陕西省主要自然硫矿产地简表

序号	矿产地名称	所在地区	规模	开采利用情况
1	山阳县窑火沟铜金多金属矿	商洛市	小型	可供进一步工作
2	略阳县徐家沟铜矿	汉中市	小型	计划近期利用

（据陕西省国土资源厅，2014）

（四）矿床特征

1. 矿床类型

我国硫矿床类型有6种：①含煤地层中沉积型硫铁矿矿床；②沉积变质型硫铁矿矿床；③火山岩型硫铁矿矿床；④中－低温热液型多金属硫铁矿矿床；⑤沉积－改造型硫铁矿矿床；⑥矽卡岩型硫铁矿矿床。

陕西省硫矿主要有沉积变质型、沉积型、中－低温热液型硫铁矿3个矿床类型，其代表性矿床有镇安县月西沉积变质型硫铁矿床、澄城县三眼桥沉积型硫铁矿床、宁强县二里坝中－低温热液型硫铁矿床。

表 4-7 陕西省主要硫铁矿（伴生硫）矿产地简表

序号	矿产地名称	所在地区	规模	开采利用情况
1	澄城县三眼桥硫铁矿	渭南市		停采矿区
2	华县金堆城钼矿（伴生硫）	渭南市	中型	开采矿区
3	户县东流水铜矿区（伴生硫）	西安市	小型	停采矿区
4	镇安县月西硫铁矿	商洛市		停采矿区
5	洛南县黄龙铺钼矿（伴生硫）	商洛市	中型	开采矿区
6	洛南县水草坪金矿（伴生硫）	商洛市	小型	推荐近期利用
7	洛南县小秦岭南坡金矿（伴生硫）	商洛市	小型	推荐近期利用
8	商州凤凰山—道岔沟铅锌矿（伴生硫）	商洛市	小型	停采矿区
9	商州区引寺沟铅锌矿（伴生硫）	商洛市	小型	基建矿区
10	柞水县银洞子银铅矿（伴生硫）	商洛市	小型	停采矿区
11	山阳县小河口铜矿（伴生硫）	商洛市	小型	停采矿区
12	宁强县二里坝硫铁矿床	汉中市	中型	停采矿区
13	宁强县刘家坪铜矿（伴生硫）	汉中市	中型	停采矿区
14	略阳县徐家沟铜矿（伴生硫）	汉中市	小型	计划近期利用
15	旬阳县大沟槽金矿（伴生硫）	安康市	小型	基建矿区

（据陕西省国土资源厅，2014）

2. 镇安县月西硫铁矿

陕西镇安县月西硫铁矿，产于泥盆纪晚期冷水河组石英粉砂岩夹细砂岩中，共有矿体 8 个，受地层和东西向断裂控制呈北西西向平行展布。主矿体长 1191 m，平均厚度 7.2 m，平均含硫 30%，全矿床平均含硫 27.62%。累计查明矿石量 438.24×10^4 t，保有量 370.132×10^4 t。

六、石棉、蓝石棉

（一）工业用途

1. 基本性质

广义的石棉有两类，均属链状结构的硅酸盐矿物。一类是蛇纹族矿物的纤维状变种，称蛇纹石石棉或温石棉，一类是角闪石族矿物中碱性角闪石矿物的纤维状变种，通常具不同色调的蓝色，故称蓝石棉（图 4-7）。

由于工业上主要应用的是温石棉，使用范围广、用量大，故温石棉被简称石棉。石棉具空心管状构造，纤维极细，具极好的纤维性和劈分性，纤维柔软、富弹性，有较好的可纺织性和较大抗拉强度，熔点高（1500℃），不燃烧，具有绝热、绝缘、耐腐蚀、耐碱、耐酸能力，导热系数小，但加热至 540℃时，强度迅速下降。

2. 主要用途

温石棉主要用来生产建筑材料、石棉纺织品和石棉制动制品，其用途有：①作石棉水泥建筑材料和制品；②作石棉纺织制品以用于隔热防火材料和器材；③作摩擦材料，如刹车片和闸瓦等；④作塑料和树脂的增强纤维；⑤作军工和航空航天工业必需的制动和绝缘防御材料；长纤维石棉制成的石棉毡或石棉纸浸以树脂后成为强耐热、坚韧的航空工业的高强耐热材料，可用于飞机机翼和油箱、小艇与汽车外壳、刹车片、火箭管、导弹喷嘴锥体上；⑥作电气绝缘材料和绝缘填料，以及电池的隔膜材料；⑦生产石棉沥青制品，以作为建筑用的防水、防潮、防化学腐蚀和保温的覆盖材料、嵌填材料或铺路材料。

石棉的消费结构为：石棉水泥制品 55%，防火涂料和化合材料 26%，电子绝缘材料小于 1%，

图 4-7　石棉（左—温石棉，右—蓝石棉）

（左—百度搜索 http://www.chinaneolithic.net/cn/mineral/photos.asp? id=310；

右—百度百科 http://baike.baidu.com/item/%E8%93%9D%E7%9F%B3%E6%A3%89/371946）

其他约19%。蓝石棉用途同温石棉，在20世纪50～60年代曾应用在不同的行业。因蓝石棉对人体健康构成伤害，现已被淘汰，不再勘查开发。

（二）矿物种类

石棉可分蛇纹石石棉（包括水镁石，又称温石棉，一般简称石棉）和角闪石石棉（又称蓝石棉）。后者，又分为青石棉、纤铁蓝闪石石棉、镁钠铁闪石石棉、锰闪石石棉、直闪石石棉、透闪石石棉、阳起石石棉、钠闪石石棉等。

（三）地理分布

我国石棉矿资源比较丰富，主要集中分布于四川、云南、陕西、甘肃、青海和新疆等省区。据国土资源部信息中心《世界矿产资源年评2015》资料，截至2014年，我国查明石棉储量约 9000×10^4 t，位居世界前列。

陕西的石棉矿主要分布在宁强、略阳、商南等县（表4-8）。温石棉矿区两处，累计查明石棉资源/储量 298.13×10^4 t，矿石量 7940.23×10^4 t；蓝石棉矿区两处，累计查明蓝石棉矿石量1993.00 t。因石棉污染环境、有害人体健康，20世纪90年代起，逐渐成为被淘汰的矿种。目前4处石棉矿山已全部停采。

表4-8　陕西省石棉、蓝石棉矿产地简表

序号	矿产地名称	所在地区	规模	开采利用情况
1	商南县大苇园蓝石棉矿	商洛市	大型	停采矿区
2	商南县冯家岭蓝石棉矿	商洛市	中型	停采矿区
3	宁强县大安黑木林石棉矿	汉中市	中型	停采矿区
4	略阳县煎茶岭石棉矿	汉中市	中型	停采矿区

（据陕西省国土资源厅，2014）

（四）矿床特征

1. 矿床类型

中国温石棉矿床类型主要有两类：①镁质超基性岩热液蚀变型石棉矿床；②碳酸盐岩热液蚀变型石棉矿床。

中国蓝石棉矿床类型主要有5类：①钠长岩和蓝闪钠长岩蚀变充填型石棉矿；②矽卡岩型镁钠闪石石棉矿；③细碧角斑岩低温热液交代充填型；④镁质碳酸盐岩低温热液交代充填型；⑤湖相含盐碎屑岩热液交代充填型蓝石棉矿。

陕西省温石棉为镁质超基性岩热液蚀变型矿床，以宁强县大安黑木林石棉矿、略阳县煎茶岭石棉矿为代表；蓝石棉为钠长岩和蓝闪钠长岩蚀变充填型纤铁蓝闪石石棉矿床，以商南县大苇园蓝石棉矿、商南县冯家岭蓝石棉矿为代表。

2. 陕西第一处大型石棉矿——宁强县大安黑木林石棉矿

宁强县大安黑木林石棉矿是陕西查明的第一处大型石棉矿，矿区位于宁强县城北28 km处的庙坝乡境内，斜方辉石橄榄岩体呈狭长条带状呈南西西－北东东方向分布于区内，该岩体均蚀变为蛇纹岩，石棉矿体呈透镜状产于蛇纹岩中，属超基性岩变质蛇纹石石棉矿床。主矿体有5个，长510～2400 m，平均厚度33.41～171 m。矿石平均含棉量4.247%。矿石矿物成分主要为水镁石石棉和蛇纹石石棉，其次为蛇纹石、滑石、磁铁矿等。

七、石墨

（一）工业用途

1. 基本性质

石墨是由碳元素（C）组成的自然元素矿物，与金刚石是同质多象变体，为鳞片状晶体或块状集合体，铅灰色，不透明，硬度具异向性，垂直解理面方向硬度3～5，平行解理面方向硬度1～2，密度2.09～2.23 g/cm^3。具滑腻感，易染手。

石墨是一种特殊的非金属材料，但具有金属的优良性能，如有涂敷性、润滑性、耐高温、耐腐蚀、耐酸碱、可塑性、导热性、导电性、化学稳定性及在高温下所具有的特殊的抗热性能等，其熔点3850±50℃，沸点4250℃。石墨热膨胀系数很小，在20～100℃时为1.2×10^{-6}，是已知最耐高温的轻质矿物之一。

根据结晶程度，石墨分为晶质石墨和土状石墨两大类（图4－8）。晶质石墨，呈单个晶体或片状晶体的连生体产出，其片径大于1 μm。晶质石墨矿石中常伴生有云母、石英、透闪石、透辉石、石榴子石和少量硫铁矿、方解石、金红石以及含钒白云母，属区域变质或花岗质岩浆作用形成；土状石墨，为细小的微粒晶（片径1～0.01 μm）构成的集合体，其晶形只有用高倍显微镜才能辨别。土状石墨主要由煤层遭受接触变质作用而形成。

图4－8　石墨（左—晶质石墨，右—非晶质石墨）
（左—中国地质博物馆石墨藏品图片；
右—福建省富友石墨科技有限公司 http://www.fuyousm.com/detailedProduct.aspx?id=17）

2. 主要用途

石墨主要用作耐火、热金属成型、导电、耐磨、润滑剂、耐腐蚀耐高温以及隔热、环保、防辐射和航空航天等领域的材料。其中，晶质石墨的用途最为广泛。

晶质石墨主要用于以下方面：①作高级耐火材料；②作固体润滑剂和摩擦、制动材料；③作各种电碳制品、显像管的涂料、半导体的石墨基体；④作器皿、管道及设备的耐腐蚀、耐高温和密封材料。其中柔性石墨是一种新型动、静密封材料，用于石油化工、火力发电站、核电站和宇航工业；⑤作固体润滑剂；⑥作砚墨、铅笔芯、油墨、橡胶和火药的填料、防锈涂料和染料的颜料、铸造脱模剂、玻璃和造纸工业中的抛光剂、电池和轴承等的碳制品；⑦作核反应堆的减速剂和防辐射材料，宇航工业中作高强耐温、导电性结构材料；⑧利用其导电性，军事工业上用石墨制造炸弹——石墨炸弹。

石墨炸弹，又名软炸弹，俗称“电力杀手”，因其不以杀伤敌方兵员为目的而得名。又因其对供电系统的强大破坏力而被称为断电炸弹。石墨炸弹是选用经过特殊处理的高纯碳——石墨纤维丝制成，每根石墨纤维丝的直径相当小，仅有几千分之一厘米，因此，可在高空中长时间漂浮。1991 年海湾战争时，石墨炸弹在“沙漠风暴”行动中首次登场。当时，美国海军发射舰载战斧式巡航导弹，向伊拉克投掷石墨炸弹，攻击其供电设施，使伊拉克全国供电系统 85% 瘫痪。1999 年，在以美国为首的北约对南斯拉夫的空袭中，美国空军使用的石墨炸弹对南电网进行攻击，造成南斯拉夫全国 70% 的地区断电。因此，石墨炸弹的主要攻击对象是城市的电力输配系统，能在短时间导致其大面积瘫痪。

2004 年，英国曼彻斯特大学的两位科学家安德烈·杰姆和克斯特亚·诺沃消洛夫发现了轰动世界的石墨烯。他们将石墨薄片的两面黏在一种特殊的胶带上，撕开胶带，就能把石墨片一分为二，不断地这样操作，最后得到了由碳原子构成的只有一层原子厚度的二维晶体薄片，这就是石墨烯（图 4－9）。两位科学家在单层和双层石墨烯体系中，分别发现了整数量子霍尔效应及常温条件下的量子霍尔效应（石墨烯在强磁场中电子的运动形态发生变化——编者注），他们因此获得了 2010 年度诺贝尔物理学奖。

图 4－9　石墨烯（左—石墨烯纳米片，右—石墨烯片）

（左—青岛岩海碳材料有限公司 http://www.qdyhsm.com/index.php? id＝1275；

右—中国家电网 http://news.cheaa.com/2016/1011/491730.shtml）

石墨烯具有润滑性、化学稳定性、耐高温、导电、特殊的导热性和可塑性、涂敷性等优良性能。因此，广泛应用于新材料工业。如在塑料里掺入 1% 的石墨烯，就能使塑料具备良好的导电性；加入 1‰的石墨烯，能使塑料的抗热性能提高 30℃。石墨烯可研制出薄、轻、拉伸性好和超强韧新型材料，用于制造汽车、飞机和卫星。新能源电池也是石墨烯最早商用的重要领域。美国麻省理工学院已研制出有石墨烯纳米涂层的柔性光伏电池板，可极大降低制造透明可变形太阳能电池的成本。另外，石墨烯超级电池的成功研发，解决了新能源汽车电池容量不足及充电时间长的问题，极大加速了新能源电池产业的发展。

随着现代科学技术和工业的发展，石墨的应用领域在不断拓宽，已成为高科技领域中新型复合材料的重要原料，将成为技术革新应用的引擎。近年来，石墨烯被许多国家列为头号技术研发予以重视。我国已将新材料列为重要的战略新兴产业，并成立了中国石墨烯产业技术创新战略联盟。虽然石墨烯起源于英国，但目前中国的石墨烯发展技术已居于世界前列。2015 年 10 月 23 日，习近平主席携华为总裁任正非，参观英国曼彻斯特大学石墨烯研究院，为石墨烯发展站台。任正非在媒体采访时说："未来 10～20 年内会爆发一场颠覆性的技术革命，石墨烯时代将取代硅时代。"

据报道，2016 年 7 月 8 日，我国东旭光电科技有限公司在北京举行了"石墨烯基锂离子电池产品发布会"，推出了世界首款石墨烯基锂离子电池产品——"烯王"。该产品可在 -30～80℃环境下工作，电池循环寿命高达3500 次左右，充电效率是普通充电产品的 24 倍。"烯王"'的诞生，开启了石墨烯在能源领域的应用时代。东旭光电投资负责人王忠辉表示："该石墨烯技术是石墨烯在锂电池应用史上的一次革命性突破，是石墨烯业界翘首以盼的真正的杀手级应用。"

（二）矿物种类

晶质石墨，其形似鱼鳞状（图 4-9），系由晶质（鳞片状）石墨矿石经加工、选矿、有的经提纯而得的产品；土状石墨，是指由微小的天然石墨晶体构成的致密状集合体，系由隐晶质石墨矿石经加工，或经选矿提纯而得的产品。

（三）地理分布

中国石墨矿矿产资源相当丰富。全国 20 个省（区）有石墨矿产出。据国土资源部信息中心《世界矿产资源年评 2015》资料，截至 2014 年，我国查明石墨储量 5500×10^4 t，占世界总储量的 48.66%，居世界首位。从地区分布看，以黑龙江省为最多，其次为四川和山东。

陕西的石墨矿主要分布在西安市周至县、户县、长安、宝鸡市凤县、太白、眉县、渭南市潼关县、商洛市丹凤及商南、汉中市城固、洋县、佛坪等地（表 4-9、表 4-10），累计查明晶质石墨 677.819×10^4 t，隐晶质石墨 291.601×10^4 t。

表 4-9　陕西省石墨（隐晶质石墨）矿产地简表

序号	矿产地名称	所在地区	规模	开采利用情况
1	眉县铜峪石墨矿	宝鸡市	中型	停采矿区
2	户县涝峪银洞沟石墨矿	西安市	小型	开采矿区

（据陕西省国土资源厅，2014）

表 4-10　陕西省石墨（晶质石墨）矿产地简表

序号	矿产地名称	所在地区	规模	开采利用情况
1	西安市崇阳沟石墨矿	西安市	大型	计划近期利用
2	长安县大峪五里庙石墨矿	西安市	小型	近期不宜进一步工作
3	长安县扯袍峪石墨矿	西安市	小型	可供进一步工作
4	潼关县善车峪石墨矿	渭南市	小型	可供进一步工作
5	潼关县东桐峪石墨矿	渭南市	小型	可供进一步工作
6	丹凤县庾家河石墨矿	商洛市	大型	可供进一步工作
7	丹凤县碾子坪及蔡凹石墨矽线石矿	商洛市	大型	可供进一步工作
8	洋县铁河石墨矿（大安沟矿段）	汉中市	大型	推荐近期利用
9	洋县铁河石墨矿（大安沟段）	汉中市	大型	可供进一步工作
10	洋县铁河石墨矿（明崖沟矿段）	汉中市	大型	推荐近期利用

（据陕西省国土资源厅，2014）

（四）矿床特征

1. 矿床类型

中国石墨的矿床类型有 4 种：①混合岩化型晶质石墨矿床；②区域变质片岩型晶质石墨矿床；③花岗岩混染同化型晶质石墨矿床；④含煤碎屑岩接触变质型土状石墨矿床。

陕西的石墨矿床类型以区域变质型为主，次为接触变质型。其代表性矿床有西安市崇阳沟区域变质型石墨矿、眉县铜峪石墨矿等。

2. 陕西第一处大型晶质石墨矿——西安崇阳沟石墨矿

西安市崇阳沟石墨矿，是陕西省查明的第一处大型晶质石墨矿，其位于西安市东郊灞桥区洪庆乡，属区域变质成因的石墨矿床。矿区出露太古宇太华群深变质岩，其中的石墨片麻岩、石墨片岩为含矿岩层。石墨矿体呈似层状产出，东西长 1500 m 以上，最大厚度 290 余米，平均厚度 160. 6 m。石墨晶片以 0. 18 ~0. 04 mm 者居多，固定碳平均含量 7. 67%。

八、镁盐

（一）工业用途

1. 基本性质

镁盐，是以氯化镁和硫酸镁为主的矿产（表 4 –11），常伴生于钾盐矿床中。

表 4 –11　主要镁盐矿物简表

矿物名称	分子式	$MgCl_2$ 含量/%	KCl 含量/%	MgO 含量/%
水氯镁石	$MgCl_2 \cdot 6H_2O$	17. 74		
光卤石	$KCl \cdot MgSO_4 \cdot 6H_2O$	34. 5	26. 7	
白钠镁矾	$Na_2SO_4 \cdot MgSO_4 \cdot 4H_2O$			12
钾盐镁矾	$KCl \cdot MgSO_4 \cdot 3H_2O$		30	13. 8
泻利盐	$MgSO_4 \cdot 7H_2O$			16. 3

（据《矿产资源工业要求手册》编委会，2010）

2. 主要用途

镁盐矿用于制取各种镁化合物、提炼金属镁。如镁的化合物氯化镁、硫酸镁、氧化镁。钾盐镁矾和光卤石还可用于生产钾肥和钾镁肥。

（二）地理分布

有现代和古代盐湖分布的地区，就有镁盐的分布，青海有我国最大的盐湖。陕西的镁盐主要分布在榆林市定边县（表 4 –12）。液态镁盐（$MgSO_4$）累计查明资源储量 731.4×10^4 t；固态镁盐（$MgCl_2$）累计查明资源储量 201.6×10^4 t。

表 4 –12　陕西省镁盐矿产地简表

序号	矿产地名称	所在地区	规模	开采利用情况
1	定边县花马池盐矿（固体 $MgCl_2$）	榆林市	小型	停采矿区
2	定边县花马池盐矿（液体 $MgSO_4$）		小型	停采矿区
3	定边县苟池盐矿（液体 $MgSO_4$）		小型	停采矿区

（据陕西省国土资源厅，2014）

镁盐有古代盐类矿床和现代盐类矿床。陕西定边县盐湖即属氯化物盐湖，目前该类镁盐矿处于停采状态。

九、芒硝

（一）工业用途

1. 基本性质

芒硝是含水的硫酸钠矿物，化学式 $Na_2SO_4 \cdot 10H_2O$，目前主要使用的有芒硝、无水芒硝，钙芒硝和白钠镁矾。芒硝晶体呈短柱状，针状和薄板状，集合体呈粒状、块状、皮壳状、纤维状。透明或半透明，一般无色、白色、灰色、浅黄、浅绿等色（图 4－10）。

图 4－10　芒硝（左—短柱状芒硝，右—粒状芒硝）

（左—360 个人图书馆 http://www.360doc.com/content/15/0216/12/16967035_448951629.shtml；右—互动百科 http://tupian.baike.com/doc/芒硝/a2_88_71_01300000121401121576716261834_jpg.html? prd = citiao_tuce_zhengwen）

无水芒硝为不含结晶水的硫酸钠矿物，化学式 Na_2SO_4，晶体呈双锥状，柱状，板状，集合体为粒状、块状，透明至半透明，一般为无色，灰白、黄、黄棕色。

钙芒硝为含钙的硫酸盐矿物，化学式 $Na_2Ca(SO_4)_2$，晶体呈板状、柱状、双锥状、针状，集合体呈致密块状，一般无色、白、灰、烟黄、红色。

白钠镁矾为含水的镁钠硫酸盐矿物，其化学式为 $Na_2Mg(SO_4)_2 \cdot 4H_2O$，晶体呈短柱状，板状，集合体呈粒状、块状、纤维状，晶体无色透明，一般呈白色、灰色或染成红色、暗绿色等。

2. 主要用途

芒硝是化学工业中主要用于制取无水硫酸钠（元明粉）、硫化钠（硫化碱）、群青、硫酸铵、硫酸钾等的重要原料，其主要用途有：①无水硫酸钠用于合成洗涤剂的填充料。在玻璃工业中，可代替纯碱增加玻璃中钠的含量和降低玻璃溶液的黏度。纺织工业，用于调配维尼纶纺丝凝固剂。医药工业，用于利尿剂和缓泻药；②硫化钠在印染工业中用作助染剂，制革工业中用于生皮脱毛和干皮助软，纺织工业中用于人造纤维脱硝和硝化物还原及棉织物染色的助染剂，制药工业中用于生产解热剂；③群青是一种最古老的的无机蓝色颜料，呈半透明状，颜色鲜艳、耐碱、无毒害、环保、耐老化，200℃温度下不变色，广泛用于油漆、涂料、橡胶、塑料、合成树脂、搪瓷和彩绘等方面；④硫酸铵、硫酸钾是农业生产中不可缺少的肥料；⑤芒硝还是一味中药，具有泻热、通便、润燥的功效。

（二）地理分布

中国的芒硝主要分布于内蒙古、河北、天津、山西、陕西、青海、新疆、山东、江苏、安徽、河南、湖北、福建、四川、贵州、云南等地。

陕西的芒硝主要产在榆林市定边县盐湖中（表 4－13），两处芒硝矿累计查明芒硝（Na_2SO_4）339.7×10^4 t，目前均处于停产状态。

表 4-13 陕西省芒硝矿产地简表

序号	矿产地名称	所在地区	规模	开采利用情况
1	定边县花马池盐矿（含芒硝）	榆林市	小型	停采矿区
2	定边县苟池盐矿（含芒硝）		小型	停采矿区

（据陕西省国土资源厅，2014）

（三）矿床类型

中国芒硝矿床类型有3种：①第四纪盐湖型芒硝矿床；②第四纪砂下湖型芒硝－无水芒硝矿床；③中—新生代碎屑岩型钙芒硝－无水芒硝矿床。芒硝常与石膏、石盐、钾石盐、光卤石、钾盐镁钒等伴生。陕西定边县盐矿属第四纪盐湖型芒硝矿床。

（四）定边县含芒硝盐矿

在陕北定边县分布有14个硫酸盐型盐湖，湖泊间距3～10 km不等，湖泊面积均较小，最大者为苟池，面积13 km^2，小者不足1 km^2（曾章仁，雷建年等，1992）。盐湖区处于陕北黄土高原与毛乌素沙漠的过渡地带，主要由低缓梁岗、风积砂带、冲洪积平原和湖沼洼地等4类地貌单元组成，盐湖群即位于湖沼洼地内，呈南西－北东方向延展，为封闭盆地，无外泄水流。湖泊的水和盐分主要靠地表径流、暴雨后地表片流补给。盐湖区除苟池、花马池两盐湖有固体盐矿沉积外，其他湖泊主要为卤水盐矿，仅有少量很薄的近代盐类沉积。

苟池固体盐矿，据钻孔勘查资料，该矿区第四系沉积层厚21 m，由地表至地下8.9 m为含盐沉积层，8.9 m以下为湖相和冲积相泥砂沉积；花马池盐矿，第四系沉积层厚20 m，由地表至地下6.1 m为含盐沉积层。盐矿呈层状分布于含盐沉积层中，一般厚1.77～4 m。盐类矿物在水平和垂直方向均有明显的分带性。垂直方向上，上部为石盐层，下部为芒硝层；横向上，湖心以石盐为主，边部以芒硝和石膏为主。盐矿形成的地质时代为第四纪晚更新世。

盐矿石由盐类矿物和灰泥碎屑组成，盐类矿物主要为石盐和芒硝，次为钙芒硝、石膏、白钠镁矾、无水芒硝和泻利盐。按盐类矿物组成分为芒硝矿和石盐矿，在花马池一带还有白钠镁矾矿石。各类盐矿石化学组成见表4－14。

卤水盐矿主要分布于其他盐湖中，包括湖表卤水、晶间卤水和泥砂沉积物的孔隙卤水等，历史上曾有但受季节、气候等因素影响，卤水的含盐度变化较大。

表 4-14 定边县盐矿石化学组成及同位素年龄

盐湖名	矿石类型	NaCl 含量/%	Na_2SO_4 含量/%	$MgSO_4$ 含量/%	^{14}C 同位素年龄
苟池	石盐矿	32.50	3.40	1.25	盐层顶底板淤泥层年龄12400～14700年（晚更新世）。原西安地质学院同位素室测定
	芒硝矿	6.98	37.24	4.13	
花马池	石盐矿	55.50	1.31	4.04	
	芒硝矿	3.01	16.00	2.35	
	白钠镁矾矿	4.44	29.12	31.45	

（据曾章仁等，1992）

十、砷

（一）工业用途

1. 基本性质

砷（As），一种半金属元素，旧称砒。有灰、白、黑3种同素异形体（图4－12），在室温下最稳定的为灰色晶体，光亮似银，具有金属性，质硬而脆，密度5.73 g/m³，熔点817℃。无毒，但氧化后为剧毒物，灼烧时呈蓝色火焰，有蒜臭味。

2. 主要用途

砷矿主要用于提取砷，制取砷酸和砷的化合物。砷在冶金工业中，可作为冶炼砷铅合金和砷铜合金的原料，用于制造弹头、汽车、雷达等零件；在轻工和建材工业中，可作为皮革保藏剂、玻璃的澄清剂、脱色剂和制造乳白玻璃；农业上，可作杀虫剂、除莠剂和含砷的农药。适量砷是促进豌豆、萝卜等植物和猪、禽类等动物健康生长以及人类保健必需的微量元素。此外，雄黄、雌黄可直接用作中药。因其性质稳定，分散性好，还用作彩色颜料。

（二）矿物种类

含砷矿物主要有雄黄（图4－11）、雌黄、毒砂和砷华。砷在地壳中以不同形式存在于雌黄、雄黄、砷黄铁矿中。我国砷矿大部分与钨、锡、铜、铅、锌、锑、汞、金等矿产共伴生，独立的雄黄、雌黄矿较少。

图4－11　砷

（左—砷块，右—雄黄（黄色为雄黄，白色为方解石））

（左—百度百科 http://baike.baidu.com/item/%E7%A0%B7；

右—百度百科 http://amuseum.cdstm.cn/AMuseum/crystal/12010103.html）

（三）地理分布

中国共、伴生砷矿资源主要分布在广西、内蒙古、云南、安徽、江西、湖南、广东、西藏、甘肃。独立砷矿床主要分布在湖南、四川、贵州、云南和西藏。

陕西仅在安康市宁陕县新建有一处雄黄矿产出，累计查明砷1520 t，矿石量2.9×10^4 t，尚未被开发利用。

（四）矿床特征

1. 矿床类型

中国砷矿床类型有3种：①岩浆热液型毒砂矿床；②砂卡岩型毒砂矿床；③热水沉积充填型雄黄雌黄矿床（图4－12）。

2. 宁陕县新建雄黄矿床

宁陕新建雄黄矿为低温热液矿床，矿体呈脉状产于泥盆系石家沟组含泥砂质灰岩层内北西向、北东向两组断裂交汇部位。共圈出5个隐伏矿，矿体埋深几米到几十米。矿体长60～120 m，厚0.43～3.92 m，砷（As）品位3.35%～12.76%。

十一、水晶（压电水晶、熔炼水晶）

（一）工业用途

1. 基本性质

水晶是一种氧化硅矿物。广义上，统指以结晶体产出的透明石英，其化学式为 SiO_2，六方柱状晶体，晶面具横纹，通常呈晶簇或单个晶体产出（图 4－12），晶体呈玻璃光泽，耐酸、耐碱，但溶解于氢氟酸，质坚，莫氏硬度 7，密度 2.65～2.66 g/cm³，熔点 1713℃，具旋光性和压电性。纯净水晶无色透明，常因含杂质而形成不同的变种，其紫色的叫紫水晶，烟黄色和暗褐色的称为烟水晶，浅玫瑰色的叫芙蓉石，还有黑、绿、蓝等色的水晶，以及发晶、墨彩水晶等。

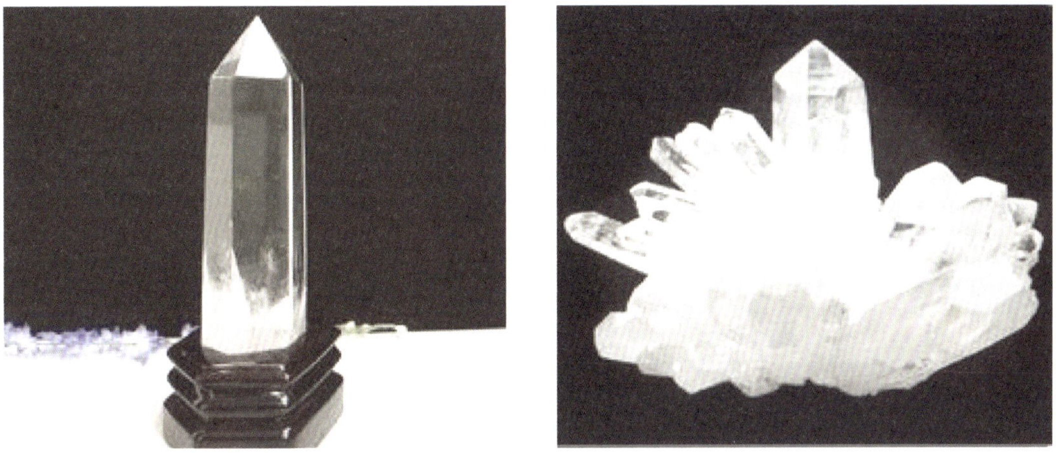

图 4－12　水晶（左—柱状单个晶体，右—水晶晶簇）

（左—上海汉风艺术品投资有限公司 http://www.zk71.com/products/u761909/hanfeng_9908_56764754.html；右—百度百科 http://baike.baidu.com/item/%E5%A4%A9%E7%84%B6%E6%B0%B4%E6%99%B6/1355032？fr=aladdin）

压电水晶，是指可供作压电材料用的水晶。它是一种十分有趣的晶体，当你对它挤压或拉伸时，它的两端就会产生不同的电荷，这种效应被称为压电效应，故名压电水晶体。这种压电效应在科学技术中已得到了广泛的应用；熔炼水晶又称熔炼石英，工业应用上要求为二氧化硅纯度高、有害杂质少、具有一定透明度的水晶或碎块，不允许含包裹体，表面不允许黏附杂质，或带有紫色、黄色。

2. 主要用途

水晶历史上的用途有：①压电水晶主要制作滤波器、谐振器，用于计算机、自动化武器、飞机、导弹、核武器、卫星等的遥控、电动零件和设备中；②光学石英曾作为透镜，用在电子显微镜、光谱仪、摄谱仪上。因此，20 世纪 50～60 年代它作为一种军用战略物资。后来天然水晶由人造水晶完全替代，作为压电石英和光学石英资源已成为历史。当前，水晶只用作低档宝石和工艺品，其晶簇可作观赏石。熔炼石英用来制造玻璃制品，如光学玻璃、医疗器皿、高档日用器皿等。

（二）地理分布

中国查明的各类水晶资源不多，主要分布在山西、辽宁、四川、广西、贵州、黑龙江、福建、吉林、青海、广东、海南、西藏和新疆等省（区）。

陕西查明资源量的水晶主要分布在安康、商洛等地（表 4－15），其中压电水晶矿 5 处，累计查明压电水晶单晶 949 kg；熔炼水晶矿区 5 处，累计查明矿物量 121 t。5 个矿区中，1 处停采，4 处近期难以利用。

表 4-15 陕西省水晶矿产地简表

序号	矿产地名称	所在地区	规模	开采利用情况
1	洛南县长麻地水晶矿区 9（B）脉体	商洛市	中型	近期难以利用
2	洛南县长麻地水晶矿区 4（B）脉体	商洛市	小型	近期难以利用
3	洛南县长麻地水晶矿区 8（B）脉带	商洛市	中型	近期难以利用
4	洛南县长麻地水晶矿区 19（B）脉体	商洛市	小型	近期难以利用
5	安康市大河口蔡坝水晶矿	安康市	中型	停采矿区

（据陕西省国土资源厅，2014）

（三）矿床特征

1. 矿床类型

水晶均以热液充填方式产于晶洞中，矿床类型有 6 种：①伟晶岩型水晶矿床；②石英脉型水晶矿床；③岩浆热液型水晶矿床；④矽卡岩型水晶矿床；⑤中-低温热液型水晶矿床；⑥风化型（残积、坡积和冲积型）水晶砂矿床。

陕西所产水晶矿均属石英脉型水晶矿床。

2. 洛南县长麻地水晶矿

该水晶矿位于洛南县油房乡长麻地。含水晶的矿体（石英脉）产于中元古界高山河组石英砂岩中，矿体长 344 m，最宽 25 m，脉体中、上部见晶洞 348 个，多为椭圆状、透镜状，不规则状，直径 20～50 cm 者居多。其中 29 个晶洞中有压电水晶。水晶以晶块（片）为主，短柱状次之，晶头畸形，长柱状少见。平均品位：含压电单晶 6.949 g/m^3，熔炼水晶 298.054～451.766 g/m^3。光轴长一般 5～10 cm，最大 52 cm；对径一般为 2～4 cm，最大 22 cm，重 150～500 g，最重 47.7 kg。

十二、矽线石、红柱石

（一）工业用途

1. 基本性质

矽线石、红柱石、蓝晶石属硅酸盐矿物，统称红柱石类（族）矿物，俗称“三石”（图 4-13），它们物质成分相同（Al_2SiO_5），但由于形成时的温度和压力不同，遂形成不同的晶体结构，是典型的同分异构体。红柱石形成于低温低压条件，矽线石形成于低压高湿条件，而蓝晶石则形成于低温高压条件。它们有一个共同特点，即将加热温度升到 1300℃ 以上时，可以转变为富铝红柱石，又名莫来石。

矽线石，单晶体呈针状，集合体放射状或纤维状，灰白，褐或灰绿色，玻璃光泽，莫氏硬度 7，密度 3.23～3.25 g/cm^3，在高温下分解成为富铝红柱石，转化温度 1560～1750℃，体积膨胀率 6%～7.2%。

红柱石，单晶体呈柱状，横断面近正方形，集合体呈放射状，形似菊花，俗称菊花石。色灰白、褐、红，玻璃光泽，莫氏硬度 7，密度 3.1～3.21 g/cm^3，在高温下分解成为富铝红柱石，转化温度 1350～1530℃，体积膨胀 4%～5.4%。

矽线石、红柱石具有在高温下一次性膨胀转化为莫来石后不再收缩的特性，是优质的耐火原料。它有良好的化学稳定性，抗化学腐蚀、抗磨、热导率高、高温下有良好的物理性能；热稳定性好、机械强度大，有耐急冷急热性、抗热冲击性、抗渣性及较高的荷重软化温度，耐火度达 1800℃。转换温度 1350～1530℃，体积膨胀率 4%～5.4%。

2. 主要用途

矽线石、红柱石的用途有共性，也有特殊性。其用途有：①高级耐火材料，主要用作不定型耐火

图 4－13　矽线石（左）与红柱石（右）

（左—百度百科 http：//baike. baidu. com/item/% E5% A4% 95% E7% BA% BF% E7% 9F% B3；右—百度搜索 https：//timgsa. baidu. com/timg? image&quality = 80&size = b9999_ 10000&sec = 1497806752480&di = 102945d5087f0f3ad07941261c263eb8&imgtype = jpg&src = http% 3A% 2F% 2Fimg3. imgtn. bdimg. com% 2Fit% 2Fu% 3D3100891598% 2C2621854717% 26fm% 3D214% 26gp% 3D0. jpg）

材料，可制成各种耐火砖、耐火球等用于各种窑业，以提高冶炼炉的寿命；②作喷料、捣打料和耐热耐磨化学性能稳定的各种金属件及铸件的涂料；③制造耐高温与耐酸碱的高级陶瓷器皿与面砖；④制成焊接材料；⑤生产硅铝合金、铝金属及金属纤维；⑥色美透明的红柱石可作为低档宝石；⑦由矽线石、红柱石菊花状晶体形成的菊花石还可制成工艺品。

近年来，用红柱石来生产铝硅合金。铝硅合金是一种质轻而韧的金属材料，可大量用于高档汽车、高速列车、航空航天产业，与用钢铁等材料相比，安全性提高、质量减小、能耗降低，已引起产业界的重视。

（二）地理分布

我国的矽线石矿主要分布在黑龙江、河南和河北的西部地区，红柱石主要分布在新疆、甘肃、内蒙古、辽宁、四川及河南等省区。陕西有矽线石矿、红柱石矿各 1 处（表 4－16）。蓝晶石类矿在陕西省城固县有产出。累计查明矽线石 41.23 × 10^4 t，红柱石 29.076 × 10^4 t。矽线石矿区仅做到普查程度，需进一步工作。红柱石矿区目前已停采。

表 4－16　陕西省矽线石、红柱石矿产地简表

序号	矿产地名称	所在地区	规模	开采利用情况
1	丹凤县大西沟碾子坪及蔡凹石墨矽线石矿	商洛市	中型	可供进一步工作矿区
2	眉县营头四沟红柱石矿	宝鸡市	中型	停采矿区

（据陕西省国土资源厅，2014）

（三）矿床特征

红柱石类高铝矿物主要产于变质岩中，矿床大部分属前震旦系结晶片岩中的变质矿床，也可形成于侵入体与泥质岩石的接触变质带中。

丹凤县大西沟碾子坪－蔡凹矽线石矿，与石墨共生。矿体赋存于秦岭岩群含石墨矽线石片岩及石墨大理岩中。发现矽线石矿体 10 个，呈透镜状产出。单矿体长 80 ~ 500 m，厚 1.5 ~ 7.7 m。矽线石含量 10.76 ~ 9.23%。

十三、重晶石

（一）工业用途

1. 基本性质

重晶石为含钡硫酸盐矿物，化学式 $BaSO_4$，常有锶（Sr）、铅（Pb）和钙（Ca）元素代替部分钡（Ba）。当 Sr > Ba 时称天青石，当铅含量较多时称北投石。目前，已知含钡的矿物 20 余种，但只有重晶石和毒重石才能形成具工业价值的矿床。重晶石晶体呈板状、柱状、斜方柱状，偶见斜方双锥，纯净晶体无色透明，一般呈白色，含杂质时染成灰白、浅黄、浅褐色（图 4－14），玻璃光泽，密度 4.3～4.78 g/cm³，折射率 1.634～1.648。重晶石化学性质稳定，不溶于水和盐酸，溶于浓硫酸和熔融的碱，无毒，熔点 1580℃，具有吸收 X 射线、γ 射线的性能。

图 4－14　重晶石（左—重晶石矿物晶体，右—重晶石矿石堆）
（左—360 百科 https://baike.so.com/doc/2887141－3046879.html；
右—中国制造网 http://cn.made－in－china.com/info/article－7287954.html）

2. 主要用途

重晶石主要用于生产重晶石粉、制取钡化工产品、提取金属钡并生产钡合金。

重晶石粉的最大用量是作石油、天然气、煤层气钻井泥浆加重剂；其次，用于纸张、油漆、橡胶作填料及配置大密度混凝土建筑材料，还可用于原子能工业、核电站及 X 射线实验室等防护性建筑。重晶石的其他两大用途与毒重石相同。

（二）地理分布

我国重晶石矿产资源丰富，主要分布在贵州、湖南、广西、甘肃、陕西和浙江等省（区）。据国土资源部信息中心《世界矿产资源年评 2015》资料，截至 2014 年，全国查明重晶石储量 3029×10^4 t，占世界总储量的 10.8%，居世界首位。陕西重晶石矿主要分布在商洛、安康和汉中地区（表 4－17），查明 10 处重晶石矿，累计查明重晶石矿石量 3651.677×10^4 t，位居全国第五。已查明资源/储量的重晶石矿区中，4 处正在开采，3 处推荐近期利用，3 处停采。

（三）矿床特征

1. 矿床类型

中国重晶石矿床类型有 3 种：①沉积型层状重晶石矿床；②中－低温热液型重晶石矿床；③风化残坡积型重晶石矿床。重晶石为陕西优势矿种之一，成因类型以沉积型为主，其次为中－低温热液型。

表 4-17 陕西省重晶石矿产地简表

序号	矿产地名称	所在地区	规模	开采利用情况
1	镇安县千担沟黑沟午峪重晶石矿	商洛市	中型	推荐近期利用
2	柞水县大西沟铁矿（共生重晶石矿）	商洛市	中型	开采矿区
3	略阳县东沟坝金银矿（共生重晶石矿）	汉中市	小型	开采矿区
4	平利县重晶石矿	安康市	小型	停采矿区
5	平利县长梁重晶石（毒重石）矿	安康市	小型	推荐近期利用
6	安康市洨沟重晶石矿区	安康市	小型	停采矿区
7	安康市良田垭重晶石矿	安康市	小型	推荐近期利用
8	安康市汉滨区石梯重晶石矿区	安康市	大型	开采矿区
9	平利县水坪重晶石矿	安康市	中型	停采矿区
10	平利县獐子坪重晶石矿	安康市	小型	开采矿区

（据陕西省国土资源厅，2014）

2. 陕西唯一的大型重晶石矿——安康石梯重晶石矿

安康石梯重晶石矿，位于安康市汉滨区石梯乡叶家沟—丁家沟一带。重晶石矿呈层状、似层状产于志留系含碳硅质岩地层中。矿区共发现 9 个矿体，长 115 ~ 1370 m，平均厚度 1.00 ~ 5.22 m，延深 50 ~ 500 m。矿石平均含 $BaSO_4$ 76.13%、$BaCO_3$ 5.64%。矿石类型以重晶石、毒重石混合型为主，重晶石型次之。

十四、滑石

（一）工业用途

1. 基本性质

滑石，化学式为 $Mg_3[Si_4O_{10}](OH)_2$。滑石是已知最软的矿物，用指甲可以在滑石上留下划痕。人们常用 10 个矿物来表示 10 个硬度级别，称为莫氏硬度，10 个级别中第一个就是滑石，硬度为 1，密度 2.7 ~ 2.8 g/cm^3。晶体呈八方和菱形板状，叶片状或致密块状集合体，颜色淡绿或白色，微带浅黄、浅褐色（图 4-15），珍珠光泽，具滑腻感而有润滑性，膨胀率低。滑石受热时有明显的热效应，在 120 ~ 220℃时失去吸附水，600℃开始失去部分结构水，1050℃时结构水全部脱出。滑石对油脂有吸附能力，化学性质稳定，有高的绝缘和耐热性质。

图 4-15 滑石（左—浅黄绿色滑石，右—白色滑石）
（搜狗百科 http://baike.sogou.com/v16944.htm）

2. 主要用途

滑石的用途有：①作造纸、油毡、医药，橡胶、塑料，高分子复合材料，油漆、涂料，化妆品、纺织品和食品的填料和活化填料，用作吸附剂、增白剂、滑润剂，以提高产品抗酸、碱性能；②制高频和超高频绝缘电瓷，用于无线电、电视、雷达、遥控等工程；③作日用陶瓷和白水泥的原料；④农药载体；⑤作玻璃打光剂、糖果防黏结剂；⑥作为钛白粉的代用品，用于造纸业。块滑石用作炉衬、窑衬和高频电绝缘材料等耐高温材料；⑦是传统的中药材；⑧高级块滑石还是一种彩石用作工艺雕刻材料。

滑石的主要消费领域是陶瓷、造纸、涂料和塑料，占消费量的80%；其余20%用于橡胶、防水、建材业。

（二）矿物种类

滑石根据其成分和颜色变化，有白滑石、黑滑石、滑石黏土之分。白滑石，是质纯、色白的优质滑石矿物；黑滑石，是对黑色、灰黑色滑石的统称，内含有机质是其致黑的主要原因；镁质黏土，又称滑石黏土，是一种由极微细的滑石构成的黑色黏土，往往与海泡石成横向变化，海泡石埋深过大时常相变为滑石黏土。

（三）地理分布

我国滑石矿产丰富、质量好，其主要分布在江西、辽东、广西、山东等省（区）。

陕西有宁陕县东平沟、洛南县上寺店滑石矿（表4－18），累计查明矿石量247余万吨。目前1个滑石矿为可进一步工作矿区，另1个已停采。

表4－18　陕西省滑石矿产地简表

序号	矿产地名称	所在地区	规模	开采利用情况
1	洛南县上寺店滑石矿	商洛市	小型	可供进一步工作
2	宁陕县东平沟滑石矿	安康市	中型	停采矿区

（据陕西省国土资源厅，2014）

（四）矿床特征

1. 矿床类型

中国的滑石矿主要有区域变质型、热液交代型。滑石通常由富含镁的超基性岩经热液蚀变而成，白云岩受热液作用也可形成滑石矿床。在区域变质作用中有时亦能形成滑石片岩。按含矿岩石的不同，可分为碳酸盐岩中的滑石矿和超基性岩中的滑石矿两类。陕西省滑石矿主要属碳酸盐岩中的热液交代型矿床。

2. 宁陕县东平沟滑石矿

该滑石矿位于宁陕县泰山庙乡东平沟。滑石矿体产于花岗岩与白云岩接触带，矿体呈似层状分布在透闪石岩或透闪石化白云岩中，共圈出3个矿体，一般长168～538 m，厚2～10 m，矿石含滑石50%～95%。脉石矿物有透闪石0～15%、绿泥石20%～45%、白云母5%、黑云母5%。

十五、白云母

（一）工业用途

1. 基本性质

云母是含钾、镁、铁、锂等元素的含水铝硅酸盐族矿物的总称。白云母是含钾的铝硅酸盐矿物，

化学式 $KAl_2[AlSi_3O_m](OH)_2$，常含少量的铝、镁、铁、氟、铬、钒、锂等元素，假六方片状，常呈板状集合体，薄片透明无色，厚时带黄、绿、棕色，玻璃－珍珠光泽，薄片具弹性，有较高的电绝缘性和耐热、抗酸碱、抗压能力，剥分性好，莫氏硬度 2.5～3，密度 2.76～3.10 g/cm^3。

2. 主要用途

将工业可利用的云母称“工业云母”。工业云母主要用于电子工业作电绝缘材料，如作真空管、电容器、整流器、电动机等材料。工业云母在冶金、机械和高科技领域作射线管窗、窑炉炉窗、耐酸碱观察窗、飞机发动机垫圈、氧气呼吸器隔膜及用于电子计算机、雷达、导弹、人造卫星和激光器材料中。工业云母在自然界中难找难采，产量低、成本高，从 1978 年起被碎云母制成的云母纸代替。此后，不再寻找、勘查与开发云母资源。

（二）矿物种类

云母的种类很多，除白云母外，还有金云母、黑云母、锂云母等。在工业上用得最多的是白云母，其次是金云母（图 4－16）。金云母电绝缘性、耐酸、碱、抗压能力比白云母稍差，但挠曲性、耐热性比白云母好。锂云母是提取锂的原料。

图 4－16　云母（左—白云母，右—金云母）

（左—互动百科 http://tupian.baike.com/a1_86_99_01300000080242122114997843264_jpg.html；
右—新浪博客 http://blog.sina.cn/dpool/blog/s/blog_563405590102v936.html? md = gd）

（三）地理分布

我国白云母主要分布在新疆、四川和内蒙古等省区。20 世纪 50 年代至 70 年代中期，曾将白云母、金云母列为战略资源。1978 年前，工业原料云母的年产量为 1700～2500 t。1978 年后，由于云母消费结构发生了变化，产量逐年下降。

陕西白云母主要分布在商洛市丹凤县、汉中市城固县、佛坪县、安康市石泉县等地（表 4－19），累计查明云母资源储量 1781 t，7 个矿区中有 6 个已经停采，1 个近期难以利用。

（四）矿床特征

1. 矿床类型

中国白云母矿床类型只有 1 种，即伟晶岩型白云母矿床。新疆阿勒泰、四川丹巴和内蒙古土贵乌拉曾经是中国著名三大工业白云母矿区。

陕西的白云母矿与伟晶岩有关，主要分布在宝鸡市陈仓区固川—赤沙、丹凤县峦庄—商南县金盆以及城固县—石泉县等地，大体上形成南北两个矿化带。

表 4-19 陕西省云母矿产地简表

序号	矿产地名称	所在地区	规模	开采利用情况
1	丹凤县八岔及峡河塬上白云母矿	商洛市	中型	停采矿区
2	丹凤县街子沟白云母矿	商洛市	中型	停采矿区
3	丹凤县峦庄八岔朱家屋场白云母矿	商洛市	小型	停采矿区
4	丹凤县峦庄八岔大麻窨白云母矿	商洛市	小型	停采矿区
5	城固县毕家河空山白云母矿	汉中市	小型	近期难以利用
6	佛坪县大河坝白云母矿	汉中市	小型	停采矿区
7	石泉县肖家沟安沟白云母矿	安康市	小型	停采矿区

（据陕西省国土资源厅，2014）

2. 陕西白云母矿床特征

1）宝鸡—丹凤一带白云母矿　分布在宝鸡市陈仓区固川—赤沙、丹凤县峦庄—商南县金盆一线，占陕西白云母矿产地的大部分，形成东、西两个集中区。东部集中区位于丹凤峦庄—商南金盆一带，西部集中区位于宝鸡赤沙、坪头、固川一带。

丹凤县峦庄—商南县金盆是白云母主产区。含矿伟晶岩脉沿秦岭岩群上部片麻理及纵、横向裂隙产出，白云母产于伟晶岩脉中，累计查明的白云母储量占全省的75%；宝鸡赤沙—固川一带，白云母产于宝鸡赤沙芦子滩、坪头槐树坡、固川瓦房沟3地。含白云母伟晶岩脉沿秦岭岩群的片理、片麻理及劈理分布。

2）城固县—石泉县一带白云母矿　沿城固—石泉一带分布，含白云母伟晶岩脉产于下古生界地层，矿脉赋存于岩层的片理、层间裂隙、构造裂隙中。

十六、长石

（一）工业用途

1. 基本性质

长石是地壳中最常见的矿物，甚至在月球上和陨石中也常见到它们。在地下15 km深度的范围内，长石所占的地壳总重量竟达到60%。

长石是长石族矿物的总称，它是钾、钠、钙以及钡的铝硅酸盐矿物。按化学组成的不同，可分为正长石亚族（又称钾长石亚族）、斜长石亚族和钡长石亚族。工业上主要利用钾长石和钠长石。另外，斜长石和天河石优质者可作为玉石材料。

钾长石，化学式为$K[AlSi_3O_8]$，它是正长石、透长石和微斜长石的总称，晶体短柱状或厚板状，集合体粒状或块状，多为肉红色（图4-17），有时为褐、灰白色，玻璃光泽，硬度6~6.5，密度2.57 g/cm^3，熔点1200℃左右。

钠长石，化学式为$Na[AlSi_3O_8]$，板状或扁柱状，集合体粒状或块状，白-暗灰色，或绿、肉红色，玻璃光泽，硬度6~6.5，密度2.61 g/cm^3，熔点1180℃。

天河石是微斜长石中富含铷、铯的亚种，晶体柱状，半透明-微透明，玻璃光泽，以具蓝、绿色为其特点，其中鲜绿和天蓝色者为佳。

2. 主要用途

钾长石、钠长石的用途有：①主要用作陶瓷原料，在陶瓷坯体烧成前起瘠性原料的作用，以减少干燥收缩和变形；在烧成时作为熔剂；在釉料中作为配料；②可作制玻璃的助熔剂，以减少玻璃液的黏度，增强流动性，改善玻璃液的折晶倾向；此外，可作搪瓷珐琅的配料；③在造纸、化工、化妆品、涂料、塑料、油漆、橡胶、清洁剂、电焊条、耐火材料工业中作填料或原料；作研磨轮的陶瓷黏结物组分，代替浮石等作为软磨料；④用于制造彩色电视机的阴极射线管；⑤钾长石还可用以制成人

图 4-17　长石（左—斜长石，右—钾长石）
（左—360 百科 https://baike.so.com/doc/6424266-6637938.html；
右—https://baike.so.com/doc/5686883-5899572.html）

工合成的白榴石晶熔块；白榴石在金属与陶瓷组成的复合材料中具有弥补金属与陶瓷膨胀系数差值的重要作用。

部分优质斜长石岩是玉石材料，如“独山玉”。天河石（微斜长石）和表面有强烈虹彩的月光长石也是长石原料，达不到玉石要求而有一定块度的天河石是花岗石饰面石材资源。

（二）地理分布

中国长石矿床主要分布在黑龙江、新疆、陕西、青海、山东、湖北、湖南、云南等省（区）。其中湖南衡山钠长石矿床、山东肥城钾长石矿床属超大型。

陕西的长石矿主要分布在西安市临潼区、长安区、宝鸡市太白县、商洛市洛南县、商南县等地（表 4-20），累计查明矿物量 91659.62 t，查明矿区 5 处，有 3 处已经停采，1 处近期不宜进一步工作，1 处近期难以利用。

表 4-20　陕西省长石矿产地简表

序号	矿产地名称	所在地区	规模	开采利用情况
1	太白县双王金矿伴生长石	宝鸡市	小型	停采矿区
2	临潼县新凯山碾子沟长石石英矿	西安市	小型	停采矿区
3	长安县大崖沟长石矿	西安市	小型	近期难以利用
4	洛南县长岭钾长石矿	商洛市	小型	停采矿区
5	商南县曹营大河长石矿	商洛市	小型	近期不宜进一步工作

（据陕西省国土资源厅，2014）

（三）矿床特征

1. 矿床类型

中国长石矿床类型有 7 种：①混合岩化伟晶岩型钾长石矿床；②花岗伟晶岩型钾长石矿床；③花岗岩边缘混合岩化型钠长石矿床；④斑状花岗岩风化型和冲积型钾长石砂矿床；⑤霓霞岩霞石正长岩型矿床；⑥超基性岩中脉状斜长石矿床；⑦花岗伟晶岩型天河石矿床。

陕西长石矿床类型有岩浆型和伟晶岩型两种类型。代表性矿床为洛南县长岭岩浆型钾长石矿。

2. 洛南县长岭钾长石矿

洛南县长岭钾长石矿，位于洛南县灵口庙台乡窑沟村。矿区分布闪长岩、霓辉正长岩为主的富钾岩体，钾长石矿体即为各种正长岩脉、部分霓辉正长岩和混染正长岩等。富钾岩体内共圈出 77 个钾长石矿体，一般长 300 m，最大的 18 号矿体长 1500 m；宽一般 30 m，最宽的 10 号矿体 193 m，矿体平均含氧化钾 12.37%，氧化钙与氧化镁合计 1.44%。

十七、电气石

（一）工业用途

1. 基本性质

电气石，我国 644 年唐太宗征西时得到了这种宝石，称为“碧玺”，英文为 Tourmaline，意为“混合宝石”。

电气石是电气石族矿物的总称，是以含硼为特征的铝、钠、铁、镁、锂的硅酸盐矿物，化学式为：$NaR_5Al_6B_3Si_6O_{27}(OH)_4$，R 为 Mg、Mn、Fe、Li、Al。R 以 Fe^{2+} 为主的为黑电气石，亦称铁电气石；以镁为主的为褐色镁电气石，呈玫瑰红、红、蓝绿色、黄色和无色；以铝、锂为主的称锂电气石；以锰为主称钠锰电气石。电气石晶体呈柱状，柱面具纵纹（图 4－18），常为放射状、针状和柱状集合体，玻璃光泽，莫氏硬度 7～7.5，密度 2.3～3.2 g/cm³，熔点 1050～1150℃，有偏光和多色性的特点，并具有显著的热电性和压电性。在外加物理作用下，如加热、施压等，柱状晶体两端会产生不同的感应电荷。

图 4－18　电气石（左—双色电气石，右—碧玺）

（左—360 个人图书馆 http://www.360doc.com/content/16/0721/13/579033_577280344.shtml；右—百度百科 http://baike.baidu.com/item/%E7%A2%A7%E7%8E%BA%E7%9F%B3）

Tourmaline（优质电气石）最早发现于斯里兰卡，人们注意到这种宝石在受热时会带上电荷，这种现象称为热释电效应。1768 年，瑞典著名科学家林内斯发现了它还具有压电性和热电性，这就是电气石名称的由来。在 1880 年，居里家族揭开了这种宝石的秘密，即：电气石晶体两端都带有正、负电荷，表面流动着 0.06 mA 的微电流，因此，就有了“电气石”这个学名。

2. 主要用途

20 世纪 90 年代以前，只有透明或半透明的电气石是中档宝石，即“碧玺”，电气石晶簇可作为观赏石。

20 世纪 90 年代后期，电气石的用途发生了突破性发展，主要用途如下：①超细粉碎后用在涂料、水处理材料和负离子发生器中，可以起到净化空气、吸附细菌和有害毒素，以及涂外墙防酸雨、作船底涂料以防贝壳附生等作用；②作电磁屏蔽材料，如加入手机、微波炉、电话、电子计算机等外壳和屏蔽服纤维中起电磁屏蔽作用；③作无线电工业的频率控制器；④作声呐元件材料；⑤因其具压电性，可作为测定空气和水冲压用的压力计材料；⑥利用其具有远红外线、热电、压电效应，用于作仪器与工业设备元件，并用于医疗、美容和保健；⑦利用其硬度作研磨材料；⑧作纺织品添加剂，使纺织品具有抗菌防臭、防磁防潮、防静电与改善血液循环的功能。

（二）矿物种类

电气石族矿物主要有以下 3 种端员组分：黑色电气石、镁电气石、锂电气石，颜色因成分不同而异。一般说来，黑色电气石通常为黑色，镁电气石呈褐色，锂电气石则为玫瑰红至红色或蓝绿色；有时在一个晶体的两端，或晶体的中心与外围部分，呈现不同的颜色。色泽优美者也就是俗称碧玺，可作为宝石。

（三）地理分布

中国电气石矿床主要分布在山东、江西、内蒙古、新疆、陕西、广西、云南、河北、台湾中央山脉东部等地。电气石矿床类型有两种：①混合岩化伟晶岩型绿柱石电气石矿床；②沉积变质板岩型电气石矿床。

陕西在汉中洋县将军山发现 1 处混合岩化伟晶岩型电气石矿，累计查明电气石矿石量 169.7×10^4 t，电气石含量 25000 kg/m^3，但近期难以开发利用。

十八、石榴子石

（一）工业用途

1. 基本性质

石榴子石是一类化学式为 $A_3B_2[SiO_4]_3$ 的硅酸盐矿物的总称，其中 A 代表二价阳离子钙、铁、镁、锰，B 代表三价阳离子铝、铁、铬、锰。石榴子石晶体常呈完好的菱形十二面体或四角三八面体（图 4－19），呈大小不等的颗粒，因其形状似石榴的子，故取名石榴子石。有血红、暗红、褐红、红褐、黄褐、黄绿、黑等色，玻璃光泽。硬度 6.5～7.5，熔点 1180～1200℃，密度 3.1～4.3 g/cm^3。

图 4－19　石榴子石（左—石榴子晶体，右—石榴子石矿石）

（左—中国新石器 http://www.chinaneolithic.net/cn/Mineral/photos.asp? ID＝486；右—王修慧科学网博客 http://blog.sciencenet.cn/home.php? mod＝space&uid＝55745&do＝blog&id＝592411）

2. 主要用途

石榴子石可制作砂轮、砂布、砂纸等，广泛用于研磨、抛光和擦洗等加工业，还可以用作过滤器、水厂等的滤水材料。其他用途还有：①含镓、钇的石榴子石可作电子计算机的存储器材料，钇铝石榴子石可作激光材料；②作钟表与仪器轴承；③作高等级道路防滑铺面和建筑饰面材料；④作橡胶与油漆填料；⑤作石油钻井的泥浆加重剂；⑥紫红、深紫、翠绿、蜜黄透明无裂纹的石榴子石则是宝石。

（二）地理分布

中国石榴子石矿主要分布在湖北、河北、陕西、四川、山东、内蒙古、吉林、黑龙江、湖南等省。陕西的石榴子石矿主要分布在商洛市商南县、安康市等地，其中安康月河砂金矿床查明伴生石榴子石矿 1 处，石榴子石资源/储量 3778 t。

（三）矿床特征

中国石榴子石矿床类型有 6 种：①超基性岩型石榴子石矿床；②混合岩化伟晶岩型石榴子石矿床；③榴辉岩型石榴子石矿床；④片岩型石榴子石矿床；⑤矽卡岩型石榴子石矿床；⑥残积坡积、冲积型石榴子石矿床。

一般而言，镁铝榴石产于榴辉岩、超基性岩，特别是金伯利岩中；铁铝榴石、锰铝榴石、铬榴石见于花岗伟晶岩和区域变质岩中；钙铝榴石、钙铁榴石是接触交代作用产物；白榴石见于富碱质低二氧化硅的喷出岩中。

在含石榴子石原岩附近的河谷中，往往可形成石榴子石砂矿。如陕西安康月河砂金矿床中伴生的石榴子石矿，就是与砂金一起被河流冲刷、沉积形成的。

十九、透辉石、透闪石

（一）工业用途

1. 基本性质

透辉石、透闪石都是含钙镁的硅酸盐矿物。透辉石晶体呈柱状，横切面正方形，集合体粒状、棒状或放射状，浅绿 - 浅灰色，玻璃光泽（图 4 - 20），硬度 5 ~ 6，密度 3.3 ~ 3.4 g/cm^3；透闪石晶体长柱状或针状，集合体放射状、纤维状或致密块状，白色、浅灰色，玻璃 - 丝绢光泽，硬度 5.5 ~ 6，密度 2.9 ~ 3.0 g/cm^3（图 4 - 20）。

2. 主要用途

透辉石、透闪石是中国 20 世纪 80 年代中期开发的矿种。其工艺特性和用途几乎与硅灰石一致，由于它具有熔点低，易于干燥，烧成温度与吸水都比较低的优点，同时一次抹釉，速烧成型，是低成本陶瓷原料，具有很大的发展空间。具体用途有：①节能增产陶瓷原料；②玻璃原料；③铸石生产；④透闪石粉作造纸、橡胶、涂料的填料；⑤冶金保护渣和有色金属铸型砂；⑥炼铝中能起熔剂作用。

隐晶质致密块状透闪石集合体称为软玉，是玉石中除硬玉（翡翠）外最珍贵的玉石，是著名的玉雕材料，如新疆的和田玉。

（二）地理分布

透辉石矿床主要分布在陕西、山东、甘肃、吉林、福建、北京、河北、浙江、安徽、湖北、江西等省；透闪石矿主要分布在辽宁、陕西、湖北、福建等省。

陕西省透辉石、透闪石矿分布在宝鸡、商洛等地区（表 4 - 21），查明透辉石矿物量 323250.4 t，查明透闪石矿物量 2455.0 t。

图 4-20　透闪石（左）及透辉石（右）

（左—新浪博客 http://blog. sina. com. cn/s/blog_892dd6430100ubry. html；右—百度搜索 https://timgsa. baidu. com/timg?image&quality=80&size=b9999_10000&sec=1497806907530&di=e36f58bb0c4c386295dd86c5bcb90e5f&imgtype=0&src=http%3A%2F%2Fimgsrc. baidu. com%2Fbaike%2Fpic%2Fitem%2F4075890a7430780b95ca6bb7. jpg）

表 4-21　陕西省透辉石、透闪石矿产地简表

序号	矿产地名称	所在地区	开采利用情况
1	宝鸡市胡店透辉石矿	宝鸡市	可供进一步工作
2	宝鸡县通洞乡孟家源透辉石矿	宝鸡市	可供进一步工作
3	宝鸡县胡店乡东山透辉石矿	宝鸡市	可供进一步工作
4	凤县九子沟磷灰石矿（伴生透辉石矿）	宝鸡市	可供进一步工作
5	洛南县寺沟透辉石矿	商洛市	可供进一步工作
6	商州市分水岭透闪石矿	商洛市	可供进一步工作

（据陕西省国土资源厅，2014）

（三）矿床特征

1. 矿床类型

中国透辉石矿床类型有 4 种。①区域变质型透辉石矿床；②矽卡岩型透辉石矿床；③伟晶岩-热液型透辉石矿床，在其晶洞内结晶出多量的柱状透辉石晶体，晶体完整美观，为宝石级浅绿色-绿色透明透辉石；④岩浆喷发型透辉石矿床。

中国透闪石矿床类型也有 4 种。①区域变质型透闪石矿床；②矽卡岩型透闪石矿床；③超基性岩接触变质型透闪石矿床；④岩浆喷发型透闪石矿床。陕西商县分水岭透闪石矿床即为第一种类型。

2. 商州市分水岭透闪石矿

该矿床位于商洛市商州区韩子坪，透闪石矿体产于石英岩、斜长角闪片岩中，呈似层状，共 3 个矿体，其中Ⅰ号矿体最大，长 500 m，宽 120～150 m，厚均小于 2 m。以方解石透闪石岩为主，Al_2O_3 0.30%～2.58%，Fe_2O_3 0.23%～1.38%，CaO 7.18%～24.35%，MgO 17.55%～23.84%，K_2O 0.01%～0.36%。

3. 洛南县寺沟透辉石矿床

该矿床位于洛南寺沟，透辉石矿赋存于宽坪岩群中，共有 3 个矿体，Ⅰ号矿体最大，长 1300 m，宽 50 ~ 300 m，厚 60 ~ 130 m，主要以透辉石、透闪石为主，化学成分 CaO 23.57% ~28.96%，Fe_2O_3 0.51% ~2.69%，K_2O 0.04% ~0.10%。

二十、蛭石

（一）工业用途

1. 基本性质

蛭石矿物的名称来自拉丁文，带有“蠕虫状”、“虫迹形”的意思。蛭石被加热到 200 ~ 300℃后会产生蠕虫似的剥落，它能膨胀 20 倍并发生弯曲，有点像水蛭（水蛭俗称蚂蟥），由此也获得了这么一个名字。蛭石是黑云母、金云母经热液蚀变或风化水解形成的产物，鳞片状、片状集合体（鳞片在 2.54 cm 厚度内可重叠 100 万片），颜色有金黄、黄褐、褐或古铜色，有时为绿、暗绿或黑色（图 4 - 21），珍珠 - 油脂光泽，或表面暗淡无光泽，质脆而软，薄片具挠性，有时微具弹性，硬度 1 ~1.5，密度 2.2 ~2.8 g/cm^3，熔点 1300 ~ 1370℃。蛭石被烧灼后呈银白色，在加热到 150 ~ 950℃时，厚度增大 15 ~20 倍，体积可膨胀 8 ~40 倍，密度下降为 0.6 ~0.9 g/cm^3，平均容重为 100 ~ 130 kg/m^3。

图 4 - 21　蛭石（左—暗绿色蛭石）及（右—黄褐色蛭石）

（左—百度搜索 http://img10.makepolo.net/images/formals/img/product/357/766/3_630daaf6b84ef130ad6695f4208a2d84.jpg；右—百度百科 https://baike.baidu.com/picture/126771/126771/0/21a4462309f7905264dc33b90cf3d7ca7acbd572?fr = lemma&ct = single）

蛭石有很高的吸附性和高的阳离子交换量。此外还具有良好的保温性能，导热系数为 0.047 ~ 0.7 W/（m·K），吸收率高，不腐烂，不变质、耐酸、耐碱，抗压强度 10 ~ 15 kN/cm^2。蛭石浸泡吸水率达到 350% ~370%，在 -30℃以下其容重、强度不变，抗冻性能好。

2. 主要用途

蛭石具有以下用途：①工业上主要利用其加热膨胀、质轻、绝缘、保温、防火、耐潮、隔音、抗震、抗菌、耐冻和能吸附其他物质的性能，在建筑，石油，化工，纺织行业中作轻质、绝缘、保温、抗冻、节能材料的骨料或填料。蛭石的最大用户是建筑工业；②作衬垫材料和润滑剂，作耐火聚合物的添加剂，作冰箱与冷却器的绝缘材料；③环境保护中作放射性防护材料、污水处理材料，海洋油污吸收剂；④食品工业中作过滤材料；⑤农牧业和园艺中作土壤疏松剂、肥料载体和饲料添加剂；⑥代替石棉作无纤维耐高温摩擦材料；⑦作防火装饰板；⑧在国防工业中作宇宙飞船外壳的涂料，以保护飞船免遭空间原子氧袭击损害；⑨利用蛭石的高吸附和高阳离子交换性能，提取溶液中的金属和其他元素。

（二）地理分布

中国蛭石主要分布在新疆、山西、陕西、江苏、内蒙古，在河北、辽宁、河南、湖北、青海等省也有发现。新疆尉犁县且干布拉克蛭石矿，其储量占全国总储量的90%以上，居世界第二（仅次于南非），是世界罕见的超大型蛭石矿床。

陕西省在潼关县发现1处蛭石矿，累计查明矿物量5215 t，为可供进一步工作矿区。另外，镇坪县曾家坝辉石玢岩中也发现蛭石矿化带。

（三）矿床特征

中国蛭石矿床类型有4种：①超基性岩、碳酸岩风化型蛭石矿；②霓霞岩、霞石正长岩风化型蛭石矿；③矽卡岩水化型蛭石矿；④伟晶岩水化型蛭石矿床。

陕西潼关蛭石矿为混合岩化伟晶岩水化型蛭石矿床，其位于潼关县桐峪镇。蛭石矿产于混合岩化黑云花岗岩两侧太华岩群透闪透辉石片岩中，属热液蚀变产物。共圈出东、西两个矿体，东部矿体为不规则状，长为92 m，最宽81 m；西部矿体长578 m，出露宽122～224 m，呈似层状。矿石质量较差，蛭石多为细鳞片状。全矿平均品位含矿率1007.57 kg/m^3，蛭石膨胀倍数2～5倍。

二十一、石膏

（一）工业用途

1. 基本性质

石膏，又称二水石膏（$CaSO_4 \cdot 2H_2O$）。石膏晶体板状或柱状，集合体致密块状或纤维状，白色，因杂质而呈灰、红、褐色。一般不透明，个别透明度极高。玻璃光泽，莫氏硬度2，密度2.3 g/cm^3，加热到80℃以上开始失水成熟石膏。致密块状体者称普通石膏；无色透明晶体者称透石膏；呈纤维状集合体者称纤维石膏（图4－22）；细晶粒状块体称雪花石膏；石膏中混入的黏土物质大于15%者称泥膏。

图4－22　石膏（左—纤维石膏）及（右—硬石膏）

（左—汇图网 http://www.huitu.com/photo/show/20120618/232222719200.html? from = nipic；
右—百度图片搜索 http://photo.renwen.com/1/156/115644_1353433611282302_s.jpg）

硬石膏为无水硫酸盐矿物（$CaSO_4$），晶体厚板状，集合体致密块状或粒状，白、灰白色，有时微带浅蓝或浅红色，玻璃光泽，莫氏硬度3.0～3.5，密度2.8～3.0 g/cm^3，不溶于水，能溶于盐酸，具良好的隔音、隔热性能。

2. 主要用途

石膏主要用于制造建筑材料：①作水泥缓凝剂；②作建筑用石膏预制品，如石膏板、石膏空心砌块、泡沫石膏及石膏喷涂料、建筑灰泥；③作各种模型和石膏装饰品的原料；④作造纸、油漆、颜料、食品、纺织业用的填料及豆制品的凝结剂；⑤作土壤改良剂与肥料；⑥用作中药材；⑦透明的石膏晶体可作光学原料。

硬石膏的用途窄，主要是代替石膏作水泥缓凝剂和部分工业填料和在矿上巷道支护中，用来作粉末状速凝剂或整块地用作石垛墙。

（二）矿物种类

石膏，按其成分划分为石膏（$CaSO_4 \cdot 2H_2O$）和硬石膏（$CaSO_4$）；按其结晶形态，有纤维状石膏、雪花状石膏、致密块状的普通石膏、无色透明的透石膏等。

（三）地理分布

中国的石膏矿主要分布在山东、湖北、内蒙古、青海等省（区），据国土资源部信息中心《世界矿产资源年评 2015》资料，截至 2014 年，我国查明石膏储量 12×10^8 t，是继俄罗斯和伊朗之后，世界第三大石膏资源大国。

陕西石膏矿分布在汉中市西乡县火地沟、瓦刀子、左溪沟羊圈沟等地（表 4－22），累计查明矿石量 46864.327×10^4 t。

表 4－22　陕西省石膏矿产地简表

序号	矿产地名称	所在地区	规模	开采利用情况
1	西乡县火地沟石膏矿	汉中市	中型	推荐近期利用
2	西乡县瓦刀子石膏矿		超大型	推荐近期利用
3	西乡县左溪沟羊圈沟石膏矿		小型	可供进一步工作

（据陕西省国土资源厅，2014）

（四）矿床特征

1. 矿床类型

中国石膏和硬石膏矿床类型有 3 种：①热液交代型硬石膏矿床；②矽卡岩型硬石膏矿床；③沉积型石膏或硬石膏矿床。

陕西的石膏矿属沉积型石膏矿床，其代表性矿床为西乡县石膏矿床。

2. 西乡县瓦刀子石膏矿

该矿位于西乡县城南 23 km 处。含矿地层为三叠系嘉陵江组碳酸盐岩，矿体呈透镜状，近东西方向延长 1200 m，最厚 428 m。矿石分为石膏、硬石膏和混合石膏 3 种。矿物成分为石膏和硬石膏，次为白云石、方解石、菱铁矿等。石膏含量 78.89% ~90.53%，查明工业可利用石膏资源/储量 9904×10^4 t。

第二节　建筑和冶金工业的基石——工业岩石

工业岩石，是指在当前经济技术条件下，可供人类社会开采利用的天然岩石。工业岩石种类较多，其主要为建筑、冶金、化工等部门提供原材料。

一、石灰岩

（一）工业用途

1. 基本性质

石灰岩是一种以方解石为主要成分的沉积岩。方解石的化学式为 $CaCO_3$。除方解石外，石灰岩中常含有白云石、黏土、粉砂质等杂物。石灰岩呈灰色或灰白色，性脆，硬度3左右，点滴稀盐酸会剧烈起泡，密度2.6～2.7 g/cm^3，松散系数1.5～1.6，煅烧温度大于900℃时，分解转化为生石灰，即氧化钙，析出二氧化碳。

根据石灰岩的工业用途，将石灰岩分为熔剂灰岩、电石灰岩、制碱灰岩等。作为溶剂灰岩，工业指标中对它的化学成分有较高的要求（表4－23）。

表4－23　熔剂用灰岩化学成分要求表

用途	矿石类型	品位	化学成分/%					
			CaO	CaO + MgO	MgO	SiO_2	P	S
黑色冶金熔剂	石灰岩	边界品位	≥48	≤3.0	≤4.0	≤0.04	≤0.15	
		工业品位	≥50		≤3.0	≤4.0	≤0.04	≤0.15
	白云质石灰岩	边界品位		≥49	≤8.0	≤4.0	≤0.03	≤0.12
		工业品位		≥51	≤8.0	≤4.0	≤0.03	≤0.12
有色冶金熔剂	石灰岩	边界品位	≥50		≤1.5	≤2.0		
		工业品位	≥53		≤1.5	≤2.0		

（据《矿产资源工业要求手册》编委会，2010）

作为电石灰岩，要求CaO含量一般大于54%，对镁、硅、铁、铝杂质要求很严（≤1%），硫要求≤0.1%，磷≤0.06%（表4－24）。

表4－24　电石灰岩化学成分要求表

品位界限	化学成分/%						开采技术条件
	CaO	MgO	SiO_2	R_2O_3	P	S	
边界品位	≥52	≤1.0	≤1.0	≤1.0	≤0.06	≤0.10	同熔剂用石灰岩
工业品位	≥54	≤1.0	≤1.0	≤1.0	≤0.06	≤0.10	

（据《矿产资源工业要求手册》编委会，2010）

作为制碱灰岩，其 $CaCO_3$ 的含量越高越好，一般不应小于85%。$MgCO_3$、SiO_2、Fe、Al等杂质不宜过高（表4－25）。

表4－25　制碱石灰岩化学成分要求表

品位界限	化学成分/%				开采技术条件
	$CaCO_3$	MgO	R_2O_3	酸不溶物	
边界品位	≥88	≤1.9	≤1.0	≤3.0	同熔剂用石灰岩
工业品位	≥90	≤1.9	≤1.0	≤3.0	

（据《矿产资源工业要求手册》编委会，2010）

2. 主要用途

熔剂灰岩用在冶金工业上，CaO可使矿石中的杂质变为炉渣，炼铁时可去除硫、磷等有害杂质；

电石灰岩主要用于化学工业，制作电石（碳化钙 CaC_2），用来制作乙炔（C_2H_2）；制碱灰岩主要用于制造碱、轻质碳酸钙，还可用作催化剂、漂白粉、钙质饲料及其他化工原料。

石灰岩的用途广泛，除了这几种特定类型，石灰岩还有制造土壤肥料、制糖和石油工业中的净化剂、玻璃制造的配料、制轻质碳酸钙（石灰）、饰面石材（如“汉白玉”）、建筑石料、砚石材料（如“松花石砚”、“红丝砚”、“菊花砚”、“燕子石砚”）。近年发现了石灰岩、大理岩的新用途，生产“石头纸”。它用80%的石灰岩或大理岩粉末代替60%的木浆和草浆，与15%的聚乙烯和5%的胶合剂混合。在不需水、不产生废气废水及有害物质的工艺下，可制造成可降解、可回收再利用、不易燃、防水防潮、书写与印刷性能好、清晰度高的“石头纸”。

（二）地理分布

中国石灰岩资源分布广泛，苏南－秦岭－大别以南以石炭系、二叠系和三叠系石灰岩为主；秦岭－大别山以北、苏北、山东主要以寒武系、奥陶系石灰岩为主。我国有五大富集区：①长江中下游资源富集区；②晋、冀、鲁、豫资源富集区；③陕西资源富集区；④闽、粤、桂资源富集区；⑤川、黔、滇资源富集区。

陕西的石灰岩主要分布在陕南的汉中、安康、商洛，关中的渭南、西安、宝鸡，渭北－陕北的咸阳、铜川、延安、榆林等地。

熔剂灰岩矿主要分布在汉中市勉县、略阳、留坝，以及安康市宁陕县、商洛市商州区。查明资源储量的4处矿区全部分布在汉中市勉县和略阳县，累计查明熔剂灰岩矿石量 33986.0×10^4 t，保有资源储量矿石量 33740.189×10^4 t，其中3处已停采，1处正在基建。

电石灰岩矿主要分布在铜川市、宝鸡市凤翔县和安康市紫阳县，已发现4处矿产地，累计查明电石灰岩矿石量 49610.806×10^4 t。目前正在开采1处，计划近期利用1处，推荐近期利用1处，可供进一步工作1处。

制碱灰岩主要分布在铜川市耀州区、宝鸡市凤翔县和陇县等3地，累计查明矿石储量 41921.846×10^4 t，计划近期利用1处，推荐近期利用1处，可供进一步工作1处。

（三）矿床特征

1. 矿床类型

我国的石灰岩矿床类型主要有3种：①化学沉积型石灰岩；②机械沉积型颗粒石灰岩；③生物化学沉积型石灰岩。

陕西的石灰岩主要为化学沉积型石灰岩和生物化学沉积型石灰岩，机械沉积型颗粒石灰岩较少。

2. 勉县阜川熔剂石灰岩

该石灰岩矿赋存于二叠系栖霞组灰岩中，由6个近东西的平行矿层组成。矿体长2400～2600 m，平均厚度16.4～68 m，控制垂深446 m。矿石主要由方解石组成，其次有白云石、石英等；含氧化钙（CaO）54.39%、氧化镁（MgO）0.76%。查明石灰岩资源/储量 24770×10^4 t，为一大型熔剂石灰岩矿。该矿矿体全部出露于侵蚀基准面以上，层位稳定、构造简单，利于露天大规模开采。

3. 铜川市李家沟电石灰岩

矿区出露早古生代奥陶纪形成的马家沟组石灰岩夹白云质灰岩。按岩性特征由下至上可分为7个岩层，其中第二、四、六、七层为电石灰岩矿层。第二层为主要矿层，厚度30.88～35.99 m，其余各层厚度2.60～22.12 m。矿石主要由方解石组成，含有少量白云石。矿石含氧化钙（CaO）55.01%、氧化镁（MgO）0.43%、二氧化硅（SiO_2）0.65%。矿区查明电石灰岩资源/储量 1755.1×10^4 t，为一中型规模的化学沉积型电石灰岩矿床。

4. 宝鸡市凤翔县川口河化工石灰岩

凤翔县川口河化工石灰岩矿，含矿地层为奥陶系石灰岩，矿体长度1500 m，南北宽1800 m，以川口河为界分为东西两块段。根据矿石的工业用途又可分为电石用灰岩矿体（东块段）和制碱用灰岩矿体（西块段）。矿石含氧化钙（CaO）平均为55.04%，有害组分氧化镁（MgO）、二氧化硅（SiO_2）、三氧化二铝（Al_2O_3）、三氧化二铁（Fe_2O_3）等总含量小于1%。该矿床为大型多用途优质化工用石灰岩矿床。查明的制碱用石灰岩矿石储量6290×10^4 t、电石灰岩矿石储量2.73×10^8 t，累计矿石储量3.36×10^8 t。

二、白云岩

（一）工业用途

1. 基本性质

白云岩是一种以白云石为主要组分的碳酸盐岩（图4－23），含白云石约95%，另含少量方解石、黏土矿物、石膏等杂质。白云岩经区域变质重结晶后形成白云石大理岩，其化学成分和白云岩相同。白云岩经煅烧至1800℃时，氧化钙全部形成方钙石（α－CaO），氧化镁形成方镁石称白云石砂（烧结白云石、死烧白云石）。白云石经煅烧后具有达2300℃的高耐火度，抗碱渣性能较强，属碱性耐火原料。

图4－23　白云岩

（左—中国选矿技术网 http://www.mining120.com/photo/photoview.asp? id＝94&page＝3；右—董王仓摄于洛南县石门，2016）

2. 主要用途

白云岩的用途主要有：①用作冶金熔剂及耐火材料，广泛用于转炉、电炉、化铁炉炉衬，可中和酸性炉渣，减轻其对炉衬的侵蚀；②提炼金属镁，并用于作提取海水镁砂的沉淀剂；③制碱、制含水碳酸镁和硫酸镁；④医药化工方面用于生产泻利盐、氧化镁、轻质碳酸镁和制造钙镁磷肥和土壤酸度中和剂；⑤作饲料添加剂；⑥作水的过滤和处理材料，矿井降粉尘的防爆材料；⑦制造高镁水泥，加工成苦土粉加树脂制成各种建筑材料；⑧作铸石配料；⑨玻璃和陶瓷工业中用作配料，提高玻璃的坚固性和陶瓷的光洁度。玻璃用白云岩是用于制作玻璃的配料，对白云岩化学成分的要求见表4－26。

表4－26　玻璃用白云岩化学成分要求表

矿石用途		化学成分/%				其他/%
		MgO	CaO	Fe_2O_3	Al_2O_3	
玻璃配料	Ⅰ级	＞20	＞30	≤0.1	≤1.0	
	Ⅱ级	＞19	＞26	≤0.2	≤1.0	

（据《矿产资源工业要求手册》编委会，2010）

（二）矿石种类

矿石主要有白云岩和白云质大理岩两类。

（三）地理分布

中国白云岩资源比较丰富，至2008年底，白云岩查明基础储量：冶金用白云岩37×10^8 t，化工用白云岩1421×10^4 t，玻璃用白云岩15789×10^4 t，建筑用白云岩3553×10^4 m^3。中国白云岩、白云石大理岩主要产于前寒武纪变质岩系中。分布于河北、山西、内蒙古、辽宁、江苏、安徽、江西、湖北、湖南、广东、广西、贵州和陕西等省（区）。

陕西查明的冶金白云岩矿产地有11处，其中单一矿产地6处，伴生、共生矿产地5处，矿床主要集中在汉中地区有9处，分布在汉中、勉县、略阳、留坝等县。另外，在安康、商洛地区各有1处。累计查明白云岩矿石储量5×10^8 t。其中，近期不宜工作的6处，停采1处，可进一步工作的两处，推荐近期利用的1处，难利用的1处。陕西省玻璃用白云岩矿1处，分布在洛南县，累计查明玻璃用白云岩2903.345×10^4 t，为可供进一步工作矿区。

（四）矿床特征

1. 矿床类型

白云岩矿床类型有两种。①海相沉积型白云岩矿床；②湖相沉积型白云岩矿床，在中国尚未发现。白云石大理岩矿床类型只有1种，即区域变质型白云石大理岩矿床。陕西省上表的11处冶金白云岩矿床属海相沉积型、沉积－变质型白云岩矿床。矿石含氧化镁（MgO）20.5%～22%、氧化钙（CaO）30.29%～30.96%。

2. 勉县阜川唐家湾白云岩矿

矿区出露震旦系灯影组碳酸盐岩，主要由角砾状白云岩、隐晶质－微晶白云岩及含泥质钙质白云岩组成。其中，隐晶质－微晶白云岩层为主要矿层，矿体长度1200 m，平均厚233 m，垂深124 m。Ⅰ级品矿石含氧化镁（MgO）19%以上，储量占矿床总储量的94.5%；Ⅱ级品矿石含氧化镁（MgO）18%以上。矿石主要成分为白云石（95%～99%），其次为石英。查明白云岩储量10673×10^4 t。

三、硅质原料

（一）工业用途

1. 基本性质

工业上把石英岩、石英砂岩、脉石英、硅质角岩等符合质量要求的硅质原料统称硅石（旧称矽石），主要矿物是石英（SiO_2），其精矿二氧化硅的含量一般要求不小于98%。其特点是性脆，硬度大，抗腐蚀能力强，既有极高的耐火性，又具有极好的耐酸性。

2. 主要用途

硅质原料的用途如下：主要作为玻璃原料，其次作冶金熔剂、制窑炉用的硅砖、生产硅铁、含硅合金、硅铝和有机硅；化学工业上，制硅酸盐、硝酸盐、水玻璃、硅胶、干燥剂、石油精炼催化剂、外墙涂料，马路画线漆；优质石英砂可作为水泥质量检验用的标准砂；作铸造用的型砂、磨料、过滤材料、臼石；石英砂可作为陶瓷配料以减少产品收缩和产品变形；具有旋光性与紫外线可穿透性的石英岩用来制各种光学仪器和医疗用的石英灯，是制金刚砂（碳化硅）的基本原料；颗粒致密的石英岩可作天然油石；部分优质石英岩可作玉石材料，如“密玉”。陕西省的硅石原料主要用于玻璃、冶金，此外还有铸型用砂。

（二）矿石种类

玻璃用的硅质原料矿床有石英砂、石英砂岩、石英岩3种。其中铸型用砂可根据各成分的含量分为：石英砂、石英长石砂、黏土砂和特种砂（橄榄石砂、锆石砂）等4种类型。

（三）地理分布

中国用于玻璃、冶金的硅质原料矿产分布在全国20多个省（市、区），其中石英砂岩主要分布在山东、四川、贵州、河北、江西。石英砂主要分布在福建、内蒙古、山东。石英岩主要分布在青海、辽宁、北京、陕西、安徽、河南、甘肃、宁夏。铸型用砂主要分布在福建、内蒙古、山东、河北、黑龙江、四川、河南、贵州、重庆等省（区、市）。

陕西查明的硅质原料矿产有12处。其中，玻璃石英岩8处，分布在汉中市城固县、宝鸡市眉县、安康市，累计查明玻璃石英岩19514.125 $\times 10^4$ t，推荐近期利用1处，可供进一步工作的3处，停采4处；玻璃砂岩矿1处，分布在榆林市神木县，属停建矿区，累计查明玻璃砂岩401.19 $\times 10^4$ t；冶金用石英岩两处，均分布在汉中市（同时用作玻璃石英岩），其中1处停采，另1处推荐近期利用，累计查明冶金用石英岩4784.7 $\times 10^4$ t；冶金用脉石英两处，分布在宝鸡市，其中1处停采，另1处可供进一步工作，累计查明冶金用脉石英212.3 $\times 10^4$ t；铸型用砂矿1处，位于西安市毛西村，矿石 SiO_2 含量80%，累计查明铸型用砂矿床矿石量1.2 $\times 10^4$ t，可供地方小型开采使用。

（四）矿床特征

1. 宝鸡县大岭山脉石英（硅石）矿

矿区位于宝鸡县西北凤阁岭乡境内，出露浅变质的泥盆系碎屑岩夹碳酸盐岩。矿体呈脉状产于断裂构造带，共有4个矿体，其中以Ⅰ号矿体为主，长1370 m，平均厚度12.38 m，呈大厚脉状展布。矿石主要由石英组成，其次有云母、绿泥石等。矿石含二氧化硅（SiO_2）90%～98.63%。查明硅石储量84 $\times 10^4$ t，熔剂用矿石储量120 $\times 10^4$ t，为一中型硅石矿。

2. 汉中市老鹰崖石英岩

老鹰崖石英岩，赋矿地层为泥盆系地层，圈出两个矿体，矿体呈似层状产出。Ⅰ号矿体长850 m，最大厚度100 m；Ⅱ号矿体长900 m，最大厚度36 m。矿石自然类型有块状、层状、条带状3种。矿石主要组成矿物为石英（含量在95%以上），二氧化硅（SiO_2）含量为98.8%。矿石以二级品为主，选矿后，二氧化硅（SiO_2）含量大于99%，是理想的玻璃硅质原料。矿床查明储量848 $\times 10^4$ t。

3. 西安市毛西村铸型用砂矿

铸型用砂矿有5种类型：①滨海机械沉积型砂矿；②湖泊沉积型砂矿；③河流沉积型砂矿；④变质型石英岩矿；⑤岩浆型矿床，包括超基性岩中的橄榄石、碱性岩浆岩或碱性伟晶岩中的锆石矿。

毛西村铸型用砂矿，属河流沉积型石英砂矿。它位于西安灞桥区毛西村附近。砂矿层赋存于新近系中新统砂、砾石层内，被第四系黄土层覆盖。共有两层矿，其间隔60 m。矿层厚3.6～6.4 m，矿石主要由石英组成，次有长石、方解石等。矿石化学成分稳定，二氧化硅（SiO_2）含量80%左右，适用于中小件铸铁及有色金属的造型用砂。共查明铸型用砂工业储量7812.5 m^3，远景储量1687.5 m^3。

四、耐火黏土

（一）工业用途

1. 基本性质

耐火黏土，是指耐火度大于1580℃，由0.005 mm以下的高岭石矿物、铝的氢氧化物及少量水云母组成的黏土（图4－24）。耐火黏土的特性是加水后具可塑性、黏结力，形成可塑胶团，干燥后保持已有形状，煅烧后似岩石般坚硬，其耐火度及可塑性取决于其中氧化铝、铁质矿物、二氧化硅的含量。

图 4-24　耐火黏土（左—粉末状）及（右—块状）
（左—慧聪网 http://b2b.hc360.com/supplyself/447675523.html；
右—慧聪网 http://b2b.hc360.com/viewPics/supplyself_pics/225525214.html）

2. 主要用途

耐火黏土主要用作冶金耐火材料，占70%。其次，用于机械、轻工、化工、建材、橡胶、造纸、玻璃、陶瓷、国防部门。

（二）矿石种类

依耐火黏土的理化性质和工业利用情况，将其分为软质黏土、半软质黏土、硬质黏土和高铝黏土四大类（表 4-27）。

表 4-27　耐火黏土矿石分类

耐火黏土分类	主要矿物	副矿物
软质黏土	高岭石、三水铝石，一般以前者为主	水云母、水白云母、埃洛石
半软质黏土	高岭石、有时有水云母	绢云母、碳质
硬质黏土	高岭石、硬铝石、一水铝石	伊利石、水云母、绢云母、地开石、叶蜡石、埃洛石
高铝黏土	硬水铝石、胶铝石、水铝石、三水铝石	水云母、有时有高岭石

（据《矿产资源工业要求手册》编委会，2010）

（三）地理分布

中国耐火黏土资源各省均有分布。资源储量在亿吨以上的有山西、河南、内蒙古、河北、辽宁、湖北、吉林、山东8省（区），合计占总储量的80%以上。此外，中国煤田伴生的耐火黏土资源量约有 50×10^8 t。

陕西省查明耐火黏土矿4处（铜川市两处、渭南市蒲城县1处、商洛市洛南县1处），均属沉积型矿床。累计查明耐火黏土矿矿石量 4070.685×10^4 t。4处黏土矿中，铜川市上店黏土矿停采，其他3处均为近期难以利用矿区。

（四）矿床特征

1. 矿石类型

根据理化性能、矿石特征和工业用途，耐火黏土分为4种类型（表 4-28）。

2. 铜川市上店耐火黏土矿

矿区黏土矿产于石炭系和二叠系。石炭系中的矿体受古地形地貌控制，有5个主矿层及30多个次要矿层，主矿层长度一般在300 m左右，最长可达2000 m，厚度1~5 m；次要矿层长度小于200

m。矿石类型有高铝黏土、硬质黏土、半软质黏土和软质黏土，其三氧化二铝（Al_2O_3）含量分别为47%~68%、37%~43%、35%~40%、25%~35%，全矿区三氧化二铝（Al_2O_3）平均含量为40.9%；二叠系中的黏土矿，矿体长度1200 m，平均厚2.72 m。矿石以硬质黏土为主，含三氧化二铝（Al_2O_3）36%~38%。

表4-28　耐火材料矿石类型及特征表

矿石工业类型	矿物成分		Al_2O_3	Fe_2O_3	耐火度	矿石外观特征	工业用途	备注
	主要矿物	次要矿物	%	%	℃			
高铝黏土	一水硬铝石	高岭石、一水软铝石	>50	<3	≥1770	豆状、鲕状、致密块状、土状	高铝质耐火材料	化学成分以熟料计
硬质黏土	高岭石	一水硬铝石、三水铝石、地开石、伊利石、叶蜡石	>30	≤3.5	≥1630	致密块状、鲕状、贝壳状	黏土质耐火材料	
半软质黏土	高岭石	伊利石、一水硬铝石	≥25	≤3.5	≥1630	块状、片状	结合剂	化学成分以生料计
软质黏土	高岭石-伊利石 钠蒙脱石-伊利石		>22	≤3.5	≥1580	土状、片状	结合剂	

（据《矿产资源工业要求手册》编委会，2010）

据资料介绍，铜川市上店地区的黏土矿，早在古代即发现并开采利用，古时的“耀州瓷”原料就取自于此。1959~1976年，陕西省冶金地质勘探公司七一二队，对上店地区的黏土矿进行了全面勘探，1976年3月提交了《铜川上店耐火黏土矿勘探总结报告》，查明黏土矿石储量3243×10^4 t，属一大型黏土矿。

五、化肥蛇纹岩

（一）工业用途

1. 基本性质

蛇纹岩的主要成分为蛇纹石，化学式为$(Mg,Fe,Ni)_6[Si_4O_{10}](OH)_8$，主要由蛇纹石、镁橄榄石组成，含有少量磁铁矿、钛铁矿、铬铁矿、水镁石、透闪石等矿物。颜色一般呈黄绿色至黑绿色（图4-25），致密块状，硬度低，略具滑感，莫氏硬度2.5~4，蜡状光泽，化学稳定性较好。风化面呈灰白色，有时可见网纹状构造，外表具有像蛇皮一样的花纹，故名蛇纹石。蛇纹岩具有一定的耐火度，但不稳定，常随$MgO+Al_2O_3$内含量增加而升高，其耐火度一般为1580~1730℃。

图4-25　蛇纹岩

（左—中国贸易网 http://www.cntrades.com/b2b/pantom666/sell/itemid-112164983.html；
右—搜狗百科 http://baike.sogou.com/h735510.htm?sp=l66098749）

2. 主要用途

蛇纹岩的主要用途是与磷矿一起烧制钙镁磷肥，也可直接作蛇纹石粉肥，还可做耐火材料、作冶金助熔剂；可制成白炭黑和硫酸镁，还可提取氧化镁和制造高比表面积的无定形多孔二氧化硅，用于造纸，酿造和除污；颜色鲜艳半通明的蛇纹石，可作工艺品或用作装饰石材（如“岫岩玉”）。陕西蛇纹石主要作化肥用。

（二）矿石种类

蛇纹岩是一种主要由蛇纹石组成的变质岩。蛇纹石是蛇纹石族矿物的总称，包括叶蛇纹石、纤维蛇纹石和利蛇纹石 3 种矿物。

（三）地理分布

中国的蛇纹石主要分布在辽宁、内蒙古、河北、山东、江苏、江西、河南、湖北、四川、贵州、云南、陕西、甘肃、青海、新疆等省（区）。

陕西有蛇纹岩矿 4 处，分布在汉中市勉县、宁强县、略阳县和留坝县，累计查明矿石量 32498.7 $\times 10^4$ t。目前，两处矿区停采，两处矿区近期难以利用。

（四）矿床类型

蛇纹岩矿床有 3 种类型：①超基性岩热液蚀变型蛇纹岩矿床；②基性超基性岩风化型蛇纹岩矿床；③镁质碳酸盐岩热液蚀变型蛇纹岩矿床。

陕西蛇纹岩矿床均与铬铁矿、石棉矿共生。如汉中勉县舒坪铬铁矿共生蛇纹岩矿、宁强大安黑木林石棉矿共生蛇纹岩矿、略阳煎茶岭石棉矿共生蛇纹岩矿。

六、泥炭

（一）工业用途

1. 基本性质

泥炭，又称草炭或泥煤，主要由分解不完全的植物残体、腐殖质和矿物质组成。呈棕黄、棕褐、黑褐色。疏松多孔，密度 0.7 ~ 1.05 g/cm^3，生理活性强、渗透性和吸附能力很强，并具有热容量大、热导率小、可塑性良好的特点。在自然状态下，泥炭是由不同比例的水（一般 20% ~80%）、矿物质和有机质（一般 40% ~70%）3 部分组成，有机质中腐殖酸含量 40%，甚至 50% 以上。

2. 主要用途

泥炭用途广泛，主要用于农业、能源、建材、化工、环保及医药方面。具体主要用于制作各种肥料（全世界有 60% 以上的泥炭用于农业）以及饲料添加剂、杀虫剂、除草剂、轻体保温材料、纤维板、沥青油毡等、废水净化剂、石油吸附剂、钻井泥浆调整剂、水泥减水剂等，可制成隔热隔音板材、提取泥炭蜡、酚、甲醇、丙酮等；也可作低热值燃料、泥炭膏、提取腐殖酸制药。

（二）泥炭分类

泥炭目前尚无统一的分类方案，现行工业手册上暂提供了一个参考分类方案（表 4 – 29）。

（三）地理分布

中国保有泥炭资源量（干重）近 50 $\times 10^8$ t。中国泥炭资源量居世界第六位，占 10% 强。陕西仅有 1 处泥炭矿，分布在榆林市孟家湾大营盘。累计查明泥炭矿石量 10.97 $\times 10^4$ t，为近期难以利用矿。

表 4－29　泥炭参考分类方案

分级（灰分含量%）	高分解（>40）（纤维含量<40%）	中分解（20～40）（纤维含量 40%～60%）	低分解（<20）（纤维含量>60%）
低灰分（<25）	低灰分高分解泥炭	低灰分中分解泥炭	低灰分低分解泥炭
中灰分（25～50）	中灰分高分解泥炭	中灰分中分解泥炭	中灰分低分解泥炭
高灰分（>50）	高灰分高分解泥炭	高灰分中分解泥炭	高灰分低分解泥炭

（据《矿产资源工业要求手册》编委会，2010）

（四）矿床特征

1. 矿床类型

一般把有机质含量大于30%者称泥炭，小于30%者称腐殖土或有机土壤。泥炭的元素组成包括碳（50.92%～67.05%）、氢（5.73%～6.41%）、氮（0.72%～8.47%）、氧和硫（合计 26.28%～41.58%）。

2. 榆林市孟家湾大营盘泥炭矿

榆林市孟家湾大营盘泥炭矿，位于横山县—榆林市一带。泥炭赋存于第四系内，成矿与小区域微型地形有关。下伏老地层一般为侏罗系泥灰岩。经过工作，共提交泥炭储量 8.7×10^4 t，可供土法开采沤制肥料。

七、水泥用灰岩、水泥用大理岩

（一）工业用途

1. 基本性质

水泥用灰岩是以方解石（$CaCO_3$）为主要组分的碳酸盐岩。做水泥原料的石灰岩，其中 CaO 含量一般大于或等于 48%，MgO 含量小于或等于 3.0%，硫、硅、铁、铝、钠、钾等杂质有较严格要求；水泥用大理岩，成分与灰岩一致，由各种碳酸盐类岩石再结晶而成。

2. 主要用途

石灰岩用途很广，用作制作水泥的主要原料是其中最主要的用途之一。其作为制作水泥原料对化学成分的要求（包含水泥用大理岩）见表 4－30。

表 4－30　水泥灰岩化学成分表

矿石类别	化学成分/%						开采技术条件
	CaO	MgO	K_2O+Na_2O	SO_3	$fSiO_2$		
					石英质	燧石质	
Ⅰ级品	≥48	≤3.0	≤0.6	≤1	≤6	≤4	同熔剂用石灰岩
Ⅱ级品	≥45	≤3.5	≤0.8	≤1	≤6	≤4	

（据《矿产资源工业要求手册》编委会，2010）

（二）矿石种类

用作水泥的主要有 3 种矿石：水泥用石灰岩、水泥用大理岩和水泥用泥灰岩。

（三）地理分布

中国石灰岩查明储量位居世界第一。其中，水泥灰岩占 81%，水泥大理岩占 4%，泥灰岩较少，共计查明储量6557×10^4 t，石灰岩主要分布在长江中下游、晋冀鲁豫、陕西、闽粤桂、川黔滇五大资源富集区，东北地区最少。

水泥灰岩是陕西的优势矿产，现有水泥灰岩矿87处，水泥大理岩矿5处，全省除延安市外的其他9个市区均有分布。截至2014年，累计查明水泥灰岩矿石量844965.748×10^4 t，水泥用大理岩矿7872×10^4 t。水泥用灰岩资源/储量在全国排名第四位，西部排名第一位，但水泥生产相对落后于国内其他省份。据陕西省统计年鉴（2015年）统计资料，2014年全省水泥产量9083.5×10^4 t，仅占全国水泥总产量（247613.5×10^4 t）的3.67%，居全国第15位。已查明的87处水泥灰岩矿中，正在开采的仅14处，正基建的1处，闭坑的两处，停采的25处，其他45处是计划近期利用、推荐近期利用、可供进一步工作等矿山；5处水泥用大理岩矿中，计划近期利用的1处，可供进一步工作的3处，近期不宜进一步工作的1处。

（四）矿床特征

1. 矿床类型

陕西的水泥灰岩主要是化学沉积型及生物化学沉积型矿床。已发现的矿床主要分布在渭北、陕南近40个县（市）。据其空间分布与区域成矿条件，划分为4个水泥灰岩集中区（带）：渭北石灰岩矿带、凤县－柞水－山阳石灰岩矿带、汉南（汉中）及安康石灰岩集中区。

2. 渭北石灰岩

渭北石灰岩分布于陇县－永寿、铜川和蒲城－韩城一带，产于寒武系和奥陶系海相石灰岩及白云岩地层中。宏观上，石灰岩自西向东由纯石灰岩逐渐相变为泥质灰岩、白云质灰岩和白云岩，厚度亦渐变薄，西部厚1737 m，东部仅500 m。矿层裸露地表，位于当地侵蚀基准面以上，水文地质条件简单，适于大规模露天开采，是陕西水泥工业原料的主要产地。

根据石灰岩矿床的地理分布，由西向东划分为陇县－永寿、铜川和蒲城－韩城3个矿区，其中以耀县－铜川矿区为主，面积约2400 km^2，以奥陶系灰岩为主，矿石质量较佳，含氧化钙（CaO）大于50.89%～55.30%、氧化镁（MgO）0.32%～1.22%。陕西大中型水泥灰岩矿床和矿山多集中于此，矿石产量约占全省产量的40%。

3. 汉南石灰岩

汉南是指陕西汉江以南的长条形地带，水泥用灰岩主要分布在该区二叠纪和三叠纪地层中，石灰岩矿体呈层状产出。矿石一般为隐晶质，主要成分为方解石，含氧化钙（CaO）53.26%～53.68%、氧化镁（MgO）0.48%～0.90%。由于受岩浆岩体割裂，一分为二成汉中和西乡两个集中分布区。其中，汉中石灰岩集中区含矿地层为二叠系栖霞组、茅口组、吴家坪组和长兴组灰岩，出露长约25 km，以中厚－巨厚层状灰岩为主，厚度一般为80～166 m，最厚可达260 m；西乡石灰岩集中区含矿地层为三叠系飞仙关组下部薄层－巨厚层灰岩，厚度235～252 m。汉南丰富的石灰岩资源，为区内水泥生产企业提供了充足的生产原料（图4－26）。

3. 山阳县馒头山石灰岩

矿区出露地层为泥盆系九里坪组、星红铺组及上古道岭组以石灰岩为主的地层，其中古道岭组为水泥用石灰岩的主要赋矿层位。发现的矿体长1030 m，宽约450 m，最大斜深达900 m。矿石主要由方解石组成，平均含氧化钙（CaO）53.09%、氧化镁（MgO）0.56%。查明石灰岩储量29945×10^4 t，为一大型水泥灰岩矿床。

4. 石泉县大堰沟石灰岩

石灰岩赋存于石炭系地层中，长度大于1000 m的矿体有3个、200～930 m的矿体有7个，矿体平均厚度4～29 m。矿石方解石含量大于95%，氧化钙（CaO）含量一般50%～51.21%、氧化镁（MgO）0.65%～0.85%。矿石储量2447×10^4 t。

图 4-26　汉中市西乡水泥厂

（尧柏水泥 http://www.yaobo.com.cn/xsqy/&newsCategoryId=26.html）

八、水泥配料页岩、黏土、黄土

（一）工业用途

1. 基本性质

水泥原料主要有石灰质原料和黏土质辅料两大类。黏土质辅料包括黏土、黄土、红土、泥岩、页岩、碳质页岩（煤矸石）、粉砂岩、板岩、千枚岩和片岩。目前已限制使用黏土，要求尽可能使用黏土岩类。

页岩是一种具薄页状或薄片状黏土岩，由黏土经成岩作用而成，矿物和化学成分与黏土一致，颜色有青、绿、黄、红、褐、黑等多种，质地致密坚硬，为生产硅酸盐水泥的配料，分为黏土质页岩和砂质页岩，为水泥补充氧化硅或氧化铝。

黏土，指由直径小于 0.0039 mm 的黏土矿物及石英、长石、云母、岩屑和有机质所组成的土状沉积物，主要化学成分为 SiO_2（50%～70%）和 Al_2O_3（50%～70%），属于生产硅酸盐水泥的黏土质原料的配料，主要由高岭石、蒙脱石、水云母等矿物组成。松散的称为黏土，固结的称为泥岩、页岩。

黄土，是一种风成或洪水成因的陆相黏土质粉砂沉积物，色灰黄，富含钙质及钙质结核，疏松或半固结、呈土状，碎屑矿物成分以石英、长石、云母为主。

2. 主要用途

黏土和黏土岩的用途很广泛，主要用于以下几方面：①作水泥的黏土质原料；②作砖瓦原料，包括墙砖、地砖、青瓦、玻璃瓦等；③作陶粒（轻集料）原料，陶粒除作为混凝土的轻骨料外，还可用于管道、窑炉保温，做饮用水过滤材料，农业及园艺上的无土基床材料和滤水材料；④烧制陶器。早在6000多年前的新石器时代，“半坡人”就开始用黏土烧制陶器。2000多年前的汉代，陶器制作已达鼎盛期（图 4-27）；⑤具极薄而平整层理或页理的，可作建筑饰面石材；⑥作耐火材料；⑦作铸造黏结剂；⑧阳起石钠长片岩用作水泥黏土质辅料和岩棉原料；⑨某些优质的泥岩、砂质泥岩、板岩是制砚台的原料。水泥用黏土质配料各地差异甚大。一般就地取材，陕西多用黄土，华北与东北地区过去常用黏土，华南地区多用粉砂岩。

（二）矿石种类

黏土和黏土岩主要有黏土、黄土、红土、泥岩、页岩、板岩、千枚岩和片岩，它们实际上是一组

图 4－27　咸阳汉阳陵出土的陶俑（左—乐伎及动物俑，右—武士俑及宦官俑）
（董王仓摄于咸阳汉阳陵博物馆，2016）

化学成分类似，因成岩程度与变质程度不同而分别出现的岩石。由于其化学成分类似，故在某些用途中，它们之间常可相互代用，只是加工时遇到的硬度不同而已。

（三）地理分布

我国各地均有黏土类矿产资源分布，但河南、江苏、广西、安徽、内蒙古、黑龙江、贵州、吉林、山西、福建、山东、河北、湖北、广东、青海等省（区）分布相对较多；水泥配料用黄土主要分布在陕西、甘肃、河南、青海、新疆等省（区）；水泥配料用页岩主要分布在广西、安徽、辽宁、广东、江西等省（区）。

陕西的水泥配料页岩矿区 1 处，分布在汉中市西乡县，累计查明矿石储量 1737.19×10^4 t，为近期难以利用矿区；水泥配料黏土矿山 8 处，分布在宝鸡市凤县，汉中市、洋县、西乡县、留坝县及安康市宁陕县、紫阳县，累计查明矿石储量 4180.607×10^4 t，推荐近期利用 1 处，可供进一步工作的 1 处，近期难以利用的 3 处，近期不宜工作的 3 处；水泥配料黄土矿山 10 处，分布在铜川市耀州区、汉中市略阳县、宝鸡市扶风县及千阳县、榆林市府谷县，累计查明矿石量 15410.33×10^4 t。推荐近期利用两处，可供进一步工作的两处，近期难以利用的 4 处，闭坑 1 处，停采 1 处。

（四）矿床特征

1. 矿床类型

黏土类矿床类型有两种：①风化型；②沉积型，包括河湖沉积和风积洪积黄土矿（如陕西铜川黄土矿床）。

2. 铜川市库当沟黄土矿

库当沟黄土矿，位于铜川市南二十里铺库当沟。黄土广布于地表，呈厚板状产出，长条状分布，东西长 425 m，南北宽 315 m，厚度变化在 45～90 m 之间。黄土结构疏松，孔隙发育，颗粒细小且均匀，主要矿物成分为石英、方解石、云母、长石。此外，还普遍含有料姜石。探获储量（B＋C 级）514.50×10^4 t，其中 B 级储量 103.02×10^4 t。该矿床矿石质量稳定，可满足水泥厂对配料黄土的要求。

九、高岭土

（一）工业用途

1. 基本性质

高岭土，以高岭石族矿物为主组成的黏土或岩石的总称，是一种质地较纯的黏土（图 4－28）。

高岭土有土状者和石状者两类，均具强可塑性和黏结力，高耐火度和烧结度，良好的化学稳定性，耐酸和绝缘性。

图 4－28　高岭土（左—块状，右—粉末状）
（左—网易新闻 http://news.163.com/09/1102/10/5N3UELHU000120GR.html；
右—光波网 http://www.gbs.cn/qitahuagongzhongjianti/s86776118.html）

2. 主要用途

高岭土因具有分散性、可塑性、黏结性、烧结性、耐火性、离子交换性和物理化学上的稳定性，应用范围颇广。它是日用陶瓷、艺术陶瓷、建筑卫生陶瓷、电瓷的主要原料；用作特殊陶瓷元件、纸张填料、涂料；可制成人工合成的分子筛，广泛用于石油精炼、催化以及各种化工业；制成过滤材料，用来过滤饮用水；用作各种研磨材料；大量用作农药、化肥的载体；作石油钻井的泥浆材料；它还是一种传统的中药材，在制药业中还被用作填料；在冶金工业中用作耐火材料；复合材料工业中，高岭土作制造玻璃纤维的配料；高岭土还用来制作熔炼各种高级光学玻璃、水晶、有机玻璃的熔炼坩埚、拉制玻璃纤维的各种拉丝坩埚；制成高岭土复合钛白可替代钛白粉作白色颜料，用于化妆品等工业；作白水泥的原料、黏结剂、增白剂和充填料；制作油毛毡、屋面涂料和防水剂；用作配制高强度高性能混凝土的矿物外加剂。

（二）矿石类型

高岭石族黏土矿物包括珍珠石（又称珍珠陶土）、地开石（又称迪开石、迪凯石）、高岭石、埃洛石等 4 种，其中以高岭石和埃洛石为主。

高岭土矿石有土状高岭石和石状高岭石两种类型，石状高岭石又分为两类：一类在火山凝灰岩中呈透镜状或不规则状产出；另一类在煤系地层中呈层状产出，有软质和硬质两种，前者为土状，后者为石状，其均可在煤矿开采中回收。

（三）地理分布

我国是世界上最早发现和利用高岭土的国家，高岭土矿产资源丰富，其主要分布在广东、广西、陕西、福建、江西等 5 个省（区），其次有安徽、湖南、江苏、海南、甘肃和浙江等省。截至 2014 年，我国查明高岭土资源量约 21×10^8 t，煤系地层中硬质高岭土资源量 200×10^8 t 以上（据国土资源部信息中心，2015）。

陕西查明高岭土矿 6 处，主要分布在西安市蓝田县、渭南市韩城市、榆林市府谷县、佳县等市县，累计查明高岭土矿石储量 38843.274×10^4 t。6 处高岭土矿中，近期难以利用两处，可供进一步工作的 4 处。

（四）矿床特征

1. 矿床类型

我国的高岭土矿床类型有 3 种：①风化型高岭土矿，包括酸性脉岩（石英斑岩、细晶岩等）、花岗岩或混合片麻岩、长石石英砂岩、中酸性火山岩等风化、残积，以及古喀斯特岩溶淋滤充填而成的高岭土矿床；②热液蚀变型，如含硫热液蚀变而成的高岭土矿床；③沉积型高岭土矿，包括含煤地层、河湖－滨海碎屑岩中的高岭土矿。我国高岭土矿床种类虽多，但缺乏优质超大型矿床，单个矿床资源量较小。

陕西的高岭土矿产资源较为丰富，高岭土矿产主要分布在陕北鄂尔多斯盆地东部及东南缘，赋存于二叠系太原组、石盒子组煤层底板，属沉积型高岭土矿床。矿石以硬质高岭土为主，局部见半软质高岭土。已查明资源储量的矿产地有6处，其中大型3处、中型3处，主要分布在榆林市的府谷、佳县，以及渭南市韩城市、西安市蓝田县等地，累计查明资源储量 3.88×10^8 t，保有资源量 3.82×10^8 t，保有储量居全国第三位。

2. 韩城市象山高岭土矿

含矿地层为二叠系太原组含煤地层，已发现有3个矿体。主矿体（Ⅱ号）赋存于太原组底部，呈层状分布，厚度1.7~2.7 m，上部矿体为灰黑色硬质高岭土矿石，含高岭石95%~98%、二氧化硅44%、三氧化铝37%、三氧化二铁0.95%，二氧化钛0.95%、三氧化硫0.7%，厚度0.8~1.7 m；下部矿体为灰白色半软质高岭土矿石，含高岭石61%~78%、二氧化硅47%、三氧化铝33%、三氧化二铁1.69%、二氧化钛2%、三氧化硫0.8%，厚度1~1.5 m。

十、陶瓷土（含紫砂陶土）、陶粒用黏土、陶粒页岩

（一）工业用途

1. 基本性质

陶瓷土，适合做陶瓷原料黏土的总称，主要由高岭土组成。其特点是具有高黏结力和可塑性，良好的烧结性能，在1360℃时能烧成白色的坯，烧结温度和耐火温度间隔大，焙烧后无疤痕和斑点，有害杂质FeO、Fe_2O_3、TiO_2 等含量甚微。

陶粒是用回转窑生产的一种人造轻质骨料，生产陶粒的原料叫陶粒黏土、陶粒页岩等。陶粒原料成分较复杂，按其作用可分为3部分：①SiO_2 和 Al_2O_3，在原料中约占3/4；②Na_2O、K_2O、CaO、MgO等，是熔剂氧化物，起助熔作用；③FeS_2、Fe_2O_3、FeO（OH）、$CaMg(CO_3)_2$、$CaCO_3$、$CaSO_4$、C等，是发气物质，能使主体物质发泡。

2. 主要用途

陶瓷土（含紫砂陶土）是制造各种工业技术陶瓷、建筑卫生陶瓷、日用陶瓷的主要原料。陶粒用黏土、陶粒页岩制成的陶粒，其外部具有坚硬的外壳，内部具有封闭式的微孔结构，有体轻、高强、隔热、耐火、耐水、耐化学及细菌腐蚀以及抗冻、抗震等优良性能，广泛用于建筑业做轻质骨料。陶粒还可用于净化水厂的过滤材料，此外，在化学、冶金、农业、园艺等方面也有应用。

（二）矿石种类

陶瓷土作为黏土类矿产种类较多，包括页岩、粉砂岩、泥质岩等可做陶瓷、陶粒原料的矿产均属此类。具有烧胀性能的黏土与黏土岩类（包括页岩、粉砂岩、泥质岩石等）均可作为陶粒原料，但开采黏土已经被限制，故主要应以黏土岩类作为陶粒原料。

（三）地理分布

中国的陶粒页岩矿产主要分布在吉林、湖南、黑龙江、河北、北京、福建、新疆等省（区）；陶粒用黏土矿产主要分布在山东、陕西、青海、新疆、黑龙江等省（区）；陶瓷土（含紫砂陶土）的分布范围与水泥配料黏土矿分布范围相同。

陕西有陶瓷土（含紫砂陶土）矿5处，分布在铜川市、延安市甘泉县和富县、商洛市洛南县，累计查明矿石量 760.43×10^4 t。其中，近期难以利用3处，可供进一步工作的1处，停采矿区1处；陶粒用黏土矿1处，分布在西安市周至县，累计查明矿石量 1197.292×10^4 t，近期难以利用；陶粒页岩矿1处，分布在汉中市西乡县，累计查明矿石量 4958.73×10^4 t，可供进一步工作。

（四）矿床特征

1. 矿床类型

陶瓷土是在湿热气候条件下，由铝硅酸盐类矿物（主要是长石）经长期风化而成——风化型，也可见热液型及沉积型；陶粒页岩矿产为沉积型矿产。

2. 周至县陶粒黏土矿

该陶粒黏土矿位于周至县马召乡下熨斗村。矿体赋存于第四系更新统马兰组上部，呈松散土状，层状、似层状水平产出。矿体长1200 m，平均厚8.5 m，矿土为棕黄色，疏松多孔。主要矿物成分为石英（60%）、长石（15%）、绿泥石（10%）、伊利石（8%），另有少量高岭石、蒙脱石、赤铁矿等。平均化学成分含量：SiO_2 为65.47%、Al_2O_3 为15.36%、Fe_2O_3 为5.92%、CaO为1.34%、MgO为1.87%。

十一、海泡石

（一）工业用途

1. 基本性质

海泡石，一种富镁的纤维状黏土，色白质轻浮于水面，矿物名称源于德文，意为“海的泡沫（Seafoam）”。化学式为 $Mg_4Si_6O_{15}(OH)_2\cdot6H_2O$，其中 SiO_2 含量一般在54%~60%之间，MgO含量多为21%~25%。晶体棒状、纤维状。土状光泽，莫氏硬度2~2.5，密度1~2.2 g/cm^3。海泡石的比表面积很大，达229 m^2/g，质轻，吸附性强，有脱色、热稳定、抗腐蚀、抗辐射、隔热、绝缘、造浆等性能。

海泡石集合体有黏土状与纤维状两类，前者构成海泡石黏土，后者构成纤维状海泡石（图4－29）。

图4－29　黏土状海泡石（左）及纤维状海泡石（右）

（左—慧聪网 http://b2b.hc360.com/viewPics/supplyself_pics/334411162.html；

右—慧聪网 http://b2b.hc360.com/viewPics/supplyself_pics/332068791.html）

2. 主要用途

海泡石的主要用途如下：①在化工、石油工业、金属选矿、三废处理、核废料储存与转化等方面，海泡石黏土是一种重要的矿物原料；是超深钻、海上钻探最理想的泥浆原料，在高温下泥浆不会发生絮凝，在盐水中不受带电荷离子影响；石油和油脂工业中，海泡石用作脱色剂和净化剂，可除去有毒成分和臭气，还可用作放射性裂变废物和有毒气体的吸附剂。②用作摩擦材料、密封材料，模型材料、电焊条填料、酒类的澄清剂。③代替膨润土制成活性白土以作脱色剂。④制成防水堵漏胶。⑤可以制成无石棉摩擦材料，用于汽车刹车片，在沥青涂层中代替石棉作填料，以避免环境污染。⑥是传统的香烟滤嘴材料。此外，海泡石在建筑、纺织、塑料、陶瓷、铸造以及国防工业方面也有应用。

（二）地理分布

中国海泡石黏土主要分布在湖南、陕西、江西、四川等省。江西、湖南一带的海泡石产于二叠系；纤维状海泡石则主要沿秦岭分布于陕西的商南、河南的西峡、内乡、桐柏、广济一线古元古界秦岭岩群中，向东至安徽全椒也有分布。

陕西查明海泡石黏土矿 1 处，分布在汉中市宁强县，为海相沉积－风化改造型矿床，查明海泡石黏土矿石量 94×10^4 t，为可供进一步工作矿区。

（三）矿床特征

1. 矿床类型

海泡石黏土属海相沉积形成，纤维状海泡石则系变质作用而成。部分海泡石产于蛇纹岩和大理岩中，与热液蚀变作用有关。现代风化壳堆积物中也有产出。

2. 汉中关口坝海泡石矿

汉中关口坝海泡石矿，位于宁强县关口坝与大竹坝境内。产于二叠系碳酸盐岩地层中，为海相沉积型矿床。矿层厚 1～4 m，分布面积 70 余平方千米。矿物成分含量：海泡石 10%～30%，个别 40%～50%；化学成分含量：SiO_2 27%～33%、Al_2O_3 2.5%～3.92%、CaO 20%～30%、MgO 5.5%～9.9%，还有少量 Fe_2O_3、K_2O 和 Na_2O。

十二、膨润土

（一）工业用途

1. 基本性质

膨润土，以蒙脱石为主要成分的黏土岩，也叫斑脱岩、皂土或膨土岩（图 4－30），化学式为 $(1/2Na, Ca)_{0.7}(Al, Mg, Fe)_4(Si, Al)_8O_{20}(OH)_4\cdot nH_2O$。由于蒙脱石晶胞形成的层状结构存在 Mg、Na、K 等阳离子，且这些阳离子与蒙脱石晶胞的作用很不稳定，易被其他阳离子交换，故具较好的离子交换性。膨润土有以下特殊的物理化学性能：①具表面电性；②吸水或吸附有机质，体积可膨胀 20～30 倍；③具有良好的分散悬浮性；④具阳离子交换性和吸附性；⑤加热过程中，膨润土膨胀倍数和离子交换量随温度变化而变化；⑥具有良好的可塑性和黏结性。

2. 主要用途

膨润土是一种很好的黏结剂、悬浮剂、增稠剂、增塑剂，触变剂、絮凝剂、稳定剂、净化脱色剂、充填剂、催化剂和载体材料，广泛用于农业、轻工业及化妆品、药品等领域。膨润土还可用来作防水材料。

（二）矿物种类

膨润土有多种类型，按蒙脱石中可交换阳离子的种类，把膨润土分为钠基、钙基、镁基、氢基膨润土 4 个类型，但常见的是钠基膨润土和钙基膨润土。

（三）地理分布

我国膨润土资源居世界前列，查明储量多，其主要分布在广西、新疆、内蒙古、江苏、河北、湖

图 4－30 膨润土（左—灰白色；右—土黄色）

（左—360 百科 https://baike.so.com/doc/2976010－3139178.html? from＝160738&redirect＝merge；

右—慧聪网 http://b2b.hc360.com/supplyself/80302568087.html）

北、山东和安徽等省（区）。

陕西有膨润土矿两处，分布在汉中市洋县和西乡，查明矿石量 6320.6×10^4 t。其中有可供进一步工作的矿区 1 处，停采矿区 1 处。

（四）矿床特征

1. 矿床类型

膨润土的矿床类型有 5 种：①玄武质火山灰空落沉积型；②酸性火山碎屑空落沉积型；③酸性熔岩水解型；④安山凝灰岩或集块岩水解型；⑤河湖相沉积型。

陕西膨润土分布在侏罗系—白垩系、新近系—第四系，属河湖相沉积型矿床。

2. 汉中市洋县膨润土矿

洋县膨润土矿产于第四系更新统地层中下部，矿层被沟谷切割成 38 个大小不等的矿体，矿体呈层状近于水平产出，最大者长 3340 m，平均厚度 3.75 m。矿石矿物成分以蒙脱石为主（33.3%～48%），其次为埃洛石、高岭石及石英等。矿石的物化性能为：膨胀率 4～10 倍，胶质价 3.0～3.5 ml/g、吸蓝量 0.5～0.6 mol/g、阳离子交换总量 40～47 毫克当量/100 克、碱性系数 0.03～0.06。矿区查明矿石储量 5712×10^4 t，为陕西查明的最大膨润土矿。

十三、砖瓦黏土

（一）工业用途

1. 基本性质

砖瓦黏土，是指用于制砖瓦的黏土和黏土岩类，其颗粒较细，是各种矿物岩石碎屑组成的混合物，含有较多的杂质，耐火度在 1350℃以下，属易熔黏土和黏土岩。砖瓦黏土化学成分主要是 Al_2O_3、SiO_2 和水分。按矿物成分分为塑性黏土质（高岭土、绢云母、白云母等）和无塑性杂质（石英、褐铁矿、黄铁矿、方解石、白云石等）。总之，黏土的成分复杂，化学成分变化大。

2. 主要用途

砖瓦黏土主要用于烧制砖瓦。砖瓦是一种传统的、用量大、用途广的工业和民用建筑材料。此外，也可作生产水泥的主要配料。为了保护耕地与环境，目前已限制用黏土烧砖，鼓励用黏土质页岩或矸石烧制砖瓦。

（二）地理分布

我国砖瓦用黏土主要有两类：一类为黏土类，一类为黏土岩类。其主要分布在内蒙古、广西、青海、贵州、山西、辽宁、云南、陕西、安徽等省（区）。

陕西省有砖瓦用黏土矿 3 处，分布在宝鸡市虢镇、榆林市神木县、商洛市柞水县，累计查明矿石量 $10686.939\times10^4\ m^3$。

十四、片麻岩

（一）工业用途

片麻岩，是一种变质程度较深的变质岩，具有片麻状构造或条带状构造，主要由长石、石英、云母等组成。其中，长石和石英含量大于 50%，长石多于石英。如果石英多于长石，就叫做片岩而不再是片麻岩。片麻岩作为非金属矿产，主要用作建筑石材和铺路原料。

（二）地理分布

片麻岩，主要有黑云（钾长）片麻岩、角闪（斜长）片麻岩等。陕西的片麻岩主要分布在太古宇、古元古界变质岩地层中。

陕西有 3 处片麻岩矿，均分布在渭南市华县，查明矿石量 $11357.421\times10^4\ m^3$。

（三）矿床特征

1. 矿床类型

片麻岩矿床类型主要为区域变质型，但热接触变质作用也可形成片麻岩。

2. 华县莲花寺半截山片麻岩矿

华县莲花寺半截山片麻岩矿，位于华县莲花寺之南约 3.5 km 处。石料矿体主要为黑云斜长片麻岩、斜长角闪片麻岩等区域变质岩，有少量动力变质岩，如糜棱岩等。矿体分布范围达 $0.6\ km^2$，陡崖深达 230 m 皆为矿体。矿石抗压强度、容重、吸水率均符合工业指标要求，累计查明矿石量 $5075\times10^4\ m^3$。

十五、饰面辉长岩、饰面花岗岩

（一）工业用途

1. 基本性质

天然饰面石材，是具有一定装饰性能，物性稳定，结构致密，质地坚硬和能加工成一定尺寸板材的岩石。一般分为花岗石、大理石和板石等三大类饰面石材。

饰面花岗岩石材，是花岗石饰面石材中的一种，二氧化硅含量多在 70% 以上。颜色较浅，以灰白色者最常见（图 4－31）。

辉长岩石材，是由辉长岩（或斜长岩）构成的花岗石饰面石材。该系列石材矿床中，辉石和斜长石含量等量，斜长岩（拉长岩）中基性斜长石大于 90%。辉长岩体积密度 $2.8\sim3.1\ g/cm^3$，孔隙度很小，压缩强度一般 200～280 MPa。

2. 主要用途

花岗岩，俗称花岗石。它硬度高、耐磨损，不易风化，颜色美观。除了用作高级建筑装饰工程、大厅地面外，还是露天雕刻的首选之材。如咸阳茂陵西汉骠骑将军霍去病墓前的花岗岩石刻——《马踏匈奴》《伏虎》等，历经 2000 多年的风吹雨打，其外观色泽仍保持完好，造型仍栩栩如生（图 4－32）。

图 4－31　花岗岩石材（左）及辉长岩石材（右）
（慧聪网 http://b2b.hc360.com/supplyself/244758104.html）

图 4－32　西汉骠骑将军霍去病墓石刻（左—伏虎；右—马踏匈奴）
（尹宗义摄于茂陵博物馆，2016）

辉长岩类石材，在花岗石石材中享有非常重要的地位。黑色花岗石多由这类岩石组成，有的具美丽的花纹图案，磨光后极富装饰性，常用作高档饰面石材。

（二）地理分布

中国花岗岩饰面石材资源最多的是山东、广西、北京、海南、河北、新疆六省（市、区），合计占全国总量的73%。但优质（花色品种畅销的）资源较少。

陕西省饰面花岗岩矿5处，分布在宝鸡市太白县、汉中市的南郑县和佛坪县、商洛市丹凤县，累计查明矿石量 $2264.765\times10^4\ m^3$。5处矿区中，停采矿区两处，推荐近期利用矿区1处，可供进一步工作矿区两处；饰面辉长岩矿两处，分布在西安市长安区、安康市镇坪县，累计查明矿石量 $20\times10^4\ m^3$，为近期难利用矿区。

（三）矿床特征

1. 矿床类型

花岗石类饰面石材矿床分为岩浆型矿床和区域变质型矿床两大类。饰面花岗岩矿床主要分布在酸性岩浆岩中，饰面辉长岩矿床主要分布在基性岩浆岩中。

2. 佛坪石墩河花岗石

佛坪县石墩河花岗石矿床，位于秦岭南坡蒲河中上游的佛坪县石墩河乡。矿体长600 m，平均宽185 m，平均厚（延深）38 m，花岗岩成荒率48%。查明花岗石储量（C+D级）$296\times10^4\ m^3$。

十六、饰面大理岩

（一）工业用途

1. 基本性质

饰面大理岩是天然饰面石材的一大门类，商业上通常称作大理石。它是指具有装饰功能、可以加工成饰面石材、硬度3~5的各类碳酸盐岩或镁质硅酸盐岩以及它们的变质岩。与花岗石不同，大理石不含有害人体与环境的放射性元素，但大多数溶于酸，硬度较低。

2. 主要用途

大理石用途范围小于花岗石，主要用途有：①作高级建筑物的内装饰面料；②做室内用的石雕石刻品；③作电气绝缘、器皿、工艺美术及嵌石家具用板材；④其碎渣可综合利用做人造石、水磨石和填料等用的石渣、石米和石粉。

（二）矿石种类

常见的大理石有石灰岩、白云岩、泥灰岩、大理岩、白云石大理岩、蛇纹石大理岩、镁橄榄石矽卡岩等不同种类。

（三）地理分布

中国大理石品种繁多，各地均有分布。河北、广东、广西、陕西、江西、浙江6省（区）相对较丰富，占总储量的63%。中国的大理石以北京的汉白玉、云南的大理苍白玉、安徽灵璧红皖螺最为著名。

陕西有大理石矿11处，分布在西安周至县、宝鸡太白县、咸阳泾阳县、渭南潼关县和富平县、汉中的城固县、西乡县、勉县、留坝县以及安康石泉县，累计查明矿石量 $10364.823\times10^4\ m^3$。全省11处矿区中，停采3处，推荐近期利用1处，可进一步工作4处，计划近期利用两处、近期不宜工作1处。

（四）矿床特征

1. 矿床类型

大理石矿床类型有变质型和接触交代型两种类型。

2. 留坝县青桥铺大理岩

青桥铺大理岩矿，位于留坝县青桥乡。大理石矿层产于寒武系黑云母斜长片麻岩地层中，长度3 km，宽度270~745 m。可作饰面板材，大理石品种有雪花白大理石和青灰条大理石。平均理论成荒率39.9%，成板率 $25\ m^2/m^3$，探获饰面大理石储量（C+D级）$2865.05\times10^4\ m^3$。

十七、饰面板岩

（一）性质用途

板岩，民间叫瓦板岩、板石，是指沿板理面可剥成片且具装饰作用的沉积岩或经轻微变质的各类浅变质岩。组成板岩的矿物成分有绢云母、石英、绿泥石，常含有机物和碳质。颜色多样、结构致密、质地较轻且较硬，吸水率低、不易风化，具有耐火、耐寒、易加工特点。主要用以制成一定厚度的薄板、用作屋顶、门框、壁炉框、窗台、台阶、地板、墙饰、园林小径，形成一种古朴的景观。板石一般不能用来制作碎石及其附属品、石雕石刻品、块石和工业用的石制品。

（二）矿石种类

饰面板岩包括页岩、粉砂岩、薄层石英砂岩、灰岩、片岩、板岩、千枚岩等。一般而言，凡符合工业指标要求的板状岩石，均可作为板石饰面石材开采利用。

（三）地理分布

中国饰面板石资源主要分布在浅变质岩区，以陕西、北京、辽宁、江西、浙江、湖北、湖南、河南等省（市）较为集中。

陕西省饰面板石矿5处，正开采的1处，可供进一步工作4处。其主要分布在汉中镇巴及安康紫阳、岚皋、旬阳等县，累计查明矿石量2600.53×10^4 m^3。

（四）矿床特征

1. 矿床类型

饰面板石矿床类型有两类：沉积岩类（钙质页岩板石、粉砂岩板石、石英砂岩板石、薄层粉晶灰岩板石）和变质岩类（板岩、千枚岩、片岩、变粒岩）。

2. 紫阳县大南河瓦板岩

大南河瓦板岩矿，瓦板石产于寒武系滨海－浅海相钙质、泥质细碎屑岩、碳酸盐岩地层中。矿体呈厚板状，长2000 m，平均厚121 m。矿石单一，为灰黑色含粉砂质钙质板岩（图4－33），矿物成分主要为方解石（36%～47%）、白云石（25%～39%）、石英（20%～35%）。矿区水文地质条件简单，矿体自地表向下50 m均可露采。该矿查明瓦板岩矿石量336×10^4 m^3，为一小型建筑石材矿床。

图4－33 紫阳瓦板岩（左）及瓦板岩铺盖的屋顶（右）

（左—盛丰建材网 http://www.jiancai.com/info/detail/51－31009.html；
右—河北珠峰石业有限公司 http://www.zhufengslate.com/content/?730.html）

第五章　奇石美玉种南山

——宝玉石及观赏石

在陕西蓝田县境内，千年百代，一直流传着圣母女娲神“玉种蓝田”的传奇故事。据说从那时起，世间才有了美玉。也许圣母女娲神青睐于秦地的秀美，此后，再一次把玉籽撒于南山——秦岭，从此造化出光彩四溢的奇石和美玉。

第一节　圣母馈赠的尤物——宝玉石

宝石，是指自然界产出的具有美观、耐久、稀少性和工艺价值，可加工成饰品的矿物晶体。我国宝石大约有100多个品种，遍布全国各地，但陕西宝石稀缺，仅在陕南有少量水晶产出，至今未见有价值的其他宝石矿。

玉石，是指天然产出的美观、耐久、稀少的矿物集合体组成的特殊岩石。通俗地说，玉石就是适合于雕琢玉器的石头。《辞海》将玉石定义为“温润而有光泽的美石”。我国是世界上重要的产玉国，常见的玉石列于表5－1。

表5－1　我国常见的天然玉石简表

<table>
<tr><th colspan="2">玉石名称</th><th>主要组成矿物</th><th>备注</th></tr>
<tr><td colspan="2">翡翠</td><td>硬玉、钠铬辉石、绿辉石</td><td>硬度6.5～7</td></tr>
<tr><td colspan="2">软玉：和田玉　白玉　青白玉　青玉　碧玉　墨玉　糖玉</td><td>透闪石、阳起石</td><td>硬度在6.5以下</td></tr>
<tr><td colspan="2">欧泊：白欧泊　黑欧泊　火欧泊</td><td>蛋白石</td><td></td></tr>
<tr><td rowspan="3">石英质玉石</td><td>玉髓：玛瑙　蓝玉髓　绿玉髓(澳玉)　黄玉髓(黄龙玉)</td><td>石英</td><td></td></tr>
<tr><td>木变石：虎睛石　鹰眼石</td><td>石英</td><td></td></tr>
<tr><td>石英岩：东陵石</td><td>石英</td><td>又称冬陵石、印度玉</td></tr>
<tr><td colspan="2">蛇纹石玉：岫玉</td><td>蛇纹石</td><td></td></tr>
<tr><td colspan="2">独山玉</td><td>斜长石－黝帘石</td><td></td></tr>
<tr><td colspan="2">绿松石</td><td>绿松石</td><td></td></tr>
<tr><td colspan="2">大理石：蓝田玉、汉白玉</td><td>方解石、白云石蛇纹石化大理岩</td><td></td></tr>
<tr><td colspan="2">鸡血石</td><td>血：辰砂　地：地开石、高岭石等</td><td></td></tr>
<tr><td colspan="2">寿山石：田黄</td><td>地开石、高岭石、珍珠陶土、叶蜡石</td><td></td></tr>
<tr><td colspan="2">青田石</td><td>叶蜡石、地开石、高岭石</td><td></td></tr>
</table>

（据全国信息与文献标准化技术委员会第六分委会，2010）

陕西发现的玉石种类较多，包括绿松石、鸡血石、蛇纹石、大理石玉（蓝田玉、汉中玉）、石英质玉石（玛瑙、水草翠玉、紫玉、虎睛石、蛋白石）、墨玉等10余种。其中以蓝田玉、绿松石、鸡血石、墨玉石最为出名。蓝田玉产于蓝田县玉川镇—红门寺乡；绿松石主要产于安康市白河县和平利县；鸡血石主要见于安康市旬阳县公馆、青铜沟汞锑矿区；石英质玉石主要分布于商洛市杨斜—商南县、洛南县及安康市；墨玉则产于渭南市富平县北部山区（图5－1）。

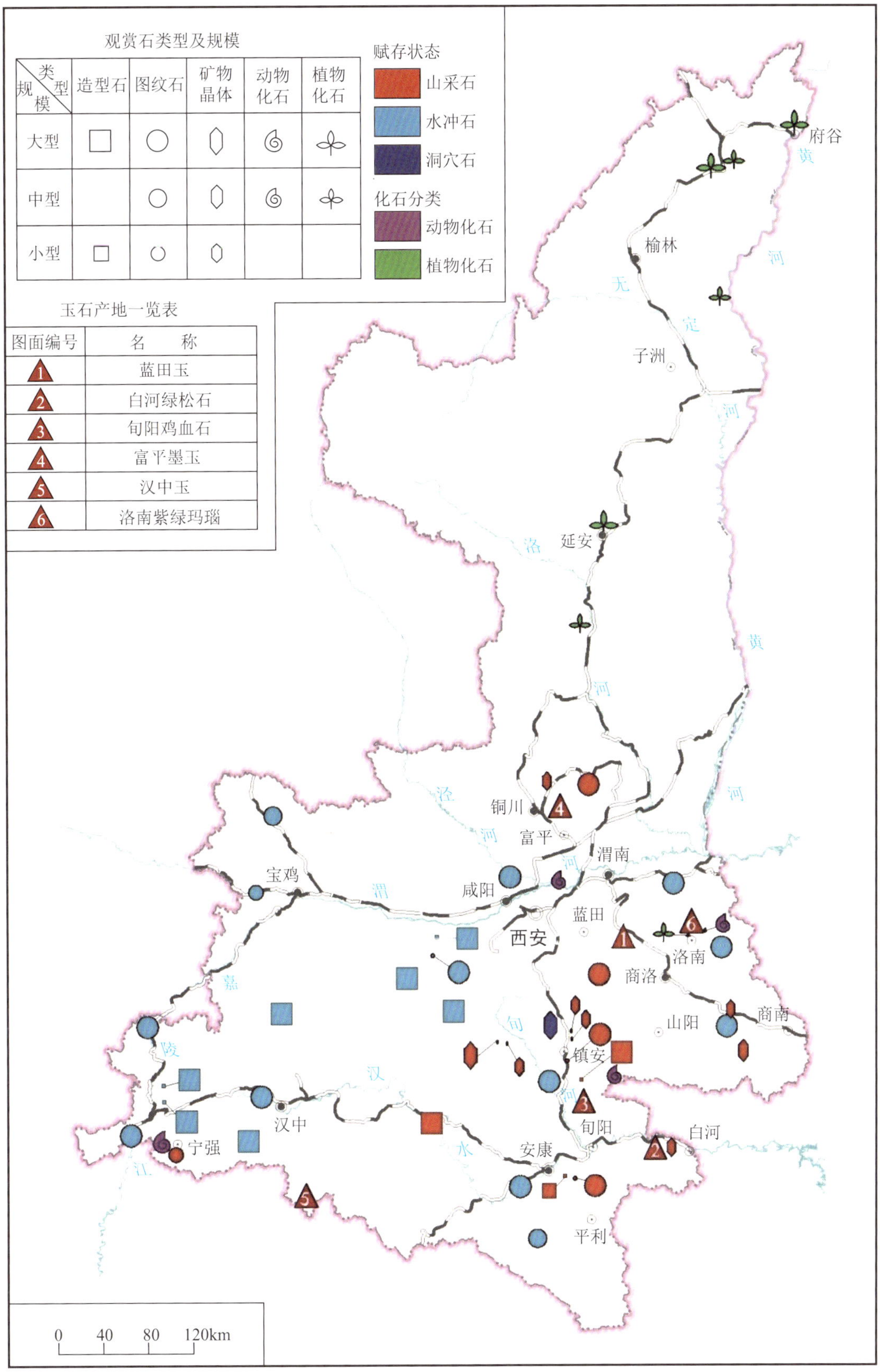

图5－1　陕西省玉石及观赏石分布图

（据陕西省地质调查院，2010）

一、蓝田玉

（一）性质用途

1. 基本性质

蓝田玉是与和田玉、独山玉和岫玉齐名的中国四大名玉之一，它是一种蛇纹石化大理岩，属大理石玉。其矿物成分主要为方解石、叶蛇纹石，还可见透辉石、橄榄石及少量白云母等矿物；颜色以白色为主，也有米黄、黄绿、苹果绿、绿白、浅绿至绿色等色；一般呈蜡状光泽、油脂光泽；不透明－微透明，质地细腻者半透明。X 射线粉晶衍射测试表明，蓝田玉中透明的黄色、绿色部分为叶蛇纹石，与辽宁岫岩玉相似；莫氏硬度3.5～7，蛇纹石含量高、质地细腻者硬度5～7，反之，硬度3.5～4；密度约2.7 g/cm^3，平均抗压强度为111.95 MPa，平均抗折强度29.45 MPa。力学性质均一性较好，具有较好的加工性能。

有趣的是，蓝田玉中的芙蓉玉一般会发生变色（褪色）现象。变色的原因是芙蓉玉中含有锰元素，锰的化学性质比较活跃，在空气中氧化后会发生颜色变化。

2. 主要用途

现今蓝田县开采的蓝田玉，主要被雕琢成各种工艺品，如茶具、酒具以及玉枕、玉器工艺品、首饰等。此外，还制作成玉石器皿、玉石板材、建筑装饰材料、玉石保健系列产品、观赏玉石等，销往全国各地（图5－2）。

图5－2　蓝田玉雕琢成的茶具及摆件

（左—上海德寿投资管理有限公司 http://www.zk71.com/products/u714124/aicishangyu_48601110.html；
右—广州俪宝展览服务有限公司 http://www.ailaba.org/sell/180577619645479.html）

历代皇室和显贵都视蓝田玉为珍宝，秦始皇曾用蓝田玉做玉玺。蓝田玉的最大的特点是变色快，所以深受广大女性的青睐。用蓝田玉制成的玉器翠色晶莹，神韵横生。有的如苍松翠柏，行云流水；有的似百鱼戏游；有的状如牡丹、莲菊怒放、翠竹挺拔；有的乳白如脂；有的绿如翡翠；有的淡黄似金。这些虚实相兼、神态各异的产品，使自然美中又增添了无限情趣，深受国内外消费者的青睐。

（二）玉石种类

蓝田玉有老玉和新玉之分。所谓老玉，指古人开采和使用的蓝田玉；而新玉，则是指新中国成立后新发现的蓝田玉。新蓝田玉按矿物成分及外观特征，可分为5种类型（表5－2）。

在民间，蓝田玉又有姜花玉、缠丝玉、墨玉、梅花玉、血丝玉、芙蓉玉等不同种类（图5－3）。姜花玉，多呈绿色至湖水绿，其中以深绿、纯黄色（生姜黄）通透少瑕为珍品；缠丝玉，玉石本身的纹路像很多丝缠绕在手镯上一样，故名；墨玉，墨绿色或漆黑如墨，其色重质腻，纹理细致。有的黑色底色上有一些泛白的石花；梅花玉，玉石呈现五颜六色的梅花图案而得名；血丝玉，因天然形成类似血红色图案而得名。又因颜色像鸡血一样鲜红，也称蓝田鸡血石；芙蓉玉，为淡粉色底色中泛有淡淡的紫色，常见内含云状白色花纹，形似冰花，故又名冰花芙蓉玉。佩戴时，它会根据佩戴者的体质不同而变为粉红或紫罗兰色。冰花芙蓉玉还有其美好的历史典故。传说，当年唐明皇李隆基为了讨杨贵妃的欢心，把贵妃喜爱的蓝田玉作为定情信物送予她，由于它的纹理像冰块撕裂一样，后来人们便用杨贵妃的小名芙蓉来命名，叫“冰花芙蓉玉”。

表 5－2 蓝田玉种类划分及基本特征

玉石种类	基本特征
白色蓝田玉	为大理岩，主要由方解石（85%以上）组成，次为蛇纹石、绿泥石和透闪石等，纯白色－浅灰色块状，可具有其他颜色的斑点和条纹，一般质地细腻，肉眼无法分辨矿物颗粒的界线
黄色蓝田玉	为浅米黄－黄色或略带其他颜色花纹的蛇纹石大理岩，方解石含量大于65%，蛇纹石为25%～30%，具有细粒变晶结构和条纹条带状构造
墨色蓝田玉	为灰色、黑色，主要呈团块状出现，团块大小一般为2～15 cm，主要是黑色蛇纹石集合体和原岩中含灰色泥质团块变质、蚀变产物
青色蓝田玉	为条带状透闪石蛇纹石化大理岩，色调为灰白－灰色或局部略带其他颜色花纹，主要由方解石、蛇纹石组成，含透闪石等杂质，具有不均匀纤维状－鳞片变晶结构和块状构造
绿色蓝田玉	为浅绿－绿色－墨绿色或略带其他花纹的彩色蛇纹石大理岩，含方解石50%左右，蛇纹石45%左右，另含少量白云母，具细粒变晶结构和斑杂状构造

（三）地理分布

现代开采的新蓝田玉矿位于距蓝田县城约35 km的玉川镇和红门寺乡一带。除陕西有蓝田玉外，近年来在我国江苏邳州市也发现有蓝田玉产出。2013年江苏地质专家邹松梅对徐州“邳州石”省级地质公园进行调查时，发现公园里有的石头颜色很奇特，表面翠绿色，非常漂亮。这些翠绿的“石头”，和其他石头相比，质地更细腻，柔软，透光。采样后送至国土资源部南京矿产资源监督检测中心检测，宝石玉石检测专家认为，邳州发现的这个翠绿色的“石头”，学名叫蛇纹石大理岩玉，也就是人们常说的蓝田玉。

（四）资源/储量

截至目前，陕西省矿产资源/储量统计资料上，暂无蓝田玉的资源/储量数据。据蓝田县玉川玉石矿区勘查资料（陕西省地矿局第六地质队，2002），玉川矿区范围内蓝田玉资源量约为1100×10^4 m^3，属大型玉石矿产地。

（五）矿床特征

1. 矿床类型

蓝田玉产于元古宇宽坪岩群白云质大理岩与加里东期花岗岩接触带，其矿床类型属接触交代型矿床，玉石类型属大理石玉。

2. 矿床特征

（1）位置交通

古代蓝田玉的原生玉矿床的具体位置至今尚未找到，现代发现和开采的蓝田玉矿床主体位于距县城约30 km的蓝田县玉川镇，西南部涉及蓝田县红门寺乡。

（2）发现过程

自古以来，玉石界素有“玉种蓝田”之说。历代古籍中均有蓝田产美玉记载，《汉书·地理志》：

姜花玉

缠丝玉

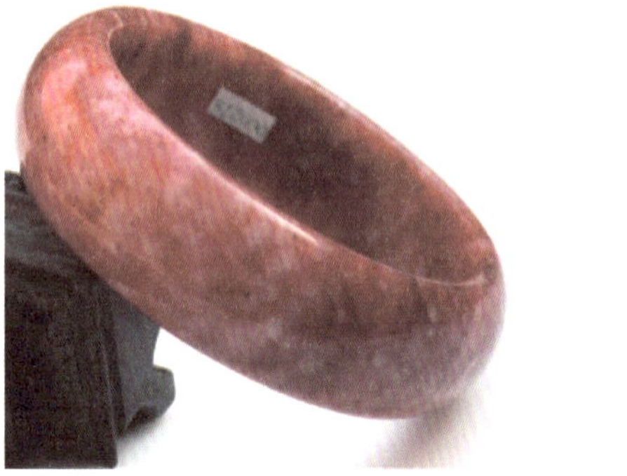

血丝玉

墨玉

梅花玉

芙蓉玉

图 5－3 不同种类的蓝田玉手镯

（左上—百度知道 https://zhidao.baidu.com/question/539422712.html；右上—360 百科 https://baike.so.com/doc/2701055-2851866.html；左中—看图网 http://www.webps.cn/tb561634/；右中—百度经验 http://jingyan.baidu.com/album/7082dc1cb97c3fe40b89bd5d.html? stepindex=4&st=5&os=1&bd_page_type=1&net_type=；左下—同携网 http://www.tbw-xie.com/px_8804094939.html；右下—掌物志 https://www.zhangwuzhi.cn/mall/goodsdetail? num_iid=41479005960）

“蓝田，山出美玉，有虎候山祠，秦孝公置也。”其后，《后汉书·外戚传》《西京赋》《广雅》《水经注》和《元和郡县图志》等典籍文献，都有蓝田产玉的记载。唐朝诗人李商隐的一句诗：“沧海月明珠有泪，蓝田日暖玉生烟”，更是成就了蓝田玉的千古美名。唐开元十七年四月，蓝田玉山遭遇地震，“山摧百余步”。玉矿坍塌，玉苗尽掩，古蓝田玉石矿床所在的具体位置无人知晓，从此盛极一时的古蓝田玉匿迹近千年，以至于明代宋应星在《天工开物》中称，蓝田为葱岭（昆仑山）别名，蓝田为储运加工玉石之地而非产玉之地等推论。新中国成立后，地质工作者在蓝田县境内重新发现了蓝田玉。1978 年 11 月 23 日，《人民日报》刊载：近些年，陕西地质工作者在蓝田发现了蛇纹石化大理岩玉料，认为它就是古代记载的蓝田玉。1982 年，原地质矿产部北京地质博物馆展出了新发现的蓝田玉原石。故宫博物院研究员，著名玉器鉴定专家、“玉界泰斗”周南泉先生，将北京地质博物馆收藏的“蓝田玉”与故宫博物院收藏的汉玉佩及出土于茂陵的汉代四神纹玉铺首（均属蓝田玉制品）相比较，两者极为相似，可见蓝田玉真的出产于蓝田。1999～2002 年，陕西省地矿局第六地质队在蓝田县玉川镇开展了蓝田玉普查工作，大致查明了蓝田玉的分布范围、地质特征、玉石质量及其资源/储量；2004 年 2 月 3 日，国家质量监督检验检疫总局发布第 15 号公告：“根据《原产地域产品保护规定》，我局通过了对蓝田玉原产地域产品保护申请的审查，现批准自即日起对蓝田玉实施原产地域产品保护。蓝田玉原产地域范围以陕西省蓝田县人民政府《关于确定蓝田玉原产地域产品保护范围的请示》（蓝政字〔2004〕7 号）提出的地域范围为准，为陕西省蓝田县现辖行政区域。”

（3）矿体特征

新发现的蓝田玉矿位于蓝田县玉川镇，东起阴坡—核桃沟东岔脑，西至冷水沟—四女桥沟中部，东西长约 5 km，南北宽约 2.4 km，面积约 12 km^2。

矿区范围内主要出露中—新元古界宽坪岩群石英片岩、斜长片麻岩和白云质大理岩等变质岩地层，距今约 410 Ma 的早古生代加里东造山运动期间，花岗岩体侵入到这些大理岩中，破坏了大理岩的连续性而使其支离破碎、七零八散。在花岗岩体与大理岩二者接触部位，后者普遍发生了蛇纹石化现象，形成了蛇纹石化大理岩，即蓝田美玉。

20 世纪 70 年代，陕西省地质工作者在矿区共发现玉石矿带 4 条，由北向南依次为 LY－1、LY－2、LY－3 和 LY－4。矿带近东西方向展布，平行排列，间距 20～80 m。在这些矿带中，查明了 5 个玉石矿体，长度最大者达 4746 m（3 号矿体），最小者为 615 m（5 号矿体），矿体厚度变化在 5～8.95 m，矿体延深 245～715 m；玉石矿体主要呈层状、似层状产于矿带内的蛇纹石化大理岩层中，沿矿带延伸方向，玉石矿体具有膨大狭缩和波状起伏变化的特点（图 5－4）。

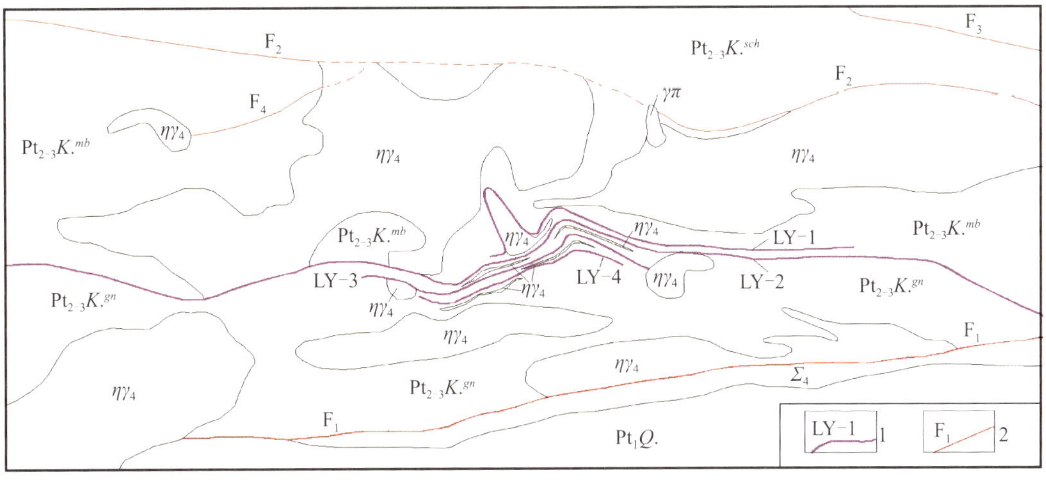

图 5－4　蓝田县玉川玉石矿区地质示意图

（据张娟霞，2002）

1—玉石矿带及编号；2—断裂带及编号

地质学家认为，在距今约 410 Ma 前的早古生代末期，华北板块与扬子板块在包括现今蓝田县在内的北秦岭地区，发生强烈的碰撞造山活动（地质学上称其为加里东运动），引起地壳深部的物质发生熔融，形成炽热的花岗岩浆，其沿着构造裂隙向地壳浅部运移、侵入，当其与白云质大理岩相接触时，后者便在岩浆热能和岩浆分异出来的高温气化热液作用下，发生重结晶和热液蚀变（矽卡岩化），不仅其自身的矿物颗粒变得粗大，而且还形成了以蛇纹石为主的蚀变矿物，这样就使得白云质大理岩变成了蛇纹石化大理岩（蓝田玉）。地质学家把由这种方式形成的玉石矿叫作接触交代型玉石矿床。

（4）玉石特征

蓝田玉由多种矿物集合体组成，主要组成矿物为方解石、蛇纹石，杂质矿物有白云石、绿帘石、绿泥石、石英、橄榄石、透辉石、透闪石、金云母等。

方解石，一般含量在50%以上。主要呈粒状结构，其含量愈高，玉石的结构愈粗，愈不透明。

蛇纹石，含量一般小于50%。主要为隐晶质结构、鳞片变晶结构。其含量越高，玉石的结构越细腻，透明度越好。显微镜下无法分清蛇纹石的颗粒大小和形态，其多呈片状、叶片状集合体，主要为叶蛇纹石；

杂质矿物，含量最高可达20%以上。其含量对玉石的透明度和颜色有很大影响。杂质含量越少、颗粒越细，玉石结构越细腻；反之，玉石结构较粗糙。

评价蓝田玉质量高低的主要是颜色、质地、块度、工艺和裂纹等5个要素。蓝田玉的主要颜色有白色、灰色－灰白色、浅黄－黄色、浅绿－墨绿、黄绿色、少量黑色（图5－3、图5－5）。其中，鲜明而纯净的白色、黄色、绿色最具价值。颜色不鲜明，或多种杂色分布，价值就低；质地好坏及润泽与否，是评价蓝田玉的重要指标。凡玉质感强，质地细腻的质量就高。相反，质地粗，光泽暗淡的质量就低；不同块度的玉石有不同的用途。块度较大、质地细腻、裂纹少和杂质少的，可以用作雕刻大型玉石作品，且有较高的价值。反之，块度小的材料，只能制作一些价值较低的装饰品或饰物；工艺是决定蓝田玉的重要指标，创意独特，工艺精湛，能提升玉石的品位和价值。反之，会降低玉石的品位和价值。

图5－5　蓝田玉原石（左）及抛光后的玉石（右）

（董王仓摄于蓝田玉石街，2016）

玉不琢不成器。《韩非子》记载：楚国人卞和，在楚山中获得了美丽的玉璧，把它奉献给了厉王。厉王让雕琢玉器的人鉴别它，雕琢玉器的人说："这是石头。"厉王认为卞和在说谎，而砍去了他的左足。等到厉王驾崩武王即位，卞和又把玉璧献给那位武王。武王让雕琢玉器的人鉴别它，又说："这是石头。"武王又认为卞和在说谎，而砍去了他的右足。武王驾崩文王即位，卞和抱住他的玉璧在楚山下号啕大哭，三天三夜，眼泪流尽而代替它的是血。文王听到后，派人问他原因，说："天下受到刖刑的人很多，你为什么哭得这么伤心？"卞和说："我不是为被砍去双足伤心，我是因为它是宝玉而被看作石头，忠贞的人被看为说谎的人。"文王于是派雕琢玉器的人剖开他的玉璧，果然是块宝玉，于是命名它为“和氏璧”。可见，一块上等的美玉，只有经过精心雕琢打磨，才能显露出它的价值。

（六）开发利用

根据亚洲宝石协会研究报告，蓝田玉是中国开发利用最早的玉种之一，迄今已有5000多年的历史。早在新石器时期，我们祖先就发现了蓝田玉，并利用它的坚硬品质、细腻纹理与美丽颜色，制造工具和礼器。2011年3月，在发掘位于蓝田县华胥镇下家寨村西南的蓝田新街遗址时，考古学家首次系统性地发现了5000多年前中国人使用蓝田玉的珍贵资料。考古人员发现了很多大小不一的玉料，譬如玉条、玉石块等，制玉工具石钻、石钻帽、石钻头和石钻心等，以及一些作为装饰品的玉笄、玉环等。陕西历史博物馆珍藏的125件神木石峁龙山文化玉器中，就有用蓝田玉制作的玉铲（图5－6）。

神木石峁·菜玉铲

图5－6　蓝田玉制作的古代文物

（据趣历史网 http://www.qulishi.com/content/11ysc_319714.html）

秦汉时期，秦始皇初定天下，命丞相李斯采蓝田玉制玉玺，上刻：受命于天，既寿永昌。古人赞叹曰：观之其味无穷，藏之价值连城。典籍中，蓝田玉的名称初见于《汉书·地理志》：“蓝田，山出美玉，有虎候山祠，秦孝公置也”。汉代，蓝田玉被大量使用，汉高祖用蓝田玉加工成鸠杖，赐于德高望重的耄耋老臣，并用蓝田玉加工成其墓道的大玉铺首。陕西省蓝田县洩湖镇薛家河村出土的长公主墓，就是用蓝田玉磨制而成的铜镂玉衣，原李后乡新庄村出土的玉琀等，都是蓝田玉早期加工的印证。在西安收藏研究院有一件2000多年历史，保存基本完好的汉代蓝田玉质龟顶灯（图5－7）。据宝石协会副会长栾秉璈研究，陕西咸阳茂陵附近出土的大型“兽面纹玉辅首”即采用兰田玉制作。故宫博物院珍藏的汉朝玉佩经鉴定是蛇纹石化大理岩，也就是蓝田玉。

汉武帝茂陵出土过一件四神纹玉铺首，是汉代蓝田玉雕中最精美的一件，横宽36.5 cm，灰绿色，下有凸钮，四角略弧圆，分别碾琢其时流行的青龙、白虎、朱雀、玄武4神形象。器面下方以环钮为鼻梁，上连粗眉和暴起之双眼，形成大兽面，下缘则以8条竖纹勾勒出宽大的排牙。

唐代，中国封建社会达到了鼎盛时期，蓝田玉的加工利用亦达到鼎盛。王公权贵用蓝田玉装饰冠冕、朝服、钗环首饰和刀剑鞘柄（图5－8）。传说当年李隆基送给杨玉环的爱情信物就是蓝田玉，由于它的纹理结构像冰块撕裂一样，所以后来人们用杨玉环的小名芙蓉来命名，叫“冰花芙蓉玉”。杨贵妃的玉带和玉罄，都是用蓝田玉制造的。唐代玉雕工艺已有很大进步，当时的蓝田玉被雕琢成各种礼乐、祀葬、饰品、器具等。其中最注目的是玉带和玉步摇：《新唐书·卷二十四·志第十四·车服》中记载了玉被大量使用制作玉带，而且在使用中显示出严格的等级尊严和权威威仪。明确规定

西汉·蓝田玉龟顶灯(10cm高)

西汉·四神纹玉铺首

图 5－7　蓝田玉制作的古代文物

（据百度百科 http://baike.baidu.com/item/%E8%93%9D%E7%94%B0%E7%8E%89/83299）

唐·蓝田玉带扣

唐·蓝田玉杯

图 5－8　蓝田玉制作的古代文物

（百度百科 http://baike.baidu.com/item/%E8%93%9D%E7%94%B0%E7%8E%89/83299）

官吏佩带物的等级中，玉带位列金银之上；玉步摇则为金银嵌玉而成，极为贵重，可见当时对蓝田玉的崇拜程度。

清初，蓝田玉重新被发现。民国《续修蓝田县志》记载："县东有玉山，古称产玉之所，今其矿苗罕见。惟辋川内菜峪川出产各色玉石，质坚而细。乡人及西安石匠多采之，制为小器及装饰品，俗称菜玉。"

20 世纪 70 年代，地质工作者在蓝田县发现新的蓝田玉产地后，蓝田玉的开发如雨后春笋般地迅速发展，形成了众多的玉器生产企业和经销队伍（图 5－9），蓝田玉产业已成为当地经济支柱之一和陕西省首批 23 个"陕西民间艺术之乡"之一。目前，蓝田玉产品有玉雕屏风、文物仿制、人物山水、花卉鸟兽、玉佩装饰、养生保健、生活用品等七大类 800 余个品种（图 5－10）。产品远销中国香港、中国澳门、中国台湾，以及欧美、日本、东南亚、澳大利亚等国家和地区。

二、绿松石

（一）主要用途

1. 基本性质

绿松石，又称"松石"，是深受古今中外人们喜爱的传统名贵玉石。因其形似松球、色近松绿色

图 5－9　蓝田县辋川镇冷水沟玉石采场（左）及蓝田玉石一条街（右）

（董王仓摄，2016）

图 5－10　蓝田玉雕刻件（左）及蓝田玉石枕（右）

（董王仓摄于蓝田县玉石一条街，2016）

而得名。它是在表生地质作用下形成的含水铜铝磷酸盐隐晶质集合体，化学成分为 $CuAl_6[PO_4]_4(OH)_8 \cdot 4H_2O$。它的晶体极其罕见，多为隐晶质的鲕状、豆状、肾状和致密块状集合体，其中常含有一些杂质，集合体折射率为 1.61～1.63，莫氏硬度 5～6，密度 2.4～2.9 g/cm^3。绿松石以不透明的蔚蓝色最具特色，也有淡蓝、绿色、蓝绿、浅绿、黄绿、灰绿、青黄、苍白等颜色，常有白色斑点和褐黑色铁线，不透明，抛光后具柔和的玻璃光泽至蜡状光泽。绿松石受热后会失水而褪色，遇酒精、肥皂或有色液体也可能褪色、变色或染色，在酸中能被缓慢溶解。硬度低的绿松石孔隙发育，具有吸水性和易碎的缺陷，因而油渍、污渍、汗渍、化妆品、茶水、铁锈等均有可能顺孔隙浸入，导致难以去除的色变。因此，无论是加工，或是使用过程中均需倍加爱惜。

2. 主要用途

优质绿松石主要用于制作戒面、胸饰、耳饰等；质量一般者，则用于制作各种款式的项链、手链、服饰等。块度较大者用于雕刻工艺品（图 5－11），能工巧匠将松石多雕刻成表现善与美的内容，其精品刻形栩栩如生，惟妙惟肖。如佛像、仙人、仙鹤、山水亭榭、花鸟虫鱼、人物走兽等。人民大会堂湖北厅里的“李时珍采药”雕像，就是绿松石雕制而成，令参观者赞不绝口。此外，绿松石碎屑可作颜料，藏医还将绿松石用作药品、护身圣品。

在古代，人们把绿松石与宗教联系在一起。藏族和蒙古族同胞尤其喜爱把绿松石镶嵌在金、银、铜器、配刀、帽子、衣服上，以作为神圣的装饰，或用于宗教仪式。多数文明古国都崇尚绿松石，如埃及、波斯、阿兹台克（墨西哥印第安人古国）等。在美国和西方国家绿松石则被当作十二月的生辰宝石，象征成功和胜利。

图 5-11　绿松石摆件及雕刻工艺品

（据左—新浪收藏 http://collection.sina.com.cn/cpsc/20120822/094180951.shtml；右—中华古玩网 http://www.gucn.com/Service_CurioStall_Show.asp? Id=6459627）

（二）产品分类（表 5-3）

表 5-3　绿松石的种类划分

分类依据	主要类型
颜色	高蓝色绿松石、天蓝色绿松石、蓝绿色绿松石、绿色绿松石、浅绿色绿松石、黄绿色绿松石、黄色绿松石、浅黄色绿松石、金黄色绿松石
结构及构造	块状绿松石、结核状绿松石、网脉状绿松石、斑点绿松石
质地	硬质绿松石、软质绿松石
工艺	首饰类绿松石、雕件类绿松石、观赏石类绿松石
产地	尼沙普尔绿松石（伊朗北部的尼沙普尔地区）、西奈绿松石（埃及西奈半岛，世界最古老的绿松石矿山）、美国绿松石（美国西南各州）、湖北绿松石（中国鄂西北地区）、埃及绿松石、智利绿松石、澳大利亚绿松石等

（三）地理分布

在国外，最著名的绿松石产地为伊朗，其产出世界上最优质的瓷松和铁线绿松石，被称为波斯绿松石。此外，埃及、美国、智利、墨西哥、阿富汗、印度及俄罗斯等国也有绿松石产出。

我国是世界上绿松石主要产出国之一。湖北竹山县、郧县、郧西县、安徽马鞍山、河南淅川、新疆哈密、青海乌兰等地均有绿松石产出。其中，湖北郧县、郧西、竹山一带的优质绿松石属世界著名绿松石产地。出产于郧县云盖山上的绿松石以山顶上的云盖寺命名为“云盖寺绿松石”，它是世界著名的中国松石雕刻艺术品的原石产地，在业内和收藏界享有盛名并畅销国内外。

陕西省的绿松石主要分布在白河县穆寨英、月儿潭、麻虎镇等地，其中以白河县冷水镇月镇村月儿潭的绿松石最为有名，分布有绿松石矿点约 20 个。月儿潭绿松石与湖北郧县绿松石处于同一矿带，是它的西延部分。此外，在安康及平利等地也有发现绿松石的报道。

（四）资源/储量

陕西省目前暂未查明绿松石的资源/储量。根据白河县月儿潭绿松石矿区勘查资料预测，白河县月儿潭一带的绿松石资源量为 4500 t。

（五）矿床特征

1. 矿床类型

国内外绿松石均由风化淋滤作用形成，矿床类型属风化淋滤型矿床。

2. 矿床特征

月儿潭绿松石矿位于白河县冷水镇月镇村，距县城约26 km，交通便捷。

白河县月儿潭绿松石矿的发现及开采历史悠久。相传自唐宋以来即为绿松石的产地，采矿遗迹遍布月儿潭周边10余千米范围。月镇村有一深潭，潭水碧绿透亮，冬暖夏凉，形状酷似一道弯月，因此得名月儿潭。后来人们将这里蕴藏的绿松石称为“月儿石”，也就是绿松石。新中国成立后，1965～1966年，陕西省地矿局第一地质队曾在月儿潭一带进行过绿松石找矿工作，基本查明了矿点的分布情况、矿床特征和主要控矿条件。

（1）矿体特征

矿区出露寒武系鲁家坪组含磷质结核的碳质板岩、硅质岩和石英片岩，发育北西方向展布的背斜、断裂和层间破碎等地质构造，矿体呈细脉状、透镜状、团块状分布在这些断裂裂隙的孔洞中，或顺层产于层间破碎带内（图5－12）。矿体一般长80 m，宽12 m，最大矿体长250 m，宽10 m。绿松石在矿体中集结成矿囊，一般长20～100 cm，厚1～20 cm，延深10～80 cm。含矿率0.41～0.75 kg/m^3，平均0.58 kg/m^3，含矿面积20余平方千米。

图5－12　绿松石含矿带（麻虎镇康银村甘沟探矿硐）

（董王仓摄，2016）

陕西省南部安康—白河县、向东延伸到湖北郧县一带，寒武系地层普遍含磷、铜、钒、钡、铀等多种元素。地质学家认为，这些富含磷、铜等多元素的地层，在中生代晚期华北板块与扬子板块发生碰撞造山以及中—新生代陆内造山过程中，先后遭受强烈的褶皱变形和断裂破碎，随后在长期的地表风化、地下水淋滤作用影响下，断裂带及其周围岩层中的铜、磷、铝等元素被溶解出来形成含矿溶液，并运移、沉淀、富集在空间较为充足的断裂裂隙、层间破碎带等部位，就形成了铜铝的磷酸盐矿物（绿松石）。由这种方式形成的绿松石称为风化－淋滤型绿松石矿。

（2）玉石特征

绿松石矿的主要矿物为绿松石，呈天蓝、翠绿、蓝绿、淡蓝等色，天蓝色绿松石化学成分比理论值要复杂些，主要有 Al_2O_3 31.00%、CuO 7.74%、P_2O_5 31.32%，另外含有 SiO_2 4.46%、Fe_2O_3 7.01%，H_2O 约占18.47%（栾秉璈，1989）；与绿松石共生的矿物主要为多水高岭石、含碳多水高岭石、褐铁矿等。

绿松石的形态多为葡萄状、环带状、块状、片状、薄膜状、球粒状、皮壳状、脑纹状等，显微镜下具微晶粒状结构，颗粒细小，集合体之间有泥碳质物；不透明—半透明；质地细腻坚硬，断口贝壳状，硬度 5 ~6，蜡状光泽。

图 5 - 13　白河绿松石（左—绿松石原石，右—绿松石抛光石）
（董王仓摄于白河县奥翌实业公司福星宝石厂展厅，2016）

绿松石的自然类型有 3 种：一是简单型，以绿松石为主，少量多水高岭石及碳质与之共生（图 5 - 13左）；二是集合体型，由多种矿物集合而成，由多水高岭石、含碳多水高岭石、碳质粉末、褐铁矿、绿碎、绿松石共生组合而成；三是伴生型，以钒酸盐 - 磷酸盐 - 氢氧化物、多种复杂的氧化带表生矿物组合而成。

绿松石质量的评价取决颜色、硬度、块度和花纹。颜色以天蓝色最佳，其次是蓝绿色，浅蓝、灰蓝则较差。硬度越高越好，优质高档品莫氏硬度应达到 6 级。首饰用的高档品要求块度不小于 10 mm，重 4 g 以上。雕刻工艺品的要求块度较大。具有铁线和网纹的绿松石（图 5 - 14）在切磨良好时，也很受人喜爱。

图 5 - 14　白河绿松石（具有铁线和网纹的绿松石）
（董王仓摄于白河县奥翌实业公司福星宝石厂展厅，2016）

（六）开发利用

绿松石在我国具有悠久的开发历史。据大量考古发掘资料得知，中国古老传统的玉品种中，史前先民喜爱的美玉除和田玉外，当属绿松石。在距今 8200 ~7500 年的中原裴李岗文化遗址中，圆珠、方形饰绿松石饰物的发掘出土，证实了绿松石的开发利用已有7000多年的历史，与和田玉的开发利用史基本同步。在新石器时代已作为史前先民们佩戴的装饰品，在红山文化、仰韶文化、石峡文化、良渚文化、齐家文化、大汶口文化等遗址中，处处能发现绿松石的装饰物。春秋后期的安徽寿县蔡侯墓中，出土的绿松石珠饰多达1518粒。战国时期的河北临城古墓中，出土的由绿松石嵌成各式几何型纹饰的铜带钩。进入封建社会，绿松石除装饰用品外，成为我国古代文化交流的珍品。唐朝文成公主进藏时，带去大量的绿松石装饰拉萨的大昭寺。为此，西藏人民对绿松石格外崇敬，视绿松石为护身符，认为佩戴它能避邪消灾。绿松石以它独特的颜色，以及蜘蛛网纹和铁线花纹提供了颜色的天然反差，有着其他宝玉石不具备的独特效果，故它比一些其他宝玉石流行时间更长。

白河县月儿潭绿松石自唐代即有开采。新中国成立后，20世纪70年代重新开始采矿，出产的绿松石色美、质纯，做成工艺品销往全国各地，深受人们喜爱。近年来，绿松石开采业兴旺，其产品主要有首饰品、小挂件、摆件及雕刻工艺品等（图5－15），大多销往深圳、广州等沿海地区，有着很好的消费市场和发展空间。鉴于绿松石在月儿潭有着悠久的历史，并有月儿潭绿松石的神奇传说，2007年安康市政府将“月儿潭绿松石传说”公布为第一批市级非物质文化遗产代表作名录。2014年，白河县设立了以绿松石产品加工、绿松石文化展、绿松石产品销售为主要内容的“月儿绿松石文化产业园建设项目”，公开对外招商引资，以期进一步开发利用月儿潭绿松石，带动当地经济和旅游业的发展。

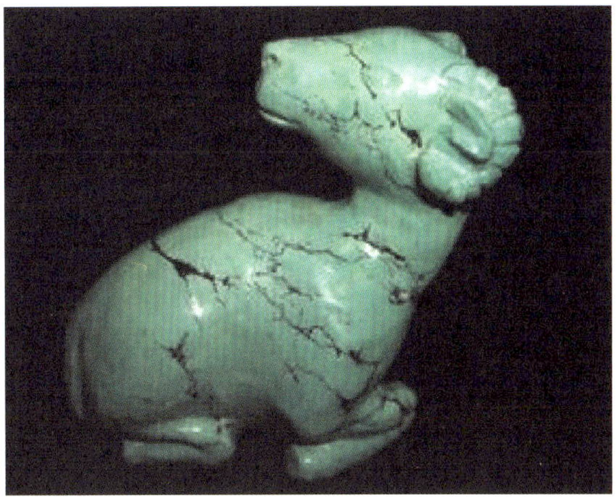

图5－15　白河绿松石首饰及雕刻工艺品

（左— http://www.360doc.com/content/16/0330/19/21548968_546607200.shtml；
右—来源未知，请摄影者联系本书作者，领取照片使用费）

三、鸡血石

鸡血石是我国特有的珍贵玉石，具有鸡血般的鲜红色彩和美玉般的天生丽质，历来与珠宝瓒翠同样受人珍视，以“国宝”之誉驰名中外。千百年来，一直受到文人雅士、商贾富豪、达官显贵、帝王将相珍爱与收藏。鸡血石主要出产于我国浙江省昌化县和内蒙古自治区巴林右旗两处，自古以来有昌化鸡血石与巴林鸡血石两种。20世纪90年代，在陕西省旬阳县发现了国内又一鸡血石产地。

鸡血石主要由地开石、高岭石和辰砂等矿物组成，因其中的辰砂色泽艳丽、红如鸡血，故得此名。鸡血石红色部分称为“血”，红色以外的部分称为“地”。

按照石料质地的不同，鸡血石有软地、硬地之分。软地鸡血石的“地”主要是叶蜡石、高岭石等矿物，硬地鸡血石的“地”则主要是方解石、石英石和白云石等矿物。昌化和巴林鸡血石以软地为主，陕西省旬阳鸡血石以硬地居多，软地鸡血石不多见。地质学家认为，鸡血石是含硫化汞的溶液不断渗染、浸润所接触的岩石，使其发生硫化汞（辰砂）矿化而形成具有观赏和收藏价值的一种矿石。

旬阳鸡血石产于旬阳县北部公馆－青铜沟汞锑矿带，鸡血石由辰砂矿物呈团块状、条带状、星点状、脉状或浸染状分布在硅化白云岩、石英质岩石中而形成，与汞锑矿石相伴而生。以往汞锑矿勘查过程中，未开展过鸡血石的勘查工作，故其储量不清。近多年来，在汞锑矿区原采矿坑、硐内探寻鸡血石（图 5－16）。

图 5－16　探寻鸡血石

（杨荣耀提供）

旬阳的鸡血石素有深红色、鲜红色、丹红色 3 类，其价值以色彩鲜艳度、朱砂含量高低而定。含量较低的，从清代开始叫鸡血石，也叫红水石。陕西省鸡血石文化产业协会副会长、高级工艺美术师林家俊先生（2015）将旬阳的鸡血石划分为 5 个品种：鸡血石、鸡血玉、朱砂石、辰砂石和宝砂石（图 5－17～图 5－21），各个品种的基本特征见表 5－4。

图 5－17　旬阳鸡血石（原石）

（董王仓摄于旬阳忠良鸡血石经销店，2016）

表 5-4　旬阳鸡血石品种划分

品种	基本特征	主要品种
鸡血石	红色的辰砂集合体呈条带状、团块状、脉状、散点状等分布在灰色-灰白色白云岩、硅化白云岩、石英质岩石中而形成的一种红石头。硫化汞含量不高（4%左右），“地”有软、硬之分，软地硬度3左右，硬地4~6不等（图5-17）	大红袍、刘关张、条带血、夹板血、太极血、玫瑰血、散花血等
鸡血玉	鸡血玉，色彩和成分与鸡血石相同，不同的是硫化汞含量较高（20%左右）、“地”的主要成分为玉石（石英质岩石或硅化白云岩）。“血”（红色的辰砂集合体）呈条带状、团块状、脉状、散点状等集合体浸染在玉石中，形成一种血色鲜稳、质地半透明的血红色玉石（图5-18）	太极玉、状元血玉、三彩血玉、丹头血玉、关帝血玉、梅雪玉、红运血玉等
朱砂石	朱砂石，由辰砂矿物集合体组成，颜色朱红、猪肝色（图5-19）。单个辰砂一般颗粒不大，偶尔可见能达到做艺术品的朱砂。硬度3左右，不透明，密度8 g/cm^3，硫化汞含量65%左右	米砂、芝麻砂、绿豆砂、片砂、蜂窝砂等20多种
辰砂石	辰砂石，又称鸡血王，由纯正的辰砂矿物集合体组成（图5-20）。颜色鲜红色、鸡血色，以红酒色为上品。形体不大，一般从几克到几百克不等，硬度3左右，局部半透明，密度10 g/cm^3左右，硫化汞含量在70%~80%左右。其特点是：软如寿山石，受刀自如；色如红酒，紫气东来；重如黄金，贵重沉稳；亮如烛光，宝气光泽；纹如动感，辟邪纳瑞	豆砂、葡萄砂、桂圆砂、鸡心砂、牛心砂、猪肝砂等20多种
宝砂石	宝砂石，学名软红宝石，民间称鸡血晶，是硫化汞-辰砂的结晶体（图5-21），这种单颗粒的鸡血石血色好、底色均匀，是旬阳鸡血石系列中的极品。形状有六角或多角形，体形不大，常见者每粒0.1~数克，全透明，密度11 g/cm^3左右，硫化汞含量在95%左右。其特点是：亮如钻石，软如田黄石，透如水晶石，色如红宝石，重如黄金	龙眼砂、凤眼砂、猫眼砂、鸡心砂、丹晶砂、滴血砂、火星砂、仙女砂等

（据林家俊，2015补充整理）

图5-18　旬阳鸡血玉（鸡血玉雕刻件）
（董王仓摄于旬阳县珍宝阁鸡血石经销店，2016）

据考证，我国鸡血石的开采始于宋代，而盛名于清代。清康熙、乾隆、嘉庆等皇帝十分赏识昌化鸡血石，将其作为宝玺的章料。国家邮政局于2004年9月17日发行的一套两枚《鸡血石印》特种邮票，印的就是乾隆宝玺“乾隆宸翰”和嘉庆宝玺“惟几惟康”两方宝玺（图5-22）。

据资料介绍，旬阳的朱砂矿开采利用已有3000多年的历史。春秋战国前，古人就在竹筒或象牙上刻甲骨文字，并涂以朱砂；秦朝时，旬阳就已成为采汞重镇。秦始皇曾派大量兵役去旬阳公馆一青铜沟一带开采朱砂，以供宫廷之用，并炼制长生不老丹；汞有防腐保鲜之功能，司马迁在《史记-秦始皇本纪》中写道，秦陵地宫内“以水银为百川江河大海，机相灌输”，其水银就是旬阳所产汞矿

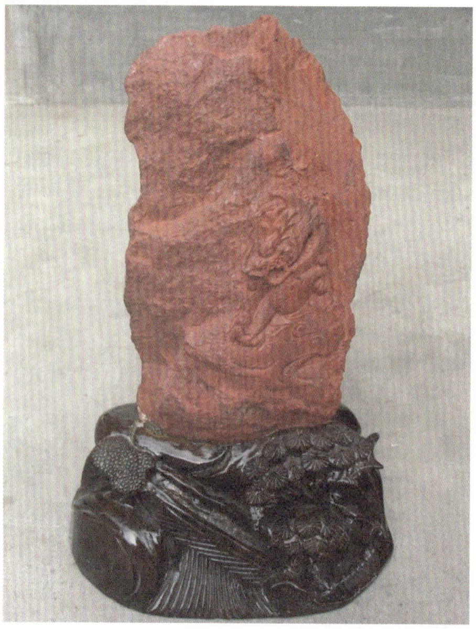

图5－19　旬阳朱砂石（原石摆件）

（董王仓摄于旬阳县珍宝阁鸡血石经销店，2016）

图5－20　旬阳辰砂石（抛光后制作的把玩件）

（董王仓摄于旬阳县珍宝阁鸡血石经销店，2016）

图5－21　旬阳宝砂石

（据旬阳鸡血石网 http://www.xyjxs.org/）

清代，昌化石被列为宝玉石名品，历代帝后都爱选昌化石做玉玺。乾隆皇帝除“乾隆宸翰”宝玺外，还选此昌化石随形雕苏轼《赤壁赋》文意的方形玺。此印高11.9厘米，6.9厘米见方，取《尚书·大禹谟》之语“惟精惟一”为治民之法，修身之道，阴刻篆书于玺面，与“乾隆宸翰”相配，钤诸御笔书画。

清乾隆宝玺之二
“惟精唯一”

图5-22　2004年国家邮政局发行的《鸡血石印》特种邮票
（据360百科 https://baike.so.com/doc/6526165-6739897.html）

炼制而成。尽管旬阳的朱砂矿开采年代久远，新中国成立后20世纪60年代至90年代，也开展了大规模的汞锑矿勘查、开发工作，但对这一地区的鸡血石则缺乏足够认识，以致无人知晓。近多年来，经国内相关领域的权威专家实地考证后，确认旬阳县公馆—青铜沟一带所产石种属鸡血石毫无疑问，一致认为旬阳鸡血石与浙江昌化鸡血石具有同等质量，并且历史早、品种多、质量好，是继昌化、巴林鸡血石之后的后起之秀，市场发展前景十分广阔。2011年10月中央电视台《走遍中国》栏目摄制组、2013年6月中央电视台第十频道《地理·中国》摄制组，先后实地采访摄制了旬阳汞锑矿采选冶流程以及鸡血石产业的发展情况，并连续多次以“寻找鸡血石”为题向全国观众展播了旬阳鸡血石的独特魅力和无限潜力。

旬阳鸡血石主要用于制作印章、摆件、挂件等高档珍玩和工艺品（图5-23，图5-24），也作为原石观赏以及收藏品。鸡血石红艳似火，象征红红火火，是兴旺、纳福、和谐、平安的吉祥物，近年来旬阳鸡血石已得到了社会各界和众多藏家的青睐。当地政府以及陕西省鸡血石文化产业协会，通过多种有效的宣传途径，着力打造、推介旬阳鸡血石文化产业，目前旬阳鸡血石与昌化、巴林鸡血石并驾齐驱形成了“南昌化、北巴林、中旬阳”的鸡血石品牌格局。

四、墨玉

墨玉，产于陕西渭北北山地区的乾县、富平及蒲城一带奥陶纪石灰岩地层，其中以富平北部山区出产的墨玉开采历史悠久，知名度最高。

富平墨玉，实属一种微晶石灰岩（$CaCO_3$）。其漆黑如墨，色重质腻，纹理细密，莫氏硬度4左右，素为治砚、石刻之上佳石料。它主要分布于富平县北部万斛山—蒲城县北部乔山一带，其大致近东西方向延伸近百里（图5-25）。

早在秦汉时期富平墨玉就有开采。据富平县志载“县北产矿石，诸郡县采者群至，可镌字、琢磨，人号墨玉”。富平墨玉及其作品在中华文明历史上有着光辉灿烂的历史。自周秦以来，富平墨玉石就被人们广泛用于牌、匾、碣及生活艺术装饰品。陕西中部的八百里秦川，从价值连城的唐昭陵六骏，乾陵前通高8 m多、重达98.8 t的神秘无字碑，到西安碑林博物馆藏4000余件文采飞扬、墨笔留香的书法石碑，以及散存于三秦大地难以计数的碑碣、墓志、造像、拴马桩等，大多由富平一带的墨玉所制作（图5-26）。更令人惊奇的是，1998年，考古人员在距今2200多年的秦始皇陵中发现了大量石质铠甲和石胄（图5-27），以及战马穿的石马甲。据西北大学教授、原秦陵考古队队长段清波介绍，这些石质材料即来自于富平北部山区的墨玉——灰色致密的石灰岩（段清波，《大秦帝国的

图 5－23　旬阳鸡血石摆件
（据旬阳鸡血石网 http://www.xyjxs.org/）

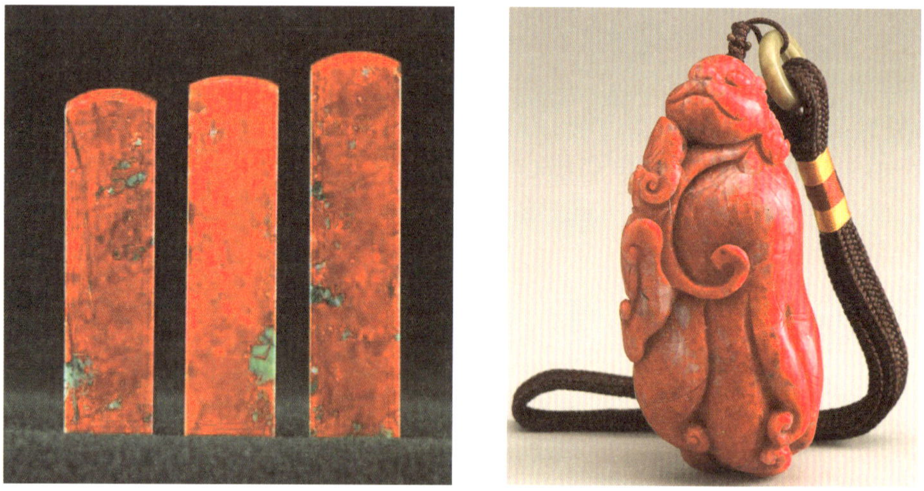

图 5－24　旬阳鸡血石印章（左）及挂件（右）
（据旬阳鸡血石网 http://www.xyjxs.org/）

兴衰》讲座，2017.1.10 陕西省委党校）。时至今日，陕西省博物馆无论是碑石复制，还是当代名家书法刻石，石料也均取自富平，并由富平艺人雕刻。

1986 年 10 月，国家主席李先念向前来我国访问的英国女王伊丽莎白二世赠送的精美秦陵二号铜车马工艺品，其底座就是富平的墨玉底座。1994 年清明节，用富平墨玉精工刻制、由中共中央总书记江泽民和国务院总理李鹏题词的黄帝陵巨型碑石，更为海内外炎黄子孙所瞩目。

目前，富平墨玉已推出四大系列墨玉产品。其中家具系列有老板台、全石方圆桌等，壁挂系列有雕刻历扇面、看盘及各式圆雕、高浮雕等；实用系列有文房四宝、烟灰缸、象棋、石枕等；殡葬系列有石碑、石狮、人物造像等（图 5－28）。

五、汉中玉

“汉中玉”，是近年来新发现的一种玉石种类，藏于陕西和四川接壤的米仓山腹地，主矿区位于

图 5-25　富平县老庙镇万斛山墨玉产地（左）及漫町村墨玉加工厂（右）

（董王仓摄，2016）

图 5-26　富平墨玉制作的乾陵无字碑（左）及碑林清代诗词石碑（右）

（董王仓摄，左—乾陵，右—西安碑林博物馆第六展室，2016）

图 5-27　秦陵出土的用扁铜丝连缀而成的石质铠甲（左）和石胄（右）

（左—张新武摄于 2012 年；右—中国国家地理网 http://www.dili360.com/ch/article/p5350c3d85fba390.htm

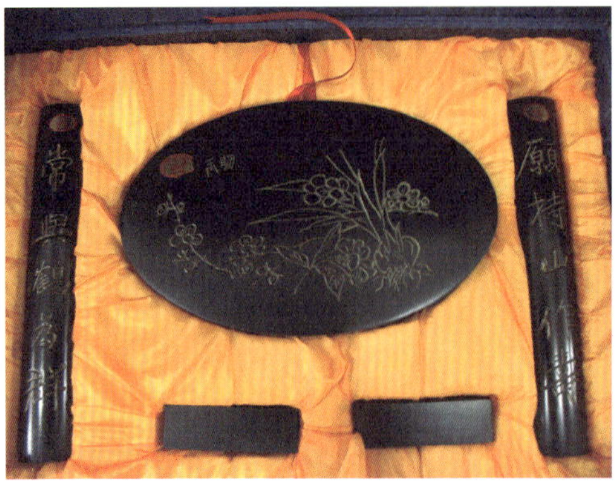

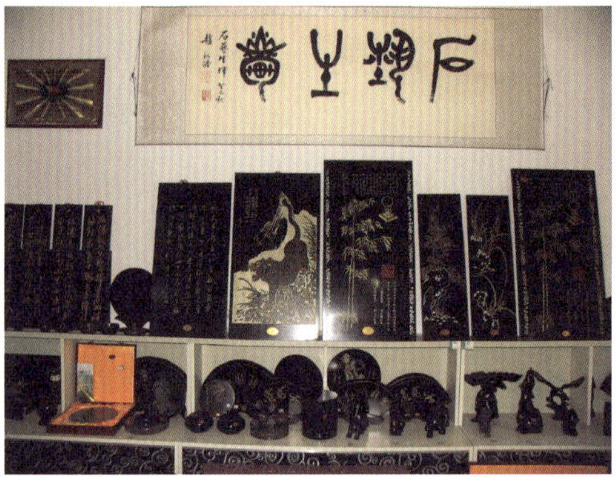

图 5－28　富平墨玉雕刻作品

（董王仓摄于富平县墨玉经销店，2016）

陕西境内的汉中市南郑县碑坝镇光雾山东部，北距汉中市约 100 km。2012 年陕西地矿总公司实施找矿突破行动中，汉中玉才被勘查和开发。

（一）发现过程

关于“汉中玉”的记载古已有之，它是一种会散发出迷人香味的美玉，只见史料记载，而难得一睹芳容的珍奇玉石，古称“汉中香玉”。据报道，曾在一汉墓葬中发现被认为是“金香玉”的玉石，历经千年而芳香犹存；相传秦国公主出访曾佩戴“金香玉”；清朝地方官员也有将“金香玉”进贡的记载。

在陕西省汉中市南郑县碑坝地区，很早就有“金香玉”的民间传说。相传，一药农进入米仓山丛山峻岭中采摘草药时，忽然一阵清风吹来一片香气，药农向前追索，发现香气竟是从山中的石头中散发出来的。后来，米仓山产“金香玉”的传说便不胫而走。1990 年 4 月的一天，当地农民卢礼平，坐在一个山坡上吸烟，随手捡起身边一块褐色石头赏玩，吸完烟后把该石头扔掉，一闻手有香味，开始以为是香烟造成的，但味道不同，于是他又将扔掉的那块石头捡回，仔细一闻，原来是这块石头发出的香味，这更加证实了“金香玉”的传说。1993 年 1 月 22 日，汉中日报第二版登载了南郑县碑坝镇政府张青云撰写的“南郑碑坝发现玉石”的消息。文中写到“这种石头，质地光滑，系不规则固体物，肉眼观之，呈深褐色，嗅之，有一种奇香扑鼻而来，若将石头放在电灯和太阳下对看，整个石块呈茶红色。”这是汉中玉首次向现代世人的报道。

1996 年，第三十届国际地质大会组织委会，收到陕西宝玉石协会捐赠的一块重 442 g 汉中玉石，众多中外地质学者观赏了此石。会后送中国地质博物馆珍藏，并给予“金香玉”的美称。1998 年，张新端和卢礼平合作，向社会各界大力宣传推广玉石，著名书法家启功先生见到玉石后，亲笔题写了“金香玉”3 个大字；著名作家贾平凹听了玉石的发现和传说后，也曾在其小说《怀念狼》中撰写了一段有趣的“金香玉”故事。

2011 年 10 月，陕西地矿总公司汉中大队勘查院原院长李林和技术部主任王峰，在南郑碑坝地区开展铁矿调查时，发现该区玉石资源丰富，遂于 2012 年初组织技术人员对其进行普查；2014～2015 年开展了“汉中黄玉品质、成矿条件分析及开采工艺技术研究与应用”研究；2015 年设立了“南郑县冯家沟黄玉大理石矿普查”陕西省地勘基金项目，新发现了透闪石玉、蛇纹石玉和叶蜡石玉。2015 年 8 月，陕西省地矿总公司确立了汉中玉文化产业发展战略，成立了汉源玉业有限公司，拉开了开发汉中玉的序幕。同年 10 月，黄道峻、肖云儒、杨海蒂、阎安、大解、吴克敬等 10 多位著名作家、学者组成“美丽中国，美玉陕西”采风团，进行了寻访汉中美玉的采风活动，为汉中玉植入文化基因开了先河。

2016 年 1 月，陕西省宝玉石、观赏石协会对汉中玉矿山及工艺厂进行了考察，对该区各类玉石进行分类定名，正式确定该区所有玉石统称为“汉中玉”。

（二）地质特征

南郑县碑坝地区位于扬子地块北缘。汉中玉产于距今800 Ma年的元古宇麻窝子岩组大理岩与中性岩浆岩体（闪长岩）、基性岩浆岩体（辉长岩）接触带中。不同种类的岩浆岩产生不同的接触交代作用，继而形成丰富多彩的玉石矿。其中，透辉石玉呈团块状、似层状分布于辉长岩与大理岩的外接触带中，透闪石玉、蛇纹石玉主要呈带状分布于闪长岩与大理岩接触带，叶蜡石玉则呈透镜状分布于混合岩及斜长角闪岩的断裂蚀变带中。

（三）玉石特征

汉中玉，是南郑县出产的透闪石、透辉石、蛇纹石、叶蜡石等玉石的统称。

透闪石玉，产于闪长岩体与麻窝子组大理岩接触带，矿体长1.2 km，厚度3～8 m，品质较好者一般靠近内接触带。玉石矿物成分主要为透闪石（30%～45%）、透辉石（15%～20%）、蛇纹石（18%左右），其次为白云石、方解石、石英及少量暗色矿物。透闪石大部分呈纤状、纤维状集合体存在于玉石中。玉石呈浅蓝绿与白色混杂，莫氏硬度5～5.5，密度2.8～2.85 g/cm^3，质地细腻，完整性好，色泽均匀犹如月光蓝色，故称“月光蓝”（图5－29）。

图5－29　透闪石玉石雕件

（汉源玉业公司提供，2016）

透辉石玉，呈条带状、透镜状产于辉长岩体与大理岩接触带附近，主要由细－中粒透辉石（＞96%）组成，含少量透闪石、方解石。密度3.3～3.4 g/cm^3，莫氏硬度7，质地较细腻，颜色青绿－灰绿色为主，部分青白色，块度大，裂纹少，可制作较大玉雕件（图5－30）。

蛇纹石玉，呈带状分布于闪长岩体与大理岩接触带。大理岩发育不同程度的蛇纹石化现象，越靠近闪长岩体蛇纹石化越强烈。蛇纹石玉主要由叶蛇纹石、纤蛇纹石等组成，含少量方解石。玉石密度2.68 g/cm^3，莫氏硬度4～4.5。质地细腻，透明度较高。颜色有黄、绿、墨绿、黑及棕黄（金香玉）等色。块度较大，地表碎裂较多，深部裂纹变少，可制作大型雕刻、摆件、把件、吊坠等（图5－31）。

金香玉，是汉中玉之上品，常呈深褐色，嗅之有似巧克力之香味，其品质以含蛇纹石矿物多、质地细腻、深褐或棕色者最佳，棕褐、黄棕、黄绿等色次之。岩石香味的浓淡差异较大，一般颜色越深，香味越浓。其香味随时间、季节、气温、干湿度等有一定变化。当香味减退时，用清水洗之会重新放香（图5－32）。

金香玉香味的成因颇为复杂。经红外光谱分析，在图谱上可见明显的有机物杂环峰值，表明香味

图 5-30　透辉石玉石原石（左）及玉石雕件（右）
（汉源玉业公司提供，2016）

图 5-31　蛇纹石玉雕刻件
（汉源玉业公司提供，2016）

的起因可能是岩石中赋存的有机物成分。据此专家分析认为，蛇纹石是一种具有较强吸附性的矿物，金香玉之香味可能就是在岩石形成后，有机香料被蛇纹石吸附所致。在漫长的地质历史时期，蛇纹石不断吸附周围芳香植物的香料成分，或地表的香椿树、兰花、桂花等花草树木腐烂分解后，其香料物质被地表水携带浸入岩石裂隙内，经过数百万年的点点积累而形成香玉。

叶蜡石玉，呈灰白色、淡蓝色、浅灰绿色，隐晶质结构，块状构造。具蜡状光泽，半透明. 主要成分为叶蜡石，其次有石英、高岭石、绢云母。密度 2.62 g/cm^3，莫氏硬度 3 左右。块度较大，玉质通透，可制作玉石章料及雕件（图 5-33）。

（四）开发利用

2012 年汉中玉投入地质勘查以来，在陕西省和汉中市政府以及陕西省国土资源厅等部门指导下，陕西省地矿总公司“汉中玉”的开发，经历了玉石资源勘查到开采加工，再到如今推出玉石工艺品、玉石首饰为主的系列玉石产品，实现了“从无到有”的蜕变（图 5-34）。一块块汉中玉原石被打磨成“松鹤延年”、“如意人生”、“龙腾盛世”……一件件精美作品，“汉中玉”以其新颖、独特、珍

图5－32　金香玉原石（左）及金香玉雕件（右）
（汉源玉业公司提供，2016）

图5－33　叶蜡石玉原石（左）及其雕刻件（右）
（汉源玉业公司提供，2016）

贵的品质悄然问世（图5－35）。

通过前期地质勘查，汉中玉资源极其丰富，市场开发前景广阔，潜在价值可观，具备打造知名玉石文化品牌的良好条件。如今，在国家大力推进文化产业发展的大背景下，将“汉中玉”融入陕西厚重的历史文化中，打造成文化陕西的一张亮丽名片的道路正在铺开。

六、桃花玉

桃花玉，也称桃花石。学名蔷薇辉石，又名玫瑰石。它是一种含钙锰铁的硅酸盐矿物〔(Mn，Fe，Mg，Ca) SiO_3〕，单个晶体少见，一般为致密至细粒块状。呈玻璃光泽，半透明至透明，石质红腻，晶莹剔透。颜色多为玫瑰红、粉红或棕色。有的红似桃花，有的绿如荷叶，有的亦若灯花。五彩缤纷，绚丽多彩。密度3.4～3.7，莫氏硬度5.5～6.5，硬度极似翡翠。表面易受氧化变化为二氧化锰，而呈现淡红色至淡黄色。因其含多种金属矿物成分，同一块矿石上可呈现互不渗透的不同颜色，或互相渗透的混合颜色。经加工抛光后，呈鲜艳的桃红色并间杂黑色的纹饰，画面组合协调，可与彩玉石媲美，颇具观赏价值（图5－36）。

图 5－34 陕西省省长胡和平在副省长庄长兴的陪同下视察汉源玉业公司（左）
及著名作家学者玉石矿区实地采风（右）
（汉源玉业公司提供，2016）

汉中玉——人生如意

汉中玉挂坠

图 5－35 汉源玉业公司生产的汉中玉石产品
（汉源玉业公司提供，2016）

图 5－36 桃花玉原石（右）
（左—植物之家 http://www.zw3e.com/m58/；右—搜狐博客 http://sunredday0.blog.sohu.com/136200703.html）

桃花玉的称谓最早出现在清代。拍卖会上曾有清代雕刻有“对鹅”图案的桃花玉以 700 多万的价格被拍走的记录。但是清代的桃花玉和我们目前所说的桃花玉并不是同一品种。目前市场上所说的桃花玉，也称桃花石。石质微透明，富有玻璃光泽，其实是新出现的一种玉种。

我国的桃花玉产地主要有北京西湖村、吉林汪清县、青海乌兰县祁连山，四川、新疆等地也有发现。陕西省的桃花玉主要见于商洛地区及安康地区。

商洛地区的桃花玉，主要分布于商州市西北约15 km处，交通尚便。桃花玉矿赋存于元古宇宽坪岩群四岔口组锰质大理岩和石英大理岩两个含矿层中，矿区共发现4个含矿体，一般呈似层状、透镜状产出，长6.1～20 m，最长72.5 m，厚度0.7～4.33 m，平均厚1.71 m。含矿率为2.71%～20%，平均10.21%。桃花玉在含矿体内呈团块状、条带分布，呈粉红、玫瑰色，致密隐晶结构，块状和网脉状构造。玉石矿物为蔷薇辉石，含少量锰铝石榴子石、钙蔷薇辉石等。经初步勘查，蔷薇辉石矿石储量（Ⅰ级+Ⅱ级）1465 t（据陕西地矿局第十三地质队，1989）。

七、石英质玉石

（一）洛南紫绿玛瑙

洛南紫绿玛瑙，也称洛南紫玉、洛南玉，它是近年来陕西省国土资源厅在商洛地区实施矿产调查中所发现，其主要分布在洛南县北部麻坪、石门、石坡、巡检司等4镇所辖区域，涉及面积约120 km^2。其中，石门镇留题村张华沟和石坡镇黑山村是玛瑙相对集中、质量较好的两个地段。

玛瑙矿体产于中元古代时期（距今约1300 Ma年）形成的官道口群巡检司组含燧石条带白云岩夹紫红－灰绿杂色黏土质板岩岩层中，含矿岩层出露厚度一般3～5 m，地表延伸比较稳定。玛瑙矿体大多赋存于紫红色、灰绿色黏土质板岩中（图5－37）。因受上覆岩层的压实作用及后期构造变形等地质作用影响，玛瑙大多被压断或拉伸成不规则的透镜状、扁豆状、团块状、球状等，并发生不同程度的破裂而形成节理裂隙或较多绺纹。

图5－37　玛瑙含矿岩层
（董王仓摄于洛南县石门镇太白岔，2016）
（左—板岩内的采矿坑；右—产于板岩中的长条状玛瑙矿体）

玛瑙矿石具有较典型的同心圆状及条带状构造，常见的有两种类型：一种玛瑙的中心为紫红色，向边部依次出现深浅不同的灰绿、淡绿色等颜色，即红心绿边（图5－38）；一种玛瑙的中心为紫红色，向边部依次出现深浅不同的灰白等颜色，即红心白边；偶尔可见绿心白边的玛瑙。此外，也见纯红色、纯绿及纯白色等玛瑙。

玛瑙质地细腻，断口大多呈贝壳状，透明或半透明状，莫氏硬度6.6～6.9，密度2.60～2.75 g/cm^3。据检测，绿色、玫瑰色玛瑙中除含有硅、氧元素外，还含有少量的铝、钾、镁、铁等元素，着色可能为不同价态的铁（Fe^{2+}、Fe^{3+}）所致。

玛瑙雕刻品相良好，若借色巧妙或滤色雕刻，可加工成品相、品质上乘的玛瑙玉件，因而具有较高的观赏价值和经济价值。据村民介绍，近年来当地一般玛瑙原石售价20～50元/kg，品相较好者售价可达100～300元/kg不等。受利益驱动，近年来当地曾发生乱采乱挖玛瑙的现象，河南、福建等外地客商也聚集洛南，高价收购玛瑙原石。为了保护资源，合理开发资源，2015年洛南县制定了洛南县玛瑙石矿保护与开发实施方案，并通过对外招商引资方式，引进了洛南县国行珠宝有限公司。目

 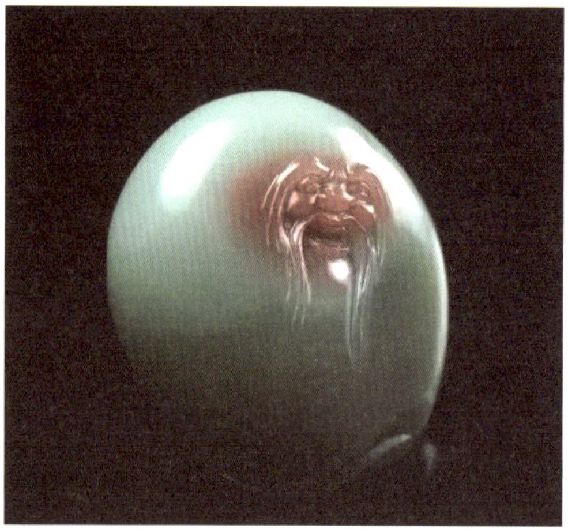

图 5－38　洛南紫绿玛瑙（左—红心绿边玉，右—紫绿玛瑙工艺品）
（洛南县石门街道紫玉源头经销店提供，2016）

前，该公司已建成生产线、工艺品展销厅、天猫和阿里巴巴电子商务平台等玉石加工基地（图 5－39），投入试生产阶段。该项目建成达效后，将成为一家集玉石文化研究、设计、雕刻、批发、销售为一体规模化企业，年可加工宝玉石工艺品 10 万余件，年均销售收入达 6200 万元以上，利润 1400 万元，新增就业岗位 300 个，将为当地带来良好的经济和社会效益。

洛南国行珠宝公司玉石加工车间

玛瑙工艺品

图 5－39　洛南紫绿玛瑙加工车间（左）及紫玛瑙工艺品（右）
（左—董王仓摄于洛南县，2016；右—趣历史网 http://www.qulishi.com/content/11ysc_645747_1.html）

（二）丁香紫玉

丁香紫玉，简称丁香紫，它是 20 世纪 70 年代末期在我国新疆发现的一个玉石新品种。它主要由锂云母和少量锂辉石、钠长石、石英、铯榴石等矿物组成，岩石名称为锂云母岩。因颜色呈丁香花般的美丽紫色，故而得名。

丁香紫玉的优点是颜色如丁香花般紫色，非常漂亮，质地细腻，具有玉的温润，微透明－透明，具有较好的透明度，产量较少，是比较独特的玉石品种之一。但其最大的缺点是硬度较低，莫氏硬度仅 3.2～3.7，不是很耐磨，因此一般做陈设摆件或者印章较多，优质者也可以做吊坠等首饰（图 5－40）。

我国目前发现的丁香紫玉主要分布在新疆天山、阿尔泰山等地，陕西省安康、商洛等地也有少量产出。该类玉石一般产于含钠、锂的花岗伟晶岩脉中。

陕西省商洛市商南县富水一带的丁香紫玉，产于富水杂岩体内的锂云母花岗伟晶岩脉中。其中 1 号伟晶岩脉中的玉石矿体规模最大，其分布在脉体南段断续长 12 m、宽 2.5 m 的范围内。根据玉石的

图 5-40 丁香花与丁香紫玉雕刻件

（左—百度百科 http://baike.baidu.com/link？url=8SIBo5yS29ntiMnPwyAyZ4H6ii0XY1wHjoLJWQcXhUU9ZvwpWtjZgyCjPB4l8HSP4JUCCAcy6uq4i70-4mNi_Ro3QwDnv4JherxtPwn-ynrLXCmXBWpNl2uQCvrCUydtqUL2uX6QQ22nOKYa79Hlf0yVc3U2fA4b4qeFK6poYGItpe8xIYm-rluXvrhzc3iY；右—百度贴吧 http://tieba.baidu.com/p/4011586559）

粒度、透明度、颜色，分为一级品、二级品两个等级。一级品，胶状，质地细腻，微透明－半透明，浅紫－粉红色，杂质极少。锂云母含量达 90%～100%，矿物粒径 0.1～0.2 mm，可制作大摆件；二级品，致密块状，不透明－微透明，紫红－玫瑰色，含较多杂质，锂云母含量 60%～80%，少量石英、叶钠长石等，矿物粒径 0.2～1.5 mm，可制作小摆件。

（三）虎睛石

虎睛石产于陕西省商洛市商南县冯家梁。矿体赋存于元古代形成的耀岭河岩群蓝闪石钠长石化基性岩中，矿带长 2000 m，宽 10 余米，虎睛石呈不规则的透镜状和脉状、星散状产出。透镜状虎睛石多产于膨大部位，矿石个大质佳；脉状矿石质量较差。虎睛石是含硅质（SiO_2）的热水溶液交代、黏结纤维状铁蓝闪石、石英、方解石、重晶石、铁质等而成。其颜色多呈蓝、黄、红、白、紫等色，半透明，致密坚硬。当地在开采蓝闪石棉时回收虎睛石，用于制作戒面和小工艺品。

（四）蛋白石

蛋白石是一种天然、硬化、非晶质含水二氧化硅（SiO_2）胶凝体。一般为蛋白色，如有铁、钙、镁、铜等混入，可形成各种颜色。它具有玻璃光泽或蜡状光泽，如出现色彩光泽随角度变化（变彩）则属贵重宝石，否则只是一般石材。

陕西洋县八宝台发现有蛋白石矿。八宝台位于洋县县城东南方向 90 余千米。蛋白石产于元古代辉石橄榄岩体的风化壳中，矿体露头范围呈椭圆形，长轴近南北方向，长 200 m，宽 60 m，风化壳厚 8～10 m。蛋白石呈不规则脉状，或结核状、团块状产于风化壳及其附近。单个矿脉长 30～100 cm，宽 3～12 cm，最大块度 25 cm×15 cm。蛋白石呈乳白色、蛋青色、微蓝色，半透明－微透明，玻璃或珍珠光泽，质地细腻，无变彩，绺纹较多，可制作低档首饰品和用作观赏石。

（五）宝鸡红

据 2016 年 1 月 13 日华商网——华商报王卉、马庆昆以及商报万登峰等多名记者报道，2015 年以来，奇石爱好者陆续在宝鸡千河、渭河等河道发现玉石。据从事过地质工作的教授级高工、奇石爱好者朱必成介绍，目前宝鸡已发现玉石近百块，经鉴定均属石英岩质玉。玉石种类有黄蜡石（玛瑙）、红碧玉（宝鸡红）、彩玉等，其色彩艳丽、质地细腻温润，经过一番打磨和雕刻，便可成为美轮美奂的工艺品（图 5-41）。这一发现，说明在宝鸡千河或者渭河流域，可能存在有玉石原生矿。目前，

图 5-41　宝鸡黄蜡石（左）及彩玉（右）

（据陕西传媒网 http://www.sxdaily.com.cn/n/2016/0113/c324-5792066-3.html）

已有人购买专业设备加工玉器，也有人聘请南方玉雕师进行加工，在当地已形成集收藏、加工、销售的玉石产业雏形。

（六）安康玉

十多年前，陕南安康一带的奇石爱好者，在汉江流域探寻汉江石期间，发现大量似玉非玉、似蜡非蜡、似石非石的“黄石头”。起初，这些“黄石头”并未引起重视。据安康新网讯（记者周健、孙妙鸿 2014.11.10）报道，2011 年夏天，湖北襄阳市举办“汉江奇石展”，安康奇石爱好者王兆勇带着自己的汉江石（“黄石头”）去参展，引起了湖北奇石爱好者的注意，并认定其属黄蜡石[1]。随后，湖北奇石爱好者前往安康大量收购，并加工成精美的工艺品销售。从此，原来不起眼的“黄石头”才被当地人重视，并将其尊称为“安康玉”。

2014 年 9 月初，安康市汉滨区文广局将“安康玉”送往国土资源部西安矿产资源监督检测中心检测，被认定为石英岩质玉，其主要由石英（SiO_2）组成，石英含量 90% 以上，最高达 99%，且含有对人体有益的铬、镁、锰等 20 余种元素。

图 5-42　安康玉原石（左—董王仓；右—陈丽荣）

（左—黄色石英岩质玉/黄蜡石，右—灰色石英岩质玉/水墨玉）

（摄于安康金州玉石雕刻有限责任公司加工厂，2017）

“安康玉”以黄、红、黑、青、白等色为主，是加工山水、花鸟等工艺品的上乘之石（图 5-42）。汉江流域产出最多的是黄色石英岩质玉（黄蜡石），当地老百姓俗称“黄干石”，其硬度 6~7，它似玉非玉，似蜡非蜡，似石非石，其内部色彩变化千姿百态，有黄、有红、有白、有黑；次为墨玉

[1] 黄蜡石，又名龙王玉，因其具有蜡状质感色感而得名，典型的黄蜡石属硅化安山岩或砂岩，主要成分为石英。我国优质黄蜡石主要产于广西贺州、广东潮州饶平等地。

——灰色石英岩质玉，老百姓俗称“青火石”，硬度7～8，比和田玉6～6.5的硬度还高，是加工砚台、摆件、挂件等工艺品的上等玉材；再次之为白色石英岩质玉，老百姓俗称“白火石”，其硬度在4～6度之间。

2014年9月5日，“安康玉”亮相由国家文化部、新闻出版总局、陕西、四川、甘肃等西部11省（市、自治区）人民政府主办、有丝绸之路14个国家参加的“第七届中国西部文化产业博览会”，安康参展的黄蜡石雕件《腊梅迎春》和墨玉《观赏砚》荣获此次文博会“优秀创意产品奖”，成功地向世人展示了“安康玉”华丽的一面。

同年，陕南安康地区首家玉石企业——安康金州玉石雕刻有限责任公司成立，目前已初步形成了玉石采集、研发、设计、加工、展销一体化的玉石文化企业，其产品主要有玉石象棋、安康桃砚、茶具器皿、工艺摆件、玉镯、首饰挂件等三十多个品种（图5－43），其不仅得到了当地玉石爱好者的认可，而且远销西安、北京、上海、湖北、河北、浙江、江西等地。

图5－43　安康玉产品

（左—黄蜡玉雕工艺品；右—黄蜡玉及水墨玉手镯）

（董王仓摄于安康金州玉石雕刻有限责任公司玉石展厅，2017）

第二节　赏心悦目的奇石——观赏石

观赏石，又称奇石，是指天然形成的、形状不一般的石头，其质地、造型、色彩及花纹不同寻常，具有观赏价值、收藏价值、科学价值，能够满足人们的猎奇或审美习性。奇石在我国历史上又称为怪石、象形石、雅石、供石、案石、几石、玩石、巧石、丑石、趣石、珍石、异石、孤赏石等，我国台湾及港澳称谓雅石。从广义上来讲，凡是具有观赏性或观赏价值的自然石头均可称为观赏石或奇石。赏石，不仅是观赏其外表的奇、怪、趣味和色彩，更应该欣赏其中诗情画意般优雅意境，品味其中耐人寻味的深奥哲理，才能体会赏石的奥妙。

我国古代一般以产地名为观赏石命名，以充分体现各地的特点、特色、文化、环境与地貌。如内蒙古的黄河石。目前，主要根据观赏石产出的地质背景、成因、形态、纹理、色彩等特征，将观赏石分为造型石、图纹石、矿物晶体、化石和特种石5类。另外，还有根据观赏石的赋存状态，将其大致分为水冲石、山采石、戈壁石、洞穴石和陨石等不同类型。

陕西省观赏石资源丰富，且遍布三秦大地（图5－1），目前已发现造型石、图纹石、矿物晶体、化石等4类30余种（表5－5），其中，以秦岭石、嘉陵江彩石、汉江石为代表的造型石类、图纹石类及矿物晶体类等观赏石，主要分布于秦岭－巴山地区；以蓝田猿人化石、哺乳动物化石和植物化石为代表的化石类观赏石，则主要分布于关中、渭北及陕北地区。如今的三秦大地，众多广场、绿地和各类主题公园，乃至大型商场、高档酒店，均摆放了各类园林石和景观石，这些美石正在受到愈来愈多人们的青睐，也把三秦大地装点的更加秀美、壮丽。

表 5－5　陕西省观赏石主要种类简表

类型	品种名称	类型	品种名称
1. 造型石类	华山石	2. 图纹石类	泾河石
	秦岭石		黑河石、太平河石
			渭河石
	黑灵石		黄陵石
			卷纹石
	秦岭绿		汉江石
	嘉陵江彩石（嘉陵彩）		嘉陵江石
	镇安丹麻石		旬河石
	北太湖石		丹江石
	镇安文石		洛河源头石
	姜石（料姜石）		菊花石
	钟乳石		陈炉石、五花石
3. 矿物晶体类	孔雀石蓝铜矿共生体	4. 化石类	哺乳动物骨骼化石
	绿柱石		蓝田猿人化石
	水晶		鱼化石
	辉锑矿		宁强珊瑚化石、菊石
	辰砂（朱砂）		动物足迹
	方铅矿		植物化石
	黄铁矿		树化石（硅化木）
			藻类化石

（据陕西省地质调查院，2010）

一、造型石

造型石，是观赏石中最常见的类型，是指造型奇特的岩石、矿物、化石。这类奇石主要是在各种地质作用下，由岩石、矿物等形成奇怪形状的形体，并以各种奇特的造型为特色。陕西省常见的主要造型石有秦岭石、华山石等。

（一）秦岭石

秦岭山系东西向横亘于陕西中部，平均海拔为 1500～2500 m，由于受地质变动及外力的长期作用，岩石裸露，经雪雨流水的侵蚀、切割和风化，形成了丰富的观赏石资源，山峁沟岔、大河小溪遍布奇石，大者如楼，小者手可把玩。秦岭北麓大断层拔地而起，千崖竞秀、山峰壁立，形成许多深切山岭的溪涧，较大的溪流有 72 条，俗称秦岭七十二峪，每道峪口都有一片冲积扇，是秦岭石的主要采集地。南坡也有产出，尤以佛坪、洋县等地为中心产地。秦岭石多为花岗岩，雄伟大度，有造型石也有图纹石。造型石块体巨大、棱角分明、坚硬不屈、形状千奇百怪，或为人形，或为鸟兽等，极其生动逼真。常见的秦岭石主要有卷纹石、黑灵石、秦岭绿、嘉陵江彩石和画面石等品种。

1. 卷纹石

秦岭卷纹石纹理变幻莫测，在巨大的石体上布满诸如急流漩涡、大海波涛、九天流云、千秋古柏似地绝美纹理，观石惊叹、难以置信、让人震撼、令人神往、叹为观止（图 5－44）。秦岭山中的周至、宁陕等地有大量产出。

黑灵石：作为秦岭图文石、造型石，其黑灵石有着重要地位。在巨大墨绿色刻黑色的石体上，神奇的布满油亮的、凸凹有致的水波纹和错落有致的凹坑，令人叹服大自然竟有如此鬼斧神工的杰作

图 5－44　卷纹石

（据陕西省地质调查院，2010）

图 5－45　黑灵石（左）及画面石（右）

（据陕西省地质调查院，2010）

（图 5－45）。在汉中南郑有这种大型奇石的产出。该石深受广大用石单位青睐，开发前景可观。

2. 秦岭绿

在巨大如蜡石石体上布满绿、淡绿色，杂有美丽的白云纹和细密纹理。宁强、略阳等地有大石产出。其岩性为绿色碧玉岩，其神、形、色、质在全国同类石中皆属上上品（图 5　46）。

3. 嘉陵江彩石

也称嘉江彩，在巨型石体上呈现红、黄等色彩，宛如一巨大彩蜡石（图 5－47），非常壮观。宁强等地有大石产出。

图 5－46　秦岭绿

（据陕西省地质调查院，2010）

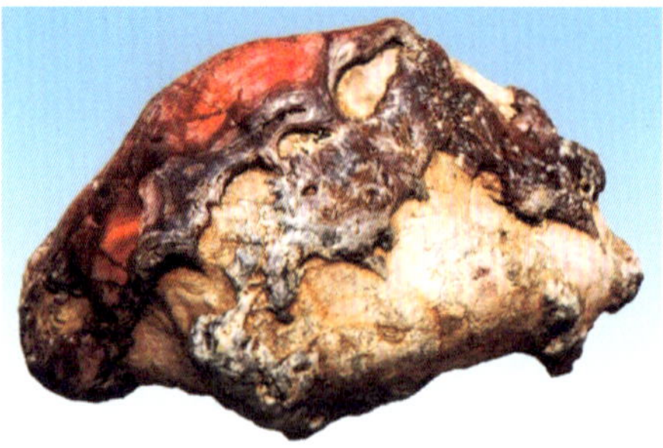

图 5-47　嘉陵江彩石
（据陕西省地质调查院，2010）

（二）华山石

华山石产状与秦岭石相同，大类应归入秦岭石，但华山为我国名山，也可以独立成种，渭南有石友收藏。此石较多，有待进一步发现和开发（图 5-48）。

图 5-48　华山石的风采
（据陕西省地质调查院，2010）

（三）丹麻石

丹麻彩石出产于镇安县永乐镇海棠山，丹麻彩石在山腰呈窝状储藏，有大石裸露地面。目前地表已无石（图 5-49）。

二、图纹石

图纹石，是指带有天然纹理、层理、颜色及图案、具有观赏价值的石头。陕西的图纹石主要有汉江石、泾河石、渭河石、旬河石、黑河石、太平河石、洛河源头石、陈炉石等。图纹石有人物、山水、鸟兽鱼虫等，惟妙惟肖，意蕴丰富；有的虽不具一定象形或图案，却有一种意韵高古的内在魅力，凝重而旷达。

（一）汉江石

汉江是长江最大的一条支流，全长 1569 km，其中陕西境内 709 km。滔滔汉江水，流域长，覆盖

图 5－49　镇安县永乐镇海棠山丹麻石

（据陕西省地质调查院，2010）

广，沿江两岸的汉中、安康各市县，丛山峻岭多，沟河如织，蕴藏着丰富的奇石资源。汉江石是河床卵石，经亿万年的地质变动、风化侵蚀、水流冲刷等作用而形成，其天然纹理构成各种景物、人物、飞禽走兽等极具观赏价值。大者可立于广庭之中，阳刚而大气；小者可比雨花石，文雅而温情。

汉江石的主要特点是质地坚硬细腻，触感柔和；色彩丰富，沉稳古雅，图案精美、清秀；造型奇特，敦厚逼真。主要亚种石有彩陶石、画面石（图 5－50）、金带石（图 5－51）、黄（白）蜡石、玛瑙石、珊瑚化石等。

图 5－50　汉江石——画面石

（据陕西省地质调查院，2010）

（二）泾河石

泾河石开发利用始于 20 世纪 90 年代，西安、咸阳、渭南等地石友以泾阳、高陵为中心地区，利用休假日远及彬县、永寿、长武等中游地区采石，形成了一批专事采集、收藏泾河石的石友队伍，建立个人藏石馆 50 多家。石友采石只限于泾河石滩涂及采石场，并未触及河道及阶地，属中等规模，有较大开发利用前景。其质坚硬、细腻，画面色泽丰富，同时有上乘的各色蜡石等（图 5－52）。

图 5－51　汉江石之常见亚种石（左—彩陶石，右—金带石）
（据陕西省地质调查院，2010）

图 5－52　坚硬、细腻、润泽的泾河石
（据陕西省地质调查院，2010）

（三）黑河石、太平河石

黑河石、太平河石主要是周至及咸阳、西安部分石友采集、赏玩，也有个人藏石馆。该石种以画面石为主，画面丰富，对比度强。此外亦有很好的黄、白、黑、红等色的蜡石（图 5－53）。

（四）渭河石

宝鸡渭河河道产出渭河图文石，为棕红色的珊瑚化石（图 5－54）。

（五）旬河石

汉江最大支流旬河产出黑白双色为主色调的画面石和珊瑚化石，镇安、旬阳石友已有较大量采集收藏（图 5－55）。

（六）洛河源头石

洛南等县产有金钱石、画面石、蜡石等，已被公认为名优石种。其中金钱石为硅质细砂岩，除在河道有水冲石外，大量的是经开采后打磨抛光而成。其中的各类结核呈大小不同、形状各异的圆形，形似金钱，故名金钱石（图 5－56）。

图 5－53　画面丰富、色彩对比强烈的黑河石
（据陕西省地质调查院，2010）

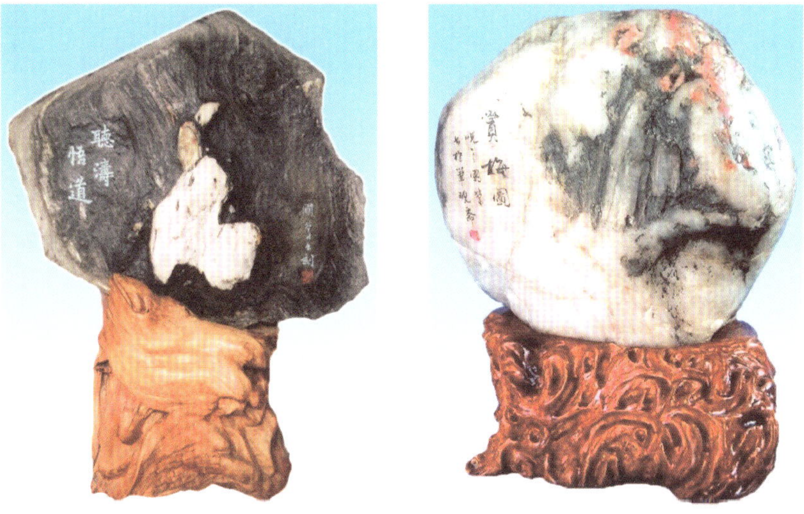

图 5－54　渭河石
（据陕西省地质调查院，2010）

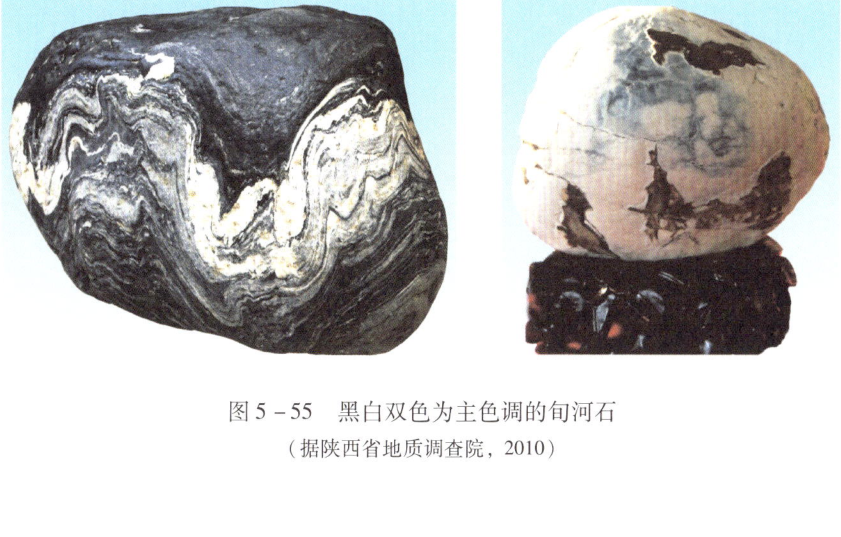

图 5－55　黑白双色为主色调的甸河石
（据陕西省地质调查院，2010）

图 5－56　质地细腻、色彩斑斓的洛河源头石（左）及金钱石

（据陕西省地质调查院，2010）

（七）陈炉石

陈炉石以地命名，产于陕西铜川市陈炉镇的大山中，其石质为奥陶系石灰岩。其质地细腻坚硬，色泽素雅，敲击有金属之声。古时，既可做石刻、碑刻、砚台等，又可制作打击乐器——磬。据传，早在汉唐时这里的石头即已被开采用来制作磬，其音清悦，绕梁不绝，被人们称为“八音石”，倍受王公贵胄喜爱。但把这种石头作为具有观赏价值、把玩趣味的观赏石，则是近年来的事儿。

作为观赏的陈炉石，形状多为块状，外表常包裹有灰白、土黄色黏土，洗刷后方显真面目。色泽有灰黑、浅灰、灰白等，表面有天然形成的纹理和图案。纹理清晰多样，图案具浮雕之感，气韵高幽古朴（图 5－57）。常见的纹理有葵花纹、珍珠纹、条带纹、刀砍纹等，有的像青铜器上的饕餮纹。造型多变，如山，似崖，象形，状物，拟人，寓意，难一言尽数。实地调研后认为，该石种是特殊地形地貌条件下，石灰岩层遭受地表风化、溶蚀作用形成的“天然浮雕”。2016 年“8·30 全国赏石日”，西安奇石收藏家把陈炉石《汉唐风韵》带去北京参展（图 5－58），一举夺魁，斩获金奖。

图 5－57　陈炉石

（董王仓摄于铜川市陈炉镇育寨村，2016）

图 5－58　陈炉石《汉唐风韵》
（据搜狐网 http：//www. sohu. com/a/118309635_ 200367）

2016 年 9 月，陕西铜川市举办了首届中国·陈炉石文化艺术展。奇石玩家对陈炉石的高浮雕纹路及古朴厚重的文化内涵赞叹不已。“这里的石头非常有独特性，它跟中国的灵璧石有相似之处，图、文、面貌奇特，具有很高的观赏价值，纹理变化非常奇特，耐人寻味。用艺术的眼光来看，是天然的大自然所造，非常具有收藏价值。”中国观赏石协会副会长朱明敬这样评价铜川陈炉石。

（八）宁强菊花石

菊花石是我国特有的一种观赏石，通常指在黑色底上有白色形似花瓣组成菊花状岩石，岩石学上属沉积成因的碳酸盐岩。菊花石资源稀少罕见，目前世界上仅在我国湖南、湖北、江西及陕西等地有所发现，国外未见有报道。菊花石最早发现于湖南浏阳永和镇，距今已有 200 多年历史。

陕西的菊花石 1977 年发现于汉中市宁强县毛坝河、关口坝、照壁山一带，主要分布于二叠系栖霞组石灰岩中，矿层长 3.5 km，宽 2 km，厚 5 m。菊花石的基底为黑色、灰黑色、浅灰色，其中缀有朵朵盛开怒放的菊花（图 5－59），花瓣由白色、灰色或稍带褐色的天青石和少量方解石组成。花蕊由硅质组成，呈白色。花形如鲜活的菊花，或秀丽动人，赏心悦目；或粗犷豪放，古朴大方。

菊花石除了制作盆景、屏风、花瓶、笔筒等外，制作伟人的浮雕墓碑尤为庄严肃穆，素雅耐久的

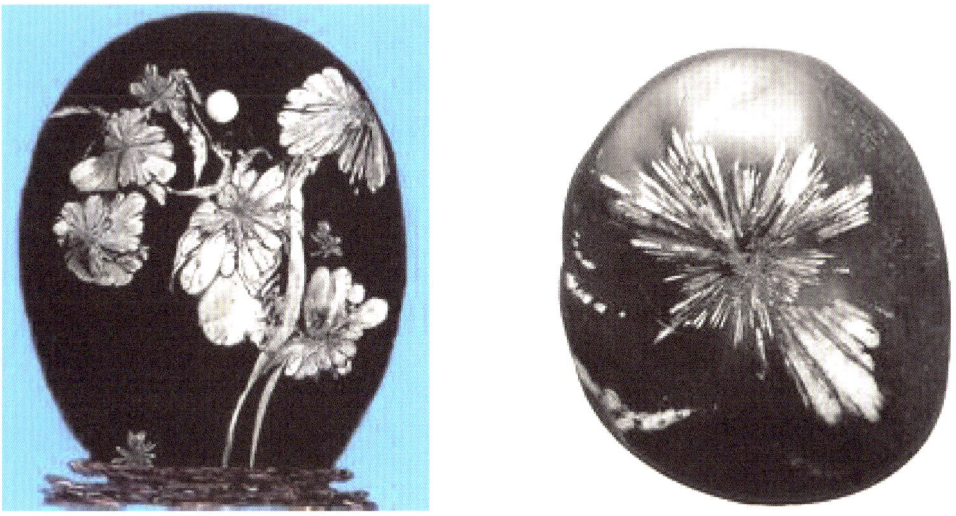

图 5－59　宁强的菊花石
（据陕西省地质调查院，2010）

白色“菊花”，象征着永恒不朽。

三、矿物晶体

矿物晶体，泛指一切具有规则几何多面体外形的天然固体。矿物晶体观赏石，指的就是那些漂亮、奇特而具有观赏价值的矿物晶体。它们大多产自矿体晶洞、溶洞和风化壳中，以其优美的造型、鲜艳的颜色和高贵的品格，成为观赏石的重要组成部分和其中的佼佼者，也是世界上收藏家的上上之选。

陕西常见的矿物晶体观赏石有黄铁矿、方铅矿、辉锑矿、辰砂（图5－60）、孔雀石蓝铜矿共生体、水晶、萤石、方解石、橄榄石等。

图5－60　辉锑矿集合体（左—丹凤蔡凹锑矿）及辰砂晶体（右—深红色，旬阳珍宝阁）
（董王仓摄，2016）

四、化石

化石是存留在岩石中的古代生物遗体、遗物或遗迹，最常见的是骨头与贝壳等。研究化石，可了解生物的演化并能帮助人们确定地层的年代。但作为观赏石的化石，则是指那些具有观赏价值的化石。

陕西常见的动物化石观赏石有菊石、珊瑚化石、哺乳动物化石和动物足迹；植物化石观赏石有树化石（硅化木）、叠层石等。

（一）动物骨骼化石

古代动物死后，内脏、肌肉等柔软组织腐烂，牙齿和骨骼通过钙化、硅化、碳化、矿化等理化作用，使其变得坚硬如石而形成动物骨骼化石。

陕西动物骨骼化石主要分布在陕北榆林、关中地区。其中，榆林有新生代三趾马动物群，仅府谷县老高川王大夫梁村就发现三趾马动物群化石40多种，有鹿、三趾马、平齿三趾马、犀牛、剑齿虎、剑齿象、巨鬣狗（liè gǒu）、变异鬣狗等。府谷县老高川镇原镇长刘宝成先生，自筹经费，搜集整理了当地动物群化石，建立了民间古生物博物馆，馆中藏有数十件动物群化石（图5－61）。

关中地区咸阳市发现有黄河剑齿象、板齿犀（未定种），西安市有红河熊雷兽、渭河三趾马、陕西嵌齿象、坝河西安犀、陕西转角羚、长吻蓝田羊等，渭南市有陕西栉羊齿、白水互棱齿象、高湾沟西安犀、中国长鼻三趾马等。

山阳县唐家沟、商南县发现有恐龙骨骼化石和恐龙蛋化石（图5－62），勉县发现有以汉江中国乳齿象为代表的哺乳动物群（图5－63），镇安县黄家湾乡政府附近发现罕见的第四纪早更新世肉食类、食草类哺乳动物群化石。

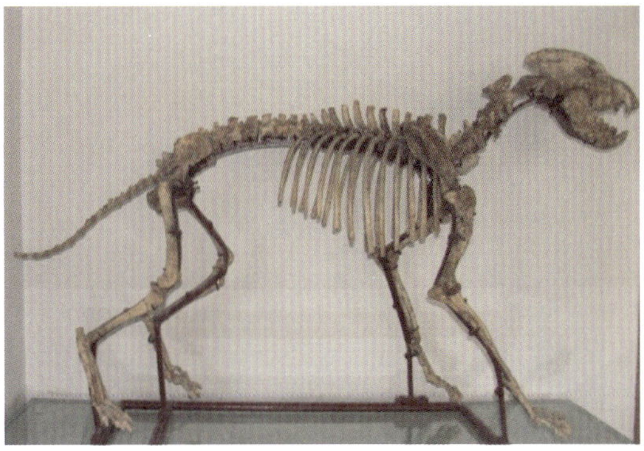

图 5－61　府谷县老高川镇刘宝成收藏的巨鬣狗骨骼化石（左）及三趾马化石（右）
（董王仓摄，2012）

图 5－62　商南博物馆收藏的恐龙蛋化石
（据郭洪祥等，2016）

图 5－63　汉江中国乳齿象骨架化石
（张拴厚摄，2015）

（二）动物足迹

动物足迹，是生物痕迹之一，是指鸟类、爬行动物、哺乳动物或其他动物在未固结的沉积物表面留下的脚印。通俗地说，就是动物由脚丫儿“踏”出来的化石。根据足迹化石，可以判断动物个体的大小、四肢的类型、行动的方式等。

近年来，在陕西横山县魏家楼、子洲县电市镇等地发现了大量中生代恐龙足迹化石，造迹恐龙有4～5种，有蜥脚类、鸟脚类、兽脚类。2013年10月中旬，北京自然博物馆李建军博士对恐龙遗迹进行了实地考察研究。在子洲县电市镇龙尾峁发现有卡岩塔足迹、亚洲足、疑似鸟脚类足迹、跷脚龙足迹、蜥脚龙足迹，在王庄村也发现了大型兽脚类足迹、亚洲足迹（子洲新类型）及疑似鸟脚类足迹等多种恐龙足迹（图5－64）。

（三）树化石

树化石，也称木化石，它是上亿年前的树木因火山喷发或其他原因被埋入地下，树干周围的化学物质（如二氧化硅等）浸入树木内部，替换了原来的木质成分，保留了树木的形态和纹理，经过石化作用形成的植物化石，因其中所含的二氧化硅成分多，常称其为硅化木。部分木化石的质地呈现玉石质感，又称树化玉。陕西的硅化木主要见于铜川、延安市。如铜川印台区发现有5000余块硅化木，主要为树干化石（图5－65），长者4 m有余，短者0.20 m，直径0.30～0.70 m。

村民准备用来盖房的肉食性恐龙足迹化石

白垩纪恐龙生态复原图

图 5 - 64　陕西省子洲县电市镇龙尾峁—王庄恐龙足迹

（据郝俊武，2016）

图 5 - 65　铜川印台区阿庄镇发现的树化石

（据张拴厚，2015）

第六章　生命之源
——水气矿产

水气矿产，是指赋存于地壳内的某种水、气，经过开发可被人们利用的矿产资源。众所周知，水是生命之源，人类和其他动植物的生存都离不开水。此外，水还是改造地表形态的主要动力。

我国的水气矿产包括地下水、天然矿泉水、地热（水）、二氧化碳、硫化氢气、氦气和氡气等7种，陕西发现的水气矿产有地下水、天然矿泉水、地热（水）、氦气和氡气5种，其中地下水、天然矿泉水、地热（水）查明有资源/储量，氦气和氡气仅发现矿化线索，尚未查明其资源/储量。

第一节　天上活水地下流——地下水

地下水，是大气降水和地表水渗透到地下深处，聚积在土壤孔隙和岩石裂隙中的水。通俗地说，地下水就是由天上降落的雨、雪和地表流淌的江河等“天上活水”转化而来的。它们在地下运移汇聚后，又通过泉水、地下河等方式自然流出地表，或者通过水井抽取而排出地表。地下水是水资源的重要组成部分，广泛用于人民生活和工农业生产各个方面，特别是在地表水源不足的干旱、半干旱地区，开发利用地下水，对人民生活和经济发展具有更加重要的意义。

一、性质用途

（一）基本性质

地下水一般为无色、无味、无臭的液体，是最简单的氢氧化合物，化学式 H_2O。在标准大气压下，水的冰点为0℃，沸点100℃，4℃时密度最大，为1 g/cm^3。它具有水质好、水量稳定、不易受到污染等优点。

（二）主要用途

地下水的用途包括以下几方面：①地下淡水可供作生活饮用水、农田灌溉用水、蒸气锅炉用水、冷却用水和食品工业用水等；②矿水（包括热矿水），有饮用和医疗用水之分；③地热水，可用于供暖、农业（温室养殖、孵化等）和工业利用等；④卤水，可用于提取矿物原料（食盐、溴、碘、硼等）。

二、类型划分

地下水，有广义与狭义之分。广义的地下水是指赋存于地面以下岩土空隙中的水，包含了地下包气带及饱水带中所有含于岩石空隙中的水。狭义的地下水仅指赋存于饱水带岩土空隙中的水。

地下水的赋存特征对其水量、水质时空分布有决定性意义，其中最重要的是埋藏条件与含水介质类型。所谓地下水的埋藏条件，是指含水岩层在地质剖面中所处的部位及受隔水层限制的情况。据此，可将地下水分为包气带水、潜水及承压水。按含水介质类型，地下水又可分为孔隙水、裂隙水及岩溶水（表6－1）。

地下水分类方法多种多样，也可按温度、矿化度、硬度、pH值等物理化学特征分类，还可按主要阴离子重碳酸根、硫酸根、氯离子进行分类（表6－2至表6－5）。

表6－1　地下水分类表

埋藏条件 \ 含水介质类型	孔隙水	裂隙水	岩溶水
包气带水	土壤水；局部黏性土隔水层上季节性存在的重力水（上层滞水）及悬留毛细水、重力水	裂隙岩层浅部季节性存在的重力水及毛细水	裸露岩溶化岩层上部岩溶通道中季节性存在的重力水
潜水	各类松散沉积物浅部的水	裸露于地表的各类裂隙岩层中的水	裸露于地表的岩溶化岩层中的水
承压水	山间盆地及平原松散沉积物深部的水	组成构造盆地、向斜或单斜断块被掩覆的各类裂隙岩层中的水	组成构造盆地、向斜或单斜断块被掩覆的岩溶化岩层中的水

表6－2　地下水类型划分（按温度分类）

类型	极冷水	冷水	温水	温热水	热水
温度/℃	0～4	4～25	25～40	40～60	60～100

表6－3　地下水类型划分（按矿化度大小分类）

类型	淡水	微咸水	咸水	盐水	卤水
矿化度/($g \cdot L^{-1}$)	<1	1～<3	3～<10	10～<50	≥50

表6－4　地下水类型划分（按硬度大小分类）

类型	$Ca^{2+}+Mg^{2+}$（mmol/L）	德国度（°dH）
极软水	<1.5	<4.2
软水	1.5～<3.0	4.2～<8.4
微硬水	3.0～<6.0	8.4～<16.8
硬水	6.0～<9.0	16.8～<25.2
极硬水	≥9.0	≥25.2

表6－5　地下水类型划分（按pH值分类）

类型	强酸性水	弱酸性水	中性水	弱碱性水	强碱性水
pH值	<5.0	5.0～<6.5	6.5～<8.0	8.0～<10.0	≥10.0

三、地理分布

陕西省地下水按其区域分布、地质背景、贮存状态、水化学特征等，可分为陕北地区、关中地区、陕南地区等3个含水区域。

（一）陕北地区

依地下水赋存条件，陕北地区地下水类型主要包括风积沙孔隙水、风积黄土孔隙裂隙水、碎屑岩类裂隙孔隙水以及黄河沿岸碳酸盐岩类裂隙溶洞水。含水层一般厚 30 ~ 100 m，单井出水量一般为 500 ~ 1000 m^3/d，矿化度一般为 1 ~ 3 g/L，定边一带的矿化度达到 3 ~ 10 g/L。

（二）关中地区

依据含水介质结构、分布特征及地下水循环特征，关中地区地下水主要包括四大类：黄土台塬孔隙裂隙水、河谷阶地孔隙水、渭北岩溶溶隙、裂隙水及碎屑岩类裂隙水。水位埋深数米到百余米不等，单井出水量 200 ~ 3000 m^3/d，矿化度一般小于 1 g/L。

（三）陕南地区

陕南地区地下水类型包括主要分布于山间盆地的松散岩类孔隙水、秦巴山区的基岩裂隙水、裂隙溶洞水以及碎屑岩类裂隙孔隙水四大类。该地区降水充沛，地下水补给来源充足，单井出水量 200 ~ 1600 m^3/d，矿化度一般小于 1 g/L。

四、资源概况

据陕西省矿产资源/储量统计资料，截至 2014 年底，陕西地下水重要矿产地有 83 处，其中大、中型规模 66 处（表 6 - 6），天然资源量为 519.98×10^4 m^3/d。地下水资源在陕西具有地域分布广、水质水量较稳定、可以多年调节、避免蒸发损失和不易被污染等优点，其在陕北和渭北等干旱、半干旱地区缓解当地人畜用水问题上，已经起到了不可替代的作用。

表 6 - 6　陕西省地下水源地（大、中型）简表

序号	矿产地名称	所在地区	规模	开采利用情况
1	榆林市红石峡 - 牛家梁水源地地下水	榆林市	中型	开采
2	榆林市神木县大柳塔水源地地下水	榆林市	中型	开采
3	榆林市神木县吧吓彩当水源地地下水	榆林市	中型	未利用
4	榆林市神木县尔林兔宫泊沟水源地地下水	榆林市	大型	未利用
5	榆林市神木县麻家塔沟水源地地下水	榆林市	中型	未利用
6	榆林市神木县孙家岔水源地地下水	榆林市	中型	未利用
7	榆林市神木县常家沟水源地地下水	榆林市	中型	未利用
8	榆林市神木县柠条塔水源地地下水	榆林市	中型	未利用
9	榆林市府谷县孤山川沟口水源地地下水	榆林市	大型	未利用
10	榆林市府谷县天桥水源地地下水	榆林市	大型	未利用
11	榆林市府谷县沙川沟电厂高石崖水源地地下水	榆林市	中型	开采
12	延安市水源地地下水	延安市	中型	开采
13	延安市黄陵县水源地地下水	延安市	中型	开采
14	延安市黄陵县上畛子地区水源地地下水	延安市	中型	开采
15	延安市黄陵县店头双龙水源地地下水	延安市	中型	未利用
16	铜川市印台区水源地地下水	铜川市	中型	
17	铜川市耀州区河谷区水源地地下水	铜川市	中型	开采
18	兴平市水源地地下水	兴平市	中型	开采
19	咸阳市秦都区彩管厂水源地地下水	咸阳市	中型	开采
20	咸阳市秦都区中心区水源地地下水	咸阳市	中型	开采
21	咸阳市秦都区西郊水源地地下水	咸阳市	中型	开采
22	咸阳市杨陵区天然气气燃机电厂桥头水源地地下水	咸阳市	中型	未利用
23	咸阳市杨陵区穆家寨水源地地下水	咸阳市	中型	未利用
24	咸阳市渭城区渭河发电厂水源地地下水	咸阳市	中型	开采

续表

序号	矿产地名称	所在地区	规模	开采利用情况
25	咸阳市泾阳县西安泾河工业水源地地下水	咸阳市	大型	未利用
26	韩城市东院前至村黄河滩水源地地下水	韩城市	大型	未利用
27	渭南市临渭区龙背水源地地下水	渭南市	中型	开采
28	渭南市临渭区化肥厂白杨水源地地下水	渭南市	中型	开采
29	渭南市临渭区罗刘水源地地下水	渭南市	中型	开采
30	渭南市韩城电厂芝川镇水源地地下水	渭南市	中型	开采
31	渭南市韩城电厂下峪口水源地地下水	渭南市	大型	开采
32	渭南市蒲城袁家坡水源地地下水	渭南市	大型	开采
33	渭南市蒲城温汤水源地地下水	渭南市	大型	开采
34	渭南市白水电厂三眼桥水源地地下水	渭南市	中型	开采
35	渭南市白水县新力电厂北寨水源地地下水	渭南市	中型	开采
36	渭南市合阳县东王水源地地下水	渭南市	中型	开采
37	渭南市富平县地下水	渭南市	大型	开采
38	华阴市华阴秦岭发电厂地下水	华阴市	大型	开采
39	宝鸡市渭滨区十里铺水源地地下水	宝鸡市	中型	开采
40	宝鸡市渭滨区八鱼水源地地下水	宝鸡市	中型	开采
41	宝鸡市渭滨区卧龙寺水源地地下水	宝鸡市	中型	开采
42	宝鸡市渭滨区姜潭水源地地下水	宝鸡市	中型	开采
43	宝鸡市渭滨区下马营水源地地下水	宝鸡市	中型	开采
44	宝鸡市渭滨区石坝河水源地地下水	宝鸡市	中型	开采
45	宝鸡市金台区宝鸡市中心水源地地下水	宝鸡市	中型	开采
46	西安市灞桥区灞河水源地地下水	西安市	大型	开采
47	西安市灞桥区东北郊水源地地下水	西安市	大型	未利用
48	西安市未央区城区自备水源地地下水	西安市	大型	开采
49	西安市未央区城区渭滨水源地地下水	西安市	大型	开采
50	西安市未央区城区丰皂河水源地地下水	西安市	大型	开采
51	西安市未央区城区西北郊水源地地下水	西安市	大型	开采
52	西安市临潼区临潼北田—滩王水源地地下水	西安市	大型	未利用
53	西安市临潼区水源地地下水	西安市	中型	开采
54	西安市户县电厂腊家湾地下水	西安市	大型	开采
55	西安市户县电厂腊家滩地下水	西安市	中型	未利用
56	西安市高陵县吴村阳水源地地下水	西安市	中型	未利用
57	商州市水源地地下水	商洛市	中型	开采
58	汉中市西郊水源地地下水	汉中市	中型	开采
59	汉中市城区水源地地下水	汉中市	中型	开采
60	汉中市东郊水源地地下水	汉中市	中型	开采
61	汉中市南郑县大河坎水厂石拱水源地地下水	汉中市	中型	未利用
62	汉中市勉县汉江钢铁厂水源地地下水	汉中市	中型	未利用
63	汉中市略阳电厂小石碑子水源地地下水	汉中市	中型	开采
64	汉中市略阳县水源地地下水	汉中市	中型	开采
65	汉中市略阳汉江钢铁厂水源地地下水	汉中市	中型	未利用
66	安康市水源地地下水	安康市	大型	开采

（据陕西省国土资源厅，2014）

第二节　蕴藏地下的甘露——矿泉水

一、性质用途

（一）基本性质

天然矿泉水，是指在特定地质条件下自然形成的、从地下深处自然涌出或经人工揭露未受污染的地下矿水资源。它含有一定的矿物盐、微量元素或二氧化碳等特殊组分或气体，通常情况下，其化学成分、流量、水温等较稳定，变化不大。

（二）主要用途

天然矿泉水因未受污染，含有多种对人体有益的微量元素，已日益得到广泛的应用，目前主要用于医疗和饮用。

饮用天然矿泉水，是水中珍品，更是天然的保健饮品。随着消费者对“健康”的重视程度与日俱增，矿泉水正以其纯净、无糖、低热和有益元素含量丰富成为人们首选饮品之一，符合人们追求纯净、有益健康的饮水要求（表6－7）。

表6－7　天然饮用矿泉水中微量元素对人体的作用

元素	界限指标	对人体的影响
锌（Zn）	≥0.20 mg/L	锌是智慧元素，锌短少不仅导致厌食症，并会出现发育缓慢、智能低下、免疫功用降低、易伤风、腹泻、患软骨病和龋齿、影响儿童记忆力，锌对胰腺、性腺、脑下垂体正常发育也有重要效果
锶（Sr）	≥0.20 mg/L	人体必需的微量元素。具有防止动脉硬化、血栓形成的功能，并且对成骨细胞分化和骨生成具有促进作用
锂（Li）	≥0.20 mg/L	有活化、解毒、拮抗之功效。长时间饮用含锂的水，能有助于限制心血管和癌症的发作，还有冷静安神效果，对人体有生血影响、改进造血功能
硒（Se）	≥0.10 mg/L	人体和生命不可或缺的微量元素之一。在人体内起反抗和削减汞、镉、铊、砷等有毒元素毒性作用，并限制癌细胞的生长，防止癌症病变；同时，对防治心血管等疾病具较好作用
偏硅酸（H_2SiO_3）	≥25.0 mg/L	具有良好的软化血管功能，可使血管壁保持弹性，对动脉硬化、心血管和心脏疾病能起到缓解作用

医疗矿泉水，某项或几项微量元素达到一定标准，对人体具有医疗和保健作用，并且不会对人体造成任何不良影响的特性，主要用于理疗。例如临潼矿泉水对健康、亚健康、飞行员的生理变化有很好的调节作用，有增加左心收缩功能，改善微循环，增加肺功能，促进肝脏血液循环，增加脑血液循环。

二、类型划分

天然矿泉水按用途不同，分为饮用天然矿泉水和医疗矿泉水。饮用天然矿泉水，其矿物质含量相对较低，多数为常温水，主要用于生产瓶装矿泉水或作饮料的基液；医疗矿泉水，其矿物质含量相对较高，主要分布于地热田周围或沉积盆地的深部含水层中，以热矿泉水为主，水温一般在25℃以上，目前绝大多数用于医疗洗浴，少数用于饮用。

20世纪90年代，经对陕西151个井、泉水取样分析，发现矿泉水点78处。按照物质成分的不同，将其分为3种类型：锶型、偏硅酸型和偏硅酸锶型矿泉水。

三、地理分布

我国饮用矿泉水资源丰富，主要分布在山东、河北、吉林、黑龙江、辽宁、福建、广东等7个省份，其矿泉水水源地数量占全国的一半。

陕西已查明天然矿泉水主要分布在陕西中部关中地区（约占80%），陕南和陕北亦有分布。陕西天然矿泉水资源量仅次于山东、广东而位居全国第三位。自2011年始，登记在册的开采企业共30余家，总开采量达$845.86\times10^4\ m^3/a$。

医疗矿泉水，主要分布于关中地区，在咸阳－西安－渭南地区相对富集，其中达到氟水标准的占77.6%，达到硅水的占49.6%，达到硼水的占35.3%，达到锶水的占6.8%。其次，还有碘水、溴水、硫化氢水、氡水等。

四、资源概况

截至2014年，陕西省通过勘查评价、技术鉴定的矿泉水产地有85处，其中中型－超大型规模者41处（表6－8），已查明矿泉水资源量$16.649\times10^4\ m^3/d$。经国家储委和陕西省储委批准的45处矿泉水开采资源量为B级$62126\ m^3/d$、C级$17960\ m^3/d$，即年可开采量达到$3000\times10^4\ m^3$，且多数矿泉开采方便，其中31处为自流井泉。这些泉水资源为陕西矿泉水业的发展提供了重要的资源保障。

表6－8　陕西省矿泉水源地（中型以上规模）简表

序号	矿产地名称	所在地区	规模	开采利用情况
1	榆林市榆阳泉矿泉水	榆林市	中型	开采
2	延安市洛川县水渭村矿泉水	延安市	中型	停采
3	延安市志丹县自来水公司矿泉水	延安市	中型	未利用
4	铜川市印台区乔子梁矿泉水	铜川市	中型	开采
5	铜川市印台区大香山矿泉水	铜川市	中型	开采
6	咸阳市秦都区渭店村矿泉水	咸阳市	中型	未利用
7	咸阳市秦都区火车西站北侧矿泉水	咸阳市	中型	开采
8	咸阳市秦都区天运公司矿泉水	咸阳市	中型	开采
9	咸阳市三原县宴友思公司矿泉水	咸阳市	中型	开采
10	咸阳市泾阳县张家山矿泉水	咸阳市	中型	开采
11	咸阳市乾县五凤山矿泉水	咸阳市	中型	未利用
12	韩城市啤酒厂矿泉水	韩城市	中型	停采
13	渭南市华县高塘寺城子矿泉水	渭南市	中型	
14	渭南市潼关小口金矿家属院矿泉水	渭南市	中型	未利用
15	渭南市大荔县育红村矿泉水	渭南市	超大型	开采
16	渭南市蒲城县常乐村矿泉水	渭南市	中型	开采
17	渭南市蒲城县袁家坡矿泉水	渭南市	大型	未利用
18	渭南市澄城县樊家川矿泉水	渭南市	超大型	未利用
19	渭南市合阳县秦城村矿泉水	渭南市	中型	未利用
20	渭南市富平县药王山饮用天然矿泉水	渭南市	中型	未利用
21	华阴市段村啤酒厂矿泉水	华阴市	中型	开采
22	宝鸡市宝鸡县钓渭南村矿泉水	宝鸡市	中型	开采
23	宝鸡市宝鸡县西秦村矿泉水	宝鸡市	中型	开采

续表

序号	矿产地名称	所在地区	规模	开采利用情况
24	宝鸡市宝鸡县印染厂矿泉水	宝鸡市	中型	开采
25	宝鸡市宝鸡啤酒厂矿泉水	宝鸡市	中型	开采
26	宝鸡市凤翔县西凤酒厂矿泉水	宝鸡市	中型	开采
27	宝鸡市凤翔县关中工具厂矿泉水	宝鸡市	中型	未利用
28	宝鸡市岐山县周公庙矿泉水	宝鸡市	中型	停采
29	宝鸡市岐山县蔡家坡矿泉水	宝鸡市	中型	开采
30	宝鸡市眉县金渠镇矿泉水	宝鸡市	中型	开采
31	西安市新城区建工路5号矿泉水	西安市	中型	开采
32	西安市新城区第四军医大学矿泉水	西安市	中型	停采
33	西安市长安区手帕村矿泉水	西安市	中型	开采
34	西安市长安区长安表壳厂矿泉水	西安市	中型	未利用
35	西安市长安区长安引镇铝笼厂矿泉水	西安市	中型	停采
36	西安市长安区长安手表厂矿泉水	西安市	中型	开采
37	西安市长安区长安皇家御泉矿泉水	西安市	中型	未利用
38	西安市蓝田县故京村矿泉水	西安市	中型	未利用
39	西安市蓝田县油坊街（海德）矿泉水	西安市	中型	停采
40	汉中市啤酒厂矿泉水	汉中市	中型	开采
41	汉中市自来水公司矿泉水	汉中市	中型	开采

（据陕西省国土资源厅，2014）

第三节　地球也会发烧——地热

一、性质用途

（一）基本性质

地热，是地热能或地热水资源的简称，它是指能够为人类经济开发和利用的地球内部的热能资源，是新能源和可再生能源中的一种。地球是个大热库，蕴藏着巨大的热能，在地壳内部各种地质因素的影响下，地球内部的巨大热能通过载热介质——地热流体（地热水、地热蒸气）、热干岩以及炽热的熔岩等被带到地表，或在近地表处汇聚成藏，形成地热田，成为人类能够经济开发利用的地热资源。这种资源，不仅吸收了地壳内部的热能，而且在长期运移过程中，还携带了途经地质体中一些特有的矿物组分，成为集热、矿、水于一身、具有一定物理特性（温度、压力、相态）和特殊化学组成的可再生矿产资源。

（二）主要用途

目前世界各国开发地热（能）资源主要通过开发天然出露的温泉资源、人工开凿地热井、赋存于地壳深部地层和干热岩体中的地热资源，以及借助于热泵技术，开采浅层地热资源等方式来实现。陕西主要以开采地热流体的形式为主，兼之利用浅层地热能。

地热水分布广，用途多。早在20世纪70年代，开发利用地热水就已引起世界许多国家的重视。目前地热资源主要用于地热发电、地热采暖、工业及农副业生产、医疗洗浴以及提取矿物原料等方面。世界上利用地热资源的前10位国家是中国、瑞典、美国、冰岛、土耳其、奥地利、匈牙利、意大利、新西兰和巴西。

1. 地热发电

指利用地热蒸气（干蒸气、湿蒸气）或地热水的热能生产电力，其低限温度为150℃，但一般要求发电利用温度应不小于180℃，甚至在200℃以上才更经济。目前世界上许多国家利用高能位（不小于150℃）地热蒸气发电，中国用地热发电的地区有西藏、广东、湖南、台湾。西藏羊八井地热田一直向拉萨市供电。

2. 地热采暖

主要是寒冷地区利用地热（能）资源室内供暖。供热采暖的地热水温度一般要求在60以上，但50~60℃也可，而较少采用50℃以下的地热水。冰岛早在1928年就已开始利用地热采暖，全国人口70%以上已实现地热采暖，冰岛首都雷克雅未克市已全部“地热化”，被誉为“无烟城”。陕西省目前利用地热流体采暖的主要集中在大中城市，如咸阳、西安、渭南等及周边地区。主要开采新生界孔隙型层状热储层，开采量 $851.64\times10^4\ m^3/a$。

3. 地热工业利用

指地热（能）资源在工业领域的用途，其温度范围为60~150℃。它可以用于烘干和蒸馏，以及用简单的工艺流程供热，或者用于采油、采矿、原材料处理工业的加温和冰雪、冻土的融化等。中国将地热水用于纺织、印染、洗涤、制革、造纸与木材加工、奶制品、谷物、蔬菜和果品等烘干，以及采油工艺等方面，已取得明显的经济、社会和环境效益。

4. 地热农业利用

主要包括保温育苗、温室栽培、土壤加温及增肥、调节灌溉水温、人工孵化、水产养殖、沼气池加温以及动物科学管理和建牲畜浴池等。陕西省利用地下热水资源种植、养殖的地区主要在水质较好的秦岭北麓和渭北地区。前者因水温较高，水量丰富，以养殖热带罗非鱼、草鱼等为主；后者因水温较低，水质较好，以种植大棚蔬菜、跨季水果等为主，而在黄河、洛河谷地低温泉排泄处，多以种植蔬菜为主。经统计，种植、养殖年开采地热流体资源量 $482.01\times10^4\ m^3/a$。

5. 医疗洗浴

世界各国将地热水用于医疗洗浴有着悠久的历史。热矿水所含化学成分、气体成分和放射性物质以及温度对人体产生某些显著的生理作用，具有治疗疾病的效果。地热水中含微量元素和气体成分不同，其医疗作用也有不同，主要治疗各种慢性病、疑难病等。

陕西地热资源开发历史较早，著名的临潼骊山华清池温泉、蓝田东汤峪温泉和眉县西汤峪温泉早已被古人用于浴疗、洗浴、旅游观赏。临潼华清池温泉水温42℃左右，相传西周幽王就曾在此沐浴。之后的秦、汉、唐等历代帝王均在此修宫殿，沐浴休闲，更因唐代大诗人白居易“春寒赐浴华清池，温泉水滑洗凝脂”的诗句而闻名于世（图6－1）。眉县西汤峪温泉水温73℃，据记载，该泉水潺潺不断已畅流了上千年（图6－2），隋文帝曾驾临此地，命名为“凤泉汤”，唐玄宗李隆基、清慈禧太后均先后到此沐浴。另外，蓝田东汤峪、乾县龙岩寺、蒲城温汤等温泉，在唐代以来也有古人沐浴活动的历史记载。陕西用于洗浴、康乐、游泳、浴疗的地热流体开采量 $1652.92\times10^4\ m^3/a$。

6. 提取工业原料

从地热卤水中提取碘、溴、硼、锶、锂、铷、铯、芒硝、钾盐、硫、氦等有用元素和盐类，如中国在云南腾冲火山温泉区提取硫黄，在云南洱源九台温泉挖取芒硝和自然硫，以及在台湾大屯火山温泉区开采自然硫等。

二、地理分布

（一）地热流体

陕西地热流体资源主要分布于关中盆地，陕北黄土高原及秦巴山地亦有零星分布，全省共有地热

图 6－1　临潼骊山脚下华清池温泉

（据深圳新闻网 http://www.sznews.com/travel/content/2016－05/06/content_13320280_7.htm）

图 6－2　眉县西汤峪温泉

（据张垣生活网 http://u.52zjk.cn/gny/201402/33935_1.shtml）

田 18 个，其中关中 17 个，陕北 1 个。关中盆地地热流体可划分为三大系统：渭北岩溶区岩溶热水系统、秦岭山前构造裂隙型地热流体系统和盆地中部新生界孔隙裂隙型地热流体系统。其形成模式为垂向热对流型、垂向热扩散型和水平热扩散型 3 种。

经计算，渭北碳酸盐岩岩溶裂隙孔洞型地热流体、秦岭山前基岩裂隙型地热流体、盆地中部新生界孔隙裂隙型地热流体可采资源量分别为 $50.76\times10^4\ m^3/d$、$0.288\times10^4\ m^3/d$、$43.92\times10^8\ m^3/d$，总计约 $43.9251\times10^8\ m^3/d$。

（二）浅层地热能

浅层地热能资源，是指蕴藏在地表以下 200 m 内的岩土体、地下水和地表水中，温度低于 25℃具有开发利用价值的热能。

陕西浅层地热能资源分布广，蕴藏量大，具有普遍性，基本不受地域限制。除相关保护区及施工难度大的地域外，均能被开发利用，为空调系统提供热源。

三、地热类型

（一）水热型

为热液资源，统称为地热流体，指地下水在多孔性或裂隙较多的岩层中吸收地热，转化为热水或蒸汽，经适当提引后作为经济型替代能源，即常见的地热水、温泉、矿水等。

陕西的地热流体水化学类型共有16种，其中，秦岭北麓山前地热流体中以SO_4-Na型水为多，在临潼山前开采井水化学类型随深度增加从$SO_4\cdot HCO_3-Na$型到$Cl\cdot SO_4-Na$型再到$Cl-Na$型转变；渭北地热流体水化学类型在关中东部岩溶区以$SO_4\cdot HCO_3\cdot Cl-Na\cdot Ca$型为主，西部岩溶区以$HCO_3\cdot Cl-Na\cdot Ca$为主；关中盆地中部地热流体水化学类型以$Cl-Na$型、$HCO_3\cdot SO_4-Na$型和$SO_4\cdot Cl-Na$型较多，由浅到深由$HCO_3\cdot SO_4-Na$型向$SO_4\cdot HCO_3-Na$型、$SO_4\cdot Cl-Na$型、$Cl\cdot SO_4-Na$型、$Cl-Na$型转化；陕北吴堡县薛下乡横沟为$Cl-Na\cdot Ca$。

陕西矿水类型有7类，具医疗热矿水命名的水点以氟水、硅水、硼水为多，并以关中盆地中部地热流体中含量较高，类型较多，且温度也高，适合于医疗、洗浴业。腐蚀性较重－严重的水点，多集中在咸阳—泾阳—三原—高陵—渭南—华阴一带。大部分地热流体对混凝土无腐蚀性，或腐蚀性弱，且不结垢。作为饮用水源的渭北岩溶型中低温地热流体，大多水点氟化物超过地下水Ⅲ类标准，但含量一般接近限量标准，其他有害元素含量均小于地下水Ⅲ类标准，是解决渭北旱塬区群众生活用水重要水源。

（二）热岩型

又称为干热岩资源，指潜藏在地壳表层的熔岩或尚未冷却的岩体，以人工方法造成裂隙破碎带，再钻孔注入冷水，使其加热成蒸汽或热水后，将热量引出的地热资源。

（三）浅层地热类型

根据地热能交换系统的不同，又可细分为以下3种。

1）地下水地源热泵型　指通过地下水进行热交换的浅层地热资源，有直接地下水换热系统和间接地下水换热系统。

2）地埋管地源热泵型　指通过地埋管换热器与岩土体进行热交换的浅层地热资源。

3）地表水地源热泵型　指通过地表水进行热交换的浅层地热资源，有开式地表水换热系统和闭式地表水换热系统。

陕西浅层地温能的研究工作始于20世纪初，开展的主要工作有西安市浅层地温能调查评价和陕西省大中型城市浅层地热能调查评价。基本查明了陕西大中型城市浅层地热能分布及埋藏条件，圈定了地下水地源热泵、地埋管地源热泵适宜区，评价了其资源量。陕西浅层地温能热容量（岩体、地下水和地表水中储藏的单位温差热量）为1.26×10^{15}kJ，（折合约1.00×10^{8} t标准煤），相当于4.54×10^{18} kW·h。单独利用地下水地源热泵时，冬季供暖功率为1.725×10^{7} kW，可供暖面积2.31×10^{8} m^2。夏季制冷功率3.45×10^{7} kW，可制冷面积3.33×10^{8} m^2；单独利用地埋管式地源热泵时，冬季供暖功率为6.11×10^{7} kW，可供暖面积8.19×10^{8} m^2，夏季制冷功率9.03×10^{7} kW，可制冷面积1.081×10^{9} m^2。

四、开发利用

陕西地热资源开发历史较早，其主要源于自然条件下的温泉出露。以打井形式主动开发地热水的人类活动，始于20世纪70年代，90年代进入高潮。截至2013年，全省共有地热水开采井487眼，地热温泉7处。地热开采井主要集中在关中地区的西安、咸阳、长安，宝鸡、周至、户县、临潼和渭南等也有地热井零星开发。除此之外，陕南汉中市勉县郭家湾亦有低温开采井，陕北榆林市吴堡县下沟村打有1眼煤田地热勘探井，但未利用。延安、商洛、安康等市至今还没有发现地热流体露头。目前，地热开采井井深一般数百米至数千米，最深达4505 m。全省地热资源可采资源量为18813.5×1012 kcal❶，相当于26.88×10^{8} t标准煤，地热水可采资源量为107.55×10^{8} m^3。西安、咸阳、长安

---

❶ 千卡（kcal）热量单位，等于1000卡。即1千克水温度升高1摄氏度所需的热量。1kcal=4186J。

等地 2000 m 以浅的热水井，水温多在 50 ~ 75℃之间。井深超过 2000 m 的热水井，水温大多超过 70℃，个别超过 100℃。地热水属中低温地热资源。

2010 年在印尼巴厘岛召开的世界地热大会，将“地热——改变世界之能源”作为主题，号召世界各国加大对地热资源的投入，开发利用这一可持续利用的清洁能源，以应对全球气候变化。在全球气候问题日趋严峻、资源日益紧张的今天，地热作为一种可再生的清洁能源，越来越受到世界各国的重视。

第四节　军事工业的重要物资——氦气

一、性质用途

（一）基本性质

氦（He），是一种无色、无味、既不能燃烧、也不助燃的稀有惰性气体。在标准情况下，氦是熔点和沸点最低的已知元素，熔点 -272.2℃（25 个大气压），沸点 -268.9℃。氦密度很小，为 0.1388 g/cm^3，仅高于氢气密度，是一种难液化的气体，液化后温度降至 -270.98℃时，具有表面张力很小、导热性很强、黏度极低等特殊性质。利用液态氦，可以得到接近绝对零度的低温（-273.15℃）。

氦气是一种重要的气体矿产，在大气与地球表层沉积圈中含量极微。氦气主要来源于铀、钍放射性衰变、地幔脱气和含氦天然气田。当天然气田氦含量达到 0.1% 以上时，称为惰性气田，可独立开采。如我国四川威远震旦系天然气田中，天然气含氦气达 0.2%。

（二）主要用途

由于氦具有化学惰性和沸点极低等特殊的理化性质，目前被广泛应用于制冷、医疗、半导体、科研、石化、超导实验、光电子产品生产，以及军工、航天、核工业、深海潜水等领域。第二次世界大战以后，特别是 20 世纪 50 年代以来，氦气的应用价值日益重要，已成为发展空间技术和原子能等军事工业不可缺少的重要战略性稀有气体资源，关系国家安全和高新技术产业发展。美国、英国、俄罗斯都十分重视氦气资源的开发利用和保护工作。

二、矿藏类型

含氦天然气，是当前大规模生产氦的唯一有经济价值的途径。所谓含氦天然气，包括来自天然气田的气层、油气田的气层、油气层中的天然气、以及油层中的天然气等。已知有工业价值的含氦天然气，分布在古生界寒武系到新生界新近系等不同地质时代的天然气地层中，其中主要产于古生代和中生代，尤以古生代最为重要。此外，在温泉分布区、矿化热卤水及空气中也含有氦。

三、地理分布

世界上氦气资源储量最大的国家是美国。早在 1968 年底，美国就查明氦储量 46.82×10^8 m^3，其中 90% 以上集中在德克萨斯州、俄克拉荷马州和堪萨斯州含氦天然气田中。氦含量通常为 0.3% ~ 1%，某些小而孤立的气田则高达 5.5% ~ 8%。此外，加拿大萨斯喀彻温西南部天然气的氦含量为 1% ~ 2%，阿尔及利亚撒哈拉盆地天然气田储量很大，其氦含量为 0.15%。波兰、俄罗斯也产有氦气。

据我国行业标准《气藏分类》（SY/T 6168—1995），中国将天然气组分中含氦量达到 0.1% 以上的称为含氦气藏。我国天然气田中一般氦气含量极低，但在江苏泰兴市溪桥镇发现有氦气资源，氦含量为 0.58% ~ 1.06%，最高达 1.17%，查明氦地质储量超过 10×10^4 m^3。此外，在四川、塔里木、柴达木等盆地局部也具有氦气资源前景。

陕西近年来在关中渭河盆地热水井中，发现有含氦天然气体分布。

四、氦气特征

渭河盆地位于秦岭山脉以北、北山断裂（岐山—富平—蒲城—韩城一线）以南的陕西中部渭河流域，属新生代断陷盆地。盆地深部基底为古老变质岩和花岗岩，基底以上除分布中生界沉积地层外，主要为厚度达六七千米的新生界陆相松散沉积物，并发育一系列复杂的断裂构造。该盆地除储藏丰富的地下热水外，20纪70年代以来，渭河盆地石油勘探井和地热水井中，陆续发现有大量氦气资源。

据长安大学张雪资料（2015），渭河盆地天然气中甲烷含量相对较低（介于10%～20%），但天然气中氦气含量介于0.3%～3%的样品占样品总数的78.7%，远高于工业标准的0.1%。另据李玉宏、王行运等资料（2015），渭河盆地63口热水井的气体样品中，氦含量大于1%的有31口井，大于2%的13口井，大于3%的8口井，最高一口井氦气含量达9.23%。

氦气主要储集在盆地内新近系灞河组—蓝田组泥砂质岩石中，溶解于地下热水，主要属水溶氦气。含氦热水溶液沿着断裂裂隙运移，并在华阴市、周至县和咸阳－西安等地区形成氦气相对富集区。经初步估算，渭河盆地氦气的生成量为6.58×10^8 m^3（张雪，2015）～14.78×10^8 m^3（刘玉宏等，2016）。

碳同位素分析结果表明，氦气样品的$\delta^{13}C$值多介于$-43‰～-10‰$，以煤成气为主，混有少量的无机成因气。样品的$^3He/^4He$值介于$2.2\times10^{-8}～78\times10^{-8}$之间，为来源于地壳物质中的氦。鉴于渭河盆地东侧蓝田和牧护关花岗岩体的铀（U）平均含量分别为6.9×10^{-6}和6.1×10^{-6}，高于一般花岗岩的丰度值（$3.5\times10^{-6}～4.8\times10^{-6}$），据此推测，渭河盆地的氦气可能主要来源于盆地南部、东南部周缘秦岭山脉及深部基底的花岗岩。因为铀的两种同位素U^{238}、U^{235}是α衰变的放射性物质，通过衰变释放出来的α粒氦离子，长期累积便会形成氦的聚集。氦气生成后，先运移至花岗岩裂缝、孔隙中，然后溶于水中，并随水一起沿着断裂裂隙和含砂地层，由南向北运移到盆地中。

五、开发利用现状

目前由于对渭河盆地氦气成藏（富集）特征的研究比较薄弱，也未圈定出可供开发利用的氦气资源/储量，渭河盆地的氦气一直没有得到工业性开发利用。

第五节　人体健康的双刃剑——氡气

一、性质用途

（一）基本性质

氡气，是自然界存在的一种由镭衰变产生的放射性惰性气体，又称镭射气，是唯一在常规条件下全部由放射性同位素构成的气体。它无色、无味、无臭、密度9.73 g/L，熔点－71℃，沸点－61.8℃，温度在－71℃时变为橙黄色固体，在－61.8℃时变为液体。它能溶解于水和许多液体，还能溶解于血液和脂肪。氡易被黏土、活性炭、硅胶等吸附。氡在地表岩石和土壤中的发射率为2×10^{-2} $Bq/(m^2\cdot s)$。氡气可以放出α射线，氡的衰变子体能放出能量大的α、β、γ射线。大气中的氡本身不参加化学反应，但其衰变产生的射线，对人体健康具有明显的生物学作用，既用于治疗某些疾病使人恢复健康，又会对人体的健康造成损害。

（二）主要用途

由于氡气具有放射性，氡放射出的α、β、γ射线，对人体具有有益的生物学作用。因此，氡气可供医疗而用于治疗某些疾病。据认为，它在医学中的应用类似于镭，用于癌症的放射治疗，可杀死癌细胞，对治疗肿瘤有特殊疗效。此外，氡水是一种十分珍贵的天然理疗热矿水资源，具有医疗、保健作用。根据国家标准《地热资源地质勘查规范》（报批）（GB 11615—2008），凡水中氡气含量在129.5 Bq/L以上者，均达到“理疗热矿水水质标准”，可命名为氡水。在矿泉疗法中，氡水占有重要地位，氡浴、氡饮或氡吸等对人体均有医疗、保健和养生作用。此外，氡还用于戒毒和供宇航员消除疲劳用。

但是，除了对人类有可利用的一面外，氡是世界卫生组织（WHO）公布的19种主要致癌物质之一，是仅次于香烟引起人类肺癌的第二大元凶。从20世纪60年代末首次发现室内氡气的危害至今，科学研究发现，氡对人体的辐射伤害占人体所受到的全部环境辐射的55%以上，对人体健康威胁很大。动物实验研究表明，氡的生物学效应主要集中在呼吸道肿瘤、肺纤维化、肺气肿和寿命减少方面。因此，应避免环境中过量氡气的存在。室内氡浓度上限值范围一般为70～150 Bq/m^3，当室内氡浓度超过上限值较多时，就应采取防治措施。

二、氡水类型

按水中氡气含量多少，将氡矿水分为以下3类（表6－9）。

表6－9　氡矿水分类表（按水中氡气含量）

分类	氡矿水	氡含量 Rn（Bq/L）
第Ⅰ类	低氡（含量）矿水	<370
第Ⅱ类	中氡（含量）矿水	370～1110
第Ⅲ类	高氡（含量）矿水	≥1110

（据《矿产资源工业要求手册》编委会，2010）

三、地理分布

氡水多分布在有花岗岩等酸性岩分布的地区。氡以气体形式存在于岩石的孔隙、裂隙及孔洞内，当沿裂隙上升时，通常储存在不透水岩层的下部。氡气在热矿水中的聚集，主要取决于放射性元素铀和镭在岩石中的含量以及岩石的射气能力、裂隙大小和水的运动速度，常形成于岩石的近地表风化壳内。

自然界中，氡气含量最高的氡水见于铀（U）矿床的氧化带中，其氡气含量可达185000 Bq/L；其次是在次生富集镭的岩石中，氡水的氡含量可达7400～11100 Bq/L。在正常铀含量的酸性岩浆岩中，当水交替强烈、裂隙连通性好时，氡含量可达1480 Bq/L；而沉积岩及变质岩则由于射气系数小，其水中氡含量一般都不高，大多数情况下氡含量小于185 Bq/L。在地壳深部，由于岩石射气系数降低，水交替停滞，不利于地下水富集氡，故氡含量不高。

中国已发现大量氡矿泉。许多氡矿泉区早已成为著名的矿泉疗养地。我国的氡矿泉多属低氡矿泉（含量小于370 Bq/L）和中氡矿泉（含量370～1110 Bq/L），矿化度较低。如广东从化温泉氡含量为795.5 Bq/L，安徽巢湖半汤温泉氡含量为370～740 Bq/L，辽宁鞍山汤岗子温泉氡含量为148 Bq/L，福建永春东岳矿水含氡量为96.2 Bq/L。高氡矿泉（含量不小于1110 Bq/L）较少，如福建永泰温泉氡含量为1030～1050 Bq/L。

陕西省目前仅在西安市临潼骊山北麓温泉中见有氡气，其主要赋存于热矿水中，形成可供医疗、保健的氡矿水。

四、氡矿水特征

在西安临潼骊山北麓分布有医疗价值较高的含氡气热矿水。按照贮水特征和水质性质，热矿水可分为两种类型：一是贮存于结晶岩构造裂隙中的热矿水；二是贮存于沉积岩孔隙中的热矿水。

结晶岩构造裂隙热矿水：该类型热矿水分布于西自铁道部临潼疗养院，东至陈家窑的紧靠山前长约 12 km 地带，含水岩石为太古界片麻岩和中生代花岗岩，热矿水呈脉状集中分布在北东东向和北西西向的两组断裂带中。驰名中外的华清池温泉就是该类型热矿水的典型代表。据张建祥 2005 年资料，华清池温泉水温 42℃左右，年变幅小于 0.6℃，水化学类型为中性氯化物硫酸钠型水，具有医疗价值的矿物质含量较高，其中二氧化硅为 44 mg/L，氟离子为 5.88 mg/L，氡气含量 201.5 Bq/L，硅、氟、氡含量均达到医疗用水标准，故又称为硅水、氟水和放射性氡水。

沉积岩构造孔隙热矿水：该类热矿水主要分布于铁道部临潼疗养院以西长约 6 km、南北宽约 2 km的黄土丘陵前缘洪积扇地带，含水岩石为新近系砂石、砂砾岩。其结构疏松、孔隙较发育，热矿水呈比较均匀的面状分布在砂砾岩颗粒间的孔隙中。空军疗养院、陆军疗养院热水井的热水是该类热矿水的代表。据张建祥 2005 年资料，该类热矿水井口热水温度 42 ~ 59℃，具有医疗价值的矿物质含量明显低于华清池热矿泉，其中二氧化硅含量为 24 ~ 26 mg/L，氟含量为 3.51 ~ 3.57 mg/L，氡气含量为 9.84 ~ 23.34 Bq/L。按照医疗用水标准，可称为硅水、氟水和弱放射性氡水。

结　语

人人都说家乡好，在编撰本书过程中，对家乡这片广袤土地有了更深的了解和认识。30 亿年波澜壮阔的地壳运动，形成了古朴浑厚的黄土高原、一望无际的八百里秦川、雄伟壮观的秦岭巴山，造化出我们赖以生存发展的铁铜金银油气炭，更有赏心悦目的奇石美玉种“南山”。正是这片秀美富饶的“三秦”大地，繁衍了一代代淳朴勤劳的炎黄子孙，上演了十三朝“周秦汉唐”的历史变迁，谱写了 5000 年灿烂辉煌的文明画卷。

感叹地球无比神奇的同时，我们不禁对那些探究地球奥秘、探寻地下宝藏的无数地质工作者肃然起敬。“是那山谷的风，吹动了我们的红旗；是那狂暴的雨，洗刷了我们的帐篷；是那天上的星，为我们点燃了明灯……我们有火焰般的热情，战胜了一切疲劳和寒冷。背起我们的行装，攀上那层层的山峰，我们满怀无限的希望，为祖国寻找着丰富的矿藏。”勘探队员的歌声萦绕在我们耳旁，他们为家乡的建设缔造了辉煌的荣光。

地球是神奇的，也是慷慨的。她无私地奉献出丰富的地下宝藏，以供我们开发享用。但地球也是吝啬的，大多数矿产是不可再生的一次性资源，并非取之不尽，用之不竭。如渭南潼关、商洛、汉中等地的金、铜等矿山企业，有的已闭坑停产，有的正面临资源枯竭的困境；地球更是脆弱的，矿产资源的过度开采，会使地壳发生变形而诱发地质灾害。煤炭和油气等能源矿产的过量利用，已导致地球变暖使冰山融化、海面上升，我们赖以生存的陆地面临被淹没的危险。汽车尾气、工业排放等对环境的污染，会加速雾霾天气的形成……目前，地球生态环境正发生着急剧恶化，已严重地威胁到我们人类的生存状况、身体健康以及其他物种的繁衍。

阅览完本书，在了解陕西地质矿产省情的同时，希望读者能在灵魂深处，对我们赖以生存的地球产生感恩之心和敬畏之情，树立科学利用资源、大力节约资源和悉心呵护地球的绿色发展理念，提高生态文明意识和自觉性，在建设“富裕陕西、和谐陕西、美丽陕西”和资源节约型、环境友好型社会的历史洪流中，做出我们自己应有的贡献。

主要参考文献及资料

《地球科学大辞典》编委会. 2006. 地球科学大辞典[M]. 北京：地质出版社.

《矿产资源工业要求手册》编委会. 2010. 矿产资源工业要求手册[M]. 北京：地质出版社.

《西北铀矿地质志》编纂委员会. 2015. 西北铀矿地质志(上下卷)[Z].

《中国矿床发现史·陕西卷》编委会. 1996. 中国矿床发现史·陕西卷[M]. 北京：地质出版社.

《中国矿床发现史·物探化探卷》编委会. 1996. 中国矿床发现史·物探化探卷[M]. 北京：地质出版社.

《中国油气田开发志》编纂委员会编. 2011. 中国油气田开发志·卷12·长庆油气区卷[M]. 北京：石油工业出版社.

《中国油气田开发志》编纂委员会编. 2011. 中国油气田开发志·卷30·延长油气区卷[M]. 北京：石油工业出版社.

国家建材总局玻璃工业设计院，陕西省建材局二〇五地质队. 1978. 陕西省汉中县老鹰崖石英岩矿区勘探地质报告[R].

国土资源部信息中心. 2015. 世界矿产资源年评2015[M]. 北京：地质出版社.

全国矿产地质与区域成矿规律综合研究项目办. 2013. 全国省(自治区、直辖市)矿产地质与区域成矿规律综合研究技术要求[Z].

全国信息与文献标准化技术委员会第六分委员会. 2010. GB/T 16552—2010. 珠宝玉石名称[S]. 北京：中国标准出版社.

陕西地矿局第十三地质队. 1989. 陕西省商州市桃花玉普查地质报年告[R].

陕西国土资源厅. 2014. 陕西省矿产资源储量表[Z].

陕西矿业开发工贸公司. 2006. 陕西省旬阳县青铜沟汞锑矿床HT24含矿体500米标高以下详查报告[R].

陕西省地方志编纂委员会. 1993. 中华人民共和国地方志丛书·陕西省志第十七卷·煤炭志[M]. 西安：陕西人民出版社.

陕西省地矿局第八地质队. 1993. 陕西省府谷县沙川沟高岭土矿普查报告[R].

陕西省地矿局第二地质队. 1986. 陕西省勉县牛头山大理石矿床评价报告[R].

陕西省地矿局第二地质队. 1989. 陕西省留坝县青桥铺大理石矿床详查地质报告[R].

陕西省地矿局第十三地质队. 1985. 陕西省山阳县中村钒矿床金狮剑—烟家沟矿段详细普查地质报告[R].

陕西省地矿局第一地质队. 1998. 陕西省旬阳县青铜沟汞锑矿床勘探地质报告[R].

陕西省地质调查院. 2010. 陕西省观赏石资源分布指南[R].

陕西省地质调查院. 2011a. 陕西省金矿资源潜力评价成果报告[R].

陕西省地质调查院. 2011b. 陕西省铁矿资源潜力评价成果报告[R].

陕西省地质调查院. 2011c. 陕西省银矿资源潜力评价成果报告[R].

陕西省地质调查院. 2012. 陕西省矿产资源潜力评价钼矿成果报告[R].

陕西省地质调查院. 2013a. 1∶50万陕西省地质构造图[R].

陕西省地质调查院. 2013b. 1∶50万陕西省地质图[R].

陕西省地质调查院. 2013c. 陕西省区域地质志[R].

陕西省地质调查院. 2013d. 陕西省重要矿种区域成矿规律研究报告[R].

陕西省地质调查院. 2013e. 陕西省矿产资源潜力评价报告[R].

陕西省地质调查院. 2013f. 1∶100万陕西省地质构造图[R].

陕西省地质调查院. 2016. 陕西省地质遗迹调查项目[R].

陕西省地质调查院. 2016b. 陕西省铜川－黄陵地区三叠纪油页岩资源普查地质报告[R].

陕西省地质调查中心. 2013. 陕西省铜川－黄陵地区三叠纪油页岩远景调查报告[R].

陕西省地质局第七地质队. 1979. 陕西月河砂金矿床大同矿段勘探报告[R].

陕西省地质局第七地质队. 1981. 陕西安康恒口砂金矿床勘探报告[R].

陕西省地质局第十一地质队三分队. 1974. 陕西省华阴县铀铌铅综合矿床勘探及详细普查报告[R].

陕西省地质局渭南地质队. 1963. 陕西省华阴县华阳川铀铌铅矿点普查报告[R].

陕西省地质局资料室. 1972. 陕西白河县月儿潭绿松石矿概况[J]. 西北地质，15～17.

陕西省地质矿产局. 1989. 陕西省区域地质志[M]. 北京：地质出版社.

陕西省地质矿产局第八地质队. 1990. 韩城市象山高岭土矿普查报告[R].

陕西省地质矿产局第二地质队. 1984. 西乡县杨河坝膨润土矿初查报告[R].

陕西省地质矿产局第二地质队. 1985. 陕西省洋县膨润土矿详查报告[R].

陕西省地质矿产局第二地质队. 1988. 陕西省汉中市天台山磷锰矿床勘探地质报告[R].

陕西省地质矿产局第二地质队. 1990. 陕西省汉中市天台山石英岩矿床哑姑山—西沟矿区普查地质报告[R].

陕西省地质矿产局第七地质队. 1984. 石泉县大堰沟石灰岩矿详查报告[R].

陕西省地质矿产局第七地质队. 1986. 陕西省镇安县海棠山水泥石灰岩矿床地表详细普查地质报告[R].

陕西省地质矿产局第十三地质队. 1985. 陕西省山阳县馒头山水泥灰岩矿床地表详查评价报告[R].

陕西省地质矿产局第十三地质队. 1990. 陕西省商南县青山－新庙金红石矿床新庙矿段详细普查地质报告[R].

陕西省地质矿产局第十三地质队. 1992. 商南县青山－新庙金红石矿床新庙矿段勘探报告[R].
陕西省地质矿产局第一地质队. 1989. 紫阳县大南河瓦板岩矿普查评价报告[R].
陕西省国土资源厅. 2013. 陕西省矿产资源/储量统计表[Z].
陕西省鸡血石文化产业协会. 2015. 旬阳鸡血石. 第一期.
陕西省建筑材料工业局二〇五队. 1975. 陕西省潼关县玉石峪大理石矿区初步勘探地质报告[R].
陕西省统计局. 2015. 2014 年陕西省国民经济和社会发展统计公报. http://www. shaanxitj. gov. cn/site/1/html/126/111/10658. htm, 03. 23.
陕西省统计局. 陕西统计年鉴. 2015. http://www. shaanxitj. gov. cn/.
陕西省冶金地质勘探公司七一二队. 1976. 铜川上店耐火黏土矿勘探总结报告[R].
陕西省冶金地质勘探公司七一六队. 1975. 陕西省神木县府谷天桥则铝土矿床地质勘探总结报告[R].
陕西省冶金地质勘探公司七一六队. 1985. 陕西省神木县府谷天桥则铝土矿床地质勘探总结报告补充说明书[R].
陕西省冶金地质勘探公司七一四队. 1974. 陕西省柞水县大西沟铁矿床地质勘探总结报告书[R].
陕西省冶金局矿山地质公司渭北地质队. 1961. 陕西省神木县府谷铝土矿床地质勘探工作中间报告[R].
陕西省综合勘察院五队. 1972. 陕西潼关县玉石峪大理石矿区找矿报告书[R].
陕西延长石油(集团)有限责任公司. 2015. 延安页岩气田下寺湾区延页 1 井区三叠系延长组长 7 新增页岩气查明储量报告[R].
西北地质局第七地质队一分队. 1964. 陕西华阴县华阳川 204 矿区初步普查报告[R].
西北冶金地质勘探公司第六勘探队. 1987. 陕西省柞水县大西沟铁矿床磁铁矿体补充评价地质报告[R].
西北冶金地质勘探公司七一三队. 1977. 商南县松树沟铬矿床地质总结报告[R].
西北有色地质勘查局. 2008. 陕西省韩(城)－铜(川)铝土矿带地质勘查报告[R].
西北有色地质勘查局七一三总队. 2006. 陕西省山阳县中村钒矿资源储量检测说明书[Z].
西北有色地质勘查局七一一总队. 1994. 陕西省略阳县铜厂铜矿床详普查地质报告[R].
西北有色地质勘查局七一一总队. 2007. 陕西省略阳县煎茶岭镍矿床资源储量核实报告[R].
西北有色地质勘查局七一一总队地质勘查分院. 1995. 陕西省略阳县煎茶岭镍矿床地质详查报告[R].
西北有色地质研究院. 2009. 陕西省柞水县银硐子铜铅银多金属矿 820 米标高以下接替资源勘查报告[R].
西北有色金属七一七地质勘探队. 1985. 陕西省凤县铅硐山铅锌矿床地质勘探总结报告[R]. 北京: 地质出版社.
榆林市国土资源局. 2006. 陕西省靖边县海则滩泥炭资源调查报告[R].
中国地质调查局. 2015. 重要矿产资源简明手册[M]. 北京: 地质出版社.
中国观赏石协会. 2007. DZ/T 0244—2007 观赏石鉴评标准[S]. 北京: 中国标准出版社.
中国观赏石协会. 2011. 中国观赏石资源分布指南[M]. 北京: 地质出版社.
中国矿产地质志项目办公室. 2016. 中国矿产地质志省级矿产地质志研编技术要求[Z].
中国人民武装警察部队黄金第十四支队. 1998. 陕西省潼关县小秦岭北坡 500、500－3 号金矿脉矿产储量报告[R].
中国冶金地质总局西北地质勘查院. 2007. 陕西省华县金堆城钼矿资源储量核实报告[R].
中国冶金地质总局西北地质勘查院. 2009. 陕西省略阳县鱼洞子铁矿 0—7 线资源储量核实报告[R].
常涛. 2005. 银离子消毒剂研究概述[J]. 解放军预防医学杂志, 23(1): 75～77.
陈忠实, 张润棠. 2005. 陕西旅游历史文化丛书宝鸡卷－青铜世纪－宝鸡青铜器. 西安: 三秦出版社.
董王仓, 李新林, 王小平, 等. 2010. 陕西省矿产资源潜力评价报告[R].
方维萱. 1999. 陕西铅硐山大型铅锌矿床热水沉积岩相特征[J]. 沉积学报, 17(01): 44～50.
关志辉, 王国昌. 1982. 陕西省宁强县黎家营锰矿床地质勘探报告[R].
黄高才. 2012. 陕西文化概观[M]. 北京: 北京大学出版社.
李永勤. 2007. 陕西凤太矿田铅锌成矿规律及新的找矿突破点[J]. 西北地质, 40(Z164): 1～6.
李玉宏, 王行远, 等. 2015. 渭河盆地氦气资源远景调查进展与成果[J]. 中国地质调查, 2(6): 1～6.
林家俊. 2012－4－24. 历史与文化的积淀——旬阳鸡血石系列论述. http://bianban. gov. cn/govzjxy/govxywh/whdt/2012/04/24/11185355164. htm.
刘方, 穆根胥, 刘建强, 等. 2008. 陕西省关中盆地地热资源调查评价[R]. 西安: 陕西省地质环境监测总站.
祁小军, 王全乐, 丁高明, 等. 2013. 黄金供需形势分析及可持续发展研究[J]. 黄金, 07 (34): 1～4.
石振荣, 蔡克勤. 2008. 陕西白河县月儿潭绿松石与次生磷钙铝矾研究[J]. 岩石矿物学杂志, 27(02): 164～170.
舒良树. 2010. 普通地质学[M]. 北京: 地质出版社.
涂怀奎. 1996. 陕鄂相邻地区绿松石矿地质特征[J]. 陕西地质, 14(2): 59～64.
涂怀奎. 2000. 秦岭地区主要玉石矿床特征研究[J]. 地质找矿论丛, 15(1): 85～91.
王党国, 祝国柱. 2009. 陕西省铝土矿资源潜力评价成果报告[R]. 西安:陕西省地质调查院.
曾章仁, 雷建年, 等. 1992. 定边盐湖地质特征及其形成条件[J]. 西安地质学院学报, 14(1).
曾章仁, 雷建年, 康高峰, 等. 1992. 定边盐湖地质特征及其形成条件[J]. 地球科学与环境学报, 14(1): 21～26.

翟裕生，姚书振，蔡克勤. 2011. 矿床学(第三版)[M]. 北京：地质出版社.
张宝通，裴成荣. 2005. 中国西部概览－陕西[M]. 北京：民族出版社.
张建祥，王阳，等. 2005. 临潼疗养区矿泉资源调查. 中国疗养医学，14(6)：411～414.
张国伟，张本仁，袁学成，等. 2001. 秦岭造山带与大陆动力学. 北京：科学出版社.
张景平，王海岗. 2013. 略阳县安林沟地区正长岩型铌钽矿特征及远景分析[J]. 西安科技大学学报，(6)：698.
张娟霞. 2002. 蓝田玉石矿地质特征及成因初探[J]. 陕西地质，20(2)：75～80.
张明升. 2014. 渭河盆地氦气成藏特征初步研究[D]. 西安：西北大学.
张文钲. 1994. 含银离子杀菌材料进展[J]. 世界有色金属，(3)：25～27.
张雪. 2015. 渭河盆地天然气及氦气成藏条件与资源量预测[D]. 西安：长安大学.
周本文. 2016. 旬阳鸡血石[R]. 陕西旬阳：陕西省鸡血石文化产业协会.
朱训. 2010. 中国矿业史[M]. 北京：地质出版社.
邹妤. 2006. 陕西蓝田玉的宝石学特征研究及其社会经济价值探讨[D]. 北京：中国地质大学.
[英]彼得·弗兰科潘著. 邵旭东，孙芳译. 2016. 丝绸之路：一部全新的世界史[M]. 杭州：浙江大学出版社.
[英]维克托·迈尔－舍恩伯格，肯尼恩·库克耶著. 盛杨燕，周涛译. 2013. 大数据时代. 杭州：浙江人民出版社.
A·萨尔瓦多，金玉玕，戎嘉余，等. 2000 国际地质科学联合会地层分类分会国际地层委员会—国际地层指南—地层分类、术语和程序(第二版)[M]. 北京：地质出版社.
Grant Jarvie. 2003. Internationalism and Sport in the Making of Nations[J]. Identities, 10(4)：537～551.

中国矿产地质志

“十三五”国家重点图书规划　国家出版基金项目

总　志

中国矿产地质志·总志
中国矿产地质志·矿产总志
中国矿产地质志·区带总志
……

全国志

1　**中国矿产地质志·矿产地名录卷（总1）**
6　**中国矿产地质志·典型矿床总述卷（总2）**
中国矿产地质志·钨矿卷（矿1）
中国矿产地质志·锑矿卷
中国矿产地质志·铜矿卷
中国矿产地质志·铅锌矿卷
中国矿产地质志·锰矿卷
中国矿产地质志·镍矿卷
中国矿产地质志·钼矿卷
中国矿产地质志·金矿卷
中国矿产地质志·银矿卷
中国矿产地质志·铝（土）矿卷
中国矿产地质志·锡矿卷
中国矿产地质志·钒钛铬矿卷
中国矿产地质志·铀矿卷
中国矿产地质志·稀土金属矿卷
中国矿产地质志·稀有金属矿卷
中国矿产地质志·稀散金属矿卷
中国矿产地质志·石墨矿卷
中国矿产地质志·宝玉石矿卷
中国矿产地质志·和田玉矿卷
中国矿产地质志·煤矿卷
中国矿产地质志·煤层气卷
中国矿产地质志·磷矿卷
中国矿产地质志·钾盐矿卷
中国矿产地质志·石灰岩矿卷
中国矿产地质志·膨润土矿卷
中国矿产地质志·硼矿卷
中国矿产地质志·萤石矿卷
中国矿产地质志·重晶石矿卷
中国矿产地质志·硫矿卷
中国矿产地质志·芒硝矿卷
中国矿产地质志·石膏矿卷
中国矿产地质志·蓝晶石族矿卷
中国矿产地质志·化工矿产卷
中国矿产地质志·建材非金属卷
……

省　志

中国矿产地质志·北京卷
中国矿产地质志·天津卷
中国矿产地质志·河北卷
中国矿产地质志·山西卷
中国矿产地质志·内蒙古卷
中国矿产地质志·辽宁卷
中国矿产地质志·吉林卷
中国矿产地质志·黑龙江卷
中国矿产地质志·江苏上海卷
中国矿产地质志·浙江卷
中国矿产地质志·安徽卷
中国矿产地质志·福建卷
3　**中国矿产地质志·江西卷（赣1）**
中国矿产地质志·山东卷
中国矿产地质志·河南卷
中国矿产地质志·湖北卷
中国矿产地质志·湖南卷
中国矿产地质志·广东卷
中国矿产地质志·广西卷
中国矿产地质志·海南卷
中国矿产地质志·重庆卷
中国矿产地质志·四川卷
中国矿产地质志·贵州卷
中国矿产地质志·云南卷
中国矿产地质志·西藏卷
中国矿产地质志·陕西卷
中国矿产地质志·甘肃卷
中国矿产地质志·青海卷
中国矿产地质志·宁夏卷
中国矿产地质志·新疆卷
中国矿产地质志·台湾卷

省级重要矿种(组)志

中国矿产地质志·山东卷·金矿
中国矿产地质志·山东卷·铁矿
7 **中国矿产地质志·河南卷·黑色金属矿产(豫1)**
中国矿产地质志·甘肃卷·金矿
中国矿产地质志·云南卷·贵金属矿产
中国矿产地质志·云南卷·铅锌矿产
……

区带志

中国矿产地质志·长江中下游卷(带1)
中国矿产地质志·南岭卷
中国矿产地质志·西南三江卷
中国矿产地质志·大兴安岭卷
中国矿产地质志·小兴安岭-张广才岭卷
中国矿产地质志·辽东-吉南卷
中国矿产地质志·冈底斯卷
中国矿产地质志·渤海湾卷
中国矿产地质志·东海卷
中国矿产地质志·黄海卷
中国矿产地质志·南海卷
……

专题志

中国矿产地质志·中国成矿单元划分及其主要成矿单元特征
中国矿产地质志·大型变形构造与重要矿集区(成矿区带)关系
中国矿产地质志·中国前寒武纪成矿体系
中国矿产地质志·中国古生代成矿体系
中国矿产地质志·中国中生代成矿体系
中国矿产地质志·中国新生代成矿体系
中国矿产地质志·中国地球物理场与成矿
中国矿产地质志·中国地球化学场与成矿
中国矿产地质志·区域成矿规律研究历史和趋势
中国矿产地质志·华南洋演化与成矿
中国矿产地质志·小岩体成大矿
……
4 **中国矿产地质志·新疆维吾尔自治区矿床成矿系列图(专1)**
……

科学普及本

2 **中国矿产地质志·建材非金属卷(普及本)(普1)**
中国矿产地质志·化工矿产卷(普及本)
中国矿产地质志·铀矿卷(普及本)
……
中国矿产地质志·北京矿产地质
中国矿产地质志·天津矿产地质
中国矿产地质志·河北矿产地质
中国矿产地质志·山西矿产地质
中国矿产地质志·内蒙古矿产地质
中国矿产地质志·吉林矿产地质
中国矿产地质志·辽宁矿产地质
中国矿产地质志·黑龙江矿产地质
中国矿产地质志·江苏上海矿产地质
中国矿产地质志·浙江矿产地质
中国矿产地质志·安徽矿产地质
中国矿产地质志·福建矿产地质
中国矿产地质志·江西矿产地质
中国矿产地质志·山东矿产地质
中国矿产地质志·河南矿产地质
中国矿产地质志·湖北矿产地质
中国矿产地质志·湖南矿产地质
中国矿产地质志·广东矿产地质
中国矿产地质志·广西矿产地质
中国矿产地质志·海南矿产地质
中国矿产地质志·重庆矿产地质
中国矿产地质志·四川矿产地质
中国矿产地质志·贵州矿产地质
中国矿产地质志·云南矿产地质
中国矿产地质志·西藏矿产地质
5 **中国矿产地质志·陕西矿产地质(普2)**
中国矿产地质志·甘肃矿产地质
中国矿产地质志·青海矿产地质
中国矿产地质志·宁夏矿产地质
中国矿产地质志·新疆矿产地质
中国矿产地质志·台湾矿产地质
……

注:括号内容代表志书类别及序号,1 2 3……为出版顺序。